KB196945

알고리즘, 패러다임, 법

알고리즘,
패러다임,
법

규칙은 어떻게
세계를 만드는가

로레인 대스턴 홍성욱, 황정하 옮김

Rules

**A Short History of
What We Live By**

까치

RULES : A Short History of What We Live by

by Lorraine Daston

역자 황정하(黃正夏)
서울대학교 과학학과 박사 과정. 서울대학교 자유전공학부에서 경영학 및 과학기술거버
넌스 학사를, 과학학과 대학원에서 석사를 졸업했다. 물, 인프라스트럭처, 재난, 공중보건
등 다양한 주제에 관심을 두다가 최근에는 일제강점기부터 2000년대에 이르는 한국 하수
도 발전사에 매료되어 현재 그 일환으로 국가 감염병 감시체계 속 '하수 기반 감염병 감시
체계'의 구축 및 운영에 관한 박사 연구를 발전 중이다. 논문으로 「'적대적 협력'의 이중성
이 쌓아 올린 댐 : 김대중 정부 시기 평화의 댐 증축사업」(2023) 등을 썼다.

홍성욱(洪性旭)
서울대학교 물리학과를 졸업하고, 서울대학교 과학사 및 과학철학 협동과정에서 석사, 박
사학위를 취득했다. 이후 토론토 대학교 과학기술사철학과에서 조교수, 부교수를 역임하
고 서울대학교 생명과학부를 거쳐 현재 서울대학교 과학학과의 교수로 재직 중이다. 동아
시아 STS 네트워크의 일원이며, '과학기술과 사회 네트워크' 운영위원장을 맡고 있다. 저
서로 『홍성욱의 STS, 과학을 경청하다』, 『백남준과 테크노아트』, 『실험실의 진화』, 『포스트
휴먼 오디세이』, 『크로스 사이언스』 등이 있고, 역서로 『과학혁명의 구조』(공역), 『도덕을 왜
자연에서 찾는가?』(공역) 등이 있다.

알고리즘, 패러다임, 법
규칙은 어떻게 세계를 만드는가

저자/로레인 대스턴
역자/황정하, 홍성욱
발행처/까치글방
발행인/박후영
주소/서울시 용산구 서빙고로 67, 파크타워 103동 1003호
전화/02 · 735 · 8998, 736 · 7768
팩시밀리/02 · 723 · 4591
홈페이지/www.kachibooks.co.kr
전자우편/kachibooks@gmail.com
등록번호/1-528
등록일/1977. 8. 5
초판 1쇄 발행일/2025. 1. 10
    2쇄 발행일/2025. 2. 10
값/뒤표지에 쓰여 있음

ISBN 978-89-7291-862-2 93400

모든 위반을 존중하는 웬디 도니거에게

이 책에 쏟아진 찬사

사치 금지법부터 자연법에 이르기까지, 교통 법규부터 『성 베네딕토 규칙서』에 이르기까지, 대스턴은 깨지고 해석될 운명을 지닌 규칙들이 어떻게 더 친숙하고 엄격하며 강력하고 타당한 동시에 정교하면서도 위험할 정도로 취약한지를 거듭 보여준다.

　　　　　　　　　　　—매슈 존스(『데이터의 역사』 공저자)

걸작이다. 종소리처럼 맑고, 날카롭게 논증되었으며, 아름답게 쓰였고, 기발한 재치가 넘친다. 대스턴은 우리가 살면서 준수해야 하는 규칙들의 짧은 역사를 우리에게 제공한다. 독자들은 이 책의 거의 모든 곳에서 놀라운 발견을 할 수 있을 것이다. 이 훌륭한 책에 대한 불만이 단 하나 있다. 나는 책이 끝나는 것을 원하지 않았다.

　　　　　　　　　　　—수전 니먼(『워크는 좌파가 아니다』 저자)

수 세기에 걸친 풍부한 예시와 다양한 문화 및 전통을 바탕으로, 대스턴은 다양한 규칙에 대한 아이디어들을 능숙하게 연결하여, 우아한 질서를 드러내고 깊이 있는 철학적 문제들을 명료하게 설명한다.

　　　　　　　—저스틴 E. H. 스미스(『비이성 : 이성의 어두운 역사』 저자)

계산에서부터 요리, 옷차림, 행동, 공학, 통치에 이르기까지, 우리는 모두 규칙을 필요로 하고 사용한다. 이 학문적이고 재미있는 책에서 대스턴은 규칙이 어떻게 작동하고 어떻게 작동하지 않으며, 무엇보다도 왜 대부분의 규칙이 예외 없이 적용되기에는 세상이 너무 복잡한지를 설명해준다.
— 캐서린 윌슨(『에피쿠로스주의』 저자)

매혹적이다.……대스턴은 유머 넘치는 글을 쓴다.
— 티머시 패링턴, 「월 스트리트 저널」

역사적 일화와 문헌들을 통해서, 대스턴은 규칙(그리고 법률, 규제 등의 개념들)을 두꺼움과 얇음, 패러다임과 알고리즘, 실패(18세기 파리 거리에서 공놀이를 금지시키는 것은 거의 불가능했다), 그리고 예외 상태를 통해서 이해하도록 돕는다.……이 책을 다 읽고 나면, 규칙을 어떻게 바라보아야 하는지를 명확하게 이해하는 동시에, 과연 어떤 규칙을 바라는 것이 바람직한지에 대한 약간의 절망감도 느낄 수 있을 것이다.
— 리브커 갤천, 「뉴요커」

훌륭하고 야심 찬 책이다.……개념의 깊고 변혁적인 역사를 사랑하는 사람들에게 이 책은 순수한 즐거움을 제공한다. 이 책을 읽으며 입을 다물 수 없었고, 생각이 계속 솟아올랐다.
— C. 티 응우옌, 「크로니클 오브 하이어 에듀케이션」

이 책은 로레인 대스턴과 같은 학문 공동체의 일원이라는 사실에 경외감과 기쁨을 느끼게 한다.
— 수 커리 얀선, 「인터내셔널 저널 오브 커뮤니케이션」

대스턴은 현실, 자연, 합리성, 객관성, 질서와 같은 개념들의 기이한 여정을 넓고도 세심하게 연구한다. 이 책에서 저자는 규칙이라는 넓은 개념에 대해서 예리한 역사적 통찰력을 발휘한다. 저자의 학문적 즐거움이 이 책에서 유감없이 드러난다.

—조너선 레, 「타임스 리터러리 서플먼트」

수학에 관심이 있는 사람들, 그리고 알고리즘이 실제로 어떻게 작동하는지가 궁금한 사람들뿐만 아니라 정책 논쟁을 좋아하는 사람들에게도 만족을 줄 시의적절한 책이다.

—「라이브러리 저널」

이 책은 궁극적으로 내가 읽은 책들 중에서도 가장 잘 쓰였으며, 가장 깊이 있고 가장 광범위한 지성사 책이다.

—어니스트 데이비스, 「SIAM 뉴스」

매혹적이고 매우 읽기 쉽다.……풍부한 예시를 통해서 학식과 분석력을 발휘한 진정한 역작이다.

—데이비드 로리머, 「패러다임 익스플로러」

이 책은 모범적인 지성사 역사서로, 광범위하고도 기발하며 명료하고 깊이 있는 논의를 제공한다.

—콜린 버로, 「런던 리뷰 오브 북스」

차례

1

서론 : 규칙의 숨겨진 역사

숨겨진 역사에 대한 단서

이 책은 규칙이라는 방대한 주제에 관한 짧은 책이다. 우리 모두는 언제 어디에서나 우리의 길잡이가 되어주거나 우리를 제한하는 규칙의 그물망에 얽혀 있다. 규칙은 근무 시간이나 방학의 시작과 끝을 결정하고, 도로 교통의 흐름을 지휘하며, 누가 누구와 어떻게 결혼할 수 있는지를 좌우하고, 포크를 그릇의 오른쪽에 놓을지 왼쪽에 놓을지를 정하며, 야구 경기의 타점과 득점을 매긴다. 또한 규칙은 회의와 의회에서 이루어지는 토론을 관장하며, 무엇을 기내 수화물로 들고 타거나 탈 수 없는지를 결정하고, 누가 몇 살부터 투표할 수 있는지를 명시하며, 문장의 문법을 평가하고, 슈퍼마켓에서 손님들을 일렬로 줄 세우며, 가게에 반려동물을 동반할 수 있는지 없는지를 알려주고, 이탈리아식 소네트의 운율과 각운을 정하며, 삶과 죽음의 의례를 결정한다. 지금 나열한 것들은 단지 표지판, 설명서, 안내서, 경전, 법전에 적혀 있는 명시적 규칙의 예시일 뿐이다. 여기에 암묵적 규칙을 더하면, 규칙의 그물망은 너무나도 밀도 있게 얽혀 있어서 어떤 인간의 행동도 그것을 빠져나갈 수 없을 정도이다. 사람을 만나서 인사할 때 손을 뻗을지 아니면 프랑스식으로 볼에 가벼운 입맞춤을 할지, 속도 위반 딱지를 받지 않으려면 표지판에 적힌 제한 속도보다 시속 몇 킬로미터를 초과해도 괜찮은지, 어떤 식당에서 얼마의 팁을 주어야 하는지, 대화 중에 목소리를 언제 높이거나 낮춰야 하는지, 누가 누구를 위해서 문을 열어주어야 하는지, 오페라 공연을 잠시 중단시키기에 어느 정도의 환호나 야유가 적당한지, 저녁 파티에는 언제 도착하고 언제 떠나야 하는지, 서사시는 얼마나 길어야 하는지를 정하는 불문율도 있다. 문화마다 규칙의 내용은 다르지만 규칙이 없는 문화는 없으며, 대부분의 문화에는 방대한 양의 규칙이 있다. 이 모든 규칙들에 관한 책은 인류의 역사에 관한 책에 비견할 것이다.

규칙은 너무나도 보편적이고 필수불가결하며 권위적이어서 마치 자연적으로 주어진 것처럼 받아들여진다. 규칙이 없는 사회나 규칙이 존재하기 이전의 시대가 어떻게 존재할 수 있다는 말인가? 그러나 규칙이 보편적이라는 것이, 다양한 문화나 역사적인 전통에 존재하는 규칙들이 획일적이라는 뜻은 아니다. 규칙의 내용과 형식은 어지러울 정도로 다양하다. 고대 그리스인이었던 헤로도토스(기원전 484?-기원전 425?)의 관점에서 이집트의 모든 것이 어떻게 그리스와는 반대로 이루어지는지에 대한 이야기가 기록되었을 때부터 여행자와 민속 연구자들은 규칙 내용의 다양성을 다루어왔다. 헤로도토스의 보고에 따르면, 고대 이집트에서 남자는 집에서 옷을 짓고 여자는 시장에 가며, 여자는 서서 소변을 보고 남자는 앉아서 소변을 본다. 나일 강조차 그리스와 반대로 남쪽에서 북쪽을 향해 흐른다.[1] 규칙의 형식의 다양성은 규칙이라는 속屬, genus에 속하는 다양한 종種, species의 긴 목록을 보면 알 수 있는데, 일부만 나열하자면 법률, 격언, 원칙, 지침, 설명, 요리법, 규제, 경구, 규범, 알고리즘 등이 있다. 이와 같은 다양한 종류의 규칙들은 규칙이 무엇이고 무슨 역할을 하는지에 대한 숨겨진 역사를 파헤치는 단서가 된다.

고대 그리스 로마 시대부터 규칙에는 세 가지의 주요한 의미가 있었다(제2장 참조). 측정 및 계산의 도구, 모델 혹은 패러다임, 그리고 법이 그 세 가지이다. 규칙의 역사란 이 세 가지 의미의 범주가 확산되고 연결되는 역사로, 더 많은 규칙의 종들과 각각의 종에 속한 범례들이 그 안에서 발생했다. 결과적으로 규칙은 문화 자체만큼이나 복잡해졌다. 이러한 복잡성에도 불구하고 규칙이 지닌 원형적인 세 가지 의미는 수천 년에 걸친 역사의 미로를 거치면서 계속 선홍빛 실을 자아냈다. 이 책은 수도원의 규칙에서부터 요리책까지, 군사적 교범에서부터 법률 조항까지, 계산 알고리즘에서부터 실용적 지침까지 다양한 규칙들을 장기적인 관점에서 다양한 사료들을 통해 조명함으로써, 규칙의 세 가지 의미의 긴 역사를 고대 그리스 로마의 뿌리에서 출발해 2,000년 넘게 함께 진화해온 학문적, 토속적 전통을 통해서 추적할 것이다. 제2-3장은 고대부터 18세기까지 규칙이 어떻게 유연한 모델로 기능했는지를 재구성한다. 제4-5장은 고대부터 알고리즘과 기계적 계산이 부상한 19-20세기까지 계산 알고리즘이 실제로 어뻏게 작동했는지를 조명한다. 제6-7장에서는 13-18세기의 핵심적인 규제로 존재하던 가장 세부적인 규정들과, 위엄 있는 자연법이나 자연법칙 같은 가장 일반적인 규칙을 대조한다. 제8장은 완고한 예외에 직면한 도덕적, 법적, 정치적 규칙이 16-20세기에 걸쳐 어떻게 곡해되고 파괴되었는지를 설명한다.

다음의 세 가지 대립쌍이 규칙의 긴 역사를 구성한다. 규칙은 두껍거나 얇게 형성될 수 있고, 유연하거나 엄격하게 적용될 수 있으며, 그 범위에서 일반적이거나 구체적일 수 있다. 이런 대립쌍들은 서로 겹칠 수 있고, 앞에서 말한 규칙의 세 가지 의미 유형 중에 무엇이 문제가 되는지에 따라서 몇몇이 다른 것들보다 더 깊은 관련이 있을 수도 있다. 예를 들면, "모델"에 가까운 규칙은 두꺼운 형식을 지니며 유연하게 적용되는 경향이 있다(제2-3장). 이러한 두꺼운 규칙thick rule 은 예시, 경고, 관찰, 예외로 뒤덮여 있다. 또한 두꺼운 규칙은 광범위한 상황 변화를 예기하기 때문에 각 상황에 민첩하게 적용될 필요가 있다. 그래서 두꺼운 규칙은 최소한 형식 안에 이러한 가변성에 대한 전조를 포함해둔다. 반대로 "알고리즘"에 가까운 규칙은 때로는 두꺼워질 수도 있지만 보통은 얇게 형식화되어 있으며 엄격하게 적용되는 경향이 있다(제4-5장). 알고리즘은 짧을 필요가 없으며, 일반적이지 않거나 다양한 사례를 다루도록 설계되는 경우가 거의 없다. 얇은 규칙thin rule은 모든 가능성이 예견될 수 있는 안정적인 세계를 암묵적으로 가정하기 때문에 재량의 행사를 허용하지 않는다. 얇은 규칙의 이러한 가정은 간단한 산술처럼 교과서적인 문제를 해결하는 데에 국한되어서 적용되는 경우에는 문제가 없다. 그러나 오늘날 컴퓨터 알고리즘은 안면 인식부터 세금 납부에 이르기까지 모든 것을 관장한다. 그 때문에 오늘날 컴퓨터 알고리즘의 연대기는 다양한 현실에 적용하기에는 너무 얇고 엄격하게 시행되는 프로그램에 대한 불만스러운 이야기들로 가득 차 있다.

탁자를 만들려고 할 때 어떤 나무를 사용해야 하는지를 알려주는 모델이나 불규칙한 다각형의 면적을 계산하기 위한 알고리즘같이, 두꺼운 규칙과 얇은 규칙은 모두 면밀하고 구체적일 수도 있고 광범위하고 일반적일 수도 있다. 법과 같은 규칙도 일요일에 거리에 주차하는 방법에 대한 세세한 규제에서부터 십계명이나 열역학 제2법칙 같은 일반적인 규칙에 이르기까지 모든 범위를 포괄할 수 있다(제6-7장). 또한 구체적인 규칙과 일반적인 규칙 모두 엄격하게 또는 유연하게 적용될 수 있다. 제6장에서 논의되는 사치품 규제와 같이 세부사항이 많은 규칙은 세부사항이 너무 빨리 변하는 탓에 적용하는 데에 약간 여유가 필요하기도 하다. 심지어 영원하고 보편적으로 구속력이 있는 신성한 명령 같은 가장 일반적인 규칙조차도 때때로 유연하게 변형될 수 있다(제8장).

이러한 규칙의 대립쌍은 이것 혹은 저것 중에 하나를 선택하는 식이 아니라, 가능한 스펙트럼의 양극단을 나타내는 것으로 이해되어야 한다. 책에서 이어지는 장들은 규칙이 모델, 알고리즘, 법 중에서 무엇으로 인식되는지에 상관없이, 어떻게 다양한 얇음과 두꺼움, 엄격성과 유연성, 구체성과 일반성의 정도를 지니는지를 설명한다. 모든 조합이 똑같이 가능한 것은 아니지만, 이와 같은 긴 역사는 두껍게 형식화되면서도 유연하게 적용되는 알고리즘(제4장)같이, 잘 찾아볼 수 없게 된 규칙의 예시에 대해서까지 오늘날 상상 가능한 영역을 확장한다.

규칙은 어느 한쪽에 속하지 않는 중간적인 범주이다. 고대와 중세의 지식 체계에서 규칙은 보편 원인에 대한 특정한 지식을 획득하고자 했던 자연철학 등의 고상한 과학과, 미숙련 노동자의 천박하고 무지하며 반복적인 몸짓 사이의 중간 영역을 차지했다. 규칙의 영역은 이성과 경험이 혼합된 실용적 지식이나 노하우, 가르침을 위한 지침, 그리고 경험을 통해서만 얻을 수 있는 요령들을 포괄하는 기예技藝에 이른다(제3장). 근대 초기 정치에서 규칙은 지역적 특색이 가득한 지역적 규제와 언제 어디에서나 모두에게 유효한 자연법 사이의 영역에 위치했다. 근대 초기 과학의 규칙 또한 자연의 거대한 법칙으로 인정하기에는 너무 구체적이었지만 별개의 관찰 사례로 간주하기에는 상당한 일반성을 가졌다. 예를 들면, 물이 얼 때 수축하지 않고 팽창한다는 규칙과 나무에서 떨어지는 사과는 물론 가장 먼 행성에까지 유효한 만유인력의 법칙의 비교를 떠올릴 수 있다(제6-7장). 규칙은 확실성과 우연, 일반성과 특이성, 완벽한 질서와 완전한 혼돈의 양극단 사이를 매개하면서 중간적 종류의 사회적, 자연적 질서를 정의한다.

이 모든 대조들은 결국 거대한 대조로 귀결된다. 즉, 높은 가변성, 불안정성, 예측 불가능성의 세계, 그리고 과거로부터 미래를 그럴듯하게 추론할 수 있으며 표준화되어 균일성을 보장할 수 있고 평균을 신뢰할 수 있는 세계, 둘 사이의 대조로 말이다. 이 책에 서술된 사례들은 전자의 세계에서 후자의 세계로 향하는 대략적인 역사적 궤적을 추적하지만, 이 과정에 근대성의 거침없는 동력이 작동한 것은 아니었다. 시대나 지역과 관계없이 격변의 세계에 안정적이고 예측이 가능한 섬이 존재한다는 생각은 정치적 지향, 기술적 기반시설, 내면화된 규범이 이루어낸, 힘겹고 연약한 성취의 결과물이었다. 그 섬은 언제든지 전쟁, 전염병, 자연재해, 혁명으로 급작스럽게 정복될 수 있다. 그러한 긴급 상황에서 얇은 규칙은 갑자기 두꺼워지고, 엄격한 규칙은 탄력적인 규칙이 되며, 일반적인 규칙은 구체화된다. 이렇게 불확실성이 폭발하는 때를 규칙이 일시적으로 효력을 상실하는 "예외 상태"라고 부른다(제8장). 규칙이 너무 자주, 너무 빨리 변경되어서 역동적으로 변화하는 상황을 따라가지 못하면, 규칙의 개념 자체가 흔들릴 수도 있다(에필로그).

패러다임 및 알고리즘으로서의 규칙

규칙은 철학적 문제를 고민하고 연구하는 데에 도움이 되는 풍부한 원천을 제공한다. 규칙에서 유래된 가장 오래되었으며 지금도 지속되고 있는 문제는 다음과 같다. 예견할 수 없으며 잠재적으로 무한한 세부사항들에 부합할 수 있을 만큼의 보편성을 규칙 제정자가 어떻게 만들어낼 수 있는가? 이 문제는 철학 자체만큼이나 오래되었으며 여전히 우리와 함께한다. 이 책의 모든 장은 법정, 장인의 작업실, 성당의 고해소 등 다양한 시기의 다양한 장소에서 이 문제가 어떻게 다루어졌는지를 설명한다. 다음 절에서 이 문제를 다루기에 앞서, 이 책의 독자들이 지금쯤 스스로 묻고 있을 질문에 답해야 할 것이다. 규칙에 대한 더욱 현대적이고 철학적인 두 번째 문제를 이해하는 데에 핵심적인 질문 말이다. 규칙의 오래된 세 가지 의미들 중에서 알고리즘과 법은 여전히 우리가 규칙을 이해하는 데에 중심적인 개념으로 역할을 하는데, 나머지 하나인 모델 혹은 패러다임은 어디로 갔을까? 이것들에는 어떤 일이 일어난 것일까?

오늘날에는 사라진 모델 혹은 패러다임으로서의 규칙의 의미는 18세기 말까지 원칙적 차원이나 실천적 차원 모두에서 확고히 존재해 왔다. 그러나 19–20세기에 걸쳐서 알고리즘으로서의 규칙이 패러다임으로서의 규칙을 점차 압도하기 시작했다. 이러한 변화는 얇은 규칙에 대한 현대 철학의 두 번째 문제를 낳았다. 설명이나 맥락 없이도 명료하게 따를 수 있는 규칙이 존재할까? 만약 그렇다면, 이것은 어떻게 가능할까? 제5장에서 살펴보겠지만 이 문제는 원형原形 규칙이 모델이나 패러다임에서 알고리즘, 특히 기계에 의해 실행되는 알고리즘으로 전환되기 전까지는 형식화될 수조차 없는 문제였다. 이러한 전환은 매우 최근에 일어났으며, 그 결과는 철학, 행정, 군사 전략, 그리고 점점 더 확장되고 있는, 온라인에서의 일상생활 영역에서 여전히 반향을 일으키고 있다.

알고리즘은 산술 연산만큼이나 오래되었으며, 규칙과 양적 정확성이 연관되기 시작한 역사는 고대 그리스 로마 시대로까지 거슬러 올라간다. 그럼에도 불구하고 알고리즘은 고대 지중해 세계로부터 유래한 지적 전통에서 규칙의 주요 의미에 해당하지는 않았으며, 이는 심지어 수학 분야에서도 마찬가지였다. 17세기와 18세기에 유럽 고유어 사전이 출판되기 시작했을 때, 알고리즘은 "규칙"이라는 단어의 세 번째 혹은 네 번째 정의로만 제시되었고, 때로는 사전에서 찾아보기조차 어려웠다. 19세기의 가장 방대한 사전인 7권짜리 독일 수학 백과사전에는 "알고리즘"에 대한 항목조차 포함되지 않았다.[2] 그러나 사전 출간 이후 수십 년에 걸쳐 알고리즘은 수학적 증명의 본질을 이해하는 데에 핵심이 되었고, 20세기 중반에는 컴퓨터 혁명을 주도하고 인공 지능에서 인공 생명에 이르기까지 모든 꿈을 이루어냈다. 이제 우리는 모두 알고리즘 제국의 신민이다.

이 알고리즘 제국은 19세기 초까지는 규칙의 개념 지도에서 하나의 점에 불과했다. 알고리즘은 전 세계의 많은 수학적 전통에서 중요한 역할을 해왔고, 조약돌, 산가지(수를 셈할 때 쓰는 막대기/역주), 매듭 끈 같은 꽤 오래되고 물질적인 계산 보조도구들도 널리 퍼져 있었다(제4장). 그러나 정신노동을 포함하여 다양한 형태의 인간 노동이 알고리즘으로 치환될 수 있다는 생각은 19세기에 와서야 자리를 잡았다(제5장). 프랑스 혁명 시기에 이루어진 놀라운 실험들을 통해서 분업의 경제적 원리를 기념비적인 계산 계획에 적용하기 전까지는, 보잘것없는 산술 알고리즘을 포함하여 규칙을 기계화하려는 시도는 암울한 일처럼 보였다. 블레즈 파스칼(1623-1662), 고트프리트 빌헬름 라이프니츠(1646-1716) 등 17세기의 사람들이 발명한 계산기계는 까다롭고 신뢰할 수 없는 독창적인 장난감에 불과했다.[3] 알고리즘이 비현실적으로 급부상하여, 수학적 엄밀성을 보증하기 위한 사소한 산술 연산에서 무한히 변형 가능한 컴퓨터 프로그래밍 언어로 변화한 이야기는 이미 자주 언급되어왔으며 잘 알려져 있다.[4] 그러나 모든 기능을 수행하는 알고리즘의 승리는, 알고리즘이 20세기 중반까지만 해도 오직 계산 영역과 연관된 극히 제한적인 개념이었다는 기억을 거의 흐려버렸다. 인구조사 등의 사업에 필요한 대규모 계산 같은 국가적 요구에 부합하기 위해서는 컴퓨터를 활용해야 한다고 주장한 미국의 물리학자 하워드 에이킨(1900-1973) 등의 컴퓨터 선구자들조차도 계산과 관련된 제한적인 의미에서만 알고리즘을 정의했다.[5] 이 책의 목적은 이러한 알고리즘의 극적인 성공 역사에서 중요한 초기 사례들을 조명하는 것이다. 그것은 수학적 알고리즘이 어떻게 산업혁명 시기의 정치경제와 교차하게 되었는지와도 관련이 있는데, 이는 알고리즘에 대한 이야기일 뿐 아니라 노동과 기계의 역사에 대한 이야기이기도 하다.

규칙의 의미들 중에 알고리즘, 즉 기계도 실행할 수 있을 정도로 작고 명료한 단계들로 세분화된 지침이라는 의미가 가장 중요해지기 전에는 규칙에 많은 의미가 있었다. 법률, 의례, 요리법을 포함하는 규칙의 초기 유형들 일부는 여전히 쉽게 발견된다. 그러나 아마도 고대부터 계몽주의 시대에 이르기까지 규칙의 가장 중심적인 의미였을 모델 혹은 패러다임으로서의 규칙은 이제 규칙과 완전히 무관한 것으로 생각된다. 실제로 18세기까지는 사전 항목에 나열되었으며 이마누엘 칸트(1724-1804)가 언급했고 한때는 주요한 규칙의 의미였던 모델 혹은 패러다임으로서의 규칙이 20세기 철학에서는 규칙과 완전히 반대되는 것으로 여겨진다.

어떤 종류의 모델이 규칙이 될 수 있을까? 규칙이 될 수 있는 모델은 『성 베네딕토 규칙서Regula Sancti Benedicti』에 등장하는 수도원장과 같이 규칙이 요구하는 질서를 체현한 사람일 수도 있고(제2장), 『아이네이스Aeneis』부터 『실낙원Paradise Lost』에까지 이르는 서사시의 전통을

『일리아스*Ilias*』가 정의했듯이 특정 양식을 정의하는 범례로서의 예술 혹은 문학 작품일 수도 있으며, 문법이나 대수代數의 영역에서 좀더 많은 종류의 동사 혹은 단어 문제들의 핵심 특성을 보여주기 위해서 잘 선택된 예시일 수도 있다. 어떤 형태를 취하든, 모델은 모델 그 이상을 보여주어야 한다. 모델에 구현된 기능을 터득한다는 것은 모든 세부사항에 대응하여 모델을 복제할 수 있다는 것 이상을 의미한다. 모델은 모방하는 것이지, 단순히 모사하는 것이 아니다. 미겔 데 세르반테스(1547-1616)의 소설『돈 키호테*Don Quixote*』의 일부를 축약하고자 시도하는 인물이 등장하는 호르헤 루이스 보르헤스(1899-1986)의 소설처럼, 유명한 문학 작품을 문자 그대로 재현한 작가는 모델로서의 규칙을 따른 것이 아니라 단순히 반복하는 것일 뿐이다.[6] 모델로서의 규칙을 따르는 것에는 모델의 어떤 측면이 핵심적이고 어떤 측면이 우연적 세부사항에 불과한지를 이해하는 작업이 포함된다. 모델의 핵심적인 기능만이 모델로서의 규칙을 새로운 상황에 적용하는 데에 신뢰할 만한 유비적 연관성을 만들 수 있다. 관습법 전통에서 이루어지는 선례에 기초한 추론이 이러한 유비적 행위에 해당하는 모델로서의 규칙에 부합하는 친숙한 예시이다. 과거의 모든 살인사건이 현재 당면한 사건의 선례로서 그럴듯하게 제시될 수 있는 것은 아니며, 설득력 있는 선례의 모든 세부사항이 현재 사건과 일치하는 것도 아니다. 노련한 법학자들이 판례를 심의하는 방식은 단순한 예시(이 살인사건 혹은 저 살인사건)와 모델 혹은 패러다임(많은 살인사건들에 대한 판결에 광범위한 영향을 미치는 중대한 판례) 사이의 차이를 잘 보여준다. 유용한 패러다임이라면 우연적 세부사항보다 핵심적 세부사항을 더 높은 비율로 포함해야 하며, 고슴도치가 가시를 세우는 것처럼 많은 유비類此를 생산해야 한다.

철학에서 규칙과 패러다임의 대립에 대한 현대의 대표적인 고전 격의 문헌은 과학사학자이자 과학철학자인 토머스 쿤(1922-1996)의 저서『과학혁명의 구조Structure of Scientific Revolutions』(1962)이다. 이 책은 수십만 권이 팔렸으며 한때는 분야를 막론하고 여러 대학들의 교육과정에 포함되었다.[7] 이 책 덕분에 패러다임이라는 단어가 유명해져서 「뉴요커New Yorker」에 실리는 만평의 소재가 되기도 했다. 쿤에 따르면, 과학은 그것이 최초의 패러다임을 획득할 때 진정으로 과학이라고 불릴 수 있게 되고, 과학자들은 교과서 패러다임에 의해서 무엇이 실제 문제를 구성하고 어떻게 문제를 해결하는지를 배우며, 과학혁명이란 한 패러다임이 다른 패러다임에 의해서 대체되는 것을 가리킨다. 패러다임이 이처럼 만능 도구였기 때문에 패러다임이라는 단어는 쿤의 책에서 21개에 달하는 수많은 의미를 지녔다.[8] 그러나 쿤이 일관되게 가장 중요한 의미로 강조한 패러다임의 의미는 범례로서의 패러다임으로, 규칙의 집합의 반대를 의미한다.『과학혁명의 구조』의 1969년 후기에서 쿤은 범례로서의 패러다임을 "모델이나 예제로서 사용될 때 명시적 규칙을 대신해서 정상 과학의 남은 퍼즐을 푸는 기초"로 설명하며, 다른 것들보다 철학적으로 "심오하다"고 언급했다.[9] 비록 범례로서의 패러다임이 정확히 어떻게 작동하는지를 설명하는 데에는 실패했지만 말이다. 쿤은 비합리주의와 모호한 사고思考에 대한 책임을 미연에 방지하기 위해서 패러다임으로 전달되는 지식이 진정한 지식이라고 단호하게 옹호했다. "내가 공유된 범례에 내장된 지식에 관해서 말할 때, 그것은 규칙, 법률 또는 식별 기준에 내장된 지식보다 덜 체계적이거나 분석이 덜 용이한 앎의 양식에 대해서 말하고 있는 것이 아니다." 그러나 오늘날까지 쿤을 포함하여 그 누구도 이 대안적인 앎의 양식을 명확히 밝히는 데에 실패했다. 철학자 이언 해킹(1936-2023)은 이를 두고 "야수의 본성에 내재한 당혹스러움"이라고 결론지었다.[10]

패러다임의 지식과 명시적 규칙의 지식을 조화시키는 방법에 관해서 쿤이 느낀 당혹감과 관련해서는, 1969년쯤에 이미 확연한 철학적 혈통이 형성되어 있었다. 루트비히 비트겐슈타인(1889-1951)은 저작 『철학적 탐구Philosophische Untersuchungen』(1953)에서 수학 규칙조차도 구제 불능한 모호성을 가진다는 유명한 주장을 펼쳤다. 그는 심지어 가장 형식적이고 알고리즘적인 규칙일지라도 규칙에 대한 해석의 무한 회귀를 일으키지 않으면서 그것을 따르는 것이 가능한지 의문을 품었다. 그러고는 규칙을 따르는 것이 사용자 공동체 내부의 계율보다는 예시에 의해서 교육되는 실천이라고 결론지었다. "규칙을 따르고, 보고하고, 명령하고, 체스 게임을 하는 것은 관습(사용, 제도)에 해당한다."[11] 비트겐슈타인의 제안은 모순적으로 (그리고 아마도 부지불식간에) 규칙의 의미를 계율보다 실천에 의해서 교육되는 모델이라는 원래의 의미로 되돌린다. 그러나 쿤을 포함하여 비트겐슈타인의 많은 독자들에게 수학적 알고리즘으로 대표되는 명시적 규칙은 패러다임 및 실천의 정반대였다.

그래서 고대 그리스 로마 시대부터 계몽주의 시대에 이르기까지 고대와 근대 유럽 언어에서 "규칙"이라는 단어와 그 동족어同族語가 패러

그림 1.1 로마 시대 폴리클레이토스의 「도리포로스」(기원전 1세기) 복제품. 플리니우스가 예술가들의 "전형"이라고 칭한 작품이다. 이탈리아, 나폴리 국립 고고학 박물관 문화부 제공. Wikimedia Commons, user Siren-Com.

다임과 동의어였다는 사실을 깨닫는다면 충격을 받을 것이다.[12] 이를 보여주는 한 예시로 로마의 백과사전 저술가 대大플리니우스(23?–79)가, 그리스의 조각가 폴리클레이토스(기원전 480?–기원전 420?)의 조각상 「도리포로스Doryphoros」(창을 든 청년)를 모든 예술가가 본받을 만한 남성미의 전형canona("규칙"을 뜻하는 그리스어 단어인 kanon의 라틴어 표현)으로 인정했다는 사례가 있다. "그는 예술가들이 일종의 표준으로서 예술적 윤곽을 뽑아낼 수 있는 '전형' 혹은 '모델 조각상'이라고 부르는 것을 만들었다."(그림 1.1)[13] 할리카르나소스의 디오니시오스(기원전 60?–기원전 7?)는 기원전 5세기에 아테네의 웅변가 리시아스(기원전 445?–기원전 380?)를 수사학의 전형이라고 찬양하면서, 이어지는 다음 문장에서 이 단어를 탁월함의 패러다임이라고 설명했다.[14] 그로부터 거의 2,000년 뒤 프랑스 계몽주의 시대로 시선을 돌려보면, 『백과전서Encyclopédie』 속의 "규칙, 모델" 항목의 첫 번째 정의로 "우리 구세주의 생애는 기독교인을 위한 **규칙 또는 모델이다**"라는 문장이 적혀 있다.[15] 고대 그리스어와 라틴어 문법에서는 파라데이그마paradeigma라는 단어가 카논kanon과 레굴라regula라는 단어와 함께 패러다임들의 패러다임, 즉 어형 변화 패턴(학생들이 수 세기 동안 읊조려온 아모amo, 아마스amas, 아마트amat 등의 동사 활용형)을 나타내는 데에 사용되었다.

이러한 예시들을 단어가 때때로 반대말로 뒤집혀 사용되기도 하는 언어의 기이함을 보여주는 하나의 흥미로운 사례일 뿐이라고 볼 수도 있다. 오래 전에 'A'를 의미하던 한 단어가 이제는 'A 아님'을 의미할 수 있다. 규칙은 과거 한때 모델 혹은 패러다임을 의미했지만, 이

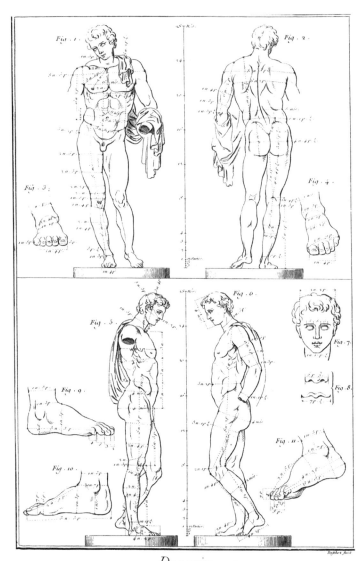

Dessein,
Proportions de la Statue d'Antinoüs.

그림 1.2 안티누스 동상의 측정된 비율. "구상(Dessein)"(항목), 『백과전서』(1763), 장 달랑베르, 드니 디드로 편집, 제3권.

제는 정반대를 의미한다는 식이다. 따라서 패러다임을 규칙으로 환원하지 않고, 즉 'A'를 'A 아님'으로 환원하지 않고 어떻게 명료화할 것인지에 관한 쿤의 난제가 제기되었으며, 규칙을 따르는 것이 관례나 관습과 동일하다는 비트겐슈타인의 도발적이고 모순적인 등식이 등장했다. 그러나 "규칙"과 관련된 근대 이전 동족어들의 어원은 'A'의 의미에서 'A 아님'의 의미로 발전하는 현상에 대한 설명보다 풍부하고 불안정하다. 현대에 더 익숙한 규칙의 연관어들은 "규칙"과 관련된 근대 이전 동족어들의 정의의 일부이기도 하기 때문이다. 예를 들면, 고대 그리스어 단어 카논은 특히 건축 및 목공 기술과 관련해 공들여 성취해낸 정확성을 의미했지만, 예술, 정치, 음악, 천문학 같은 분야에서도 비유적으로 사용되었다. 조각상 「도리포로스」를 만든 폴리클레이토스는 지금은 찾을 수 없는 저서 『카논Kanon』에서 예술가가 따라야 할 인체의 정확한 비율을 구체화했는데, 그가 기술한 고전적인 조각상의 규범적 치수는 18세기까지도 적용되었다(그림 1.2). 안드레아스 베살리우스(1514-1564) 등 근대 초기 해부학자들은 그리스의 의사이자 철학자인 갈레노스(129-210?)가 폴리클레이토스에 대해 언급한 것을 통해서 신체의 원형에 대한 개념과 그와 관련한 단어를 받아들였다(그림 1.3).[16] 단어 카논의 이형異形은 수리과학에 해당했던 고대 천문학과 화성학 분야에도 등장한다. 라틴어 레굴라의 범주는 그리스어 카논의 범주와 긴밀히 연결되어 있다.[17] 이러한 의미의 범주는 비율의 기하학적 원칙과 측정 및 계산도구로서 수학이 지닌 엄격성을 상기시킨다. 그 의미가 모델과 패러다임에 중심을 둔 범주와 잘 공존해왔다는 뜻이다. 요약하자면, 수천 년간 다양한 고대와 근대 유

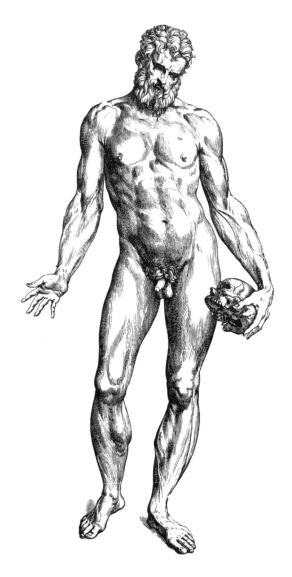

그림 1.3 안드레아스 베살리우스가 그린 전형적인 남성과 여성의 신체. 『인체의 구조에 대하여. 요약본(*De humani corporis fabrica. Epitome*)』(1543).

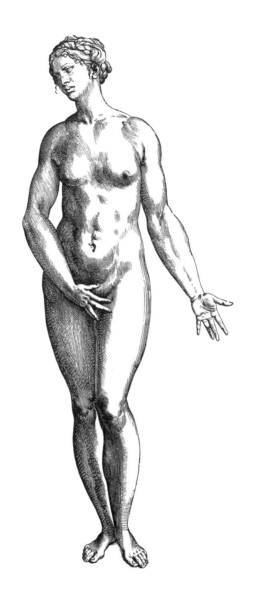

그림 1.3 (계속)

럽 언어에서 **규칙**이라는 단어와 그 동족어는 최소한 근대적 관점에서
볼 때, 'A'와 'A 아님'을 동시에 의미했던 것이다. 이는 단순히 언어학
적 호기심에 그치는 이야기가 아니라 믿기 어려울 만큼 놀라운 사실
이다.

이 책의 두 번째 목표는 지금은 서로 반대인 것처럼 보이는 의미들
을 아주 오랫동안 아무런 모순 없이 포용할 수 있었던 규칙의 범주
의 일관성을 되찾는 것이다(제2-3장). 여러 가지 측면에서 이것은 첫
번째 목표와는 정반대의 목표로서, 19세기 이래로 알고리즘이 우리
에게 보여준 화려한 생애를 추적하려는 시도이다. 알고리즘은 규칙
의 본질로서 패러다임을 대체했을 뿐 아니라, 점점 패러다임의 작동
이 불가해하고 직관적이며 이성적으로 탐구하기에는 모호해 보이게
만들었다. 이는 쿤이 성공적인 과학을 위한 패러다임의 중요성을 옹
호하면서 고군분투했던 것과 악명 높은 연관성이 있었으며, 더 기계
적인 평가 방식에 맞서서 판단의 특권을 옹호하려는 모든 시도를 계
속 방해했다. 칸트가 시공간적 차원에서의 자연의 통일성을 이해하
기 위한 전제조건이라고 주장했던 이성의 능력이 도리어 "한낱 주관
성"으로 폄하되는 것은 기이한 일이다.[18] 현대 어법에서 "주관적 판
단"은 공적 이성에 확고히 근거하지 않은 사적 변덕에 가까운 것으로
여겨진다. 유연한 규칙은 무력한 규칙으로, 혹은 아무 규칙이 존재하
지 않는다는 의미로 간주되고 말았다. 판단의 뜻을 이성의 행사에서
암흑에 빠져버린 주관성의 방종으로 격하시키는 더욱 넓은 맥락에서
볼 때, 규칙의 역사의 이러한 사례는 근대 합리성의 역사 일부를 구성
하며 이제 합리성 자체도 규칙에 의해서 정의된다.[19]

보편성과 특수성

규칙을 적용하려면 보편적인 것과 특수한 것을 연결하는 판단들을 종합적으로 수행해야 한다. 첫째로, 우리는 이 규칙이 우리가 마주한 이 특수한 상황을 포함하는지, 아니면 다른 규칙을 함께 적용해야 하는지를 판단해야 한다. 이것은 관습법 체계에서 적절한 판례를 찾는 판사, 모호한 증상을 보고 진단을 내리는 의사, 심지어는 새로운 함수를 적분하며 수학을 공부하는 학생 등이 직면하는 딜레마이다. 수많은 경우에 어떤 규칙을 해당 경우에 적용하는 것이 적합한지를 선택하는 일은 명확하지만(예를 들면, 주차 단속을 하는 사람들은 어떤 교통 법규가 어떤 주차 위반에 적용되는지를 거의 의심하지 않는다), 원칙대로 하기가 난처한 경우도 많으며 어느 규칙에도 들어맞지 않는 듯한 특수한 경우도 굉장히 많다. 다음으로, 규칙과 세부적인 상황이 분명히 일치하더라도 서로 완벽히 들어맞는 경우는 거의 없다는 문제도 있다. 보편성과 특수성 사이의 간극을 메우기 위해서는 다소간의 조정이 필요하다. 법의 형평성, 신학과 윤리학의 결의론決疑論, casuistry, 의학의 병력, 행정의 재량권 등 지식에 바탕한 실행이 필요한 전문 분야들이 바로 이 규칙과 세부적인 상황의 간극 사이에 뿌리를 내리고 꽃을 피웠다.

이 책의 세 번째 목표는 보편성과 특수성 사이를 잇는, 예측 가능하고 용이한 다리를 놓기 위해서 규칙이 어떻게 틀 지어졌는지를 살피는 것이다. 이러한 탐구를 하려면 다양한 종류의 규칙을 포착하고 비교하기 위해서 분석 범위를 넓혀야 한다. 예컨대 수도원의 질서 규칙,

게임의 규칙, 의회 운영 절차의 규칙, 요리의 규칙, 전쟁 수행의 규칙, 회선곡回旋曲, rondo(주제가 되풀이되는 동안 다른 가락이 삽입되는 형식의 곡/역주)과 전칙곡典則曲, canon(두 개 이상의 성부가 서로 모방하며 되풀이 되는 형식의 곡/역주) 작곡의 규칙, 도량형 변환의 규칙, 사회적 예절의 규칙, 교통 흐름의 규칙, 누가 언제 어떤 고급 의류를 입을 수 있는지에 대한 규칙 등이 있다. 또한 국가법과 자연법칙도 있는데, 이것들은 모두 중요한 이상理想이지만 규제와 같이 더 일상적이고 덜 일반적인 규칙에 대해서는 반反이상이기도 하다. 엄청난 위엄을 지닌 인간과 신의 법률과는 대조적으로, 규제는 실천의 영역을 포함하며, 실천의 영역은 개별적 적용의 영역으로 구분된다. 간결한 것에서 장황한 것, 국지적인 것에서 전역적인 것, 특수한 것에서 일반적인 것에 이르는 규칙의 다채로움은 "보편성"과 "특수성"이라는 단조로운 철학적 범주를 재고하도록 압력을 가한다. 어떤 보편성은 다른 보편성보다 더욱 보편적이고, 어떤 특수성은 다른 특수성보다 더욱 특수하다. 논리학의 긍정논법과 1460년에 이탈리아의 도시국가 페라라가 공포한 사치 금지법은 둘 다 규칙이다. 그러나 "p이면 q이다, 따라서 p라면 q이다"라는 논리학의 문장은 언제 어디에서나 모든 p와 q에 적용되는 반면, 여성의 의복에 비단과 족제비 털의 사용을 금하는 페라라의 사치 금지법은 간결하고 일반적인 명제 논리보다 구체적이고 국지적이며 장황하다.[20] 어떤 다리는 밧줄다리처럼 간단하고 유연하지만 현대 공학 기술로 건설된 다리는 강철 기념비처럼 튼튼하고 견고하듯이, 보편성과 특수성을 잇는 다리 사이의 차이점을 이해하기 위해서는 보편성과 특수성 모두에 대한 더욱더 세련된 분류법이 필요하다.

좀더 구체적으로, 어떤 종류의 다리가 어떤 규칙을 어떤 사례와 연결하는지에 주의를 기울이면, 패러다임으로서의 규칙과 알고리즘으로서의 규칙의 지적, 문화적 전제조건 사이의 대비를 밝혀낼 수 있다. 패러다임으로서의 규칙과 알고리즘으로서의 규칙은 오랫동안 공존해왔으며, 알고리즘의 발전에도 불구하고 오늘날에도 여전히 공존한다는 점에서 이 규칙들의 전제조건이 상호 배타적일 수 없다. 그럼에도 불구하고 도량형, 철자, 시간대의 표준화 같은 특정한 역사적 경향으로부터 규칙의 표준화에 대한 선호를 볼 수 있다. 최소한 안정적인 사회 기반시설이나 견고한 국제적 협약같이 역사적으로 이례적인 조건 아래에서는 인위적인 보편성이 자연적인 보편성을 어느 정도는 모방할 수 있다. 산업화 사회에서 노동이 점점 더 합리화되거나, 신학에서 자연철학에까지 그리고 또 법학과 윤리에까지 자연법의 이상적 개념이 도입된 경향들 또한 야심적인 보편적 세계성과 정확성을 지닌 규칙이 등장하도록 촉진했다. 특히 현대 도시를 중심으로 확산되고 있는(그러나 도시에서만 확산되는 것은 아니다) 이러한 규칙들은 (시장에 관한 것이든 인권에 관한 것이든) 보편적 원칙에 더욱 호소하고, 국지적 맥락이나 배경지식에는 덜 호소한다. 그러한 야심적인 규칙이 16세기 전 지구적인 제국과 무역의 팽창과 함께 부상하기 시작한 것은 우연의 일치가 아니며, 그러한 팽창 때문에 어느 한 지역을 초월하는 규칙을 시행할 필요성과 그렇게 할 수 있는 수단이 생겨났다.

규칙을 만든 사람들이 갈망했던 보편성과 정확성을 규칙이 실제로 획득했는지는 인문과학 내에서 논쟁적으로 다루어지는 문제이다. 경제학자들과 많은 사회학자들은 이를 강력히 긍정하고, 역사학자들과 인류학자들은 이를 강력히 부정하는 입장을 견지한다.[21] 규칙에 세부적인 맥락과 해석을 초월하는 힘이 있다는 생각은 환상에 불과하다는 역사학자와 인류학자들의 주장이 옳기는 하지만, 이 주장은 부정할 수 없이 강력하고 널리 퍼져 있는 환상이며, 실제로 이 환상이 현실과 모순되는 경우라면 더더욱 설명되어야만 한다. 이 책은 규칙이 지역적인 맥락을 초월할 수 있는지의 여부가 본질적으로 불확실한 세계의 바다에서 안정성, 균일성, 예측 가능성의 섬을 지켜내거나 지켜내지 못하는 역사적 전제조건에 달려 있음을 보임으로써 두 입장 모두에 정당성을 부여한다. 제국에 의해서든 조약에 의해서든 무역에 의해서든, 이러한 섬을 서로 멀리 떨어진 군도로 연결하는 역사적 전제조건은 매우 불안정하다. 2020년 전 세계적인 코로나 바이러스 범유행 동안 국제 항공교통에서 발생한 대혼란처럼, 가장 일상적이고 신뢰할 만한 세계적 규칙 역시 예고 없이 지역적 차원의 규칙으로 축소될 수 있다. 규칙에 의해서 지배되는 세계질서가 형성되는 경우, 질서가 규칙에 의존하는 만큼이나 규칙도 질서에 의존한다.

자명한 것의 역사

규칙에 대한 논쟁은 학계에 넘쳐난다. 우리는 규칙이 너무 많거나 부족하지는 않은지, 규칙이 너무 엄격하거나 느슨하지는 않은지, 규칙이 언제 적용되어야 하며 누가 그것을 결정하는지, 예측 가능성과 우발성 사이의 최적의 균형은 어떻게 설정해야 하는지에 관해서 끊임없이 조바심친다. 그러한 논쟁의 빈도와 강도의 다양성은 그 자체로 역사적 현상이며, 고속도로의 운전자든, 총선에 참여한 유권자든, 혹은 기상학자, 농부, 트럭 운전사, 장거리 영업 사원이든 무수한 행위자들의 복잡한 조율에 의존하는 이 사회에서 모든 종류의 규칙이 증가하고 강화되고 있다는 명백한 증거이다. 규칙은 원래 발레를 연출하려고 했어도 때때로 활극을 연출하기도 하며, 심지어는 인물들이 조각상처럼 굳어버린 활인화(그림을 실제 사람이 재현하는 예술/역주)를 연출하기도 한다. 관료제를 연구하는 사회학자들은 고도로 통제되는 정치체가 보이는 병리적 현상을 설명하기 위해서 "규칙 긴장", "규칙 표류" 같은 용어를 만들어냈다.[22] 재주 많은 공무원들은 모든 규칙을 철저히 준수하여 도리어 사업의 급작스러운 중단을 야기하는 준법 파업을 통해서 동일한 병리 현상을 활용했다.[23]

의심의 여지 없이, 세부적인 규칙과 그 시행에 관해서는 항상 불만이 존재해왔다. 현대 사회는 정부의 공공연한 규제에 대해서든 컴퓨터 검색 엔진에 은밀히 녹아 있는 알고리즘에 대해서든, 규칙의 개수와 경직성에 대해서 불만이 존재한다는 새로운 곤경을 마주하고 있다. 현대인은 규칙 없이는 살아갈 수 없다. 그러나 규칙과 함께 살아가는 것이 편안하기만 할 수는 없다. 상상력이 풍부했던 20세기의 문학은 우리에게 "카프카적인Kafkaesque" 같은 형용사를, 사회이론 연구는 우리에게 막스 베버(1864-1920)의 "철창stahlharte Gehäuse" 같은 이미지를 제시했는데, 이들은 모두 관료제를 가리킨다. 21세기의 작가와 이론가들은 근본적인 사고 과정에 이르기까지 현대인의 삶의 모든 측면에 침투한 컴퓨터 알고리즘에 의해서 운영되는 멋진 신세계에 대한 환상을 품었다.[24] 복잡성, 불가변성, 비효율성, 장황함 같은 현대 규칙의 특성들 중에 오만한 보편성과 난폭한 특수성, 그리고 질서와 자유 사이에 편재하는 긴장을 해소할 수 있는 것이 있을까? 그것이 사실이든 혹은 단순한 인식에 불과하든 간에, 우리가 규칙을 만들고 그 것을 생각하는 방식에 관한 어떤 역사적 변화가 오늘날 규칙에 느끼는 불안으로 가득한 우리의 집착을 설명할 수 있을까? 모델로서의 규칙으로부터 알고리즘으로서의 규칙으로의 전환은 이러한 질문에 부분적으로 답을 제시한다. 알고리즘으로서의 규칙은 재량권의 행사를 금지함으로써 모델로서의 규칙에서 보편적인 것과 특수한 것을 연결했던 다리들을 폭파시켰다.

이 책은 규칙이 지닌 고대적 의미와 현대적 의미 모두에 관한 책이다.[25] 이는 헤로도토스가 "히스토리아historia"라는 용어를 사용할 때와 같은 광범위한 의미의 탐구이다. 또한 이 주제에 대한 보편적인 주장에도 불구하고, 이 책은 철학 및 시학의 보편성에 반대했던 아리스토텔레스(기원전 384-기원전 322)의 히스토리아적 의미에서의 특수성으로 가득하다. 마지막으로, 이 책은 시간의 흐름에 따라 펼쳐지는 서사라는 점에서 친숙한 의미의 역사를 담는다. 그러나 이 책이 담은 역사는 동시에 이 세 가지 측면에서 모두 불완전하다. 2,000년이 넘는 세월과 여러 언어에 걸친 방대한 주제에 대한 탐구는 필연적으로 선택적으로 이루어질 수밖에 없다. 이 책이 제시하는 수많은 세부사항들도 존재 가능한 세계의 일부에 불과하다. 책에 담긴 이야기의 범위는 유감스럽게도 단지 내가 잘 아는 주제라는 이유에서 다소 오해의 소지가 있지만 흔히 서구 전통이라고 불리는 것에 관한 이야기로 제한되어 있다. 그러나 나는 그 자체로 매력적인 다른 전통에 관한 비교연구가 이해에 도움이 될 때마다 활용하려고 노력했다. 독자가 다른 종류의, 다른 시대의, 다른 공간에서의 규칙에 대해서 궁금증을 느끼게 된다면 더할 나위 없이 좋을 것이다. 이 책은 더욱더 다양한 규칙에 대한 후속 연구와 토론으로 독자를 초대한다. 같은 이유에서 연대기적 서술 또한 불규칙하다. 오랜 기간에 걸친 규칙의 발전사를 파악하려면, 특정한 시공간에 정착하는 데에 익숙한 나의 동료 역사학자들이라면 멀미를 느낄 정도로 여러 세기와 분야들 사이를 이리저리 뛰어넘어야 한다. 이런 시도를 이해해주기 바란다. 파노라마식 관점을 취함으로써만 선명한 대비를 시도할 수 있고, 전환의 순간을 정확히 찾아낼 수 있으며, 가장 중요하게는 자명해 보이는 현대의 사고 습관에 대해서 질문하기 위해 역사적 자원을 사용할 수 있다.

특히 오랜 시간의 범위에 걸친 역사 연구를 통해서는 현재의 확실성을 뒤집어 생각해볼 수 있으며, 그럼으로써 상상 가능한 것의 범위를 확대할 수 있다. 고향을 떠나본 적이 없는 지방 사람들에게는 자신의 지역 관습이 자명해 보이듯이, 그 안에 살고 있는 사람들에게 지배적인 개념적 환경이 일관적이고 필연적으로 보인다는 것은 진기한 일이다. 현재 우리가 생각하는 방식이 원리적으로 논리적 필연성의 산물이라기보다는 역사적 우연성의 산물임을 아는 것만으로는 역사와 습관이 우리에게 씌운 눈가리개를 벗어버리기에 충분하지 않다. 우리가 처한 특정한 정신세계는 상상력을 비좁은 차원으로 축소시킨다. "어떻게 이와 다르게 생각할 수 있겠는가?"와 같이 한 시대에 자명했던 것이 다른 시대에는 "그들은 대체 무슨 **생각**을 하고 있었는가?"와 같은 당혹감이 되기도 한다. 보편성과 균일성, 구체성과 견고

성, 알고리즘적인 것과 기계적인 것, 기계적인 것과 무지성無知性의 것, 재량과 주관 등 현재 일상적으로 혼동되는 개념들 사이에 쐐기를 박으려면 종종 다른 시대와 공간에서 끌어낸 생생한 반례들을 활용해야 한다. 이러한 예시들은 또한 현대 철학에서 이분법적으로 분리된 규칙과 패러다임이라는 개념을 재결합하는 데에도 도움이 된다. 바로 이 점에서 역사는 개념적 가능성을 명료히 하고 확장하고 개방하는 철학의 역할과 일맥상통한다. 철학은 오래된 개념을 비판하는 데에 그치지 않고 새로운 개념을 창안해야 한다는 더욱 어려운 과제에 직면해 있다. 과거의 개념은 과거의 시점에서 과거를 위해서 만들어진 것이기 때문에 현재의 필요를 충분히 충족시킬 만큼 확장되기 힘들다. 죽은 사람을 부활시킬 수 없듯이 역사도 죽은 개념을 부활시킬 수는 없지만, 그럼에도 산 자의 안일함을 문제 삼는 망령처럼 신의 계시로 그들을 잠시 소생시킬 수는 있다.

2

고대의 규칙 : 직선 자, 모델, 그리고 법률

세 가지 의미론적 범주

지중해의 습지와 중동의 사구沙丘 지역에는 나무처럼 키가 크고 화살처럼 곧게 뻗은 거대한 지팡이 식물인 물대가 자란다(그림 2.1). 수천 년간 이 지역에서는 물대의 꼿꼿한 줄기로 바구니, 피리, 저울대, 막대 자를 만들었다.[1] "규칙"을 뜻하는 고대 그리스 단어인 카논kanon은 이 식물을 가리키는 셈족 언어에서 유래했고(고대 히브리어인 카네qaneh 와 동음이의어이다), 초기에는 다양한 종류의 막대를 가리켰다가 이후에는 직선 자를 가리켰을 것으로 추측된다. 카논과 동일한 고대 라틴어에 해당하는 레굴라regula는 곧은 판자, 지팡이라는 의미와 연관이 있으며, 더 은유적으로는 ("통치하다regere" 또는 "왕rex"에서와 같이) 유지하고 지시하는 것과 관련이 있다. 영어 단어 ruler("통치자"에 더해 "길이를 측정하는 자"라는 뜻도 있다/역주)의 여러 가지 뜻에서는 여

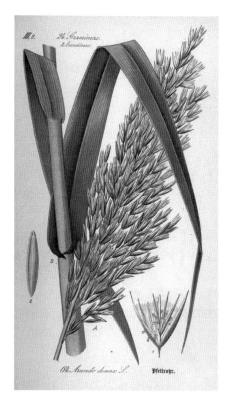

그림 2.1 물대(*Arundo donax*). 오토 빌헬름 토메, 『독일, 오스트리아, 스위스의 식물집(*Flora von Deutschland, Österreich und der Schweiz*)』(1885).

전히 두 의미의 공존을 발견할 수 있다.[2] 고대 그리스 사료에서 카논에 대한 가장 오래된 기록은 모든 종류의 건축에 관한 맥락에서 등장한다. 목수, 석공, 건축가는 모두 건축 자재가 곧고 깔끔하게 맞아떨어지게 하기 위해서 카논 혹은 직선 자를 사용했다. 카논은 견고하고 곧고 대칭적인 집, 사원, 벽, 기타 구조물을 조립하는 데에 필요한 높은 수준의 정확성을 제공했다. (측정 단위가 표시되어 있거나 표시되어 있지 않은) 직선 자 또는 자와 나침반은 수천 년간 건축가와 기하학자의 상징적인 도구였다(그림 2.2). 이처럼 규칙이 지닌 직선 자라는 본

GEOMETRIA.

Ioan. Sadler Jcalp.
et excudit.

M. de Vos figura.

Terrarum Jpatia & metas Geometria ponit
Diftinguitaʒ plagas, monteſʒ ac flumina luſtrat.

그림 2.2 직선 자와 컴퍼스를 상징으로 삼아 의인화한 기하학. 얀 사델러르, 「기하학 (*Geometria*)」(1570?–1600), 미국 뉴욕, 메트로폴리탄 미술관.

래의 의미는 너무 강했고, 문자 그대로도 그리고 은유적으로도 변용되지 않았다. 그래서 고대 그리스의 희극작가 아리스토파네스(기원전 446-기원전 385)는 명백히 터무니없게도 천문학자가 "구부러진 카논"을 사용하게 함으로써 관객의 웃음을 끌어낼 수 있었다.[3]

고대 그리스어로 물대 줄기를 가리키는 단어인 카논으로부터 세 가지의 주요한 의미론적 범주가 가지처럼 파생되었다. 첫째, 꼼꼼하고 주로 수학적인 정확성, 둘째, 복제를 위한 모델 혹은 패턴, 그리고 셋째, 법률 혹은 법령이다. 라틴어 단어 레굴라와 함께 현대 유럽 국가들의 언어에서 "규칙"을 뜻하는 단어들(regola[이탈리아어], regla[스페인어], règle[프랑스어], Regel[독일어], regel[네덜란드어])의 의미는 수 세기를 거슬러 그리스어 카논에 닿아 있기 때문에, 이 세 가지 의미는 더 자세히 분석해볼 만한 가치가 있다.

짧은 단계만 거치면 건축가와 목수가 사용하는 직선 자와 막대 자에서부터 천문학과 화성학 등 고대의 정밀과학에서 사용된 기하학적 비율과 계산에 관한 응용 분야에 이를 수 있다. 화성 음정에 대한 피타고라스(기원전 582?-기원전 497?)의 음악적 원칙은 다양한 화음을 만들어내는 현의 길이의 비比를 명시하는 "카노니케kanonike"라고 알려져 있으며, 줄받침대를 움직이면서 이 원리를 구현할 수 있는 단현 악기 모노코드monochord는 종종 카논 하모니코스kanon harmonikos라고 불리기도 했다.[4] 제1장에서 살펴본 바와 같이 그리스의 조각가 폴리클레이토스의 『카논』은 이상적인 남성 신체의 정확한 비율을 제시했다고 알려져 있는데, 이는 이후 수 세기 동안 이 비율에 가능한 재구성에 영감을 주었다.[5] 천문학에서 카논이라는 단어는 기하학적 비율보다는 산술과 계산에 가까운 뜻으로 사용되었다. 알렉산드리아의 천문학자 프톨레마이오스(2세기경)가 『알마게스트*Almagest*』라고도 알려진 『신탁시스 마테마티카*Syntaxis Mathematica*』에서, 그리고 이후에 별도로 출간된 『간편한 천문표*Procheiroi kanones*』에서 소개한 표는 『알마게스트』의 모델에 기초하여 행성의 위치 같은 천문학적 수치들을 계산할 수 있는 도구를 제공했다.[6] 프톨레마이오스의 카논은 기독교와 이슬람교 세계 모두에서 중세와 근대 초기의 천문학에 막대한 영향을 미쳤고, 이후 모든 천문학 및 점성술 표에는 카논이라는 명칭이 붙었다. 그리스어 카논은 페르시아의 위대한 박식가 아부 레이한 알-비루니(973-1050?)의 천문학 지식 모음집 『마수디의 법칙*Al-Qānūn al-Mas'ūdi*』에서처럼 중세의 아랍 및 페르시아 천문학 논문에서 "카눈qanun"이라고 쓰였고,[7] 17세기 말에도 영어에서 천문표canon를 가리키는 데에 사용되었다.[8] 19세기 수학에 기반을 둔 보험이 등장하기 전까지는 천문학이 가장 계산 집약적인 활동이었고 프톨레마이오스의 표와 그것을 모방한 도구들은 계산을 용이하게 했기 때문에, 카논이라는 고대 그리스어 단어는 고대 후기에서 중세 그리고 근대 초기에 이르기까지 계산과 밀접하게 연관되어 사용되었다. 다만, 이는 기계가 아니라 천문학자와 수학자가 수행하는 계산을 가리켰다.

두 번째 의미인 모델은 곧음 혹은 은유적 의미에서의 정직성 혹은 정확성을 평가하는 기준으로서, 카논이나 레굴라가 가진 핵심적인 의미에 기대어 있다. 그러나 이 경우에서 기준은 측정되어야 할 대상이 아니라 모사되어야 할 대상이었다. 제1장에서 보았듯이 갈레노스가 폴리클레이토스의 『카논』을 조각가들에게 이상적인 남성 신체의 비율을 제공한 (그 당시에는 이미 사라졌던) 저서로 이해한 반면, 플리니우스는 폴리클레이토스의 실제 남성 나신 조각상인 「도리포로스」(창을 든 청년)를 예술가들이 복제해야 할 모델인 카논으로 해석했다.[9] 모델, 특히 인간에 대한 모방으로서의 카논의 의미는 헬레니즘 시대(기원전 4세기-기원전 1세기)에 수사학과 관련하여 처음 등장하여 이런저런 연설가를 웅변의 정점으로 옹호하는 데에 쓰였는데, 이는 플리니우스가 예술적으로 표현된 남성미의 모델로서 폴리클레이토스의 「도리포로스」에 부여했던 바로 그 의미와 같았다. 비슷한 맥락에서 고대 그리스의 전기작가 플루타르코스(1-2세기)는 젊은 독자들에게, 시인의 의도와 다르게 시 속의 인물을 미덕의 모델로 모방하지 말라고 경고했다.[10] 이러한 맥락에서 패러다임(범례)은 종종 카논을 그림자처럼 따라다닌다. 이는 단순히 아리스토텔레스가 『수사학*Ars Rhetorica*』에서 사용한 "예시"로서의 의미일 수도 있지만,[11] 건축의 맥락에서 사용되는 물리적 모델로서의 의미일 수도 있다(그림 2.3).[12] 플라톤(기원전 5세기-기원전 4세기)은 『티마이오스*Timaios*』에서 신적인 장인의 영속적인 모델과 그를 단순히 복제하기만 하는 인간적인 장인의 모델을 비교하면서 패러다임이라는 단어를 물리적인 모델로서의 의미로 사용했다.[13] 규칙과 계산 사이의 연결고리와 마찬가지로, 규칙과 패러다임 혹은 모델 사이의 연결고리는 놀라울 정도로 지속되었으며, 천재를 "판단의 표준이나 잣대가 되는 모델을 제공함으로써 예술에 규칙을 부여하는 사람"이라고 정의한 이마누엘 칸트의 1790년의 설명에서 가장 두드러졌다.[14] 플리니우스가 조각상 「도리포로스」를 예술가의 캐논canon으로 칭송한 지 1,800년이 지난 후에도 복제해

그림 2.3 고대 에트루리아 불치 신전의 건축 모형(기원전 300?). 이탈리아 로마, 국립 에트루리아 박물관.

야 할 모델로서의 규칙이라는 개념은 미학 이론에서 여전히 반향을 일으켰다.

카논과 그리스어의 노모스nomos를 연결하고 레굴라와 라틴어의 렉스lex, 주스jus를 연결하며 규칙과 법률을 서로 연관 짓는 세 번째의 의미는 훨씬 더 오래 존재했다. 고대 그리스어에서 (원래는 토지 혹은 목초지 할당을 의미했지만, 나중에는 법 또는 관습을 의미하게 된) 노모스와 (지침guideline이라는 글자에서 보이듯이 팽팽하게 늘어난 밧줄을 의미하는) 카논은 (경계를 의미하는) 호로스horos와 삼위일체를 이루는 단어였다. 이 세 단어는 모두 특별한 허가 없이는 위반될 수 없는 한계라는 비유적인 의미를 가졌다. 특히 건축이나 의학 같은 기예의 맥락에서, 그리고 이후에 문법가들 사이에서 카논은 "자"라는 의미로 사용되었다.[15] 알렉산드리아의 클레멘스(기원전 3세기-기원전 2세기) 같은 초기 기독교 저술가들은 때때로 복음서를 지칭하는 데에 카논이라는 단어를 사용했고, 4세기에 이르러 아타나시우스(298?-373)와 다른 교부教父들은 카논의 의미를 신적으로 영감을 받아 "교회법의 기준을 세우는canonical" 경전의 목록으로 확장했다.[16] 같은 시기에 특히 그리스어를 사용하는 동로마 제국에서 초기 기독교 교회는 전례력, 세례 및 성찬례, 금식일 등의 문제를 관리하기 위해서 다양한 평의회와 종교 회의에서 만든 법령을 지칭하는 데에 카논이라는 단어를 사용하기 시작했다. 5세기에 이르자 이러한 규칙들 혹은 "카논들"의 모음은 "교회법canon law"으로 체계화되었다.[17] 일찍이 가톨릭 학자들은 2세기 말에 그리스어(카논 테스 알레테이아스kanon tes aletheias)로, 나중에는 라틴어(레굴라 베리타티스regula veritatis)로 "진리의 규칙"이라는 문구를 통해서 정통과 이단 사이에 엄격한 선을 그었다.[18]

로마의 황제 콘스탄티누스 1세(3-4세기경)가 313년에 기독교에 대한 관용을 선언한 후, 교회법의 용어와 로마법의 용어가 뒤섞이기 시작했다. 예를 들면, 6세기에 황제 유스티니아누스 1세(483-565)의 『로마법 대전Corpus Juris Civilis』은 노모스와 카논을 동일시하며 카논에 대해서 자주 언급한다.[19] 카논이 원래 직선 자를 뜻하다가 이후에는 더욱 일반적으로 규칙을 뜻하게 된 것처럼, 라틴어 단어 레굴라에서 파생된 단어들은 그에 상응하는 그리스어 단어들의 폭넓은 연관 관계들을 되짚어보게 한다. (지평선에 수직으로 서 있는 물체를 가리키다가 직각을 만드는 목수의 도구를 가리켰던 그리스어 단어 그노몬gnomon에서 유래한 것으로 추정되는) 라틴어 단어 노르마norma와 유사하게, 레굴라 는 건축에 사용되는 평평한 판자에 대한 의미에서 비롯하여 수사학 에서는 모델, 문법과 법률에서는 규칙에 대한 의미로 그 함의를 확장 했다.[20]

그러나 로마법에서 레굴라는 후대에 규칙을 더 일반적으로 이해하 는 데에 중요한 영향을 미쳤던 특별한 의미를 가졌는데, 이는 레굴라 에 상응하는 그리스어 단어 카논에는 없었던 것이었다. 법의 규칙들 regula iuris(법언)은 특정 사건에 적용될 뿐 아니라 또다른 유사한 사건에 도 적용되는 개념이었다. 로마 후기 공화정의 법학자들은 이러한 레 굴라를 유비를 통해서 서로 연결될 수 있는 이전 판례들의 간결한 요 약본으로서 수집했다. 유스티니아누스 1세의 『로마법 대전』의 마지 막 책인 제50권에는 이러한 규칙들 중 211개가 "다양한 고대법의 규 칙들"이라는 규정으로 수록되었으며, 이러한 규칙들에 관한 규정집 이 로마 제국 전역에 걸쳐 법률 교육이 부족한 관리들에게 배포되었 다. 제50권은 지방 총독의 직무와 관련된 도시의 시민권, 세금, 공공 재산 관리와 같은 주제들을 다루었다. 중세의 로마법 주석가들은 이 러한 규칙을 일반적인 격언으로 여겨서 그것에 대한 풍부한 해설을 남겼다.[21] 실무가들을 위한 이러한 규칙들의 여러 측면들은 이후에 일어날 일을 예시했다. 첫째로, 이것은 유비로 연결되는 전례들로부 터 경험 법칙을 도출하려는 시도였다. 둘째로, 위엄 및 일반성의 차원 모두에서 보면, 법에 비해서 규칙은 명백한 열위를 가지고 있었다. 셋째로, (일반원칙과는 반대인) 전형적인 개별 사례가 부각되었으며, 넷째로, 간결성과 실천이 강조되었다.[22] 로마의 법학자 파울루스(3세기경)가 『로마법 대전』의 마지막 책에서 발췌한 구절에서 설명했듯이 "규칙은 문제를 논의할 때 따라야 할 과정을 몇 마디로 표현한 것이다. 그러나 법은 규칙에서 파생되지 않으며, 그보다는 규칙이 법에 의해서 확립된다."[23] 관습법, 결의법, 교양 및 기계적 기술은 모두 로마의 규정집이 구축해둔 영역에 자리를 잡았다. 이들은 모두 상위 원칙과 일관되지만 그로부터 도출된 것은 아니며, 주로 유비를 통해서 확장된 예시의 형태로서 세상에 대해 결정을 내리는 규칙에 의존했다.

그리스 로마 시대에 규칙과 정확성, 그리고 규칙과 법률 각각을 연결한 카논의 첫 번째 및 세 번째 의미는 21세기의 현대인들도 여전히 큰 틀에서 인식할 수 있다. 우리는 더 이상 천문표와 직선 자를 같은 이름으로 부르지는 않지만, 측정과 계산 그리고 조금 더 비유적인 의미에서는 세부적인 사항과 정확한 실행을 위해서 세심한 주의를 기울여야 하는 모든 활동들과 규칙이 어떻게 연결되어 있는지를 즉각적으로 이해한다. 마찬가지로 현대 법률과 행정에서도 규칙과 법률은 여전히 서로 뒤섞여 있으며, 파울루스 등 로마 법학자들이 정의한 대략적인 위계질서에 따르고 있다. 더 나아가 우리는 건축가와 목수의 규칙을 천문학자와 문법가의 규칙, 그리고 판사와 변호사의 규칙과 한데 묶는 연결고리를 추적하는 데에 어려움을 겪지 않는다. 모든 종류의 규칙은 의례와 일상을 지배하고 제한하고 구체화하고 안내하며 특정한 행동을 명령한다. 규칙은 언제 누구와 무엇을 어떻게 해야 하는지를 조목조목 명령형으로 지시한다. 곧고 좁다란 것의 표상, 거대한 지팡이 식물의 이미지는 수천 년이 지난 지금까지도 규칙의 본질을 상징한다. 규칙은 통치한다Rules rule.

　모방, 모델, 패러다임을 규칙과 연결하는 두 번째 의미만이 혼란스럽게 다가오지만, 앞에서 살펴본 것처럼 칸트는 18세기 말에도 『판단력 비판Kritik der Urteilskraft』에서 이러한 규칙의 의미를 논했다. 첫 번째와 세 번째 의미에 대해서는 견고하게 이어져온 역사적 연속성의 실타래를, 두 번째 의미에 대해서는 결국 끊어놓은 것은 무엇일까? 왜 모델과 패러다임은 규칙의 동의어 목록에서 사라지고 심지어는 반의어가 되었을까? 20세기 철학에서 반복적으로 나타나는 주제인, 앎의 방식으로서 규칙과 패러다임이 서로 섞일 수 없다는 이야기가 어떻게 가능해지고 자명해졌을까? 두 번째 의미의 쇠퇴는 이 책의 나머지 부분, 특히 제5장과 제8장에서 많이 다룰 것이다. 그러나 이를 다루기 전에 먼저 그것의 부상, 즉 기독교 수도원 공동체의 청사진으로서 『성 베네딕토 규칙서』의 성공으로 대표되는, 고대 후기 및 라틴 중세에서의 모델로서의 규칙의 화려한 역사를 들여다보아야 한다.

수도원장은 규칙이다

다음은 이탈리아 남부에 위치한 몬테 카시노의 베네딕토 수도원의 정오 성무일도 시간을 그린 그림이다(그림 2.4). 이 그림을 보면서 누르시아의 성 베네딕토(480-547)가 수도원을 설립한 직후인 6세기 중반을 상상해도 좋고, 그로부터 수백 년 이후를 생각해도 좋으며, 영국의 캔터베리나 미국의 애리조나 주에 있는 베네딕토 수도원을 생

그림 2.4 성 베네딕토가 수도사들과 함께 식사하는 모습. 조반니 안토니오 바치(일 소도마), 이탈리아 몬테 올리베토 마조레의 베네딕토 수도원에 있는 프레스코화 「성 베네딕토의 생애(*Life of Saint Benedict*)」(1505)의 세부.

각해도 좋다. 어느 세기에 어떤 곳에서나 거의 동일한 규칙이 수도사의 하루를 지배하기 때문이다.[24] 베네딕토 수도원의 수도사들은 부활절에서 오순절까지는 제6시경(정오 무렵)에, 그리고 그후의 여름부터 9월 13일까지의 수요일과 금요일에는 제9시경(오후 3시 무렵)에 모여 하루의 주된 식사를 하는데, 식사로는 1파운드짜리 빵과 함께 두 가지 요리가 나오며 포도주 1헤미나hemina(약 270밀리리터)로 마무리된다.[25] 그들은 『성서』를 4-5쪽 정도 낭독하는 소리 외에는 아무것도 들리지 않는 침묵 속에서 식사를 하는데, 『구약 성서』의 처음에 나오는 7서나 「열왕기」는 낭독하지 않는다(성격이 약한 수도사에게는 너무 흥분되는 이야기이기 때문이다). 식사 자리에 너무 늦게 도착하거나 자리를 너무 일찍 뜨는 수도사들은 두 번 꾸짖음을 당하며, 불복종하며 규칙을 어긴 자들은 혼자 앉아야 하고 포도주를 마시지 못한다. 식사 시간 외에는 누구도 먹거나 마실 수 없다. 수도사들은 겨울에는 종과경(오후 8시 무렵)에 침대에서 일어나 철야 기도를 드려야 하고, 아침까지 불이 켜져 있는 공동 기숙사에 놓인 각자의 침대에서 옷을 입고 허리띠를 두른 채 잔다. 모든 수도사는 1주일에 한 번씩 모든 수건을 빨아야 하며 다른 수도사들에게 하루에 한 끼를 차려주는 것을 포함해 주방 임무를 다해야 한다. 식사 시간에서 제외되는 것부터 수도원 퇴출에 이르기까지 규칙 위반에 대한 처벌의 수준도 매우 구체적이다.[26] 『성 베네딕토 규칙서』의 73개 장은 수도원 생활의 모든 순간과 모든 측면을 광적일 정도로 세세하게 규제하는 것처럼 보인다. 만약 사소한 일까지 챙기는 관리자에게 수호 성인이 있다면, 그 수호 성인의 이름은 바로 성 베네딕토일 것이다.

535-545년에 작성된 『성 베네딕토 규칙서』가 수도사 공동체를 규율하는 최초의 규칙은 아니었다. 이집트 사막에서 고독한 고행자들이 수행하던 여러 방식의 은둔 생활과는 대조적인 공동 수도원 생활은 4세기에 그리스어를 사용하는 동방 기독교 교회에서 시작되었으며, 신학자이자이자 신비주의자인 요하네스 카시아누스(360-435)에 의해 마르세유 등 서유럽의 다른 지역들로 전래되었다. 『성 베네딕토 규칙서』는 성 바실리우스(330-379)나 성 아우구스티누스(354-430)의 규칙들, 그리고 특히 익명으로 작성된 『스승의 규칙Regula Magistri』(500-530년경에 프로방스에서 작성된 것으로 추정) 등 이전의 여러 공동 수도원 생활 규칙들을 참고한 듯하다. 이러한 초기 지침들은 교리문답서 같은 성 바실리우스의 규칙에서부터 95개의 장에 이르는 『스승의 규칙』에 이르기까지 길이, 형식, 세부사항의 수준이 매우 다양했다.[27] 성 베네딕토가 자신의 규칙을 원조라거나 최고의 것으로 여겼다는 기록은 없다. 오히려 그는 자신의 계율이 성 바실리우스의 규칙과 다른 교부들의 저술과 삶을 통해서 보완되어야 할, 수도원 생활을 시작하는 초심자들을 위한 것이라며 겸손한 태도를 보였다. 그러나 『성 베네딕토 규칙서』는 오늘날까지 서방 그리스도 교회의 모든 수도원 공동체에서 기초적인 헌법으로서 그 역할을 하고 있다.[28] 이처럼 규칙서가 오랫동안 살아남아 광범위하게 확산된 사례는 각종 제도의 역사상 거의 유례가 없는 일로, 사회로부터의 도피처로서 만들어진 대부분의 이상적인 공동체의 수명이 짧기로 악명 높은 것과는 극명하게 대조적이다. 그 놀라운 탄력과 적응력의 비결은 무엇일까?

이 물음에 대한 답은 아마도 규칙서 속 73개장에 담긴 세부사항들의 구체성과 그 규율들을 실제 상황에 적용할 때 발휘되는 재량권에 있을 것이다. 현대인은 구체적인 규칙을 엄격한 규칙과 동일시하기 때문에, 이런 탄력과 적응력은 모순적으로 보인다. 우리는 사소한 일까지 관여하는 관리자가 재량권을 최소화하기 위해서 세부사항을 덧붙인다고 생각한다. 그러나 『성 베네딕토 규칙서』에 세세하게 묘사된 많은 세부사항들은 오히려 결정적인 명령의 구속력을 느슨하게 만들었다. 수도원에서의 식사 시간으로 돌아가보자. 수도사들은 1헤미나의 포도주를 찌꺼기까지 다 마셨다. 여기에는 단위나 1일 할당량에 대한 아무런 모호함도 없어 보인다. 그러나 한여름에 수도사들이 뙤약볕 아래 밭에서 오랫동안 일했다면, "만약 일이 더 힘든 일이었고 상황에 도움이 된다면 수도사들에게 포도주를 더 주는 것은 수도원장의 재량과 책임에 달려 있다." 또는 "침묵의 규칙을 깨는 사람은 엄중한 처벌을 받는다"라는 식사 시간에 지켜야 할 엄격한 침묵의 규칙을 보자. 그 어조와 내용은 모두 단정적이지만, 이 규칙에는 "손님 때문에 말을 해야 하거나 수도원장이 허락하는 경우를 제외하고는"이라는 예외가 바로 뒤따른다.[29] 이처럼 『성 베네딕토 규칙서』는 계율의 뒤를 잇는 단서 조항과 예외 조항들로 가득하며, 이런 조항들은 계율만큼이나 자세하게 명시되어 있다. 수도원장이 상황상 필요하다고 판단한다면, 그렇게 가혹한 계율도 없고 감형할 수 없을 만큼 엄격한 위반 행위도 없다.

말하자면 수도원 생활은 규칙의 규칙rule of the Rule인 수도원장을 중심으로 이루어졌다. 수도원장은 거룩한 삶의 살아 있는 전형이었고 『성 베네딕토 규칙서』에 120번이나 언급되었다. 그는 모든 수도사와 수도원 활동의 모든 측면을 책임졌다. 『신약 성서』의 아람어 "아바스abbas", 즉 "아버지"에서 명칭이 유래한 수도원장abbot은 막대한 재량권을 부여받았는데, 이 권한은 성 베네딕토가 모든 미덕의 어머니라고 칭송한 능력에서 온 것이었다(제64장). (고전 라틴어 단어는 아닌) 디스크레티오discretio라는 단어는 구분선discenere을 긋고 각 사안을 상황에 따라서 분별하는 능력을 의미한다(재량권discretion의 어원).[30] 『성 베네딕토 규칙서』의 계율의 다음 문장들은 수도원장에게 재량권을 부여하기 위해서 계속해서 단호하고 날카롭게 명시된다. 예를 들면, 제33장은 확실한 언어로 "수도사는 책, 필기구, 붓 같은 그 어떤 재산도 소유할 수 없다"고 명시되어 있지만, 수도원장이 허가한 경우는 제외된다. 또한 제63장에서 성 베네딕토는 수도원 내 계급에 대해서 분명한 어조로 "사무엘과 다니엘이 비록 어리기는 했지만 장남보다 더 높은 지위에 있었으니 어떤 경우에도 나이가 계급을 결정하지는 않는다"고 이야기하지만, 바로 다음에 뒤따르는 일반적인 요건에서는 "수도원장의 숙고를 거치거나 특정한 이유가 없는 한" 수도원 입회 날짜에 따라서 정의되는 질서를 수정할 수 없다는 단서가 붙는다(제63장).

수도원장의 재량은 결코 자의적이지 않다. 오히려 수도원장은 하느님 앞에서 책임을 지고 특정한 상황과 수도사의 개별적인 능력에 맞춰 규칙의 엄격성을 조정할 의무가 있다. "그(수도원장)는 수도원에서 예수 그리스도를 대표한다(제2장)." 모든 순간에 그는 상황에 따라 규칙을 조정하도록 명시적으로 요구받는다. 예를 들면, 음식과 음료에 관한 규칙들 중에 엄격한 식사량과 식사 시간의 규칙은 "약한 자를 배려해서" 완화될 수 있고(제39장), 네 발 달린 동물의 살을 먹을 수 없다는 규칙에서 병든 자는 제외되며(제39장), 모든 사람은 차례대로 부엌일을 맡아야 하지만 약한 자는 추가적인 도움을 받을 수 있고(제35장), 자신의 일에서 실수를 저지르거나 수도원의 재산에 피해를 입힌 수도사는 자신의 죄를 즉시 고하지 않으면 엄벌에 처해져야 하지만 숨겨진 죄의 문제가 아닌 이상 수도원장은 그의 실수를 드러내지 않고도 상처 입은 영혼을 돌볼 수 있다(제46장). 규칙서에서는 거의 모든 계율에 대해서 예외 사항들이 예상되고, 재량권이 행사되며, 구체적인 상황들이 고려된다.

교차로의 빨간불, 과세 소득 신고, 지하철 요금 지불 등 모든 측면에서 재량권의 행사를 강력히 저지하는 현대 규칙의 강압적인 기조에 익숙한 우리는 『성 베네딕토 규칙서』의 특징적인 어법을 다소 우습다고 생각할 수도 있다. 새로 데려온 강아지가 낑낑거리거나 착하게 굴지 않거나 문을 긁어대면 침대에서 잘 수 없도록 하는(그러나 실제로는 이렇게 해도 침대에서 잘 수 있게 허락하는) 주인을 연상하면서 말이다. 그러나 『성 베네딕토 규칙서』에는 심약한 의지나 그 어떤 흔들림도 반영되어 있지 않다. 현대인의 눈에는 엄격함과 방종 사이에서 흔들리는 진자처럼 읽히지만, 그것은 전근대적 감각에서 완전한 규칙을 만들어내는 유일한 방법이었다. 수도원장은 단순히 규칙을 집행하는 사람이 아니라, 조각상 「도리포로스」가 남성미의 정석을 대표하듯이, 따라야 할 규칙의 전형을 보여주는 사람이었다.

재량권은 규칙 제정과 적용의 역사에 매우 중요하므로, 잠시 재량권의 의미와 역사를 살펴볼 필요가 있다. 재량은 판단의 전부는 아니지만 판단의 한 형태이며, 규칙의 엄격성을 언제 완화해야 할지를 아는 것뿐 아니라 인간의 정신을 포함하여 세계가 어떻게 작동하는지에 대한 감각, 사리 분별, 통찰력을 포괄하는 개념이다. 재량이라는 단어는 "나누다" 혹은 "구별하다"라는 뜻의 라틴어 동사 discerne로부터 파생된 discretio가 그 어원이고, discrete라는 단어의 어근인 형용사 discretus와 관련이 있지만, 고전 라틴어에서의 의미는 "나누다"라는 문자 그대로의 정의와 일치한다.[31] 그러나 5-6세기부터인 고전 후기 라틴어에서 discretio는 중대한 문제에 대한 사리 분별, 신중함, 분별력이라는 추가적인 의미를 가지기 시작했다. 아마도 그것은 성 바울로가 악한 영으로부터 선한 영을 구별하는 것을 포함해 다양한 성령의 은사恩賜를 열거한 「고린토인들에게 보낸 첫째 편지」 제12장 10절과 관련이 있을 것이다. (성 히에로니무스가 4세기에 라틴어로 번역한 "영적인 구별discretio sprituum"은 훗날 거짓 선지자, 이단자, 마법사들을 박해하는 데에 중요한 문구가 되었다.)[32] 6세기의 『성 베네딕토 규칙서』는 이렇게 확장된 재량의 의미를 최대로 활용했다. 이런 용법이 확립된 후, 다른 유럽 언어에서 후기 라틴어 어근 discretio와 그것의 파생어의 의미는 놀라울 정도로 일관되게 유지되었으며, 확실한 구분을 만들고 표시하는 행위와 항상 관련되었다. 마찬가지로 discretio는, 미묘한 차이를 예리하게 지적해내는 능력을 선호하며 질문, 반박, 변론의 틀에 따르는 논쟁적인 문체를 지녔던 중세 학자들의 언어에서도 활발히 사용되었다. 예를 들면, 중세의 위대한 신학자 토마스 아퀴나스(1225-1274)의 저서 색인에는 선과 악의 구분, 용서할 수 있는 죄와 대죄의 위계, 미각과 후각의 종류, 신중함과 겸손함의 미덕, 다양한 감각 기관의 자극을 하나의 통일된 인식 대상으로 통합하는 상식의 판단력, 「고린토인들에게 보낸 첫째 편지」제12장 10절의 선한 영과 악한 영의 구분에 이르기까지 여러 가지 맥락을 넘나드는, 최소 200개가 넘는 단어들이 열거되어 있다.[33] 400년 후, 독일 철학자 루돌프 고클레니우스 1세(1547-1628)가 편찬한 『철학 사전Lexicon philosophicum』(1613)과 17세기 대부분의 표준적인 참고 문헌은 중세 문헌과 동일한 의미의 영역을 다루고 있었다. 즉, 이들 문헌에서 discretio의 주요 의미는 "하나를 다른 것과 구분 짓거나 구별 짓는 것"이었다.[34]

  디스크레티오, 그리고 이 단어와 어원을 공유하는 말들은 『성 베네딕토 규칙서』속 수도원장의 역할에서 이미 분명하게 드러나듯이 두 가지 측면을 지니는데, 하나는 인지적 측면이고 다른 하나는 수행적 측면이다. 작지만 중요한 세부사항의 차이를 지니는 사례들을 구별하는 능력은 단순한 분석적 예리함을 넘어서는 능력인 재량의 인지적 측면의 본질이다. 또한 재량은 경험의 지혜를 추가적으로 활용하여 어떠한 구별이 원리적으로, 그리고 동시에 실질적으로 차이를 만들어내는지 파악한다. 사소한 일을 지나치게 따지는 것은 스콜라 철학을 끊임없이 따라다니는 죄악이며, 너무 자세히 구분하다 보면 모든 범주를 그것을 구성하는 개별 사례들로 분쇄하여 사례의 수만큼이나 너무 많은 규칙이 요구되도록 만들 위험이 있다. 반면, 재량은 규칙이 전제하는 범주적 체계를 보존하면서도 그러한 범주들 내부에 유의미한 구분선을 그릴 수 있도록 한다. 가령 『성 베네딕토 규칙서』에서 재량은 식사 시간이나 작업 배당 같은 범주들은 유지하되, 더욱 세심하게 영양을 관리해야 하는 아픈 수도사나 주방 일을 하는 데에 도움이 필요한 약한 수도사 같은 사례들을 구분한다. 신중함, 실용적인 지혜와 재량을 비슷한 위치에 두는 경험과 특정한 지침적 가치를 조합할 때, 이런 구분이 의미가 있다. 이때 지침적 가치란 베네딕토 수도원에서는 연민과 자선 같은 기독교적 가치이고, 법적인 결정에서는 공정, 사회 정의, 자비 같은 가치들이다. 재량은 지적 인식과 도덕적 인식을 결합한다.

그러나 재량은 또한 인지의 영역을 뛰어넘는다. 만약 수도원장이 의미 있는 구별을 행동으로 옮기지 못한다면 그의 분별력은 무의미할 것이다. 『성 베네딕토 규칙서』에 이미 명시된 재량의 수행적 측면은 재량의 인지적 측면에서의 통찰력을 실현할 자유와 힘을 포함한다. 재량은 마음의 문제일 뿐 아니라 의지의 문제이기도 하다. 제8장에서 살펴보겠지만, 17세기에 이르러 재량의 자의성은 임의적인 변덕과 유사하게 묘사되기 시작했는데, 이는 재량의 인지적 측면과 수행적 측면이 분리되기 시작했다는 신호이다. 권력을 행사하는 사람들의 실용적인 지혜가 더는 신뢰를 얻지 못했고, 그에 따라 그들이 지녀왔던 재량이라는 특권의 정당성이 낮아졌다. 인지적 측면이 결여된 재량 행사권은 의심을 받기 시작했다. 영어 단어인 재량권discretion 의 역사는 이러한 진화의 과정과 거의 유사하다. 원래 라틴어였다가 12세기에 프랑스어에서 유입된 이 단어에는 적어도 14세기 말 이래로 인지적 분별력과 관련된 의미와 수행적 자유와 관련된 의미가 평화롭게 공존해왔다.[35] 그러나 오늘날에는 그것의 인지적 의미는 한물간 것으로 분류되는 데에 비해서 수행적 의미는 계속해서 살아남았고, 법원, 학교, 경찰 등의 기관들의 재량권 남용에 대한 현대의 논쟁이 보여주듯이 점점 더 논쟁적인 의미로 자리매김하고 있다. 수행적

재량 없는 인지적 재량은 무력하고, 인지적 재량 없는 수행적 재량은
자의적이다.

현대적 맥락에서는 재량권을 행사한다는 것이 규칙을 충실히 따르
는 것과 반대되는 개념이다. 반면에 수도원장의 재량은 엄격한 규칙
에 대한 위반이나 그에 대한 보완으로 생각되기보다는 규칙의 일부
로 여겨졌다. 영미법과 대륙법을 막론하고 현대 법학에서 법을 해석
하고 집행하는 판사의 재량권은 형평성이라는 고대의 개념에 포함되
며, 특정한 사례에 법조문을 문자 그대로 적용하는 것이 법의 정신을
배반할 뿐 아니라 명백한 불공정을 초래하는 경우에 작동시킬 수 있
는 비상 브레이크처럼 여겨진다.[36] 성 베네딕토가 로마 법의 형평성에
관한 관행에 익숙했다고 믿을 만한 충분한 근거도 있는데, 그가 규칙
준수의 엄격성과 관용을 둘 다 정당화하기 위해서 "형평성의 근거"를
호출한다는 점이다(법적 형평성과 도덕적 결의론의 맥락에서의 재량은 제
8장에서 다룰 것이다).[37] 그러나 여기에서는 『성 베네딕토 규칙서』에서
수도원장의 역할이 어떻게 적어도 한 가지 중요한 측면에서 공정한
판사의 역할을 뛰어넘는지에 관심을 가져야 한다. 정의를 실현하기
위해서 일반 법이나 규칙이 특정한 사례의 윤곽에 들어맞게 변용되어
야 하는지 아닌지, 그렇다면 어느 정도의 변용이 허용되는지를 결정
하는 것은 판사의 지혜의 영역에 속한다. 그리스 로마 전통에서 형평
성(그리스어로 에피에이케이아epieikeia) 개념의 초석을 놓은 아리스토텔
레스가 보기에, 그러한 사건의 판결에서 재량권을 행사하는 판사는
결과적으로 모든 발생 가능한 우발적 사건들을 예측할 수 없는 입법
자의 업무를 완성해주는 역할을 수행했다. "따라서 법이 일반적인 규

칙을 정하고 이후에 그 규칙으로부터 예외적인 사건이 발생했을 때, 입법자의 선언이 도리어 절대적이라는 점 때문에 결함과 오류가 발생할 때, 입법자가 우리를 지나치게 단순화하는 오류를 범했을 때, 그 결함을 바로잡기 위해서는 입법자가 그 사건에 대해서 미리 알았다면 스스로 결정해 법규화했을 것이라고 생각되는 방향으로 오류를 바로잡는 것이 옳다."[38] 이런 견해는 일부 헌법학파 내부에 여전히 존재하는데, 그런 학파는 헌법의 최초 제정자의 의도를 파악하고 그에 따라 헌법을 해석하는 것이 판사의 의무라고 본다.[39] 아리스토텔레스는 이러한 법의 조정을, 굴곡진 면을 측정하기 위해서 레스보스 섬의 건축가들이 사용한 유연한 곡선 자에 비유하며, 지나치게 일반적으로 규정된 법의 결함을 수정할 것을 시도했다. 아리스토텔레스가 그리는 이상적인 판사는 법 자체가 아니라 입법자의 화신이다. 반대로 성 베네딕토가 그리는 이상적인 수도원장은 규칙 그 자체가 인격화된 규칙의 화신이다.

　재량에 의해서 변용된 규칙조차도 완전한 범례의 특성을 제대로 포착할 수는 없다. 판사는 일반 법을 특정한 사건에 적용하는 데에 수행적인 지혜를 발휘할 수 있지만, 사적 생활의 영역에서 적용되는 정의와 정직의 자질을 모델로 삼아 적용할 필요는 없다. 실제로 법의 규칙이 인간의 규칙보다 우위에 있다는 격언은 규칙이 개인화되는 경우는 물론이고 인격화되는 경우에 대해서도 더욱 경각심을 심어준다. 법에 대한 복종은 법을 많이 아는 판사나 변호사의 행동을 모델로 삼아 행동할 것을 시민에게 요구하지 않는다. 그러나 『성 베네딕토 규칙서』를 따른 수도사들은 수도원장의 삶의 기준을 모델로 받아들였고, 수도원장은 그리스도를 재현했으며, "아버지"라는 호칭을 받았다.[40] 초보 수도사들은 규칙서를 정기적으로 읽었고, 규칙서의 세부적인 계율들에 주의를 기울이고 그를 내면화했다. 그러나 수도원장이라는 생동감 넘치는 존재가 없었다면, 규칙은 삶의 방식이 되지 못하고 단순히 해야 할 일과 하지 말아야 할 일의 목록에 불과한 것으로 남았을 것이다. 규칙에 성실하게 복종해도 수도원에서의 생활 방식을 완전히 습득하기에는 충분하지 않았다는 사실은 신념 없이 규칙을 지키기만 하는 수도사들을 징계하는 계율의 수가 잘 보여준다. 예를 들면, 수도사들은 발을 끌거나 태만하거나 무관심하거나(제5장) "불평"을 하지 않으며(제4, 23, 34, 40, 53장) 규칙을 수행해야 했다. 『성 베네딕토 규칙서』의 "규칙"은 세부적인 계율(이는 현대적 의미와 더욱 가까운 개념이다)이나 재량의 발휘로 변용된 계율을 가리키지 않았으며, 단수형의 "규칙"이자 따라야 할 모범적인 모델을 의미하는 규칙서라는 문서 전체를 가리켰다.

모델 따르기

모방과 재량은 서로 다르지만 연관된 능력이다. 재량은 구별할 수 있는 능력으로, 보편 법칙이나 규칙을 특정한 사례에 맞게 조정하는 것을 가리키는 고전적인 의미의 판단력을 행사하는 능력이다. 반면에 모방은 특정한 사례와 다른 특정한 사례를 넘나들며 판단력을 행사하는 능력이다. 수도원장을 모방하는 수도사나 조각상 「도리포로스」를 모방하는 예술가는 모방하는 모델의 세세한 부분까지 단순히 복제하기보다는, 유추를 통해서 그러한 모델의 교훈을 번역하여 새로운 사례에 적용한다. 모방은 모사가 아니다. 수도원장의 걸음걸이와 행동을 세세한 부분까지 따라하는 수도사는 덕망 있는 사람이 아니라 우스꽝스러운 사람이 될 것이고, 「도리포로스」를 그대로 복제하는 예술가는 후손에게서 칭송받지 못할 것이다. 재량과 모방은 모두 유추에 의한 추론을 포함하는 행위이며, 이는 유사점뿐 아니라 중요한 차이점까지 식별하는, 넓은 의미에서의 분별력을 의미한다. 다시 말해서 필요한 부분만 약간 수정하는 방식의 추론을 의미한다. 형식과 양식은 예술과 문학에서 모방의 계보를 포착하고, 개인과 대비되는 의미의 페르소나persona는 윤리와 종교 의식의 영역에서 모방의 계보를 찾아낸다. 그러나 무엇을 포용하고 무엇을 배제할지를 결정하는 힘든 작업은 정의보다는 모범적 사례에 의해서 수행된다. "이것은 서사시인가?"라는 질문은 토론을 잠식시켜버린다. 그러나 반대로 "이 작품이 어떤 면에서 『길가메시 서사시Epic of Gilgamesh』나 『롤랑의 노래La Chanson de Roland』와 비슷하거나 다른가?"라는 질문은 불꽃 튀기는 추론의 경쟁을 불러일으킨다.

규칙 준수에 대한 현대의 논의는 규칙과 원칙의 구별에 주목한다. 예를 들면, 학계에서 승진 자격을 충족하기 위해서는 몇 편의 논문을 출판해야 한다는 규칙같이 명시적인 규칙에 의해서 작동하는 체계는 유리처럼 맑고 투명하다. 그러나 규칙이 투명할수록 조작에 취약해지고, 기계적으로 적용될수록 그 방식을 속이기가 쉬워진다. 한 편의 논문이 되어야 할 글을 여러 편의 논문으로 쪼개어 출판하면 출판된 논문 수는 늘릴 수 있지만 규칙의 정신은 위반하는 셈이다. 규칙에 더 많은 조건들을 추가하는 것은 규칙 이탈자와의 끝없는 경쟁을 부추길 뿐이다. 이런 사례의 경우 원칙 지지자들은 독창적이고 의미 있는 우수한 연구의 출판이라는 더욱 단순한 지향점을 선언하면서, 학계에서 더 높은 위치에 오르려는 사람들이 규칙보다는 이러한 원칙에 따라 행동해야 한다고 주장한다. 규칙보다 원칙을 옹호하는 이런 사람들은, 원칙이 목표에 도달하는 방법과 도달 가능한 시점의 측면에서 모호함을 지닌다는 반대론자들의 비판에 대항해서, 학술적 성취 체계의 경우에는 체계의 투명성보다 진실성이 더욱 중요한 가치라고 주장한다.

원칙과 모델 모두 기계적으로 적용되는 명시적 규칙과는 다르며 판단을 필요로 하기 때문에, 이 둘을 비슷하다고 생각하기 쉽다. 그러나 모델을 모방하는 데에는 원칙에 따르는 것과 다른 방식의 판단이 동원된다. 원칙은 추상적이고 일반적이지만, 모델은 명확하고 구체적이다. "정직이 최선이다" 혹은 "타인에게 친절하라" 같은 원칙은 각각의 새로운 상황에 맞게 구체화되어야 한다. 이러한 작업은 "특정한 맥락에서 무엇이 정직하거나 친절하다는 것은 어떤 의미인가?" 같은 질문을 포함한다. 이때 판단은 보편적인 것에서 특수한 것으로 이동한다. 반면에 모델을 모방하는 경우, 판단은 유추를 통해 그 경로를 도식화하면서 특수한 것에서 특수한 것으로 이동한다. 이때에는 일반적인 것에서 특수한 것을 유추하거나 추상적인 것을 구체적인 것으로 만들 필요가 없다. 그 대신 판단은 똑같이 구체적이고 특수한 두 가지 사례를 신중하게 유추하여 연결하는 역할을 한다. 어떤 비유가 가장 강력한지, 그리고 그러한 비유를 어디까지 밀어붙일 수 있는지의 문제가 중요해지는 것이다. 그것이 재량이든 모방이든 간에 규칙으로서의 모델에 따른 판단은 특수한 사례에 원칙을 도입할 때의 판단과 다르다.

재량과 모방은 모두 동일한 사례로부터의 귀납이나 제1원리로부터의 연역에 반대되는 개념이며, 이들의 작동을 의식적으로 면밀히 조사하기에는 모호한 측면이 있다. 그러나 두 능력이 어느 정도 연마된 장면은 어디에서나 쉽게 찾아볼 수 있다. 아이들은 부모의 모범을 따르되 모방하지 않는 방법을 직관적으로 이해하고, 일상의 사회적 상호작용은 윤리 및 예의범절을 당면한 상황에 맞게 지속적으로 조정할 것을 요한다. 이런 의미에서 규칙을 따르는 것을, 범례에서 예시를, 패러다임에서 특수한 것을 추론하는 것으로 이해하자는 이야기는 이미 따분하다. 정말로 흥미로운 점은 우리가 규칙을 **따르는지**의 **여부**가 아니라, 우리가 규칙을 **어떻게** 따르는지에 관한 문제에 있다. 이것은 참으로 현대 사회의 미스터리이며, **규칙**이라는 단어의 다양한 의미를 조명해주는 문제이다. 주어진 숫자의 제곱근을 구하는 규칙같이 명시적인 단계로 분석되지 않은 상태의 『성 베네딕토 규칙서』 같은 규칙을 따르는 것은 어떻게 가능한가? 다시 말해, 모델을 따르는 것은 어떻게 알고리즘을 실행하는 것으로 치환될 수 있는가?

제4장과 제5장에서 살펴보겠지만, 이 질문이 19세기가 되기 전까지 제기되지 않았다는 사실은 **규칙**이라는 단어를 중심으로 한 여러 의미들이 이전에는 서로 충돌한다고 인식되지 않았음을 보여주는 원론적인 증거이다. 천문학적 계산이든 문법적 패러다임이든 법적인 법령이든 간에, 이들은 문자 그대로의 의미 혹은 비유적 의미에서 모두 최대

한 충실히 따라야 할 기준을 일컬었다. 제3장에서 살펴보겠지만, 대부분의 규칙들은 예시와 예외가 가득한 형태를 띠며, 규칙을 적용할 때 항상 다양한 판단 방식이 필요하다는 명백한 사실은 규칙을 준수하는 암묵적 방식과 명시적 방식의 구분을 모호하게 만들었다. 그 대신 규칙은 그 범위와 유효성에서의 서로의 차이가 훨씬 더 두드러졌다. 어떤 규칙이 언제 어디에서나 적용되는지(이는 매우 소수이다), 혹은 대부분의 경우 적용되는지, 그것도 아니라면 규칙이 오로지 일부 장소에서 일부 경우에 일부 사람들에게만 적용되는지와 같은 차이 말이다.

『성 베네딕토 규칙서』의 권위는 모델로서의 규칙의 영역을 예술, 문법, 수사법 등 고대의 범위를 넘어서까지 확장시켰고, 그리스어 카논과 라틴어 레굴라에서 유래한 다른 의미들보다 모델로서의 규칙의 위상을 높였다. 이렇게 해서 규칙은 중세 라틴어 속 직선 자 혹은 산술법 같은 오래된 의미뿐 아니라, 모델이 제공하는 지침을 포함하여 신념의 문제와 수도원 질서를 규율하는 계율의 의미를 포함하게 되었다.[41] 17세기와 18세기의 주요 유럽어 사전 대부분은 이러한 의미를 **규칙**의 기본적 의미로 나열했고 **규칙**(이 맥락에서는 『성 베네딕토의 규칙서』에 대한 또다른 경의로서 종종 단수로 사용되었다)과 **모델**을 동의어로 취급했다.[42] 규칙이라는 단어의 용법을 설명하기 위해서 제공된 문장이 플리니우스와 성 베네딕토로 거슬러 올라가는 계보의 흔적같이 예술적 규칙이나 종교적 규칙의 준수에 대해서 언급한 것은 우연이 아니다. 그러나 19세기 중반에 이르러, **규칙**이라는 단어의 이런 의미는 사전에서 사라지기 시작했고 머지않아 완전히 자취를 감췄다.[43]

누군가를 어떤 것의 "규칙"이라고 부르는 것이 19세기 말 사람들의 귀에는 이미 기이하게 들렸을 것이다. 길버트와 설리번의 오페라 「펜 잔스의 해적」(1879)에 등장하는 스탠리 소장은 "나는 현대 '소장'의 바로 그 규칙이다"라고 노래하지 않는다.

오늘날 우리는 특정한 사람을 더 이상 "규칙"이라고 부르지 않고 『플루타르코스 영웅전*Vītae Parallēlae*』이나 성인전聖人傳에서 찾지도 않지만, 어떻게 살아야 하는지에 대한 모델은 "롤 모델" 등의 표현에서처럼 모든 서점에 있는 자서전과 자기계발서에 넘쳐난다. 단어와 개념이 분리되었다는 사실이 정말 중요할까? 고대로부터 내려오는 계보를 지니고 널리 사용되는 모든 단어들에는 푸른 싹만큼 죽은 가지도 있으며, 멸종된 용례가 살아남은 단 한 가지의 구절 속에 굳어 있기도 한다(법에서 "행위후after the deed"를 의미하는 "사실후after the fact"나 자연적인 것들의 사례들을 연구하는 학문인 "박물학natural history"이 그 예시이다). 한때 활발히 사용되었던 용례가 최신판 사전에서 "구식"으로 분류되는 것은 버슬bustle(치마를 부풀리기 위한 틀/역주)이나 장식 달린 덮개를 가리키던 단어가 사전에서 사라진 것만큼이나 자연스러운 세상의 흐름이다.

그러나 모델로서의 규칙이라는 개념의 경우는 다르다. 첫째로, 단지 새로운 다른 이름으로 불릴 뿐 모델로서의 규칙이라는 개념은 아직도 잘 살아남아 숨쉬고 있다. 둘째로, 이를 가리키는 단어와 개념이 우호적으로 분리되지는 않았다. 규칙이라는 단어는 더 이상 모델이나 패러다임을 의미하지 않는다. 또한 규칙의 주요 의미는 예전에는 유익한 동반자였던 모델이나 패러다임과 이제 더는 양립할 수 없는 듯하다. 모델과 패러다임의 의미는 놀랍도록 확고하게 유지되어왔다. 건축, 문법, 예술 영역에서 사용되던 고대의 모든 그리스어 단어 파라데이그마는 현대의 영어 단어 **패러다임, 모델, 범례**로 자연스럽게 번역될 수 있다. 변화한 것은 규칙이라는 단어의 의미이며, 그것이 어떤 이유와 배경에서 변화했는지에 대한 답은 각각 계산, 규제, 보편 법칙의 영역에서 시도되었던, 명시적이고 엄격한 규칙을 형식화하려는 다양한 노력을 제5-7장에서 살펴봄으로써 얻을 수 있을 것이다. 지금은 단어와 개념 사이의 불연속성을 포착하고 『성 베네딕토 규칙서』에서 얻은 통찰을 다잡는 것으로 충분하다. 즉, 규칙의 특수성은 규칙의 엄격성을 의미하지 않으며, 예외도 규칙의 일부가 될 수 있고, 모방과 재량은 다르다.

결론 : 과학과 공예 사이의 규칙들

규칙이라는 단어와 그와 관련된 다른 유럽어의 의미론적 범주들의 근원을 제공한 구체적인 맥락에 다시 주목해보자. 이런 맥락들은 모두 나무나 돌을 측량하는 목수와 석공의 손에 들린 직선 자, 후원자의 승인을 얻어서 건축업자들에게 지침을 제공하는 인형 집 크기의 건축 모형, 사제에게 세례식을 거행하는 방법이나 지방 관리에게 세금을 부과하는 방법을 알려주는 간단한 지침서 등 다양한 세상일을 처리하는 방법과 관련이 있었다. 현대의 규칙은 논리적인 추론법이나 과학적인 자연법칙까지를 포함해서 의미하지만, 원래 규칙의 범주는 그리스어로 테크네technê, 라틴어로 아르스ars라고 알려진 분야에 적용되었다. 의학, 수사학, 건축, 항해, 군사 전략처럼, 계율에 따르되 실제로 행할 때의 상황에 적절히 맞추는 것이 중요한 분야들 말이다. 그리스어로 에피스테메epistêmê, 라틴어로 사이언티아scientia라고 불린 것이 보편적이고 필연적인 진실을 다루었다면, 기술은 특수하고 우연적인 것들의 영역을 벗어나지 못했다. 의사는 일반적인 병자가 아니라 환자 개개인을 치료했고, 연설가는 일반 청중이 아닌 특수한 청중을 설득해야 했다. 아무리 노련한 항해사라도 결국에는 기이한 폭풍이나 변화무쌍한 조류에 직면했고, 건축가는 현장과 자재의 특수성과 후원자들의 변덕에 계속해서 적응해야 했다. 천상계의 과학과 실용적인 공예 사이에서 아슬아슬한 균형을 잡던 기술은 이성적이었지만 실증적이지는 않았고, 신뢰할 수는 있었지만 오류가 없는 것은 아니었으며, 규칙적이었지만 보편적이지는 않았다. 기술은 머리뿐만 아니라 손도 사용했고, 형상과 질료를 모두 다루었다.

플라톤 변증법의 성채에서 교육받은 의사의 아들이었기 때문인지, 아리스토텔레스는 이처럼 중간적인 기술이 처한 곤경에 절묘하고 민감한 방식으로 반응했다. 그는 다양한 작품에서 에피스테메와 테크네의 차이를 논했는데, 이는 그가 에피스테메와 테크네를 완벽하게 구획되는 것이 아닌 연속체 위의 점들로 간주했음을 보여준다. 이상적으로 에피스테메는 필연적인 보편성에 지배받는, 변하지 않는 형상을 다룬다(그러나 그러한 공리를 규명하는 것은 경험에 의한 탐구로 귀결된다).[44] 그러나 아리스토텔레스는 에피스테메가 때때로 불변하는 형상만이 아니라 가변적인 질료도 다루어야 한다는 점을 인정하고, 그것의 보편성을 "항상 또는 대부분의 경우 발생하는 것"으로 완화한다.[45] 한편 그는 에피스테메의 확실성의 의미를 희석시킨 것과 같은 방식으로 테크네의 확실성의 의미를 강화시킨다. 우연과 사고의 발생을 피할 수는 없지만, 그럼에도 불구하고 테크네는 원인으로부터의 추론과 어느 정도의 일반성의 달성을 포함한다. 예를 들면, 한 화병 환자에게 효과가 있는 치료법은 대개 같은 안색을 보이는 다른 환자들에게도 효과가 있다.[46] 결정적으로 아리스토텔레스의 설명에 따르면, 전적으로 경험에 기반한 수공예와 달리 에피스테메와 테크네의 능력을 양성하는 사람들은 모두 그들이 무엇을 왜 하는지를 설명할 수 있고, 단순한 지적이 아니라 가르침을 통해서 그들의 지식을 전달할 수 있다.[47]

보통 에피스테메는 과학으로, 테크네는 공예로 번역되지만, 이는 우리의 목적에서는 오해의 소지가 있는 표현이다. 현대의 의미에서 과학은 연역적이거나 논리상으로 필연적인 것이 아니며, 확실히 물질과 변화를 다루는 분야이다. 한편 공예는 아리스토텔레스를 비롯한 고대, 중세, 근대 사상가들이 명확하게 구분했을 활동들을 한데 묶는다. 의학과 윤리학은 기하학의 확실성의 수준에는 도달하지 못할지라도 지적인 측면에서나 사회적인 측면에서 수공예와는 완전히 다른 부류에 속한다. 중세와 현대의 관점에서 보면, 이와 같은 대략적이지만 쓸 만한 구분은 대학 교육 과정의 일부를 구성하는 과목들(실용의학이나 수사학 같은 기술을 포함한다)과 장인의 공방에서 견습생들이 배우는 과목들 사이의 구분과 같다. "기술로 환원하라"는 16세기와 17세기의 키케로식의 문구 아래에 광업, 공학, 농업, 염색 및 기타 공예 분야의 종사자들은 인쇄술이 제공한 기회를 누리며 자신의 지식을 규칙으로 형식화한 해설서를 출판함으로써 지위와 급여를 높여왔다.[48] 우연은 아니지만 같은 시기에 과학과 기술은 두 범주를 모두 변화시키는 방식으로 서로를 교차 수정시켰다.[49] 18세기 중반에 이르러 과학은 관찰과 실험같이 원래 기술과 공예에서 발전해온 경험적 수행을 받아들이고 개선했으며, 확실성에 대한 탐구에서 가능성이 있는 지식에 대한 탐구로 눈을 낮췄고, 이해와 함께 유용한 응용을 목표로 삼기 시작했으며, 수학적 논리가 제공했던 증명에 관한 이상을 폐기했다. 반대로 기술은 "변하지 않고 변덕과 주관적 의견의 영향을 받지 않는 분명한 규칙들" 같은 더욱 견고한 규칙을 뽐내기 시작했다.[50] 이러한 발전은 점차 특유한 지식의 형태로서 기술의 정체성을 약화시켰고, 기술이라는 용어 자체는 회화, 조각, 음악, 창작문학과 관련된 용어가 되었다.

실천과 특수성에 가까이 있으면서도 일반성을 지향하는 규칙의 중간적인 지위를 이해하기 위해서는 기술의 잃어버린 범주라는, 규칙의 전통적인 영역을 다시 살펴보아야 한다. 이미 고대에 기술은 여러 철학 학파의 목적에 따라서 확장되기도 하고 축소되기도 하는 가변적인 범주였다. 플라톤과 아리스토텔레스는 테크네에 대한 견해를 달리했으며, 스토아 학파는 때로 테크네를 이성 혹은 우주의 질서와 동일시하기도 했다.[51] 마찬가지로 중세와 르네상스의 라틴어에서 아르스는 제멋대로 뻗어나가는 영역이었다. 이는 (문법과 수사학만이 아니라 논리학, 천문학, 화성학, 산수, 기하학 등 아리스토텔레스라면 에피스테메로 분류했을 학문들을 포함하는) 이론적 교양 과목만이 아니라 요리에서부터 요새 축성학까지 모든 것을 포함하는 실용적인 기계적 기술을 아우르는 방대한 분야였다.[52] 대략 15세기 후반부터 18세기까지 기술은 분주하게 규칙을 만들어내는 공장이 되었으며, 실무자들은 손재주만이 아니라 지적 명성까지를 자랑스럽게 내세우며 다양한 해설서를 잇달아 출간했다. 계율과 격언을 통해서 테크네를 가르칠 수 있어야 한다는 아리스토텔레스의 가르침은 비록 그 적용 범위가 한정되었을지라도 르네상스와 근대 초기에 걸쳐서 이른바 "쿤스트뷔힐라인Kunstbüchlein"(기술에 관한 작은 책)의 출간을 활성화했다.[53] 당대의 독자가 실제로 이 안내서들을 통해서 금속을 제련하거나 도시를 포위하거나 화폐를 환전하거나 휘파람을 부는 법을 배울 수 있었는지는 또다른 문제이다. 이어지는 제3장은 규칙을 통해서 기술을 배울 수 있게 만드는 데에 사용된 다양한 전략들을 살핀다.

3

기술의 규칙 : 하나 된 머리와 손

이해하는 손

1525년 뉘른베르크에서 예술가 알브레히트 뒤러(1471-1528)는 화가, 금세공인, 조각가, 석공, 목수, 그리고 "측량법을 사용하는 모든 사람들"을 위한 기하학 서적을 저술하여 인문주의자 친구인 빌리발트 피르크하이머(1470-1530)에게 헌정했다. 이 책은 대상 독자층인 공예가와, 금세공인의 아들이라는 뒤러 자신의 배경에 걸맞게 라틴어가 아닌 그의 모국어, 독일어로 쓰였다. 그러나 저명한 고전 학자들에 대한 헌사와 잃어버린 "그리스인과 로마인의 기술"에 대한 언급은 수공예의 원칙들을 체계적으로 가르쳐서 기술의 경지로 끌어올리고자 했던 뒤러의 야망을 보여준다. "가지치기를 하지 않은 야생의 나무처럼 무지한 상태로 자랐고" 오직 "일상적인 수행"을 통해서만 공예를 배운 화가와 장인들은 미술품 감식가들의 비웃음을 샀다. 이러한 "기술에

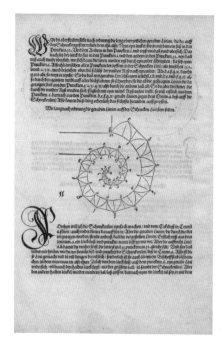

그림 3.1 알브레히트 뒤러의 다각형 구조. 『컴퍼스와 자로 측정하는 방법에 대한 지침서(*Underweysung der Messung, mit dem Zirckel und Richtscheyt*)』(1525), 도판 11. SLUB, digital.slub-dresden.de/id27778509X.

굶주린 젊은이들"은 나침반과 직선 자의 기하학을 습득함으로써 그들의 수공예 기술뿐 아니라 정신력도 향상시킬 수 있었다(그림 3.1).[1]

뒤러의 헌정서는 급성장하던 근대 초기의 해설서에서 끝없이 반복되었던 주제들을 변화시켰다. 수백, 수천 권의 책이 그림과 목공뿐 아니라 준설浚渫 작업과 염색, 포술砲術과 요리, 전칙곡 작곡과 나무 더미 측량까지 포함하는 모든 종류의 수공예를 기예(기술)로 승화시키고자 했다. 진정한 기예는 "규칙으로 환원될 수 있다"는 키케로식 언명言明에 따라서, 뒤러의 책처럼 모국어로 쓰이고 종종 삽화가 곁들여진 작은 책들은 글을 읽고 쓸 줄 알며 출세하고자 했던 장인들과 그들을 고용하는 데에 관심이 있던 군주들에게 각종 설명, 격언, 계율,

도표, 도해圖解를 제공했다.[2] 왕실을 지키고 풍요롭게 하고 장식하는 데에 사용될 수 있는 기술을 가진 기예가, 기술자, 의사, 연금술사, 요리사 등이 근대 초기 궁정에서 경쟁을 벌이며 사회적, 경제적 발전을 위한 새로운 기회가 창출되었다. 뒤러 본인의 경력이 보여주듯이, 장인 거장들은 유럽 전역의 궁정에 초대를 받아 활발히 거주지를 옮겨 다녔고 교황과 군주의 사랑을 받는 등 신분도 상승했다.[3]

이러한 성공담과 도시 장인들의 문해력 상승은 야망을 자극했고, 자신의 영업 기밀을 공개하여 뒤죽박죽인 관행을 명료하고 신뢰할 만한 규칙들로 "환원하겠다고"(즉, 정리하고 질서 잡힌 것으로 만들겠다고) 약속한 저술가들에게 시장을 열어주었다.[4] 공예 지식을 규칙으로 형식화하는 것은 그 지식에 목소리와 존엄성을 부여하자는 것이지, 이를 공방에서 제거하자는 것이 아니었다. 뒤러는 "철저한 입문서"로서 그의 지침이 "일상적인 사용"을 통해 확산되기를 바랐고, 그렇게 된다면 사람들이 그 지침을 깊이 이해하면서 혁신에 불을 붙이는 효과가 커지리라고 보았다.[5] 뒤러의 책과 같은 해설서들은 목공부터 요리까지 모든 종류의 수공예를 포함하는 "기계적 기술artes mechanicae"의 수행자를 대상 독자층으로 했다.[6] 대학 교육 과정의 핵심을 구성하던 더욱 권위 있는 기초 교양 혹은 "자유" 기예artes liberales에 대항해서, 기계적 기술의 자원은 근대 초기 유럽에서 급격히 증가했다. 1600년경 안트베르펜에서 출판된 유명한 판화 연작 「새로운 혁신들Nova Reperta」은 유성 안료부터 인쇄술에 이르기까지 숙련된 장인들의 독창적인 혁신을 기렸다.[7] 근대 초기의 초심자를 장인의 비법의 세계로 인도한 대부분의 기예서(쿤스트뷔힐라인)와 비법서들은 독자가 규칙과 비결

그림 3.2 헨드리크 골치우스, 「기술과 실천」(1583). © 영국 런던, 영국박물관.

을 읽고 그 과정을 실제로 반복적으로 시도할 것을 상정했다.[8] 예술가 헨드리크 골치우스(1558-1617)의 1583년 판화 「기술과 실천Ars et Usus」은 이들의 관계를 우화적으로 잘 보여준다. 월계관을 쓰고 날개가 달린, 기술을 상징하는 여성은 책과 수학적 도구들에 둘러싸인 채 지구본 위에 앉아서 실천을 상징하는 남성의 손을 안내하고 있는데, 이는 책이나 도구들과 마찬가지로 수공예에서의 신중한 사전 계획을 상징한다. 라틴어와 네덜란드어로 적힌 설명은 기술과 실천의 결합이 "부와 명성"을 가져다줄 것이라고 약속한다(그림 3.2). 오른손이 심각하게 불구가 되었음에도 불구하고 골치우스 본인이 여러 영역에서 누린 예술가로서의 명성과 부가 그러한 약속에 신빙성을 부여했다.

이런 책들의 독자뿐 아니라 저자 역시 자신의 운명을 개척하는 데에 관심이 많은 장인들이었다. 학자들의 학문적 연구와 장인들의 공방 간의 활발한 교류는 결국 공예적 실행만큼이나 과학 이론을 변화시켰다. 갈릴레오(1564-1642)와 기술자 및 조선업자의 교류는 이러한 내실 있는 결합의 가장 유명한 사례일 뿐이다.[9] 탄도학, 축성학, 광업, 야금학 등 근대 초기의 군주들이 깊은 관심을 가졌던 분야들은 갈릴레오, 아이작 뉴턴(1642-1727), 라이프니츠 등 박식한 학자들의 관심을 끌었다.[10] 그러나 실행을 규칙으로 환원하는 것이 반드시 규칙을 이론으로 한 번 더 환원하는 작업을 포함하지는 않았다. 수공예와 과학 사이에서 이도 저도 아니게 부유하는 기술 자체의 중간적 지위처럼, 규칙도 손과 머리 사이를 맴돌았다.

혹은 오히려 규칙이 머리와 손을, 재주와 이해를 결합시켰다고 볼 수도 있다. 이 결합은 실천보다는 계율에 더 큰 명성을 부여하는 불평등한 관계로 시작되었을 것이다. 뒤러의 16세기 책을 독학한 독자들은 그의 서술에 따르면 숙련되기는 했지만 정제된 기술을 가지지는 못했기 때문에, 그들보다 더 잘 아는 사람들에게서 조롱을 당했다. 그러나 17세기 중반에 이르면 배운 자들의 비웃음이 점점 희미해지고, 시몬 스테빈(1548-1620)이나 이사크 베이크만(1588-1637) 같은 기술자, 벤첼 얌니처(1507?-1585) 같은 금세공인, 베르나르 팔리시(1510-1589) 같은 도예가, 콘라트 다시포디우스(1532?-1600?) 같은 시계공은 군주의 후원은 물론, 프랜시스 베이컨(1561-1626), 르네 데카르트(1596-1650), 로버트 보일(1627-1691) 같은 자연철학자의 찬사를 받았다. 베이컨은 과학의 "새로운 논리"에 관한 1620년의 저서에서 고대 이래 자연철학의 정체停滯와 "지속적으로 성장하고 번창하고 있는"[11] 근대 기계적 기술의 발전을 비교한 것으로 유명하다. "기계적 기술의 역사"에 대한 수요도 높아져서 런던 왕립 학회와 파리 왕립 과학 아카데미는 1660년대 설립 직후에 (완성되지는 못했지만) 그 역사를 기록하는 작업에 착수하기도 했다.[12] 데카르트의 『정신 지도의 규칙Regulae ad Directionem Ingenii』(1626년경 작성)의 일부, 특히 수학적 문제를 푸는 방법을 다룬 제14-21규칙은 방법론에 관한 야코포 차바렐라(1533-1589)나 페트뤼스 라무스(1515-1572)의 인문주의 저술보다 장인의 안내서 속의 발견법과 더 유사하다.[13] 베이컨이나 데카르트 같은 저술가들에게 기계적 기술은 사고하고 사유하는 도구가 되었다. 기계적 기술의 발명은 비유와 모델의 원천으로, 기계적 기술의 꾸준한 발전과 경험적 방법론은 영감의 원천으로, 기계적 기술의 몇 가지 실천의 규칙들은 모방의 대상으로 작동했다. 기술의 규칙은 결국 과학의 목표와 방법론을 변화시켰다.

이 규칙은 정확히 무엇이었으며, 실제로 어떻게 실천을 이끌었을까? 다음은 프랑스 국왕 루이 14세(1638-1715, 재위 1643-1715)의 원수元帥였던 세바스티앵 르 프르스트르 드 보방(1633-1707)이 1704년 상대편 군대가 몰래 파놓은 참호를 여는 방법을 설명한 글이다.

개전 당일이 되면 경비병들은 오후 2-3시경에 모여 기도를 드린 후 전투 대형을 갖추고, 장군은 행진하는 경비병들의 상태를 점검한다. 작업병들도 모두 파신fascines[참호의 측면을 보호하기 위한 나무 묶음]과 삽, 곡괭이를 들고 가까이 모인다. 밤이 다가와 날이 어두워지기 시작하면 경비병들은 각각 무기와 함께 파신을 들고 행진하며, 모든 경비병들이 이 과정을 반복해야 한다.[14]

1556년 영국 실용수학자 레너드 디기스(1515?-1559?)가 토지 측량사들에게 직각기直角器 사용법을 가르치는 내용도 있다. "몸과 목을 바로 세우고, 발을 모으고, 양손은 크게 움직이지 말고, 한쪽 눈은 감고, 항상 양발 중간에 몸을 위치시키도록 유의해야 한다."[15] 1687년 런던의 찰스 코튼(1630-1687)이 경주 전에 말을 어떻게 채비시켜야 할지를 설명하는 내용도 있다. "온화하게 말을 이끌고 경기장으로 가서 다른 말들의 배설물 냄새를 맡을 수 있도록 하여, 말이 길을 가면서 자신의 몸을 비우고 싶어하도록 유도해야 한다."[16] 프랑스 귀족 가문의 익명의 요리사가 야심으로 가득 찬 요리사들에게 양상추 샐러드 드레싱의 비밀을 전수하는 내용도 있다. "축제용 양상추 샐러드에는 설탕, 사향, 용연향(향유고래에서 얻는 향료/역주)을 첨가하고 꽃으로 풍부하게 장식하라."[17]

　도시를 포위하는 방법, 나무와 토지를 측량하는 방법, 게임과 경주에서 승리하는 방법, 호화로운 식사를 준비하는 방법 등 근대 초기 안내서로부터 무작위로 고른 이런 규칙의 예시들 외에도 같은 시기에 나온 수천 가지 예시들을 더 찾아볼 수 있다. 잼 만들기, 집 짓기, 광산에서 물 퍼내기, 사마귀 치료하기, 수비대 배치하기, 전칙곡 작곡하기, 돼지 농장 차리기, 원근법을 사용해 그림 그리기, 의회에서 법안 통과시키기를 포함해 일반적으로 규제 혹은 질서에 따라서 일상을 꾸려가는 일들의 규칙이 작성되었다. 방법서라는 분야는 이후에도 계속해서 호황을 누렸지만, 인쇄술의 발명 초창기와 수공예가 제대로 된 기술로서 그 자격을 증명해야 했던 시기에는 아직 책에 무엇을 담아야 하는지가 정해지지 않았다. 문제가 된 규칙들은 길거나 짧았고, 격언이나 지침으로서 전달되거나, 세부사항으로 가득 차 있거나, 연설문보다도 길거나, 산문 형식으로 작성되거나, 표 형식으로 정리되기도 했다. 이러한 규칙들은 대부분 번호가 매겨진 목록의 형태였지만, 요리법은 순차적이고 산만한 형식을 유지했다. 이처럼 정신없는 다양성에도 불구하고, 뒤죽박죽 섞인 근대 초기의 방법서에 등장하는 규칙과 규제들로부터 몇 가지 규칙성을 찾아볼 수 있다.

　첫째로, 규칙은 항상 명령조를 취했다. 수신자가 프랑스 왕위 계승자이든(보방의 경우), 기하학에 무지한 목공이나 석공이든(디기스의 경우), "판사를 모르고 마부만을 알고, 법을 모르고 게임의 규칙만을 아는" 도박꾼이든(코튼의 경우), 귀족의 주방의 감독자가 되기를 열망하는 부엌데기이든(프랑스 요리사의 경우) 간에 독자는 암묵적으로 달인 아래에서 배우는 견습생의 위치에 놓였다. 저자의 목소리는 권위적이었고, 그러한 권위는 우월한 지식이라고 불렸다.

둘째로, 문제의 지식은 주로 개인적 경험으로부터 터득되었지만, 일반적으로 적용 가능한 규칙으로 가공된 형태를 띠었다. 오늘날에는 한 활동의 암묵적이고 직관적인 측면("의술은 기술이자 과학이다") 뿐 아니라 사소한 소일거리로부터 얻은 개인적인 기교("그는 즉흥적인 건배 기술을 만들었다")에 주목하면서, 그런 활동들을 "기술"이라고 부른다. 이와 대조적으로 근대 초기의 기계적 기술은 단순한 반복 작업이나 무의미한 우연에 좌우된다고 여겨졌던 한낱 공예craft로부터 기계적 기술을 구분했고, 기계적 기술은 명시적인 규칙을 통해서 모든 독자를 가르침으로써 독자가 이를 부지런히 적용하도록 할 수 있다는 자부심을 지녔다. 중세와 근대 초기의 과학, 기술, 공예는 각각이 약속하는 확실성의 수준에 따라 구분될 수 있다. 진정한 과학은 입증 가능한 수준의 확실성을 얻었고, 기술은 대부분의 경우에서 발견할 수 있는 최소한의 규칙성을 얻었으며, 한낱 공예는 우연이 가득한 영역에 불과하게 되었다. 우연은 단순 공예에서 가장 큰 영향력을 발휘했고 과학에서는 가장 작은 영향력을 발휘했으며, 기술은 그 중간쯤에 해당했다. 수많은 근대 초기 방법서의 제목과 부제는 그들의 명료함과 체계적임을 홍보했다. "이 책은 어떤 언어로 출판된 것보다 더 쉽고 완벽한 방법으로 기술을 설명한다."[18]

셋째로, 16세기와 17세기의 방법서는 이후의 책들과 달리 초심자들을 위한 것이 아니었다. 일종의 도제 교육과 공예 분야에서의 선행 경험이 전제되었기 때문이다. 넷째로, 규칙을 숙달한 자에게는 그 대가로 기술 자체의 발전과 장인 본인의 발전이 보장되었다. 수박 겉핥기식의 날림 작업이 아니라 규칙에 의해서 통제되는 기술을 숙련하면 장인과 제품 모두를 발전시킬 수 있다고 여겨졌다. 17세기 말과 18세기에는 유럽 전역의 중상주의 정부들이 다시 한번 규칙을 제정하여 수출 가능한 제조품의 품질을 높여서 재정적 안정을 꾀하면서, 기계적 기술의 발전과 자기 발전에 대한 담론이 공익에 대한 담론과 합쳐졌다.[19]

규칙은 상업을 기술로, 하급 노동자를 존경받고 명예로운 장인으로, 조잡한 상품을 고급 상품으로, 정부의 부채를 흑자로, 목소리가 없었던 직관을 명료한 계율로, 끝없는 세부사항들을 견고한 일반화로 끌어올릴 것이라는 원대한 희망과 약속을 만들어냈다. 이와 같은 근대 초기의 사회적, 경제적, 인식론적 기대는 근대의 회의론을 불러일으켰다. 우리는 불필요한 요식, 고압적인 관료주의, 모든 것을 아는 척하지만 아무것도 모르는 학자들, 그리고 계획을 억누르고 시장의 원리를 망가뜨리고 이론에 얽매어 실무적인 노하우를 병들게 한다고 생각되는 모든 세력들과 규칙을 연관시킨다. 우리는 실천에 대한 암묵적인 지식이 명시적인 규칙으로 명문화될 수 있다는 생각에 의심의 눈초리를 보낸다.[20] 여러 언어에 존재하는 친숙한 반대쌍의 표현들은 (몸에 의해서 무의식적으로 수행되는 기술과 관련된) "어떻게"에 대한 지식과 (정신에 의해서 수행되는 의식적 심사숙고에 해당하는) "왜"에 대한 지식을 더욱 선명하게 구분한다. 예를 들면, 프랑스어의 앎connaître 대 학식savoir, 독일어의 앎kennen 대 지식wissen, 그리고 영어의 암묵지ㅣtacit knowledge 대 명시지ㅣexplicit knowledge 같은 구분이 이런 것들이다. 실행은 어떻게 계율로, 그리고 다시 역으로 번역될 수 있었을까?

두꺼운 규칙들

근대 초기의 규칙들로 돌아가보자. 각 규칙들의 주제, 길이, 형식, 세부사항들은 상당히 다양했지만, 적용 방법에 관해서는 모두 예시, 예외 조항, 문제, 단서 조항, 모델, 주의사항, 그리고 거의 모든 경우에 성 베네딕토 수도원장의 가장 중요한 덕목으로 여겨지던 재량권의 필요성 등에 관한 풍부한 조언을 제공했다. 자세한 설명 없이 따라야 할 명령만 명시하는 얇은 규칙과 달리, 이들은 두꺼운 규칙이다. 『성 베네딕토 규칙서』에서 예외가 형식화된 규칙의 일부로 예견되었을 뿐 아니라, 규칙의 해석자인 수도원장 자체가 규칙의 본보기였다는 점을 떠올려보자. 이는 다시 말하면, 규칙서의 글은 독립된 글이 아니었으며 그 직책에 걸맞은 수도원장 없이는 그 규칙이 불완전했다는 말이다. 그러나 『성 베네딕토 규칙서』가 라틴 기독교에 큰 영향력을 미쳤을지라도 그 규율이 수학적 엄격성과는 비슷하지 않다는 말은 타당할 것이다. 2차 방정식을 풀거나 함수의 1차 미분을 구하는 알고리즘 같은 수학적 규칙들은 간결하고 군더더기 없는, 오늘날의 가장 얇은 규칙들이다. 직선 자를 의미하는 그리스어 카논과 라틴어 레귤라의 원래 의미에 가까운 규칙 혹은 정확한 측량과 계산에 관한 규칙에 상응하는 근대 초기의 개념은 무엇이었을까?

규칙과 정확성, 특히 수학적 정확성 사이의 연관성은 기원전으로 거슬러 올라가며, 규칙이 무엇이며 어떻게 작동하는지에 관한 현대의 설명에도 여전히 존재한다. 비록 그러한 연관성이 **규칙**에 대한 근대 초기의 주요한 정의는 아니었을지라도, 아예 존재하지 않았던 것은 아니다. 중세와 근대 초기의 상업 산술과 측량에 대해서 가장 잘 알려진 규칙들을 살펴보자. 이 영역에서는 『성 베네딕토 규칙서』의 권위와 영향력에 비할 수 있는 단일한 텍스트가 없기 때문에, 통계적이고 산발적인 증거들을 제시하고자 한다. 그럼에도 불구하고 우리는 이들에서 몇 가지 규칙성을 찾아볼 수 있다.

중세 말기와 근대 초기 상업 산술에서 가장 자주 사용된 계산 규칙은 "3의 법칙"이었다. 『상인의 주판*Kadran aus Marchans*』(1485)은 3의 법칙을 이렇게 설명한다.

3의 법칙 : 항상 3개의 숫자가 존재하므로 3의 법칙이라고 불린다. 즉, 2개의 유사한 숫자와 1개의 반대 숫자가 존재하고, 만약 더 많은 숫자들이 존재해도 모두 이와 같은 3개 숫자로 축소되어야 한다.

여전히 이해가 안 되는가? 이 설명을 읽은 15세기의 상인도 아마도 머리를 긁적였을 것이다. 예를 들어보자.

즉, 아비뇽 금화 3개의 가치가 왕실 프랑 2개와 같다면, 아비뇽 금화 20개의 가치는 얼마인가?[21]

[정답 : $(2 \times 20) \div 3 = 13^{1}/_{3}$]

본문에 제시된 이런 예시 6개 정도를 살펴보면, 상인은 통화를 환전할 수 있을 뿐 아니라 가격도 계산할 수 있게 되었을 것이다. 비단 4엘의 가격이 20플로린이라면 10엘은 얼마일까? 그는 이런저런 예시들을 일반화하는 데에 대수학이나 비율에 관한 유클리드(에우클레이데스, 기원전 325?-기원전 270?)의 원리가 필요하지 않았을 것이다. 또한 그는 통화 환전에서 비단 가격 계산으로 주제가 바뀌거나 무게와 측량법이 변하더라도 당황하지 않았을 것이다. 규칙의 일반성은 (보통 그 자체만 봐서는 이해할 수 없는) 가장 기본적인 설명에 있는 것이 아니라, 예제들에 비추어본 설명에 있다. 최근에 초등 수학 교과서를 본 사람이라면 누구나 이와 같은 형식을 포착할 수 있다. 『성 베네딕토 규칙서』처럼, 우리가 적절한 규칙이라고 생각했던 것은 독립적으로 존재하는 규칙이 아니었다. 예시는 규칙의 일부였으며, 규칙은 더 많은 사례로부터 유추될 수 있는 다양한 예시들의 구체적 측면들이 축적됨으로써 일반성을 획득했다.

계산과 측량 분야에서 다른 예시를 들어보자. 이것은 목재, 석재, 유리, 토지 같은 모든 종류의 표면을 측량하는 가장 확실하고 풍부한 규칙을 알려주겠다고 약속하는, 디기스의 측량에 관한 1556년 영어 소책자이다.[22] 디기스는 나무 받침대를 측정하는 잘못된 규칙을 고수하면서 기하학의 "틀림없는 기초"라는 외피를 뒤집어쓴 공예가들이 "독선적이고 자기 중심적"이라며 비난했다. 디기스는 거의 전적으로 예시들을 통해서 대안 규칙들을 제시했으며, 계산을 단순화하기 위해서 재량을 발휘해야 한다고 경고하기도 했다. "목재의 실제 양을 정사각형의 양에 맞추는 것은 애초에 불가능하며 수용할 수 없는 우

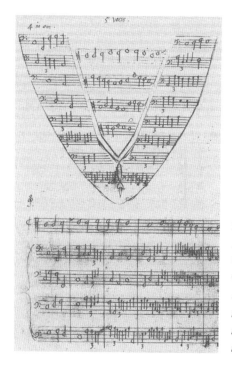

그림 3.3 엘웨이 베빈의 전칙곡 악
보. 『사용되는 모든 비율로 데스
캔트를 만드는 법을 가르치는 음
악 기술에 관한 짧고 간단한 지침
서(*Briefe and Short Instrvction of
the Art of Mvsicke, to teach how to
make Discant, of all proportions
that are in vse*)』(1631).

둔한 일이다. 현명한 사람들은 이것들을 분리해서 충분한 정확성을
확보해야 한다."[23]

　비슷한 맥락에서 17세기 초 웨일스 작곡가 엘웨이 베빈(1554-1638)
은 당시 수학으로 생각되던 화성학 중에서도 가장 수학적인 형식에
가까운 전칙곡을 작곡하는 방법을 설명하면서, 작곡가가 되고자 하
는 이들에게 수많은 예제를 제공했다. 전칙곡은 오늘날 가장 규칙에
얽매인, 심지어 알고리즘에 의한 음악 형식으로 간주되지만, 베빈은
단순한 예제(나머지 요소들을 변경하여 정선율을 변주하는 것)부터 시작
해서 가장 복잡한 예제로 나아가면서 "세계가 불, 공기, 물, 땅의 4원

소로 구성되어 있듯이, 전칙곡도 마찬가지로 4가지 전칙곡들로 구성된다"고 말했다.[24] 그는 이 모든 것을 형식화하려는 시늉도 하지 않았다(그림 3.3). 심지어 산술, 측량, 화성학 같은 수리과학도 이런 안내서들의 규칙만큼이나 많은 예시들을 통해서 성문화되었다.

오히려 예시들은 규칙의 필수적인 부분이었으며, 규칙의 필수적인 보완책이었고, 심지어는 종종 규칙을 대신하기도 했다.『성 베네딕토 규칙서』에 대해서 이상적인 전형을 제시한 수도원장만큼 어떤 규칙의 전형을 제시하는 단일한 규칙은 없었을지라도, 이와 같은 예시들의 목록은 패러다임 모델만큼이나 규칙을 교육하고 일반화하는 데에 기여했다. 코튼의 경마에 대한 조언 외에도 당구, 체스, 각종 카드놀이, 투계, 그리고 코튼은 "매혹적인 마력"이라고 불렀으나 영국 사회에서는 용납되지 않던 다양한 형식의 모든 게임들에 필요한 방대한 지침들을 전부 담은 전문서『완벽한 도박자*The Complete Gamestar*』를 떠올려보라. 코튼은 다른 선수가 주사위 던지기에 몰두하는 동안 그 사람의 코트 금단추를 훔치는 방법에 대한 설명, 당구대에 소매를 끌거나 파이프 재를 흘리지 않도록 주의시키는 훈계, 우리에서 닭이 얼마나 자주 우는지를 보고 투계에 참여하는 닭의 용기를 판단하는 방법에 대한 지침 등 온갖 세부사항을 능수능란하게 다루었다. 다양한 게임에는 잡다한 "질서", "법", "규칙"이 정해져 있는데, 그중 상당수는 체스에서 건드린 말을 반드시 움직여야 한다는 것같이 우리가 게임의 규칙으로 이미 인식하는 것들이다. 그러나 코튼은 매우 어려워서 관찰과 경험 없이는 배울 수 없는 "아일랜드 게임"이나 그의 책에서 가장 긴 장을 할애한 체스 같은 몇몇 게임들은 오직 경험에 의해서만 터득할 수 있다고 독자에게 경고했다. 코튼은 "체스나 체커스는 명료한 규칙에 따라서 할 수 있다"는 생각에 관해서 약 20쪽에 걸쳐 상세하게 설명한 끝에 "이 고귀한 게임을 이해하기 위해서는 더 많은 관찰이 필요하지만, 장광설을 피하기 위해서 여기에서는 줄일 수밖에 없다"고 결론지었다.[25]

코튼의 책만이 아니라 휘스트 등 또다른 카드놀이를 하는 방법에 대한 에드먼드 호일(1672-1769)의 18세기 책은 독자를 게임에 익숙하게 만들 뿐 아니라 숙련되게 만드는 것이 목표였다. 이런 맥락에서 그는 게임의 적절한 규칙이라고 부를 만한 것(예를 들면, 휘스트에서 각 플레이어는 처음에 몇 장의 카드를 가지는가)과 승리를 위한 조언(예를 들면, "퀸, 잭, 그리고 작은 으뜸 패 3장이 있고 좋은 문양이 있다면, 작은 으뜸 패로 승리하라") 사이의 경계를 의도적으로 흐렸다. 호일은 상대 선수가 특정한 카드를 가질 경우의 수를 알려주었을 뿐 아니라 "상대편을 속이고 괴롭히기 위해서 노력하고 같은 편에게는 자신의 패를 알려주는" 규칙들도 알려주었다.[26] 심지어 체스에서도 상대를 이기기 위한 음모를 꾸미는 데에 심리학과 계산이 중요했다. 코튼은 폰에서 퀸까지 각 말의 가치를 적절히 알려주면서도, 뒷부분에서는 "상대가 가장 많이 혹은 가장 잘 다루는 말이 무엇인지 알면, 그것이 무엇이든 간에 비숍이나 나이트, 혹은 그보다 더 좋은 말을 잃더라도 그 말을 빼앗아야 한다. 그러면 상대의 계획을 좌절시키고 그만큼 교활해질 수 있다"고 조언한다.[27]

17세기와 18세기에 걸쳐 게임의 규칙은 처음에는 파리의 "도박 아카데미" 같은 도박장, 런던 오디너리(도박을 겸업하는 선술집), 그리고 나중에는 코튼과 호일 같은 저술가들이 지속적으로 출간한 안내서를 통해 표준화되었다.[28] 그러나 표준화가 반드시 규칙과 실천 사이의 연결고리를 끊지는 않았다. 수학이나 측량의 규칙을 통달하려면 예제를 통해서 연습해야 하듯이, 체스나 휘스트의 규칙을 통달하기 위해서는 관찰과 경험이 필요했다. 다시 한번 말하지만 이러한 규칙은 독립적으로 존재하지 않았으며, 모델, 예시, 팁, 관찰이 규칙들을 지탱하고 보완했다. 이는 규칙들이 모호하거나 구체적이지 않거나 대략적이었기 때문이 아니었다. 그보다는 어떠한 보편적인 공식도 실제 직면하게 될 모든 특수한 상황을 예견할 수 없기 때문이었다. 보편적인 것과 특수한 것 사이의 간극은 전혀 새로운 것이 아니다. 근대 초기 규칙에서 눈에 띄는 측면은 그 간극을 채우기 위한 조항들이 포함되었다는 점이다.

우연은 기계적 기술의 모든 규칙에 대한 적으로 여겨졌다. 규칙은 물질의 잘 알려진 변덕스러움, 즉 형상화하기 어려운 속성과 변화무쌍함으로부터 수공예를 구해내기 위한 것이었다. 제련업자들은 철의 특성이 채굴된 광산에 따라 다르다는 것을 알았고, 요리사와 약제상들은 주요 재료의 산지를 명시하는 데에 주의를 기울였다. 극동과 극서를 잇는 장거리 무역로가 페루산 나무껍질, 인도산 면화, 중국산 차, 바베이도스산 당밀 등 새로운 원재료와 가공품을 판매하는 유럽의 장터로 북적이기 시작하면서, 지명은 상품의 품질과 차별성을 보증하는 역할을 하게 되었다. 그리고 이는 샴페인이 프랑스의 샹파뉴 산임을 보증하는 현대식 원산지 표시 감독제의 기원이 되었다. 그때도 지금처럼 그런 상품의 희소성과 높은 가격 때문에 위조품이나 대

그림 3.4 포르투나가 수레바퀴와 명성의 야자수를 들고 있는 모습. 배경에 배가 강한 바람을 받으며 항해하는 모습이 그려져 있는데, 이는 위험하지만 수익성 있는 탐험 항해의 표상이다. 한스 제발트 베함, 「포르투나(*Fortuna*)」(1541). 네덜란드, 암스테르담 국립 미술관.

체품이 생산되었고, 이는 공방들에 예기치 못한 영향을 미쳤다.[29] 게 임뿐만 아니라 전쟁, 상업, 정치 같은 다른 영역에도 우연이 내재되어 있었다. 포르투나 여신은 근대 초기 상상력에서 주요한 인물로 등장했다. 돌아가는 수레바퀴나 깨지기 쉬운 거품 등 불안정성의 상징들과 함께 그려지는 포르투나 여신은 잘 짜인 계획을 뒤엎고 무질서의 규칙을 선포하겠다고 위협했다(그림 3.4).

전쟁에서의 규칙들

포르투나 여신의 유령은 근대 초기에 전쟁을 벌이는 방법에 대한 보방의 저술에도 자주 등장했다. 인간의 모든 활동들 중에 대격변적인 혼돈의 위험이 가장 큰 것은 전쟁이며, 좋게든 나쁘게든 불확실성과 우연의 역할이 가장 중요한 영역도 전쟁이다. 그러나 무질서한 행위를 기술로 환원하려고 시도했던 수많은 근대 초기의 저술들 중에 규칙에 대해서 가장 확신하는 태도를 보이는 저술은 요새 구축에 관한 것들이다. 이는 부분적으로는 축성이 근대 초기에 응용수학(빛에서 포탄까지, 다양한 종류의 물질과 형상을 "혼합하는" 수학의 분야)의 한 분야로 간주되었기 때문일 것이다. 역학이나 광학처럼 축성은 기하학, 특히 발사체 운동에 관한 역학의 영향을 많이 받았다. 실제로 팔마노바 요새의 건축가인 피렌체 군사공학자 부오나이우토 로리니(1547?-1611)의 1596년 책처럼, 축성에 대한 책들은 주로 평면 기하학을 소개하며 시작했고 근대 초기 요새의 특징인 별 모양의 다각형을 자와 컴퍼스를 이용한 작도처럼 다루었다.[30]

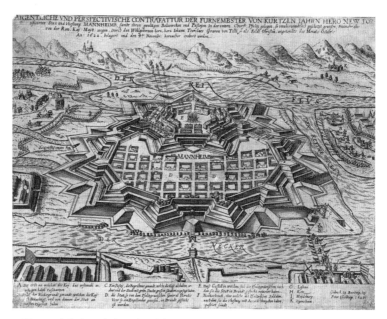

그림 3.5 만하임 도시의 요새. 페터 이셀부르크, 『만하임의 도시와 요새(*Stadt und Festung Mannheim*)』(1623), 만하임 기록 보관소.

그러나 포위전과 규칙 사이의 유사성은 근대 초기 요새도시의 별 모양 기하학적 구조에 그치지 않았다(그림 3.5). 기병과 긴 활, 창으로 무장한 보병이 주를 이루던 중세 후기의 야전野戰과 달리, 15세기 말과 16세기 초에는 포병(특히 대포와 지뢰)이 등장하여 중세 성벽 도시에 치명적인 타격을 입혔고 유럽 전쟁의 중심지를 들판에서 요새로 옮기는 데에 결정적인 역할을 했다. 진지전이라고 불린 이런 포위전은 장거리 화물 수송과 수 톤에 달하는 대포(화약과 포탄의 무게는 대포의 수배에 달했다)를 이동시키기 위한 수비대 배치 계획에서부터 물리학과 수학을 활용한 치밀한 공격과 수비 계획을 가능하게 했을 뿐 아니라 이를 요구했다. 공격과 수비 계획의 정밀도는 쉽게 과장되고 는 한다. 주어진 거리에서 성벽을 명중시키려면 대포를 어느 각도로 위치시켜야 할지를 계산하여 제시한 근대 초기의 전쟁 관련 논문들에 많은 표가 실려 있지만, 실제 17세기의 대포는 직사거리 내에서만 정확하게 작동했다.[31] 그럼에도 불구하고 어느 편이 승리할지를 가늠하기조차 어려웠던 야전의 대혼란과 비교할 때, 진지전은 어느 정도 질서의 모델에 따랐다. 보방이 적었듯이, 가장 뛰어난 지휘관일지라도 "변덕스럽고 종종 그들에게 불리한 결정을 내리는 운명의 여신의 자비를 바라야 했지만, 요새에서의 공격과 수비에는 운보다는 사리 분별력과 재주가 더 중요한 역할을 했다."[32]

실천을 기술로 환원하려는 근대 초기 문학에서는 항상 우연의 역할을 최소화하는 일에 관한 주제가 등장한다. 실용 의학이나 점성술 같은 "저급 과학"의 경우와 마찬가지로, 기술과 공예의 수행자들은 형상의 고분고분한 규칙성만이 아니라, 특정한 점액질 안색을 보이며 좌식 생활을 하는 환자, 특정한 나뭇결, 옹이, 뒤틀림을 지닌 호두나무 도막같이 물질적 질료의 다루기 힘든 특이성도 마주했다. 의학, 목공예, 축성에서 특수성이 우세했던 이유는 동일하다. 질료가 형상에 저항했기 때문이다. 보방의 스승인 블레즈 드 파간(1604-1665)이 축성에 수학을 적용하는 것의 한계에 대해서 적었듯이 "축성의 과학이 순수하게 수학적이었다면 그 규칙이 온전히 증명될 수 있었겠지만, 축성이 물질적인 것을 대상으로 하며 경험을 가장 주요한 기초로 삼기 때문에, 축성에 대한 가장 본질적인 격언들은 추측에 의존할 수밖에 없다."[33] 특수한 것들의 왕국에서 우연의 힘은 강했고 규칙의 힘은 약했다. 보방은 48회의 성공적인 포위전을 바탕으로 그의 오랜 군사 경험을 규칙까지는 아니더라도 최소한 일반적인 격언으로 다듬고자 했다. 운명의 여신을 전장에서 추방할 수는 없었지만, 그녀를 제지할 수는 있었다.

우연을 길들이려는 보방의 노력은 최초의 정찰(뇌물 몇 푼으로 현지인을 구슬릴 수 있는 수석 기술자가 혼자 말을 타고 직접 하는 것이 가장 좋다)에서부터 참호를 파는 힘든 작업(어떤 종류의 삽으로 얼마나 오래 얼마나 많은 소작농들이 파야 하는지)과 공격의 순간에 이르기까지 포위전을 준비하고 수행하는 모든 측면들에서 이루어졌다.[34] 정교한 표에는 참호가 얼마나 깊어야 하는지, 특정 높이와 깊이의 성벽을 폭파하기 위해서 몇 파운드의 화약이 필요한지, 요새를 방어하기 위해서 얼마나 많은 렌틸콩, 쌀, 소고기, 치즈, 염장 청어, 버터, 치즈, 시나몬, 대포, 폭탄, 박격포, 망치, 가위, 장작, 빵 굽는 오븐 등이 필요한지가 요새의 수(4-18채)에 대한 함수로 표현되어 있었다. 31장의 수채화가 참호를 정확히 어떻게 파야 하는지에 대한 구체적인 설명을 보충했고, 확대된 장면과 구체적인 삽화가 어떤 도구를 사용해야 하는지를 설명했다.

보방은 30개의 번호가 매겨진 "일반 격언들"에서 참호의 모든 세부사항들과 대포 및 포병의 위치를 감독해야 하는 기술자의 책임을 강조했다. 그는 이런 지침을 제때에 그대로 지키지 않으면 "모든 것이 혼란스러워질 것"이라고 경고했다.[35] 보방은 전투에서 어떤 혼란이 일어나는지를 직접 경험해서 알고 있었고, 자신의 포위 공격이 깔끔하지 못했음을 인정했다. "우리가 펼친 대부분의 포위 공격이 매우 불완전하게 수행되었고, 우리가 펼친 대부분의 공격이 매우 무질서하고 불필요하며 불합리하게 왕의 신하, 명예, 국가를 위험에 빠뜨렸다는 점을 솔직하게 인정하자." 그러나 보방은 포위전의 규칙을 가망 없는 것으로 여기며 포기하지는 않았다. 대신 그는 "포위전 기술을 더욱 질서 있고 덜 피비린내 나게" 할 수 있는 "더 확실하고 더 현실적인 규칙들"을 추구했다.[36]

그러나 보방이 세부사항의 귀재였음에도 불구하고, 그는 선험적인 체계주의자도 아니었고 지나칠 정도로 정확성을 강조하는 사람도 아니었다. 참호 파는 작업에 징집된 소작농들이 땅을 충분히 깊이 파는지 감시해야 하지만, 보방에게 그런 감시는 참호 벽의 경사를 눈으로 보는 것으로도 충분했으며 "짧은 기간에만 사용할 것이므로 정교하게 만들 필요는 없었다."[37] 그보다는 지형의 특성에 더욱 주의를 기울여야 했다. 규칙에 따라 지어진 요새들의 경우 책의 내용에 따라서 공격하거나 방어할 수 있었지만, 어떤 불규칙적인 요새들은 규칙을 벗어나야 했고, 전투의 열기 속에서는 요새를 정교하게 측량하는 일이 위험한 방해요소가 될 수도 있었다. 세부사항을 광적으로 명시한 표조차도 문자 그대로 따르기 위해서 만들어진 것은 아니었으며, 주로 보조자료나 확인해야 할 사항을 적어둔 목록의 역할을 했다.[38] 규칙과 표는 기억의 부담을 덜어줌으로써 특정한 상황에 따라 독창성과 판단력을 발휘할 정신적 자유를 주었다. 군사공학자로 일을 시작한 보방은 "기술자engineer"라는 단어와 "천재genius"라는 단어가 즉석에서의 기발한 행동력을 의미하는 "독창성ingenium"이라는 단어와 뿌리를 공유한다는 사실을 자랑스럽게 생각했다.[39]

예시, 예외, 경험으로 완성된 다른 근대 초기 규칙들의 경우와 마찬가지로, 보방의 규칙 역시 독립적으로 존재하지 않았다. 근대 초기 규칙들은 발생할 가능성이 가장 높은 경우에 무엇을 해야 하는지를 모아놓은 통계적 일반화가 아니었다. 통계자료는 아직 체계적으로 수집되지 않았고, 확률 분포는 발명되기도 전이었다. 그러나 만약 보방과 동료 규칙 제정자들이 그러한 도구를 자유롭게 이용할 수 있었다고 해도, 그들에게 별로 유용하지는 않았을 것이다. 가능한 사례들의 확률 분포가 뚜렷한 정점이 없거나 끝이 가파르게 낮아지지 않는 평평한 선에 가까울 경우, 통계적 일반화는 규칙의 실행을 잘못 안내하는 안내서가 된다. 특정한 하나의 사건도 다른 사건과 마찬가지로 발생할 가능성이 높아지고, 평균은 특별한 지침이 될 수 없으며, 계획은 복권처럼 변한다. 게다가 통계의 수집은 집계된 범주 내에서의 균질성을 필연적으로 가정한다. 예를 들면, 입법 과정에서의 대표성을 결정하기 위해서 전 국민을 대상으로 실시하는 인구조사에서 키와 몸무게처럼 투표권과 무관한 세부사항은 그것이 다른 맥락에 얼마나 중요한 영향을 미치든 간에 반드시 제외되어야 한다. 실행의 성공과 실패는 세부사항에 의해서 너무나도 크게 좌우되고 그러한 세부사항은 끊임없이 변화하기 때문에, 대부분의 근대 초기 기술에서의 실행은 거친 통계적 방법론, 그리고 같은 이유에서 아리스토텔레스적 보편성을 감당할 수 없었다. 그러한 얇은 규칙을 적용하기에 근대 초기 실무자들의 세계는 너무나도 불안정하고 너무나도 세분화되어 있었다. 설명이나 제한조건이나 예시를 제공하는 세부사항들로 겹겹이 둘러싸인 두꺼운 규칙만이 행운의 여신의 계략에 대응할 수 있었다.

아리스토텔레스가 지적했듯이, 세부사항에는 끝이 없다.[40] 그러나 두꺼운 규칙은 모든 세부사항을 예측하는 것을 목표로 하지 않는다. 그보다는 규칙으로부터의 일탈과 예외의 범위와 종류, 규칙이 제대로 작동하거나 그러지 못할 것으로 예상되는 영역들, 규칙의 일반적인 예시일지라도 필요할 수 있는 수많은 조정에 주의를 기울인다. 두꺼운 규칙은 실무자가 주의를 기울여야 할 세부사항들과 더불어, 당면한 사례에 맞게 규칙을 자유롭게 조정하는 법을 알려주었다. 두꺼운 규칙은 대부분 민첩성과 판단력이 얼마나 필요할지를 보여줌으로써 독자에게 자극을 주었다. 모든 사례들을 열거하는 것은 불가능할 뿐 아니라 무의미하기 때문에, 그 존재를 알리고 몇 가지 해결책을 모범으로 보이는 것만으로도 충분했다. 나머지는 경험에 맡길 일이었다. 근대 초기의 규칙서 중에 경험이 전무한 초급자들을 위해서 작성된 것은 거의 없었으며, 기계를 위해서 작성된 것은 아예 없었다. 앞에서 살펴본 것처럼 산술 규칙조차도 순전히 알고리즘에 따른 것은 아니었다. 뒤러와 디기스가 언급한 공예가의 사례에서처럼, 이미 최소한의 견습 과정을 거친 사람이 대상 독자였다. 아무것도 모르는 초보자를 가르치는 것이 아니라, 일상적인 실행을 성찰적인 수준으로 끌어올리는 것이 이런 책의 목표였다.

게임에 대한 책조차도 책만으로는 부족했다. 휘스트나 아일랜드 게임을 하려는 사람이더라도 어느 시점에서는 싸움의 장에 직접 뛰어들어야 했다. 두꺼운 규칙들은 경험이 독자의 출발점이자 목적지가 될 것이라고 생각했기 때문에 경험을 반복적으로 강조했다. 두꺼운 규칙들은 경험을 대체하는 것이 아니라, 체계화하고 확장하는 것

그림 3.6 딜리겐티아(근면의 여신)과 엑스페리엔티아(경험의 여신)에 의해서 인도
되는, 다양한 기계적 기술의 작업자들. 톰마소 가르초니, 『보편 광장, 혹은 모든 직
업, 예술, 사업, 상업 및 수공예의 일반적인 시장이자 만남의 장소(*Piazza universale,
das ist : Algemeiner Schauplatz oder Marckt und Zusammenkunfft aller Professionen,
Künsten, Geschäften, Händeln und Handwercken*)』(1619), 권두화. SLUB, digital.slub-
dresden.de/id265479053.

에 불과했다. 그러나 사실 이 자체만으로도 큰 작업이었다. 기술의 규칙이라는 렌즈를 통해서 굴절된 경험은 공예가가 일반적으로 공방에서 마주치는 세부적이고 난잡한 경험보다 더욱 질서 정연했고, 더욱 예리한 초점을 지녔으며, 더욱 광범위했다.[41] "모든 직업, 기술, 무역, 상업, 수공업"에 대한 1619년의 안내서 서문에는 이 모든 것의 기초가 요약되어 있다. 여기에는 화가, 인쇄공, 사냥꾼, 목수, 제빵사 등 노동자의 삽화 아래에 모든 기술의 규칙에 대한 필수적인 보완물로서 2명의 우화적 여신인 딜리겐티아Diligentia(근면)와 엑스페리엔티아 Experientia(경험)가 서 있다(그림 3.6).

요리책 지식들

보편적 일반화나 부분적 일반화를 거의 시도하지 않았던 근대 이전 규칙서의 한 장르가 있다. 바로 요리책인데, 이는 거의 오로지 특수한 것들에 대한 책이었다.[42] 이 때문에 요리책은 규칙의 실제 적용에서 다른 종류의 문제, 즉 규칙 자체의 기반 위에 실천을 어떻게 쌓아올릴지에 관한 문제를 제기했다. 17세기 요리책은 일반적으로 부엌에서 견습생활을 거치고 최신 프랑스 소스와 단맛을 내는 법을 배워 귀족 가문에서의 지위를 향상시키려고 했던 사람들을 대상 독자로 한 반면, 18세기 요리책은 점점 더 초보 주방 하녀나 글을 읽을 줄 아는 여성을 대상으로 하기 시작했다.[43] 18세기 요리책은 명시적으로는 독립적으로 존재하는 규칙을 만들고자 했지만, 달걀, 밀가루, 설탕, 버터에 관한 특수한 지침들에 깊은 뿌리를 두고 있었다.

1660년과 1746년에 출판된 영국 요리책 2권은 두 시기 사이의 이러한 대조를 더욱 생생하게 보여준다. 로버트 메이(1588-1664?)의 『완전한 요리사, 혹은 요리의 기술과 신비*The Accomplisht Cook, Or the Art and Mystery of Cookery*』는 이미 견습 과정을 마친 "숙련된 요리사나 요리의 기술을 수행하는 젊은 요리사들"을 위해서 출간되었다. 메이는 자신의 경력을 꽤 길게 적었다. 그는 귀족 가문의 숙련된 요리사의 아들로 태어나 런던과 파리에서 견습 생활을 했고, 런던의 럼리 경과 "켄트, 서식스, 에식스, 요크셔의 수많은 귀족들"을 위해서 요리했고, 잉글랜드 내전으로 은퇴해 시골로 귀성했다. 메이는 독자에게 "오랜 경험, 수행, 당대의 가장 뛰어난 사람들과의 대화"를 통해서 얻은 자신의 결실만이 아니라, 유럽 대륙의 표준적인 고급 요리에 완전히 뒤처진 그의 후진국 국민 독자들에게 "새로운 요리 용어"(대부분 프랑스어)를 제공하겠다고 약속했다.[44]

여기에서 메이는 메리 케틸비(17세기경-1730?)와 다름없이 허세를 부리는 요리책의 저자처럼 보였다. 케틸비는 "어떤 위대한 대가들이 우리에게 그 기술의 규칙을 너무나 이상하고 환상적으로 제시해서, 그들의 지시를 읽으며 더 많은 활력과 기분 전환을 얻었는지 아니면 그들의 지시에 따라 연습함으로써 더 많은 분노와 억울함을 얻었는지 말하기 어려운……맛있고, 유용하고, 이해하기 쉬운 요리법"이라는 과장된 표현으로 300가지의 요리법을 제공했던 요리사였다. 그녀는 귀족과 숙녀를 대접하는 야심 찬 요리사가 아니라 "젊고 경험이 없는 여성"과 "시골 여관의 요리사 하녀"를 위한 책을 썼다.[45] 그러나 케틸비는 또한 "훌륭한 사람들의 뛰어난 지식과 오랜 경험"을 통해서 만들어진 자신의 요리 및 보양 요리법을 독자에게 전달할 수 있다고 확신했다. 그렇지만 메이와 다르게, 케틸비는 이미 대가에게 견습을 받아 어느 정도 경험이 있는 사람이 아니라, 완전히 경험이 없는 사람에게 정제된 경험을 전달하고자 했다. 케틸비의 규칙은 다른 것이 필요하지 않으며, 이를 현대 요리책의 언어로 표현하자면 "실패할 염려 없이 너무나도 간단한 방법"을 추구했다고 할 수 있다(그림 3.7).

이와 같은 차이가 요리법에서는 어떻게 드러났을까? 다음의 예시들 중에 첫 번째 요리법은 메이의 요리책에 실린 것이고 두 번째 요리법은 케틸비의 요리책에 실린 것인데, 이 둘은 모두 비슷한 재료로 만드는 디저트 요리법이다(경고 : 지방 공포증 환자에게는 적합하지 않다).

푸딩 만들기

달걀 노른자 3개에 장미수, 크림 반 파인트pint(약 0.5리터)를 넣어 풀어두고, 호두만큼 큰 버터 조각을 따뜻하게 데운 다음에 버터가 녹으면 달걀을 함께 섞어서 육두구, 설탕, 소금으로 간을 한다. 그다음 **반죽이 걸죽해질 만큼** 빵가루를 두껍게 넣고 밀가루를 실링 동전의 두께만큼 얹은 다음, 두 겹의 천을 가져다가 적셔서 밀가루를 바르고 단단히 묶어서 냄비에 넣는다. 끓으면 버터, 버주스verjuyce(포도 식초), 설탕을 곁들여 접시에 담아낸다.[46]

튀긴 크림 만들기

품질이 좋은 신선한 크림 1쿼트quart(약 1리터), 달걀 노른자 7개, 레몬 껍질 약간, 강판에 간 육두구, 백포도주 두 숟가락 가득, 그리고 그만큼의 등화수

The Fair, who's Wise and oft consults our BOOK,
And thence directions gives her Prudent Cook;
With CHOICEST VIANDS, has her Table Crown'd,
And Health, with Frugal Ellegance is found.

그림 3.7 가정의 여주인이 하인에게 조리법을 전달하는 모습을 그린 케틸비 요리책의 권두화. 메리 케틸비, 『300가지 이상의 요리법 모음집(*A Collection of above Three Hundred Receipts*)』(1747).

橙花水(감미료의 일종/역주)를 준비한다. 버터를 두른 소스 팬을 불 위에 올린다. **작은 흰 거품기로 한 방향으로 계속 저어주면서 밀가루를 아주 가볍게 넣어 걸쭉하고 부드러워질 때까지 끓인다.** 치즈 접시나 매저린Mazarine(타원형 모양의 접시/역주) 위에 붓는다. 칼을 사용해서 반 인치 두께로 **고르게 펴고,** 마름모 모양으로 잘라서 끓는 달콤한 쇠기름 팬에 튀긴다.[47]

수월한 비교를 위해서, ("호두만큼 큰" 같은 비유적 표현들을 포함하여) 정량적인 측정을 고딕체로, (충분히 끓었는지를 확인하는 방법 같은) 절차에 대한 조언을 굵은 글씨로 표시했다. 한눈에 봐도 알 수 있듯이, 메이와 케틸비의 요리법은 정량의 측면에서는 크게 다르지 않지만(이 시대의 또다른 요리책들을 조사하여 확인된 결과이다) 요리 기술과 요리가 언제 완성되는지를 확인하는 방법에 대한 설명에서는 차이를 보인다. 여기에서 요점은 더 많은 (그리고 더 정확한) 측정을 향한 요리법의 장기적인 발전을 부정하는 데에 있지 않다. 예를 들면, 1390년 요리책 원고를 1780년판으로 편집한 편집자는 "재료의 양이 거의 명시되어 있지 않고 요리사의 취향과 판단에 지나치게 의존한다"고 불평했는데, 이는 4세기 동안 기대치가 어떻게 변화했는지를 잘 보여준다.[48] 그보다는 이러한 대조적인 예시를 제시하여 첫째로, 숙련된 요리사와 미숙한 요리사를 구분하는 것은 양이 아니라 절차에 대한 지식에 있다는 점, 둘째로, 이와 같은 이른바 암묵적 지식은 명시화될 수 있다는 점을 보여주고자 했다. 물론 요리책이 충분히 쉽게 쓰였는지의 여부는 독자가 얼마나 무지한지에 달려 있다. 요리책의 명료성이 재료, 계량법, 조리 도구 및 오븐의 표준화에 달려 있듯이 말이다. 그러나 현대 논쟁의 특징인 환원 불가능한 암묵지暗默知, 아니면 철저하게 명료한 명시지明示知라는 흑백논리는 이와 같은 근대 초기의 대조가 보여주는 가능성의 스펙트럼을 가려버린다. 어떤 규칙도 완전히 독립적일 수는 없지만, 어떤 규칙은 다른 규칙들보다는 더 독립적이다.

근대 초기 요리책에서 얻을 수 있는 마지막 교훈은, 더 명료한 규칙이라고 해서 더 구체적일 필요는 없다는 점이다. 디저트 만들기의 사례로부터 마지막으로 하나의 예를 살펴보자. "읽을 줄 아는 모든 하인"을 대상으로 매우 큰 인기를 끌었던 해나 글래시(1708-1770)의 『요리의 기술, 쉽고 간단하게 만들기*Art of Cookery, Made Plain and Easy*』(1747년 초판, 1995년 최신판)에 나오는 푸딩 만들기의 **일반 규칙**을 들 수 있을 것이다.[49]

푸딩을 만들 때 지켜야 할 규칙들

삶은 푸딩은 매우 깨끗하고 비눗물이 묻지 않고 뜨거운 물에 적셔 밀가루를 잘 묻힌 봉투나 천에 담도록 주의하라. 브레드 푸딩이면 느슨하게 묶고, 요크셔 푸딩이면 단단히 묶고, 푸딩을 넣을 때 물이 끓는지 확인하고, 푸딩이 냄비에 달라붙을 수 있으므로 가끔씩 냄비에서 푸딩을 옮겨주어야 한다.[50]

여기에서는 절차적 지침을 굵은 글씨로 강조할 필요가 없는데, 모든 방법이 절차에 관한 것이기 때문이다. 글래시의 규칙은 메이가 자신의 독자가 이미 알고 있을 것이라고 가정한 모든 것(예를 들면, 푸딩이 눌러붙지 않도록 가끔씩 옮겨주어야 한다는 것)과 케틸비조차도 당연하다고 생각하여 언급하지 않고 지나간 모든 것(예를 들면, 봉투에 비눗물이 묻으면 안 된다는 것)을 명시하고 있다. 하지만 이런 규칙들이 아몬드, 오렌지, 무화과 푸딩이 아니라 삶은 푸딩 그 자체에 대한 일반적인 규칙이라는 사실을 기억하라. 글래시의 요리책은 현대적 의미로 경멸적인 "바보를 위한 지침들"이었다. 구체성과 양적 정확성을 높이는 것은 당연하게 여겨지는 지식을 명시적으로 표현하는 한 방법이지만, 그것이 유일한 방법도 아니고 가장 효과적인 방법도 아니다. 반대로 자세한 설명으로 가득한 두꺼운 사용 설명서를 끙끙대며 읽어본 사람은 누구나 지나친 구체성과 정확성이 명시지를 암묵지로 다시 변화시킨다는 사실을 이해할 것이다.

  기계적 기술의 근대 초기 규칙들은 암묵지 대 명시지에 관한 현대의 논의에 풍부한 교훈을 준다. 이러한 구분은 본래 화학자이자 과학철학자인 마이클 폴라니(1891-1976)가 자신의 책 『개인적 지식Personal Knowledge』(1958)에서 공식화한 것으로, 암묵지는 자전거 타는 법부터 X-선 결정학 이미지를 읽는 법까지 모든 것을 포괄하며, 완전하고 명시적으로 설명될 수 있고 누구나 접근 가능하다는 점에서 객관적 지식, 특히 과학적 지식과 대립되는 개념이었다. 폴라니의 목표는 모든 사람이 이용할 수 있는 객관적이고 탈인격화된 지식과, 논리나 경험적 근거에 의해서 확인되지 않는 온전히 사적인 주관성의 영역 사이의 중간적인 영역을 개척하는 것이었다. 그가 보기에 이러한 중간적인 영역은 참되고 필수적인 지식의 영역이지만, 그럼에도 불구하고 그의 책의 제목처럼 "개인적 지식"이었다.[51] 지식사회학자 해리 콜린스가 암묵지의 범주에 관한 연구에서 보여주었듯이, 폴라니가 제시한 극과 극의 대립은 사실 매우 까다로운 실험 장치가 제대로 작동하게 하기 위한 올바른 행위에 대한 암묵지와, 컴퓨터 프로그램으로 실행할 수 있을 정도로 완전하고 명료하게 세제곱근을 찾아내는 방식에 대한 명시지 사이에 다양한 가능성의 형태로 펼쳐져 있다. 암묵지와 명시지 사이의 극명한 이분법은 명시지가 존재할 수 있으며 또한 더욱 우월하다고 가정한다. 콜린스는 "암묵지의 개념은 명시지의 개념에 기생한다"고 보았다.[52]

근대 초기 기계적 기술의 규칙은 암묵지와 명시지로 구분되지 않는 사고방식과 실천의 세계에 대한 예시를 제공한다. 두꺼운 규칙은 암묵지와 명시지를 혼합한 것으로, 어느 정도 손을 사용하는 실습 경험을 전제로 하지만 경험만으로는 최선의 결과를 도출하기에 부족하다는 점도 전제한다. 예시, 관찰, 심지어 예외가 잔뜩 덧붙은 규칙은 수행자가 관련 있는 세부사항들에 주의를 기울이도록 유도하고, 패턴에 주목하게 한다. 이런 규칙은 규칙들의 한계를 벗어난다. 근대 초기의 규칙서는 규칙이 전달할 수 없는 기술이나 감식안의 형언할 수 없는 측면을 늘어놓지는 않지만, 그럼에도 그들은 경험의 필요성을 어느 정도는 호소한다. 반대로, 기계적 기술의 규칙서 저자들은 공방에서 견습생활로 배운 암묵지 그 자체로는 최고 수준의 기교에 달하기에 부적절하다고 주장했다. 두꺼운 규칙은 견습생의 경험을 정제하고 질서를 부여하고 확장하여 그들을 다시 작업대로 보내서 더 많은 경험을 쌓게 하며, 이때 성찰이라는 프리즘을 통해서 경험을 굴절시키도록 했다. 물에 담가야만 꽃을 피우는 촘촘히 접힌 종이 꽃처럼, 두꺼운 규칙은 경험에 잠길 때에만 빛을 발할 수 있다.

요리책의 사례는 거의 모든 것을 아는 사람이나 거의 아무것도 모르는 사람을 위해서 사용되는 얇은 규칙의 모호성을 잘 보여준다. 이미 관련된 경험과 어휘를 습득하고 규칙을 따르는 사람들은 "달걀 흰자를 버터로 볶은 밀가루에 넣어라" 같은 간결한 지침을 추가 설명 없이도 해석할 수 있다. 수준 높은 요리책은 두꺼운 규칙이 초보자에게 제공하는 추가적인 정보들을 생략할 수 있는데, 그것이 암묵지이기 때문이 아니라 그저 불필요하기 때문이다. 그러나 초심자, 혹은 아주 극단적인 예로 기계처럼 아무 배경 경험이 없는 독자를 위한 얇은 규칙은 표준화, 관례화, 그리고 당면한 작업을 단순한 단계로 세분화하기 위한 끝없는 노력을 요구한다. 제4장과 제5장에서 살펴보겠지만 후자의 얇은 규칙만이 현대적 의미에서 명시적인 규칙이며, 인간이 수행하든 기계가 수행하든 상관없이 기계적 노동이라는 비전을 전제로 한다.

결론 : 앞뒤로, 사이사이에

기계적 기술은 역동적인 범주였다. 7가지 교양 과목에 빗대어 기계적 기술들 중에서도 7가지를 경전화하려는 다양한 시도가 있었음에도, 기계적 기술은 너무나도 다양하고 창의적이어서 3학trivium(문법, 논리, 수사/역주) 4과quadrivium(기하, 대수, 화성和聲, 천문/역주) 같은 정적인 표로 고정되기에는 무리가 있었다. 위그 드 생-빅토르(1096?-1141)는

1125년에 양모 제조, 항해, 농업, 사냥, 무기 제작, 의학, 연극을 7가지 기계적 기술로 명명했지만, 이후 중세와 르네상스에는 이 목록에 요리, 낚시, 원예, 약학, 가축 사육, 상업, 금속 가공, 건축, 공학, 회화, 도예, 조각, 시계 제작, 필사, 측량, 인쇄, 정치, 군사 전략, 게임, 연금술, 목공 등 활동적인 행위를 나타내는 거의 모든 것들이 추가되었다.[53] 근대 초기 기계적 기술의 부흥은 시장의 확대 및 전문화만이 아니라 한때는 속박되고 노예적인 것으로 낙인찍혔던 일의 위상이 상승하는 모습을 보여준다. 근대 초기 저술가들에 의해서 반복적으로 인용되었던 자기나침반, 인쇄술, 화약 같은 새로운 발명품과 광장과 궁전을 장식한 공학, 건축, 회화, 조각 등 예술의 인상적인 결과물은 기계적 기술의 풍요로움을 잘 보여주었다.

마찬가지로 기계적 기술과 과학, (우연과 규칙성의 지배를 받는) 수공예 사이의 관계도 역동적이었다. 이 삼각형을 이루는 세 가지 요소의 위치는 모두 이 시기에 변화하고 있었고, 기계적 기술은 과학의 필연적인 보편성과 공예의 우연적인 특수성 사이에서 중간 위치를 차지했다. 기술은 물질적인 것의 세계에 몰두한 나머지 보편성과 형상의 필연성을 주장할 권리를 박탈당했지만, 규칙을 만들고 따를 수 있는 기술의 능력은 단순 암기식 육체노동보다 기술의 지위를 상승시켰다. 프랜시스 베이컨은 자신이 꿈꾼 유토피아 벤살렘 왕국의 진보를 보여주는 장면을 썼다. 살로몬의 집의 관리들이 난파된 유럽 선원들에게 자랑을 하는 장면이다. "우리에게는 당신들에게 없는 다양한 기계적 기술과 그 산물이 있습니다. 종이, 린넨, 비단, 휴지 같은 것들이지요. 대부분이 왕국 전체에서 사용되는데, 그것들이 우리의 발명에서 흘러나온 것이니 우리는 그 패턴과 원리에 대해서도 파악하고 있습니다."[54] 근대 초기의 의미에 따르면 베이컨의 "패턴과 원리"는 둘 다 규칙의 동의어로, 기술에 그 이름에 걸맞은 가치가 있음을 강조했다. 인식론적, 사회적 구분을 모두 드러내는 기술의 규칙은 이를 숙달한 사람들에게 더 큰 명예와 이익을 가져다주는 칭호였다.

기계적이라는 단어의 의미 변화는 16−17세기 사이에 과학, 기술, 공예 사이의 관계가 얼마나 유동적이었는지를 잘 보여준다. 고대 그리스어와 라틴어에서 이 단어는 자연의 반작용을 극복하기 위해서 인간의 힘을 배가시키는 모든 장치를 의미했으며, 무엇보다도 지렛대와 도르래 같은 고대의 기초적인 기계장치들을 뜻했다. 그러나 13세기에 이르자 이 라틴어 단어는 사회 최하층 사람들이 수행하여 상스럽다고 여겨지던 육체노동과도 연결되기 시작했다. 노동이 인간의 생존에 필수적이라는 점은 일과 노동자 모두를 불명예스러운 것으로 생각하게 했다. 이마에 땀을 흘려야 식량을 얻을 수 있다면서 아담과 이브를 에덴 동산에서 쫓아낸 저주가 희미한 메아리처럼 노동에 따라붙었기 때문이리라. 자유로운 것(다른 사람에게 얽매이지 않고 "자유롭다"는 의미)과 반대되는 기계적인 것의 개념은 상관의 명령에 따라야 하는 자유롭지 않은 일을 가리킬 때 점점 더 많이 사용되었다. 유럽 각국의 언어에서 거친 일이나 더러운 손과 연관된 이 단어는 모든 하류층의 조건들을 포괄하는 의미로 확장되었다.[55] 그러나 17세기에 들어서며 실용적 기계학과 이성적 역학이 융합되고 기계 기술이 부흥하면서 이 단어는 새로운 빛을 발하게 되었고 새로운 과학의 중심에 자리하게 되었다. 뉴턴은 『자연철학의 수학적 원리*Principia Mathematica*

Philosophiae Naturalis』(1687) 서문에서, 역학의 새로운 존엄성에 대해 이렇게 썼다. "낮은 수준의 정확성으로 작업하는 사람은 불완전한 기계공이다. 누구나 완벽한 수준의 정확도로 작업할 수 있다면, 가장 완벽한 역학자가 될 것이다. 기하학의 기초가 되는 직선과 원에 대한 설명은 역학에 속하기 때문이다."[56]

　마지막으로, 기계적 기술은 머리와 손, 이해와 손재주 사이의 중간적이고 모호한 지점에 존재했다. 보편적인 것과 특수한 것, 암묵적 지식과 명시적 지식 사이에 자리했던 기술의 규칙은 항상 이 둘 사이를 오가는 지렛대의 역할을 했다. 보편적인 것과 특수한 것의 철학적 대립은 고대로부터 시작된 강력한 대립이기 때문에, 일반적인(그러나 보편적이지는 않은) 규칙과 특수한(그러나 단일하지는 않은) 사례 사이를 넘나드는 것은 본질적으로 불안정해 보인다. 그러나 시소의 끝이 위쪽이나 아래쪽에 머물러 있지 않듯이, 기술의 규칙의 목적은 한 극이나 다른 극에 이끌려 가서 그곳에 머무르는 것이 아니었다. 예시, 예외, 설명, 모델, 예제들로 겹겹이 싸인 기술의 규칙은 성찰과 실행 사이를 오가는 시소 타기와 같았다. 기술의 규칙은 중간 정도의 일반화를 통해서 패턴과 유추에 대한 실행자의 안목을 가다듬도록 하고 규칙의 주요 용어를 기억에 남게 하는 특징적인 사례들을 가르쳤다. 일반화는 결코 보편적인 것이 아니었으며 예시와 예외도 완전한 변칙은 아니었기 때문에, 두꺼운 규칙을 완전히 흡수한 독자는 그것이 적용되는 영역의 한계도 배우게 되었다.

　언제, 어떤 상황에 맞춰 규칙을 어떻게 조정하거나 혹은 어떤 상황에서 규칙 적용을 포기해야 하는지를 아는 섬세한 감각을 온전히 표현하기에는 **재량**이라는 용어가 너무 단순한지도 모른다. "공리"라는 인상적인 제목으로 자랑스레 칭해지는 가장 최상위 범주의 기술 규칙에서조차 언제나 후반의 몇 문장들은 주목할 만한 예외를 설명하는 데에 할애되었다. 예를 들면, 보방은 포위전 기술의 공리처럼 보이는 규칙을 다음과 같이 제시했다. "항상 요새의 가장 약한 지점에서 공격하라." 그러나 불과 한 문단 뒤에 그는, 포위 공격을 할 때 요새의 가장 약한 지점이 아니라 좋은 포장도로를 통해서 무거운 대포와 탄약을 가장 용이하게 수송할 수 있는 지점이었던 앙쟁의 성문에서 공격한 발랑시엔 포위전의 반례를 제시한다. "푸딩의 맛은 푸딩을 먹어봐야 안다"는 속담처럼, 이런 예외는 규칙을 ("시험"으로서의 증명이라는 오래된 의미로) **증명해냈다**. 즉, 실제로 적용 가능한 규칙의 한계를 시험한 것이었다. 예시와 예외 역시 주목하고 평가하고 활용할 수 있는 유관한 세부정보(예를 들면, 괜찮은 도로)를 표시하도록 했다. 이러한 세부사항들은 흩어져 있는 사례들을 규칙과 연결하거나 해당 사례들끼리 연결함으로써 유추의 디딤돌로서 쓰게 할 수도 있었다. 시소처럼, 재량은 균형을 잡는 행위였다.

두꺼운 규칙은 얇은 규칙의 전제조건들을 돋보이게 한다. 얇은 규칙은 적용 영역이 잘 정의되어야 하고, 물질과 측정법이 표준화되어야 하며, 작업을 가장 작은 단계로 세분화해야 하고, 우연의 영역을 최소화해야 한다. 제4장에서 살펴보겠지만, 얇은 규칙이 반드시 짧은 규칙은 아니다. 오히려 예측 가능한 상황들, 사소한 일까지 챙기는 관리방식, 재량을 제한하려는 욕구 등으로 단독으로든 복합적으로든 각종 세부사항이 들러붙은 규칙이 탄생할 수도 있다. 얇은 규칙의 주요한 특징은 사용 조건과 사용자 모두에 안정성과 표준화를 가정한다는 것이다. 컴퓨터가 실행할 수 있도록 설계된 알고리즘은 가장 얇은 규칙이다. 이는 그러한 규칙이 최소한의 규칙을 명시하기 때문이 아니라(오히려 프로그램은 길고 복잡한 경우가 많다), 그러한 규칙이 실행과 적용의 조건에 완전한 단일성을 가정하기 때문이다. 얇은 규칙이 실제로 작동 가능한지의 여부는 사용자와 세계가 얼마나 균일하고 안정되어 있는지에 달린 정도의 문제이다.[57] 얇은 규칙은 기계적이라는 단어의 의미를 그것이 이전에 지니던 "판에 박힌"의 의미로 되돌리는데, 과거와는 반대의 이유 때문이다. 원래 기계적인 일은 하나하나 특수한 것만을 다루기 때문에 기계적이었다면, 오늘날 기계적인 일은 보편적인 것만을 다루는 기계에 의해서 수행되기 때문에 기계적이다.

종이에 적힌 어떤 규칙도 그 자체만으로 기술을 가르칠 수 있을 만큼 두껍지 않았다. 규칙은 경험을 조직하고 모방할 수는 있었지만 대체할 수는 없었다. 16-17세기 방법서들은 이미 공예의 요소에 입문한 실무자들을 대상 독자로 했으며, 그들이 작업대나 전장이나 주방으로 돌아가 자신의 이해를 손재주로 번역하도록 권유했다. 기술의 규칙은 경험에서 시작해서 경험에서 끝났다. 초보자를 위해서 쓰인 18세기 요리책의 지침조차 실습을 통한 단련을 요청했으며, 경험을 명시화하는 작업은 시행착오를 통한 학습을 가속화할 수는 있었지만 제거할 수는 없었다. 같은 이유에서 아무리 잘 제작된 유튜브 영상일지라도 손, 혀, 코, 귀, 눈까지 동원하는 공예 경험을 대체할 수는 없다. 감각, 정신, 몸을 잘 다루려면 시간과 반복이 필요하며, 재량은 다양하고 많은 경우에 대비하여 경쟁력을 강화한다. 초기 의미에서 경험은, 여러 특수한 것에 대한 여러 개별적인 감각들이 기억 속에 축적되어 보편적인 것에 대한 경험으로 발전하는 중층적인 경험이었다. 그 때문에 경험은 번개처럼 번쩍이는 영감 같은 순간적인 사건이 아니라, 긴 시간이 걸리는 과정이었다.

마지막으로 골치우스의 "기술과 실천" 속 우화를 다시 살펴보자(그림 3.2). 기술을 상징하는 날개 달린 여성은 왼손으로 실천을 상징하는 무엇인가를 가리키고 있다. 그림 속 남성은 두꺼운 규칙이 예시와 예외를 제시했던 것처럼 세부적인 사항을 듣는 데에 주의를 기울이고 있다. 그림 속 여성은 자신의 광범위한 가르침과 그를 통해서 얻은 명성을 상징하는 지구본 위에 두 다리를 벌리고 앉아 있다. 남성은 배경 풍경에 더 가까이 있는데, 그 풍경은 언뜻 매우 평범해 보이지만, 자세히 보면 골치우스의 고향인 하를렘에서 볼 수 있는 현지 네덜란드의 풍경을 구체적으로 묘사하는 풍차가 있다. 지구본과 풍차는 보편성과 특수성을 결합한다. 언뜻 보면 기술에 의한 실천의 상징인 책과 기구들이 흐트러져 있는 것처럼 보이는 오른쪽 하단에는, 모래 알갱이 하나하나로 시간의 흐름을 상징하는 모래시계가 서 있다. 시간과 경험의 느린 침전물이 없다면, 기술에 대한 배움과 부지런한 실천은 모두 헛될 것이다. 예시, 설명, 예외를 마음의 눈앞에 줄지어 펼쳐두기 이전에 두꺼운 규칙은 시간의 흐름, 그리고 손과 머리의 느린 융합을 상기시킨다.

4

기계적 계산 뒤의 알고리즘

교실

시대나 장소에 상관없이 아무 교실의 풍경을 상상해보자.[1] 기원전 1750년경 고대 바빌로니아의 도시 니푸르에서 필경사가 되기 위해서 훈련 중인 학생들이 설형문자가 적힌 점토판 위로 허리를 굽히고 있는 집이어도 좋고, 기원후 150년경 중국 한나라에서 귀족의 아들들이 육예六藝 중의 하나로서 산가지를 사용해서 산술 문제를 풀고 있는, 고전적인 학습이 이루어지는 교육 기관이어도 좋고, 1500년경 피사나 아우크스부르크 같은 번화한 상업도시에서 야심에 가득 찬 상인들이 인도 숫자와 양장 장부의 복식 부기를 익히고 있는 르네상스의 회계 교실이어도 좋고,[2] 지금 이 순간 아이들이 종이나 스크린으로 구구단을 주의 깊게 들여다보고 있는 초등학교를 떠올려도 좋다. 현존하는 가장 오래된 문서를 남긴 고대 메소포타미아부터 최근에 이르기까지 교실은 알고리즘의 고향이었으며, 알고리즘은 일반적으로 점토, 파피루스, 야자수 잎, 죽간, 양피지, 종이 등에 기록된 교과서 등의 매체를 통해서 전래되었다. 수천 년간 알고리즘은 컴퓨터와 무관했으며, 알고리즘이라는 단어를 디지털 시대의 상징으로 만든 현대의 다양한 알고리즘 적용 방식과도 아무런 관계가 없었다. 알고리즘은 컴퓨터보다는 계산과 관련이 있었으며, 그것의 길고 광범위한 역사를 알려주는 출처는 압도적으로 교육 문서이다.

20세기 이전의 알고리즘이 무엇이었는지를 이해하기 위해서는 이러한 배경을 확실히 염두에 두어야 한다. 20세기에는 현존하는 문서에 적힌 구체적인 문제들의 풀이와 거의 항상 관련되었던 실천의 규칙이 지금은 수리 논리학과 컴퓨터 공학의 발전으로 인해서 수학과 컴퓨터 프로그래밍의 기초를 뒷받침하는 매우 추상적이고 일반적인 원칙으로 변모했다. 최근의 역사를 수천 년 이전의 역사에 투영해서 읽어내려고 하다가는 현재 이해되는 알고리즘의 특징과는 양립할 수 없는 측면을 놓칠 위험이 있다.

현대에는 알고리즘을 이해할 때 추상적인 일반성을 강조하지만, 역사적으로 알고리즘은 항상 구체적인 특수성을 지녀왔다. 다시 말해서 알고리즘은 $\varphi (k + 1, x_2, \cdots\cdots, x_n) = \mu (k, \varphi(x_2, \cdots\cdots, x_n) x_2, \cdots\cdots, x_n)$처럼 회귀적으로 정의된 산술적인 함수[3]가 아니라, 지름이 주어진 원형의 평지 면적을 계산하거나 주어진 빵을 균등하지 않게 분배하는 방법 등에 관한 것이었다. 1928년에 수학자 다비트 힐베르트(1862-1943)는 주어진 공리 집합에서 어떤 식이 연역될 수 있는지를 한정된 단계로 제시할 수 있는 절차를 정의해야 한다는 결정문제Entscheidungsproblem

를 수학자들에게 제기했는데, 그 이래로 알고리즘은 수학적 증명에서 표준이 되었다.[4] 그러나 역사적으로 알고리즘은 자명한 증명의 이상향과는 대비되었으며, 유클리드식 증명과 "단순한 알고리즘" 사이의 대비를 강조하기 위해서 종종 "단순한"이라는 조롱 투의 수식어가 붙기도 했다. 그리고 오랜 역사 동안 알고리즘은 수학 교육의 정점이 아니라 기초를 제공했다. 알고리즘은 모든 추후의 수학 학습의 전제 조건이라는 의미에서 기초적인 것이었다. 알고리즘은 학생이 가장 먼저, 가장 잘 배워야 하는 것이었다.

이번 장은 컴퓨터 발명 이전의 알고리즘을 다룬다. 그런데 이 장의 핵심인, 알고리즘에 대한 전근대적 견해와 근대적 견해 사이에는 또 하나의 차이가 있다. 알고리즘이 기계가 아니라 사람에 의해서 실행되었다는 점이다. 계산의 기계화는 18세기 말에 인간이 수행하던 계산에 분업의 원리가 적용되면서 시작된 점진적 과정이었으며, 19세기 중반에 토마 아리스모미터Thomas Arithmometer 같은 믿음직스러운 대량 생산 계산기계가 등장했을 때에도 결코 완료되지 않았다.[5] 이후 거의 1세기 동안 천문대, 보험회사, 인구조사국, 전시 무기 계획 등 대량의 계산이 산업적 규모로 수행되어야 하는 곳에서는 인간과 기계가 알고리즘을 적용하여 계산하기 위해서 협력했는데, 이에 대해서는 제5장에서 살펴볼 것이다. 1975년에 이르자 사전 프로그래밍된 전자 장치가 등장하며 거의 완전히 자동화된 컴퓨터 알고리즘이 실행되었다. 그러나 컴퓨터는 말할 것도 없고 계산기계 정도의 장치에 의해서 알고리즘이 믿을 만한 수준으로 실행되기 전인 19세기 초부터 이미 이런 종류의 계산은 "기계적"이라고 불리기 시작했다. 이 표현은 거의 이해하지 않거나 전혀 이해하지 않고도 따를 수 있으며 또한 특정 상황에 맞추어 조정하지 않고도 완전히 표준화된 방식으로 따를 수 있는 "규칙으로서 알고리즘"을 이해하는 새로운 방식을 가리킨다. 제 3장에서 소개한 "얇은 규칙"과 "두꺼운 규칙"의 용어를 사용해서 설명하자면, 19세기와 20세기를 거치면서 알고리즘은 모든 규칙들 중에 가장 얇은 규칙의 모델이 되었으며, 얇은 규칙은 다시 모든 규칙의 모델이 되었다.

이번 장의 목표는 첫째로 근대 이전 시대의 알고리즘이 무엇이었고 실제로 어떻게 작동했는지, 둘째로 알고리즘이 어떻게 컴퓨터화되기도 전에 기계화되었는지를 추적하는 것이다. 이 장에서 모든 시간적, 지리적 차원을 균형 있게 살피지는 않는다. 알고리즘은 여러 문화권에서 수천 년간 사용되었고, 알고리즘의 기계화는 경제적, 정치적, 과학적 근대화의 맥락에서 두 세기가 넘게 진행되었다. 이와 같은 상이한 연대표에도 불구하고, 이번 장에서는 이 두 가지 질문으로 "알고리즘적"이라는 범주나 "기계적"이라는 범주가 일정하게 유지되지 않았음을 밝히고, 이들 범주의 궁극적인 연합으로 얇은 규칙이 등장하는 과정을 설명하고자 한다.

알고리즘은 무엇이었을까

알고리즘이라는 영어 단어(그리고 그와 어원이 같은 유럽어 단어들)는 페르시아의 수학자이자 천문학자, 지리학자인 무함마드 이븐-무사 알-콰리즈미(780?-850?)의 이름을 라틴어로 표기한 것이다. 알-콰리즈미는 인도 숫자, 대수학, 성반星盤, 천문표에 대해서 소책자를 썼고, 프톨레마이오스의 『지리학Geographia』을 개정하여 이후 중세 유럽과 중동의 과학에 큰 영향을 미쳤다. 인도 숫자를 사용하는 계산에 대한 그의 저술은 12세기에 라틴어로 번역되었는데, 현존하는 라틴어 원고들 중에 가장 오래된 이 책은 "알고리즈미(알-콰리즈미가 훗날 이렇게 불렸다)가 말했다Dixit Algorizmi"라는 표현으로 시작한다. "알고리즈미"라는 단어의 이형異形은 인도 숫자(0, 1, 2, 3, 4, 5, 6, 7, 8, 9)로 수행되는 계산, 그리고 이후에는 결국 더욱 일반적인 의미에서의 산술 계산을 가리키는 용어가 되었다.[6] 13세기의 유명한 라틴어 산술 교과서인 알렉상드르 드 빌디외(1175-1240)의 『알고리즘의 노래Carmen de Algorismo』나 요하네스 드 사크로보스코(1195?-1256?)의 『알고리즘 일반Algorismus Vulgaris』은 대학의 표준 교과서로 사용되었으며, 덧셈, 뺄셈, 곱셈, 나눗셈의 4가지 기본 연산에서 쓰이는 아랍어 외래어를 안정화시키는 데에 공헌했다.[7]

적용 분야(수학, 의학, 정보학 등)에 따라서 다르지만 현대 알고리즘의 사전적 정의는 인도 숫자를 사용하는 계산과 관련된 본래의 좁은 의미와는 대조적으로 계산이나 문제 해결에 사용되는 단계별 절차를 모두 포함하는 방향으로 확장되어왔다. 컴퓨터 프로그래밍에 관한 표준적인 참고 문헌에는 알고리즘이라는 단어의 정의에 대한 구어적 의미와 기술적 의미가 모두 설명되어 있다. "오늘날 알고리즘의 의미는 요리법, 과정, 기법, 절차, 관습, 장황한 절차와 약간 다를 뿐 거의 비슷하다. 알고리즘은 특정한 종류의 문제를 해결하기 위한 절차들을 제시하는, 한정된 규칙들의 단순한 집합에 그치지 않으며, 유한성, 명확성, 입력, 출력, 효과성이라는 5가지의 중요한 특징을 지닌다."[8] 이 5가지 필수사항의 구체적인 형식들은 각각 논리학, 수학, 정보학 분야에서 많은 기술 문헌들을 생산해냈는데, 이런 분야들의 접근법이 항상 서로 수렴하는 것은 아니다. 예를 들면, n단계의 순차적 절차(이 때 n은 매우 크지만 무한대보다는 작은 수이다)는 수학자의 유한성의 조건은 만족시키겠지만, 계산 시간을 고려해야 하는 컴퓨터 프로그램 개발자는 그에 대해서 불만을 가질 수 있다. 그러나 역사적 관점에서 볼 때 이러한 기술적 논쟁은 20세기 이전에는 별다른 역할을 하지 못했다. 이전 세기 동안 알고리즘이라는 단어의 핵심적인 의미는 단계별 계산 절차를 통해서 특정한 문제를 해결하는 것을 의미했다.

그러나 이 단어가 등장하기 이전부터도 알고리즘은 존재했다. 수학 문제, 그리고 1200년경 이후 알고리즘이라는 단어가 중세 라틴어와 다른 언어에 동화되면서 형성된 의미에서 알고리즘적인 복잡한 해답이 담긴 문헌들이 바빌로니아, 이집트, 인도, 중국 등 고대 수학 전통에 남아 있다. 이처럼 알고리즘이라는 단어가 소급적으로 적용될 수 있는 문제들의 완전하지는 않지만 간단한 예에는 다음과 같은 것들이 있다. 100개의 빵 중에 50개를 6명에게 분배하고 나머지 50개를 다른 4명에게 분배하는 방법에 대한 고대 이집트의 문제(기원전 1650?),[9] 음력 1개월의 길이 예측에 대한 고대 바빌로니아의 규칙들(기원전 1100?),[10] 제곱근과 세제곱근을 구하는 중국의 절차들(1세기경),[11] 무게와 순도가 다른 4개의 금덩어리로 구성된 금의 순도를 측정하는 방법에 대한 중세 산스크리트어 문제(12세기경) 등이다.[12] 현대 학자들이 이들을 재구성하는 데에는 상당한 학식과 통찰력이 필요하기는 하지만, 이 문제들과 풀이법들은 적어도 더욱 확장된 현대적 의미의 알고리즘이라는 범주에 깔끔하게 들어맞는다. 즉, 이 문제들과 풀이법들은 계산을 통해서 수학적 문제를 푸는 단계별 절차였다.

이러한 문제를 직접 제시하고 푼 지식인들도 알고리즘이라는 범주에 그러한 문제들을 포함시켰을까? 이 전통을 공들여 재구성한 학자들은 당대 지식인들의 방법론이 현대적 의미의 알고리즘에 해당한다고 확신하면서도, 이 질문에 대해서는 의구심을 표명해왔다. 바빌로니아 수학을 연구하는 역사학자 짐 리터는, 고대 수학적 문헌의 정본을 19세기 유럽 학자들이 최초로 만들었다고 지적한다. 그런데 19세기에는 특정 맥락에 상관없이 수학은 여전히 수학이며 현대의 정의(및 대수 표기법)가 다양한 과거 전통에 문제없이 적용될 수 있다는 가정이 지배적이었다. 고대 바빌로니아의 문제집에 관해서, 리터는 현존하는 다른 수학적 문헌뿐 아니라 고대 근동 지역의 아카드 석판에 적힌 (의학, 점술, 법학 등) "합리적 실천"에 관한 설형문자 문제들을 해석하는 작업이 의미가 있을 수 있다고 제안한다. 왜 그럴까? 이 모든 문헌들이 의미론적으로 그리고 구문론적으로 유사하며, 동일한 전문 필경사 집단의 실천에 뿌리를 두고 있기 때문이다. 현대의 수학사학자들은 절차적 문헌들의 광범위한 범주를 인식하지 못할 수도 있지만, 아마도 "고대의 바빌로니아인들은 이러한 범주화를 이해했을 것이다."[13]

또다른 수학 전통을 연구하는 역사학자들은 오늘날의 시각으로 과거를 읽어내는 것에 비슷한 우려를 표한다. 고대 중국어 및 산스크리트어 문제집의 경우 비록 형식이나 내용이 오늘날의 범주와 잘 들어맞지는 않지만 어쨌든 알고리즘을 중심으로 수학적 정본이 자율적으로 형성된 듯하다. 예를 들면, 고대 산스크리트어 문헌은 수학적 규칙을 운문으로 제시하고 문제를 수수께끼의 형식으로 던졌으며, 천문학과 점성술에 관한 천문 지식은 이러한 정본의 일부를 형성했다. 게다가 최적화 알고리즘은 음악, 건축, 운율학, 의학 등 오늘날에는 수학의 범주 바깥에 있는 주제들에 관한 산스크리트어 문헌에서도 찾을 수 있다.[14] 고대 바빌로니아(기원전 2000-기원전 1650)의 알고리즘은 "자산의 공평한 분배와 공정한 관리를 통해서 사회 정의를 실현하는" 토지 측량법에도 내재되어 있었다.[15] 이러한 전근대적 알고리즘에서 그 고유한 본래의 맥락을 제거해버리면, 종종 알고리즘은 근대적 의미에서 수학적이라고 인식할 수 있을 만큼 친숙해지는 동시에 역설적으로 더 난해해진다.

고대 이집트어, 한문, 중세 산스크리트어, 아랍어, 페르시아어, 라틴어 문헌은 모두 현대 대수 표기법으로 번역될 수 있는 알고리즘의 예를 제공한다. 그러나 이런 문헌을 기록한 필경사와 학자들이 과연 이를 알고리즘의 방식으로 이해했을까? 또는 관점을 뒤집어 말하면, 왜 현대인의 눈에는 그러한 형식, 표기법, 절차가 불명료해 보일까? 수십 년에 걸친 전문적인 연구로 가능해진 대수적 번역이 필요할 정도로 말이다. 우리는 실제 계산의 흐름조차도 이해하기 어렵다. 문제 풀이는 순차적으로 진행되지만, A 단계에서 B 단계로 가는 정확한 경로는 거의 명시되어 있지 않다. 산스크리트어 수학을 연구하는 역사학자 애거시 켈러는 "알고리즘에 대해서 명시된 내용과 알고리즘의 실행 사이의 관계의 복잡성"을 강조한다. 그러한 복잡한 관계를 알아내려면, 교육 환경에서 구두로 제공되었을 여러 단계들을 다양한 방식으로 재구성해볼 수밖에 없다.[16] 게다가 숫자가 어떻게 표현되었는지를 차치하고도 숫자를 물리적으로 어떻게 다루었는지에 관한 흔적도 거의 없다. 소수의 천재들은 머릿속으로 모든 계산을 했을 수도 있지만, 대부분의 수학 계산은 종이와 연필, 흙판이나 밀랍판 위에 그려진 기호들, 주판 위에서 움직이는 구슬, 끈에 묶은 매듭, 잠시 적어둔 계산표 같은 물질에 의존했다. 계산기계가 발명되기 훨씬 전부터 계산 기술은 존재했다. 종종 어떤 문헌은 계산이 수작업으로 수행되었음에 대한 희미한 단서를 제공하기도 한다. 고대 중국의 수학을 연구하는 역사학자 카린 셈라는 가장 오래된 사료에서도 자주 사용되는 동사인 "놓다[置]"라는 단어가 산가지로 계산을 수행한 면을 가리킨다고 해석하면서, "계산을 하는 사람은 그 면 위에 값을 어떻게 배치해야 하는지를 알고 있었을 것"이라고 주장한다(그림 4.1).[17]

 알고리즘이 물리적으로 실행되는 방식은 어떤 차이를 만들까? 최근 수십 년간 저렴한 휴대용 계산기가 보급되면서, 알고리즘은 대부분 블랙박스 속에 갇히게 되었다. 우리의 손은 버튼을 누르는 것 이상의 역할을 하지 않는다. 그러나 알고리즘을 가르치는 모든 시대와 문화권의 교사들이 만장일치로 동의하는 하나의 사실이 있다면, 알고리즘을 이해한다는 것은 손과 머리를 모두 사용하여 차근차근 단계를 밟아나간다는 것을 의미한다는 점이다. 예를 들면, 주판을 사용하는 것 대 연필과 종이를 사용하는 것, 단어를 조작하는 것 대 숫자를 조작하는 것 등 특정한 수작업이 알고리즘을 이해하는 방식에 중요한 차이를 만드는지에 대해서는 여전히 논쟁적이다. 일부 심리학

그림 4.1 중국의 산가지(한나라, 기원전 202−기원후 220). © 중국, 샨시 역사 박물관.

연구들이 뚜렷한 결과를 내놓기는 했지만 말이다.[18] 그러나 알고리즘
이라는 새로운 단어가 인도 숫자를 사용한 계산을 가리키기 위해서
만들어졌으며, 새로운 기호로 계산하는 이 방법을 가르치는 새로운
직업으로서 계산의 달인이 등장했다는 역사적 사실은, 계산 체계 사
이의 인지적 전환이 사소한 작업은 아니었음을 보여준다. 전해지는
알-콰리즈미의 저서들 중에 가장 오래된 라틴어 번역본인 『알고리즈
미가 말했다*Dixit Algorismi*』는 새로운 인도 숫자에 대한 설명으로 시작되
지만, 책의 나머지 부분은 더욱 익숙한 로마 숫자로 거의 바로 돌아
간다.[19] 컴퓨터 프로그램을 업데이트해본 사람이라면 누구나 계산력
과 효율성의 측면에 손해가 있을지라도 익숙한 것으로 회귀하는 일
에 동감할 것이다.

근대 이전의 알고리즘을 현대적 대수 표기법으로 번역하는 작업의
어려움과 필요성은 역사적인 맥락이 과거의 알고리즘을 이해하는 데
에 얼마나 중요했는지를 보여준다. 투명성이나 충실함과 관련되는
번역이라는 단어만으로는 이 과정을 제대로 설명하기 어렵다. 관련된
언어 체계와 기호 체계를 터득하는 것은 번역의 시작에 불과하며, 그

다음에는 주로 단편적으로만 전해져 내려오는 문헌으로부터 사고 방식과 계산 방식을 모자이크처럼 모두 짜맞추어야 한다. 교실에서 오갔을 말들을 직관적으로 추론해야 하며, 그럴듯한 추측으로 빈틈을 메워야 한다. 근대 이전의 알고리즘이 현대적인 기준에서 "분명하다"고 인정할 만한 수준을 만족시키는 경우는 거의 없다. 예를 들면, 현재 베를린에 일부가 소장되어 있는 고대 바빌로니아 설형문자 석판에는 수의 역수를 계산하는 방법이 적혀 있다(역수는 바빌로니아식 나눗셈에서 중요한 역할을 했는데, 나눗셈은 먼저 나누는 수의 역수를 계산한 다음 나눠지는 수에 그것을 곱하는 두 단계로 진행되었다).[20] 다음은 수학사학자 오토 노이게바우어(1899–1990)가 해독 가능한 문제들 5가지 중에서 하나를 번역하고 재구성한 것이다.

숫자는 2 ; 13 ; 20이다. [이들의 역수는 무엇인가?]
다음과 같이 계산하라.
3의 역수를 만들라 ; 20, 18[을 구할 수 있을 것이다.]
18을 2로 곱하라 ; 10, [다음을 구할 수 있을 것이다.] 3 [9]
1을 더하라, 1[을 구할 수 있을 것이다.] ; 30
1을 곱하라 ; 30에 18을 곱하라, 27을 구할 수 있을 것이다.
역수는 27이다. [이런 방식으로 계속하라.][21]

이 번역과 재구성의 그 어떤 부분도 직관적이지 않다. 아카드 설형문자를 해독하고 4,000년이 흐르며 사라진 부분을 채우는 작업이 얼마나 어려운지는 차치하더라도, 바빌로니아 표기법은 모호하다. 2, 13, 20은 $(2 \times 60^2) + (13 \times 60^1) + (20 \times 60^0)$을 의미할 수도 있고, $(2 \times 60^1) + (13 \times 60^0) + (20 \times 1/60)$을 의미할 수도 있다. 모든 숫자는 세로 모양 쐐기와 윙켈하켄Winkelhaken이라고 불리는 식자(고리hook : 시계 방향으로 90도 회전시킨 문자 V 모양)의 조합으로 표시되며, 자리가 값을 결정하고(60^n, n = 1, 2, 3……), 단위(60^0)를 위한 자리가 없다. 오랜 시간이 흘러 석판에서 지워진 숫자는 문제 자체의 알고리즘을 통해서 재구성되어야 하는데, 여기에는 명백히 순환 논리의 위험이 있다. 이런 어려움을 뛰어넘은 이후라도 단계별 지침에서 무슨 일이 진행되는지는 상당히 불분명하다. 수학사학자 에이브러햄 색스(1915-1983)는 계산 절차에 대한 다음과 같은 대수적 해석을 제안했다.[22] 여기에서 초기 숫자 c = 2, 13, 20이고, c^{-1}은 그것의 역수를 가리키며, a와 b는 c가 분해된 숫자들이다.

$$c^{-1} = (a + b)^{-1} = a^{-1} \times (1 + ba^{-1})^{-1}$$

현대식 표기법을 사용한 번역본이 제공된 뒤에, 이렇게 대수적으로 재형식화된 공식은 현대 독자에게 큰 안도감을 줄 것이다. 다른 방식으로는 이해할 수 없는 지침 뒤에 숨어 있던 추론을 마침내 눈치챌 수 있게 되었기 때문이다.

그러나 바빌로니아의 필경사들이 이러한 방식으로 계산을 이해했을까? 아마 그렇지 않을 것이다. 메소포타미아 수학을 연구하는 역사학자 크리스틴 프루스트가 지적했듯이, 대수적으로 표현된 알고리즘은 바빌로니아 필경사와 제자들이 실제로 수행한 계산 방식을 명확히 설명해주지 못한다. 왜 다른 숫자가 아니라 이 특정 숫자들이 예시로 선택되었는지에 대한 단서도 제공하지 못한다. 또한 이 단계들이 석판에 배치된 방식도 설명하지 못한다. 프루스트가 보였듯이, 이 숫자들은 임의로 선택된 것이 아니라 필경사들이 사용하던 표준 역수표를 이용하여 더 편리하게 계산하기 위해서 선택된 것이었다. 이런 계산도구들은 주판처럼 그때그때 쓰이는 계산 기술로 보완되었을 것이다. 또한 초기 숫자 c는 여러 가지 a + b 꼴로 분해될 수 있지만, a와 b로 선택된 값은 표에 적힌 역수의 값과 일치했다.

또다른 고대 바빌로니아 석판인 CBS 1215는 동일한 알고리즘에 따른 숫자 계산을 제시하지만 언어적인 설명은 제공하지 않으며, 부분 곱을 가운데에 두어서 왼쪽의 초기 숫자와 오른쪽의 그 역수를 명확히 구분하는 등 상이한 공간 배치 방식을 사용했다. 이렇듯 고대 바빌로니아의 관행 내에서도 일치하지 않는 부분들이 존재했으며, 이는 알고리즘을 형식화했던 필경사들이 숙고를 거쳐서 기능적으로 이것들을 선택했음을 나타낸다. 다시 말하지만 이런 석판이 제작된 다양한 교육적 맥락을 염두에 두는 것이 중요하다. 프루스트는, 석판 VAT 6505는 학교 수업 연습용이지만 CBS 1215에서는 동일한 자료가 "연습 문제들을 만드는 것과는 다른 목적으로 개발되고 체계화되고 재조직화되었을 것"이며, 단계의 순서를 뒤집어서 "알고리즘의 기능적 검증"을 수행하는 것이 아마도 목표들 중에 하나였으리라고 제안한다.[23] 알고리즘을 대수적으로 표현하면 현대인에게는 일반적인 알고리즘으로 보일 것이다. 그러나 고대 바빌로니아의 알고리즘이 실제로 어떻게 사용되고 해석되었는지에 대해서 중요한 단서를 제공하는 형식이나 특정 숫자의 선택, 특정한 계산 모듈이나 인수분해 같은 "서브루틴subroutine(하나의 온전한 계산 과정과 상호 관계를 가지는 독립적인 계산 과정/역주)"의 반복에 대한 구체적인 사항들은 본질적으로는 지워져버린다.

현대적 의미에서 이상적인 규칙은 일반 규칙이다. 일반 규칙은 예시와 예외에 구애받지 않고, 구체적인 것을 규칙 안으로 들이지 않으며, 구체적인 맥락에 속하지 않고 그 위에 있다. 제3장에서 살펴본 바와 같이 두꺼운 규칙은 계율과 수행 사이를 오가고, 계율과 수행은 서로를 다듬고 정의한다. 반대로 얇은 규칙은 자족적이고 명료한 것을 지향한다. 원칙적으로 보면 얇은 규칙은 분명하게 해석될 수 있다. 얇은 규칙은 설명을 멀리하며 해석학을 필요로 하지도 않는다. 또한 얇은 규칙은 여러 사례들을 구분하거나 특정한 상황에 따라 재량권을 행사할 필요가 없다. 얇은 규칙의 일반성은 그 규칙을 적용할 수 있는 사례가 명확하고, 규칙이 적용된다고 분류된 사례들이 모두 동질적이며, 사례 간의 동질성이 영원히 유지될 것을 전제로 한다. 컴퓨터 알고리즘이나 산술 계산이 여러 쪽에 걸쳐 작성되기도 하듯이, 얇은 규칙이 간결할 필요는 없다. 그러나 모호해서는 안 된다. 일반적이면서도 명확한 언어인 대수학은 얇은 규칙의 근원이라고 할 수 있다. 17세기 독일의 대학자 고트프리트 빌헬름 라이프니츠에서 18세기 프랑스의 철학자 에티엔 보노 드 콩디야크(1714-1780), 19세기 말 이탈리아의 논리학자이자 수학자 주세페 페아노(1858-1932)에 이르기까지 인공적, 보편적 언어의 지지자들이 대수학과 산술을 최고로 일반적이고 가장 모호하지 않은 모델로 꼽았던 것은 결코 우연이 아니다.[24] 현대의 알고리즘은, 윈저 공작부인의 말을 빌리자면 이보다 더 얇아질 수 없는 수준에 달했다(윈저 공작부인은 평생 마른 몸매를 유지하는 데에 집착했고, "아무리 부유하거나 날씬해도 지나치지 않다"라는 유명한 말을 남겼다/역주).

근대 이전의 알고리즘은 거의 항상 첫째, 특정한 문제를 제시하는 문헌 속에 존재했고, 둘째, 계산 기법과 계산도구의 목록을 제시했으며, 셋째, 문헌에는 암시적으로만 남아 있는 맥락들을 명료하게 해주었을 교육 환경 내에 존재했고, 넷째, 문화에 따라 요리법, 의식, 사용설명서 등 단계별 지침의 더 넓은 범주 내에 제시되었다. 그렇다면 우리는 대부분의 근대 이전 알고리즘이 지닌 이러한 투박한 특수성을 어떻게 이해해야 할까? 마치 광석에서 금속을 추출하듯 이런 알고리즘을 대수적으로 재공식화하려는 현대의 노력대로 이 빽빽한 행렬으로부터 얇은 규칙을 추출할 수 있을까? 아니면 근대 이전 알고리즘이 실제로는 위장한 두꺼운 규칙에 불과하며, 제3장에서 설명한 기술의 규칙이 가진 제한된 일반성을 대부분 구현한 것일까? 이런 질문에 답하기 위해서는 일반성의 개념을 다시 생각해야 하는데, 이것은 대수학의 도움 없이도 가능하다.

대수학 없이 일반성을 생각하는 법

수에 관한 유명한 근대 이전 알고리즘은 일반적인 숫자든 특정한 숫자든 수에 관해서 언급하지 않는다. 그것은 유클리드의 『원론_Elements_』(기원전 300?)에 제시된 것으로, 어떤 주어진 크기가 다른 크기를 나머지 없이 정확히 측량할 수 있는지, 만약 그렇다면 두 크기를 모두 측량할 수 있는 가장 큰 크기는 무엇인지를 찾는 알고리즘이다.[25] 현대 수학의 용어로 말하자면, 유클리드의 알고리즘(이 용어는 20세기에 처음 적용되기 시작했다)은 두 개의 서로 다른 수가 서로의 소수素數인지를 판단하고, 그렇지 않다면 두 수의 최대공약수를 구하는 절차를 가리킨다.[26] 그러나 원문에서는 불연속적인 수가 아닌 연속적인 선이 크기를 나타내며, 때때로 상호 가감법을 의미하는 역수 뺄셈이라고도 불리는 이 방법은 기하학적으로 증명된다. 유클리드의 또다른 증명들(예를 들면, 한 삼각형의 세 각의 합이 두 직각의 합과 같다거나, 평행선을 교차하는 모든 선의 엇각은 동일하다는 증명)처럼 이 방법은 추상적인 수의 차원이 아니라 선분에 적용된다는 점에서 구체적이지만, 해당 영역 안에서는 완벽히 일반적이다. 정삼각형이든 이등변 삼각형이든 부등변 삼각형이든 침핀의 머리만큼 작은 삼각형이든 지구만큼 큰 삼각형이든 간에 모든 삼각형에 대해서 세 각의 합이 두 개의 직각과 같듯이, 유클리드의 『원론』 제7권에 설명되어 있는 역수 뺄셈 방법론 역시 크기가 다른 모든 두 선에 적용된다. 물론 이러한 명제를 설명하는 도해에 사용된 실제 선분은 숫자로 측정될 수 있는 특정한 길이로 표현될 것이다.[27] 그러나 (귀류법[증명하려는 명제의 결론을 부정이라고 가정하면 모순에 이른다는 것을 보이는 방식으로 명제를 증명하는 방법/역주]에 의해서 이루어지는) 증명의 어떤 부분도 이런 특수성에 기초해 있지 않다.

일반성에도 다양한 종류와 정도가 있다. 20세기의 수학자들은 유클리드 기하학을 매우 엄격한 형식적인 용어로 재구성했다. 몇몇 학자들은 제7-9권을 "유클리드의 산술서"라고 다시 명명했다.[28] 다른 몇몇 학자들은 기하학적 증명 아래에 숨어 있는 암묵적인 대수적 구조를 추론했는데(특히 제2권에 대해서),[29] 일부 역사가들은 그러한 견해가 시대 착오적이라며 단호히 거부하여 강렬한 논쟁을 촉발했다.[30] 이처럼 현대 대수학과 정수론(또는 컴퓨터 프로그램)의 관점에서 기하학적 증명을 재해석하는 작업의 역사적 정확성에 대해서는 논쟁의 여지가 있지만,[31] 이러한 재구성은 그 명제들이 적용되던 수학적 대상의 범위를 널리 확장함으로써 일반성의 정도를 높였다. 독일의 수학자 모리츠 파슈(1843-1930)는 저서 『새로운 기하학에 대한 강의*Vorlesungen über neuere Geometrie*』(1882)에서, 유클리드 기하학이 철갑 같은 연역적 견고함이라는 명목 아래에 그것이 유래한 감각적 지각으로부터 가능한 한 완전히 자유로워져야 한다고 주장함으로써 팽창주의적 해석의 길을 열어주었다. "기하학이 진정으로 연역적이기 위해서, 추론의 과정은 마치 그것이 도형으로부터 독립적이어야 하듯 언제나 기하학적 개념의 의미로부터도 독립적이어야 한다."[32] 파슈에 이어 다비트 힐베르트는 저서 『기하학의 기초*Grundlagen der Geometrie*』(1899)에서 기하학이 점에 관한 것이든 선에 관한 것이든 평면에 관한 것이든 군론group theory의 특정한 사례에 관한 것이든 간에 그것은 공리로부터 추론된 형식적 관계의 논리적 타당성에 아무런 차이를 주지 못한다고 주장하며 유클리드 기하학의 일반성을 새로운 차원으로 끌어올렸다.[33] 일반화는 결국 추상화로 끝나고 말았다. 이렇게 산꼭대기에서 내려다보는 관점을 택하면, 유클리드 명제의 대상은 기하학적일 필요가 없는 것은 물론, 심지어 수학적일 필요도 없다.

일반성에 관한 가장 높은 기준에 따르면, 유클리드의 『원론』 제7권의 제1−2명제와 같이 근대 이전의 알고리즘 중에서 가장 일반적인 알고리즘조차도 근시안적이고 구체적인 것처럼 보인다. 그러나 대수학이나 논리학 같은 형식화만이 일반성을 획득하는 유일한 수단은 아니며, 수학적 대상의 일반성만이 일반성의 유일한 종류는 아니다. 유클리드 기하학을 산술, 대수학, 정수론, 논리학에 동화시켜서 일반화하려는 20세기의 노력은 수학적 일관성과 엄밀성을 확보하기 위한 것이었지, 대부분의 전근대적(그리고 현대적) 알고리즘의 원래 목적인 문제 해결을 위한 것이 아니었으며, 알고리즘에 관한 대부분의 전근대적 문헌들이 읽히던 맥락인 학생 교육의 차원도 아니었다.[34] 따라서 일반성에 관한 질문은 재구성되어야 한다. 교육학적 맥락과 실용적 맥락에서 문제 해결에 적합한 일반성의 기준은 무엇일까?

다른 측면에서 아무리 다양하더라도 근대 이전의 알고리즘 문헌에서는 두 가지 특징이 두드러진다. 첫째는 특수한 문제 해결에 대한 내용이 압도적으로 많다는 점, 둘째는 동일한 알고리즘을 포함하는 문제들이 많다는 점이다. 제3장에서 설명한 중세 프랑스의 상업 산술 교과서를 떠올려보라. 3의 법칙은 일반적인 형식으로 설명되어 있지만, 독자들은 환전, 천의 길이에 따른 가격 설정, 투자자들 간의 이익 분배 같은 구체적인 문제를 계속 풀면서 이 법칙을 익히게 된다. 이와 같은 형식은 여전히 대부분의 초등학교 수학 교과서에서 지배적으로 나타나며, 심지어 특정한 문제들은 고유한 분야를 형성할 정도이다. 대수학 입문 교과서에서 두 미지수의 연립방정식을 푸는 방법을 가르칠 때 등장하는 기차 혹은 욕조 문제를 떠올려보라. 또한 적당한 가격의 휴대용 계산기가 출시되기 이전에 학교를 다닌 사람이라면 수많은 특수한 숫자들의 제곱근을 구하는 방법을 반복적으로 문제를 풀면서 배웠을 것이다. 이런 모든 절차에 관한 일반적인 대수적 알고리즘이 있고, 컴퓨터는 이런 모든 절차를 수행하도록 프로그래밍될 수 있으며, 우리가 3의 법칙의 사례를 통해서 보았듯이 일반 규칙들은 심지어 대수학이나 컴퓨터가 없어도 구두로 공식화되고 존재할 수 있다. 그러나 하나의 특수한 문제를 동일한 유형에 속하지만 또다른 그다음의 특수한 문제로 일반화하는 방법에 대한 학습을 포함한 실제 학습은 연필(또는 펜, 주판, 산가지)을 손에 쥐고 무수히 많은 특수한 문제들을 풀면서 이루어진다. 이 과정으로 더욱 일반적인 규칙이 도출될 수 있고 실제로 도출되기도 하지만, 이는 알고리즘을 학습하는 방법 자체라기보다는 알고리즘을 학습한 후에 이루어지는 생각이나 요점 정리에 가깝다. 학생들이 3의 법칙이나 가위치법假位置法에 관한 문제를 풀 때[35] 수행하는 것은 일종의 귀납법으로, 특수한 문제로부터 일반적인 규칙을 귀납해내는 것이 아니라 특수한 문제로부터 특수한 문제를 귀납하는 것이다.

존 스튜어트 밀(1806–1873)은 모든 귀납이 특수한 것에서 특수한 것으로 이루어지며, 3단 논법(또는 수학적 공리와 가정)의 전제는 태곳적부터 이루어진 수백만 가지의 특수한 것에 대한 관찰이 응축된 것에 지나지 않는다고 주장했다.[36] 그러나 우리의 목적을 위해서 모든 일반화에 대한 밀의 전면적인 일반화를 받아들일 필요는 없다. 고대 이집트 시대에서부터 현대의 초등학교 교실에 이르기까지 특수한 것에서 특수한 것으로 이루어지는 몇몇 종류의 귀납이, 초보자가 실제로 알고리즘을 어떻게 학습하는지를 설명한다는 사실을 인식하는 것으로 충분하다. 물론 귀납은 일반화를 유도하기도 하지만, 이는 논리적인 보편성보다는 박물학적 분류에 가까운 특수한 종류의 일반화이다. 통화를 환전하거나 특정 개수의 빵을 여러 명의 노동자에게 나누어주거나 다른 속도로 달리는 기차의 도착 시간을 계산하는 것 같은 10여 가지의 구체적인 문제를 성실히 풀어낸 학생은 통화나 빵이나 기차와 전혀 관련 없는 새로운 유형의 문제도 풀어낼 수 있을 것이다. 신출내기 박물학자는 각각의 개별적인 새나 식물을 도감 속 붉은머리딱따구리나 디기탈리스(관 모양의 꽃이 피는 식물/역주)의 그림과 열심히 비교하면서 일을 시작하지만, 많은 연습을 통하면 개별 개체의 변이나 계절에 따라 변화하는 다양한 색채에 상관없이 개체들을 한눈에 식별할 수 있게 된다. 이처럼 한 알고리즘에 관한 많은 개별 예제들을 열심히 살펴본 초보 수학자는 세부사항이 완전히 달라도 동일한 종류의 다른 예제들을 탐지해낼 수 있다.

최소한 몇몇 전근대적 알고리즘 전통에는 박물학, 그리고 제2장에서 설명한, 모델 혹은 패러다임으로서의 규칙으로 이해되었던 비수학적 규칙들에 대한 역사와 유사점이 존재한다. 박물학 서적에 목판화와 판화가 삽입된 16세기 이래로, 자연학자들은 특정 식물 또는 동물 종의 본질을 특수하면서도 일반적이고, 혼종적이면서도 이상화된 전형적인 그림으로 표현하기 위해서 노력해왔다. 그림은 다른 종과 헷갈리지 않고 표본을 제대로 식별해내는 데에 사용될 수 있을 만큼 구체적이면서도, 비정상적인 꽃잎의 개수나 갉아 먹힌 잎 같은 개별적인 개체의 변이나 부수적인 특징들을 포함하지는 않을 만큼 일반적이어야 했다.[37] 셈라는 종종 고대 중국 수학에서 유사한 예를 든다. 어떤 특정한 문제가, 그 문제를 풀기 위해서 사용된 알고리즘의 "확장"을 탐구하는 패러다임이 되는 경우이다. 이는 문헌과 해설서에 명시된 다양한 문제들의 근간이 되는 연산의 범주를 규정짓는 방식과도 같다.[38] 패러다임은 특수한 것에서 특수한 것을 귀납해내는 것과는 다른 방식으로 작동한다. 그것은 어떤 종류의 문제들과 특정하고 구체적인 문제에 대한 해법 알고리즘을 가리킨다.

새를 분류하든 수학 문제를 분류하든, 이러한 빠른 분류는 보편적 존재에 대한 것이 아니라 단지 종과 속에 대한 것일 뿐이다. 그러나 박물학의 분류 체계의 경우와 마찬가지로, 많은 종과 속을 장기간 광범위하게 관찰하면 종을 속으로, 속을 과로, 과를 문으로 묶을 수 있듯이 계속해서 더욱더 포괄적인 분류군으로 묶을 수 있는 구조적 유사성을 발견할 수 있다. 수많은 연습의 과정으로부터 규칙성이 생겨나듯, 교과서적인 알고리즘에 깊이 몰두하면 그것을 확장하고 통합하려는 유사한 충동을 느끼게 되는 듯하다. 프루스트는 고대 바빌로니아 석판 CBS 1215에 적힌 계산에서 이러한 체계화가 작동하는 것을 발견했다.[39] 셈라는 중국 고전 『구장산술九章算術』(1세기경)에 대한 유휘(220?-280?)의 주석(3세기경)에서 "형식적 유비"에 의한 비슷한 일반화가 작동한다고 지목하는데, 여기에서는 일반적인 용어들이 (분수의 공통분모를 구하기 위한 통분같이) 동일한 절차가 적용되는 모든 특수한 예시들을 담아내기 위해서 만들어졌다.[40] 리터는 고대 아카드의 알고리즘적 문헌에 일반적인 규칙이 부재하다는 점을 언급하면서, 변호사가 유비를 바탕으로 해당 판례와 이전의 판례를 연결하는 영미 법학의 논법과 이를 비교한다. 그러면서 리터는 이런 고대 수학이 "수학적 수행을 진전시키고 그에 관해 소통하기 위한 대안적 방법으로, 전형적인 예시를 제시하여 가능성의 영역을 체계적으로 다루는 방법"이라고 설명했다. "예시들에 대한 일반화는 포괄적인 '규칙'이나 '법칙'을 만들어냄으로써가 아니라, 기존에 알려진 결과들의 그물망에 새로운 문제를 덧붙임으로써 이루어진다."[41]

이렇게 수행되는 유비를 분별해내기 위해서는 다양한 기술과 사례들이 풍부하게 쌓여 있어야 한다는 것이 중요한 전제조건이다. 알고리즘에서 기술과 예시 사이의 경계는 종종 모호해진다. 수학이 기본적인 산술 연산부터 시작하여 역수 찾기, 분수를 공통분모로 통분하기, 삼각형의 면적 계산하기 등 좀더 복잡한 기술로 확장되듯이, 거의 모든 알고리즘은 다른 알고리즘으로부터 구축된다. 고대 그리스 수학을 포함하여 대부분의 전근대적 수학 문헌들이 유클리드의 『원론』과 같이 정의, 공리, 가정으로 구성된 체계를 갖추지는 않았지만, 대부분은 적어도 암묵적으로 구조화되어 있다.[42] 기본 연산과 등식의 형태로 기초가 먼저 마련되고, 그다음의 단계들이 겹겹이 쌓이는 식이다. 어떤 교과서가 어느 "단계"에 해당하는지를 알아내는 확실한 방법은 설명되지 않은 내용이 무엇인지 찾아내는 것이다. 즉, 학생이 이미 알고 있을 것으로 예상되는 것은 무엇인가? 셈라는 "알고리즘을 적는 과정에서 균일하게 선택된 세부사항의 수준"을 "세분성"이라고 부르는데, 이는 원래 예제로 제시된 알고리즘들 중에 얼마나 많은 알고리즘이, 그리고 어떤 알고리즘이 기술로서 내재화되어 암묵적으로 제시되었는지를 나타내는 간단하지만 유용한 지표이다.[43] 작곡가가 기존 음악에서 주제 악상이나 일부 선율을 재사용하는 것처럼, 알고리즘의 탑의 낮은 층에서 제시되는 예제들은 높은 층에서 제시되는 조금 더 복잡한 알고리즘의 "계산 모듈"이나 "서브루틴"으로 재사용될 수 있다.

심지어 모든 것을 글로 기록하고 읽으며 각종 장치를 선호하는 문화에서도, 암기 없는 레퍼토리는 존재할 수 없다. 모든 사람이 주머니에 전자계산기를 들고 다니더라도 최소한 구구단은 암기해야 하는 법이다. $2 + 7 = 9$, $9 \times 9 = 81$ 같은 등식의 암기, 2차 방정식 풀이법 같은 기법의 암기, 주판 조작법 같은 기술의 암기는 알고리즘의 탑에서 모든 상층을 지탱하는 가장 아래의 기반층을 안정화한다. 다른 비유로 표현하자면, 알고리즘을 암기하는 것은 피아니스트의 다섯손가락 연습이나 직조공의 기본 무늬 연습과 비슷하다. 이 기술들은 모두 초기에 힘들게 학습되어야 하지만, 그후 제2의 본성이 될 때까지 반복적으로 연습하면, 끝내는 직관이 지배하는 무의식의 영역에 동화됨으로써 잠재적인 역량이 된다.

여기에서 신체가 음식을 소화하는 방법과 관련된 **동화**라는 단어는 의도적으로 쓰인 것이다. 18세기 이래로, 인쇄된 책을 쉽게 구할 수 있는 문화권의 지식인들 사이에서 암기 능력의 가치는 급격히 떨어졌다. 좋은 도서관을 가진 학자에게는 고대 그리스의 기억의 여신 므네모시네가 더는 모든 뮤즈의 어머니가 되지 않았다. 르네상스의 인문주의자는 수천 개의 라틴어 및 그리스어 구절을 배워서 암기하고 머릿속에 "기억의 궁전"을 지었을지 몰라도, 드니 디드로(1713-1784) 같은 계몽주의 철학자는 서가에 꽂힌 자신의 저서 『백과전서』와 같은 종합적인 참고 문헌을 통해서, 문명을 집어삼키는 대격변의 시대에 알아야 할 만한 모든 것을 보존함으로써 그와 같은 학식을 불필요하게 만들 수 있다고 주장할 수 있었다.[44] 분석과 비평의 별은 암기의 별이 쇠해감에 따라 더욱 빛났고, 암기는 야만적인 기억법이 되어갔다. 이처럼 암기의 인기가 떨어지고 인쇄술의 인기가 올라가면서, 기억이 어떻게 기능하는지에 대한 이미지도 변화했다. 데이비드 하틀리(1705-1757)처럼 지능을 다룬 계몽주의 저술가들은 인쇄업자가 빈 종이에 나무 활자나 금속 활자로 책을 찍어내듯, 기억을 백지 상태의 마음tabula rasa 위에 새기거나 각인하는 것으로 상상했다.[45] 반면에 중세 필경사들은 기억, 특히 암기를 저작咀嚼, 반추反芻, 소화에 비유했다.[46] 글자나 숫자표를 암기하는 일은 말 그대로 그것을 자신의 것으로 만드는 일이었다.

암기의 운명을 결정지은 중요한 전환점은 구술 능력에서 문해력으로의 전환이 아니라, 희귀하고 값비싸고 소수만이 소유하던 문헌에서, 풍부하고 적당한 가격에 쉽게 구할 수 있는 문헌으로의 전환이 제공했다. 중세의 음악을 연구하는 역사학자 아나 마리아 부세 베르거는 1030년경 오선보의 발명 이후 라틴 유럽에서 악보가 확산되는 동안, 동화 기억이 어떻게 불필요한 것으로 치부되지 않고 강화되었는지를 설명한다. 기록된 내용은 내용적 측면만이 아니라 형식적 측면에서도 매우 세세히 읽히고 흡수될 수 있었으며, 이후에 그에 대한 기억이 정확한지 아니면 대략적인지를 평가할 때에도 참조 대상이 될 수 있었다. 부세 베르거는 이를 보이기 위해서 위그 드 생-빅토르가 학생들에게 「시편」을 암기하는 방법에 대해서 조언한 내용을 인용한다. 그에 따르면 학생들은 필요할 때마다 활용할 수 있도록 「시편」을 평생 쌓아두어야 하며, 암기할 「시편」의 동일한 사본을 사용해서 구절들과 "글자의 색깔, 모양, 위치, 배열을 동시에" 모두 암기해야 했다.[47] 중세 산술 및 문법 교육과 비슷하게, 젊은 성가대원들은 수많은 평성가(반주 없이 목소리로만 노래하는 성가/역주)를 암기해야 했을 것이다. 마치 학생들이 17세기 이후까지 라틴어 동사 활용형과 어형 변화, 곱셈표를 암기하는 훈련을 받았던 것처럼 말이다.

이러한 모든 경우에서, 암기와 끝없는 반복을 중심으로 한 교육 아래 대부분 풀이해야 할 특정한 문제들로 구성된 교과서가 제작되었고, 문제만큼 많은 규칙들이 만들어졌다. 수많은 특정 문제들을 포함하는 중요한 규칙은 희소했지만, 풍부하게 암기된 예제들이 구성하는 레퍼토리는 유비를 통해서 새로운 상황에까지 확장될 수 있었다. 박물학의 경우와 마찬가지로 분류법이 등장했고, 패턴과 장르를 구분하기 위해서 새로운 용어가 만들어졌다. 이는 "증명해야 할 정리의 세계"보다 "풀어야 할 문제의 세계"에 더욱 알맞은 일반성의 형태였고, 특히 실제 세계처럼 문제가 너무 예측하기 어렵고 특수해서 보편적인 일반화가 달성되기 힘든 경우에 필요한 형태였다.

오늘날까지 남아 있는 흔적들에 따르면 근대 이전에도 정예 교육에서 암기를 (더 강조하지는 않았더라도) 비슷한 수준으로 강조했다. 고대 바빌로니아 수학을 연구하는 사학자 엘리너 롭슨은 전해 내려오는 곱셈표가 적힌 수천 개의 설형문자 석판(필경사 학교에서 만든 원본의 일부)이 "본질적으로 구전되고 암기된 숫자 문화에 대한 훈련의 산물"이라고 보았다. 중세 인도 및 중세 유럽을 연구하는 역사학자들은 (수학적 문헌을 포함하여) 다양한 문헌들이 확산되었다는 사실이 그 문헌들이 암기의 대상이었음을 증명한다고 해석했다.[48] (수학 분야의 고전을 포함하여) 한나라 이후 중국의 고전 교육은 고전을 숙달하기 위한 첫 단계로 암기를 채택했다.[49]

현대 교육학은 독창성, 분석, 이해 및 독립적 사고와 관련된 미덕들과 암기를 대조하면서 암기에 오명을 씌우고 있다. 특히 통합적인 통찰력과 추상적인 일반화를 추구하는 현대 수학 분야에서는 구체적인 수치들의 긴 목록이나 표, 구체적인 문제 풀이를 암기하는 일을 경멸한다. 오늘날에는 18세기의 위대한 수학자 레온하르트 오일러(1707-1783) 같은 암산의 거장도 뛰어난 수학자라기보다는 바보 같은 천재로 분류될 가능성이 높으며, 뛰어난 수학자들은 종종 자신이 산술에 얼마나 무능한지를 강조한다. 학습이 이루어지는 교실 현장에서 암기에는 "기계적인 반복"이나 "맹목적인"이라는 비하적인 표현이 따라 붙으며, 진정한 인간 지능의 발휘와 구분된다. 사진 인화판에서 컴퓨터 저장 장치에 이르기까지 기억에 관한 현대의 메타포들은 수동성과 기계적 우둔함을 강조한다. 암기를 장려하는 지적 전통에는 기껏해야 카드 사기꾼의 묘기처럼 호기심을 자극한다는 이미지가 있고, 최악의 경우 권위주의적인 이미지도 있다. 이런 교육적 덕목을 터득한 사람이 기억해야 할 세부사항으로 가득한 글을 꺼려하는 것은 당연한 일처럼 보인다.

그러나 현대 유럽어에도 암기를 덜 경멸적으로 묘사하는 기록이 남아 있다. 바로 "마음으로 배우다(to learn by heart[영어], auswendig lernen[독일어], apprendre par cœur[프랑스어], 즉 암기하다)"라는 구절이다. 음악, 시, 고전적 글들(독립선언문, 셰익스피어의 독백, 『성서』에 나오는 찬송가 등)을 암기하는 행위를 가리킬 때 주로 사용되는 표현인 "마음으로 배우다"는 희미하게나마 내용을 완전히 자신의 것으로 만드는 내면화를 연상시킨다. 연설에 적합한 명구를 외우는 등 의례적인 수준에 머무르더라도, "마음으로 배우다"에는 하등한 정신 작용에 대한 경멸적 의미보다는 존경받아 마땅한 성취의 의미가 있다. "기계적 반복에 의한 암기"와 "마음으로 배우다"가 결국 동일한 인지적 행위를 가리키는데도 이렇게나 대조적인 느낌을 지니는 이유를 어떻게 설명할 수 있을까? 기계적인 반복에 의한 암기가 지닌 어감은 암기의 대상이 되는 내용이 책장에 꽂힌 먼지 쌓인 책처럼 죽은 것이라는 느낌을 주는 반면, 마음으로 배우는 대상이 되는 내용은 말 그대로 마음에 새겨져 자아의 필수적인 부분으로서 대사 작용을 하는 것이라는 느낌을 주기 때문이다. 마음으로 배움으로써 암기하고 반복해서 연습한 소나타와 소네트는 음표나 종이 위 글자를 단순히 읽어내는 것과는 다른 방식으로 깊이 학습되고 이해된다. 이렇게 몰입의 수준에 도달한 이해는 몰입적인 관찰처럼, 음악의 푸가, 시학의 서사시, 수학에서 평면도형의 면적을 발견하는 알고리즘처럼 유비를 드러내고 분류를 만드는 일을 한다.

암기된 레퍼토리, 유비, 분류는 함께 작동함으로써 현대 수학의 엄밀히 연역되고 정식으로 형식화된 추상적 보편성이라는 이상에는 잘 들어맞지 않는 형태의 일반화를 가능하게 한다. 그 대신, 주로 수학과 관련되어 있거나 아니면 요리법 혹은 제식 같은 특정한 목적을 달성하기 위해서 고안된 단계별 지침 같은 근대 이전의 알고리즘적 문헌들과 관련된 모델은 다시 한번 박물학에 빗대어 설명될 수 있다. 특정 지역의 동식물에 정통한 관찰자들은 종과 속으로 분류하는 기준이 되는 유사성, 공통 구조, 특성을 식별해낸다. 관찰된 사례들이 많아질수록, 분류학은 더욱 야심 차게 발전한다. 근대 초기 유럽의 식물학자들은 수천 종의 새로운 국내 및 외래종을 접하면서 식물 분류학을 대대적으로 개정했고, 린네 분류 체계는 극동과 극서양의 이국적인 식물로 가득한 식물원과 스웨덴의 도시 웁살라에 있는 스승 칼 린네(1707-1778)에게 식물에 대한 설명과 표본을 보내기 위해서 전 세계로 항해를 떠났던 학생들의 인력망에 기반했다.[50] 세밀하고 상대적으로 관찰된 특수한 것들의 바다에 뛰어들어야만 린네의 『자연의 체계*Systema Naturae*』(1758) 정도의 인상적인 일반성이 획득될 수 있었다.[51] 특수한 문제들과 알고리즘들을 암기하며 느끼는 깊고 폭넓은 몰입은 대수학 같은 본질적으로 일반적인 언어 없이 일반화된 분류를 구축하는 데에 유용하게 작동했다.

현대 수학자는 박물학이나 경험주의의 냄새를 풍기는 모든 것을 꺼리고는 한다. 파슈와 힐베르트의 사례가 보여주듯이, 경험으로부터 얻은 직관(예를 들면, 기하학에 도입된 운동에 대한 직관)에 대한 의심은 형식화 및 공리화가 엄밀성을 보장할 것이라는 희망과 결합하여 응용수학보다 순수수학을, 구체성보다 추상성을, 특수성보다 일반성을 높게 평가하는 연구와 교육으로 이어졌다. 알고리즘이 거의 완전히 부재한 부르바키의 『수학 원론*Éléments de Mathématique*』 연작이 이를 전형적으로 보여준다.[52] 반면 전근대적 알고리즘의 맥락은 압도적으로 응용적이었다. 종종 구체적인 수학 문제들이 만들어졌을 때도, 이것들은 무엇보다 학생들에게 현실 세계에 존재하는 실제 문제들을 푸는 방법을 가르치기 위해서 고안된 것이었다. 또한 이런 알고리즘을 사용하던 필경사, 현자, 상인은 유비를 통해서, 오래되고 익숙한 교과서 속에 있는 특수한 상황에 대한 문제와, 비슷하게 특수하되 새롭게 풀어내야 하는 응용 상황에 대한 문제를 서로 연결 지을 수 있어야 했다. 노련한 박물학자가 고래가 어류가 아니라 포유류에 속한다는 사실을 알아보는 것처럼, 그들은 오래된 문제와 새로운 문제 사이의 유비 관계를 한눈에 알아볼 수 있어야 했던 것이다. 예컨대 "아! 이 문제는 기차와 아무 관련이 없지만 기본적으로 기차 문제에 속하는구나" 하고 말이다. 일반적인 추상적 규칙은 다른 목적에는 유용하지만, 이런 목적에는 특히나 적합하지 않다.[53] 대수적 표현은 기저에 존재하는 통합적인 구조를 밝혀내는 데에는 강력한 도구이지만, 그러한 구조가 응용 사례와 어떻게 들어맞는지에 대한 단서는 제공하지 않는다. 우리가 원하는 것은 대수학 같은 X-선 기계가 아니라, 무한정 확장될 수 있는 사슬의 연쇄, 즉 특수한 것에서 특수한 것을 귀납해낼 수 있는 연결고리이다. 이 장의 서두에서 언급한 전근대적 알고리즘 문헌의 "문제들의 구체성"과 "수많은 문제들"이라는 두 가지 두드러지는 특징이 이제 납득될 것이다. 특수한 것이 포화되면, 그 자체로 일반성에 가까워진다.

고대 수학을 연구하는 역사학자 옌스 회위루프는 현대 비평가들이 머리와 손의 작업을 분리하는 "수학적인 테일러주의(작업을 과업 단위로 분류하고 적합한 작업자를 배치하여 효율성 증대를 목표로 하는 관리 이론/역주)"을 따른다는 점에서, 현대 수학자들이 (그리고 이에 동조하는 일부 역사가들이) 엄격한 증명이 아닌 "규칙을 전형적으로 드러내는 패러다임적 사례들"을 통해서 교육되는 근대 이전의 알고리즘을 과소평가해왔다고 주장했다. 수학적 테일러주의의 관점으로 보면, 전근대적 알고리즘 문헌들의 "명시적이거나 암묵적인 규칙"은 "무의식적인 암기 학습"처럼 보일 것이다.[54] 그러나 앞에서 살펴본 것처럼 암기는 반드시 "무의식적인 암기 학습"을 의미하지는 않으며, "마음으로 배우다"라는 표현은 서로 연결된 긍정적인 의미를 상기시킨다. 그러나 알고리즘과 그것이 가능하게 한 계산은 알고리즘의 오랜 역사의 어느 시점에서부터 기계적으로 변화하기 시작했다. 심지어 실제 기계가 그를 수행하기 전부터도 말이다. 수학적 테일러주의라는 용어가 탄생하기 이전인 18세기 말 혹은 19세기 초, 엄격하고 예민하게 감시되는 분업의 형태가 계산을 저임금 보조원이 수행하는 반半숙련형의 단편적 작업으로 변형시킨 시점이 바로 그 순간이었다. 바로 이 순간에 알고리즘이 얇아지고 현대화되기 시작한 것이다.

컴퓨터 이전의 계산

1838년 8월 어느 날 아침, 열일곱 살의 에드윈 던킨(1821-1898)과 그의 형은 그리니치 왕립 천문대에서 왕실 천문학자인 조지 비덜 에어리(1835-1881)의 지휘 아래 "컴퓨터computer"로 일하기 시작했다.

오전 8시에 우리는 근무지에 있었다. 나의 예상과 매우 다르게, 팔각형 방의 중앙에 놓인 널찍한 책상 앞 높은 의자에 앉자마자 내 앞에 거대한 책이 놓였다. 인쇄된 형태의 이 거대한 2절판 책은 적경 표와 린데나우의 표에 등장하는 수성의 적경과 북극거리를 계산하기 위해서 특별히 제작된 것이었다.······책임자이자 수석 컴퓨터인 토머스 씨로부터 약간의 지시를 받은 후, 제대로 하고 있는지 아닌지 헷갈리는 상태로 나는 느리고 떨리는 손으로 첫 번째 항목을 기입하기 시작했다. 그러나 표에 제시된 예시를 잠시 차분히 공부하고 나니 모든 불안감이 곧 사라졌고, 하루 일과가 끝나는 저녁 8시가 되기 전에 몇몇 경력직 컴퓨터들이 나의 성과를 칭찬해주었다.[55]

홀로 남은 어머니를 부양하기 위해서 보내진 두 소년, 높은 의자와 거대한 장부, 눈의 피로와 손의 경련을 일으키는 12시간의 계산(1시간의 저녁 휴식만 주어진다), 핀 제조 공정처럼 단계별로 나누어진 계산의 모습은 찰스 디킨스(1812-1870) 소설에 나오는 삽화와 비슷했을 것이다. 동시대인과 사학자들은 에어리와 전임자인 존 폰드(1767-1836) 모두 『어려운 시절Hard Times』에 등장하는 바운더비나 『크리스마스 캐롤A Christmas Carol』의 스크루지 같은 역할이라고 여겼다.[56]

그러나 최소 중세부터의 일부 아시아 지역과 16세기부터의 유럽의 천문대에서 수행된(19세기부터는 보험국과 통계청에서도 수행되기 시작했다) 대규모 계산의 현실적인 모습은 역사적, 문화적 맥락만큼이나 다양했다. 유일한 공통점은 천문 관측값을 정리하고, 기대 수명을 산출하고, 범죄에서 무역에 이르는 모든 것에 대한 통계를 기록하기 위해서 필요했던 대규모의 계산이 말 그대로 노동이었다는 사실이다. 최초의 왕실 천문학자 존 플램스티드(1646-1719)는 그 일을 "매질보다도 힘든 노동"이라고 불렀다.[57] 믿음직스러운 계산기계가 발명되고 보급되기 전과 그후에도, 막대한 계산을 수행했던 천문학자와 계산원들은 수많은 알고리즘을 반복해서 적용하는 작업을 어떻게 하면 효율적으로 조직할 수 있는가 하는 문제에 직면했다. 이와 같은 노동단체의 실험과 알고리즘 조작의 결합은 궁극적으로 인간의 노동과 알고리즘을 모두 변화시켰다.

그리니치 왕립 천문대 안에 위치한 팔각형 방의 높은 의자에 앉아 있는 어린 에드윈 던킨의 이야기로 돌아가보자. 에드윈의 아버지 윌리엄 던킨(1781-1838) 역시 "컴퓨터"(20세기 중반까지만 해도 주로 기계가 아니라 인간을 지칭하는 단어였다)였으며, 에어리의 전임자인 왕실 천문학자 네빌 마스컬린(1732-1811)과 존 폰드 밑에서 일했다. 왕실 천문학자의 지휘 아래에, 1767년부터 세계적으로 뻗어나가던 영국 해군과 상선을 위한 항해 도구로 만들어진 「해상 연감Nautical Almanac」의 표 계산을 담당했던 것이다. 그리니치 천문대의 자체 인력만으로는 연감의 수많은 표를 계산하는 데에 필요한 노동력을 충원할 수 없었기 때문에, 마스컬린은 보수를 받는 컴퓨터들의 인력망을 영국 전역에 구축해서 수천 번에 달하는 계산을 수행했다. 일련의 "계율" 또는 알고리즘에 따라 수행된 이 계산은 미리 인쇄된 양식에 수를 입력하는 일이었는데, (14개의 다른 표를 참조해야 하는 등) 단계적으로 구성되었으나 결코 기계적이지는 않은 과정이었다.[58] 계산을 분산 처리하는 이러한 방식이 새로운 접근은 아니었다. 17세기 말에 이미 플램스티드는 그의 조수 에이브러햄 샤프(1653-1742)에게 수행해야 할 몇 가지 계산 꾸러미를 보냈다.[59] 천문학적 계산을 안내하는 미리 인쇄된 양식 역시 새로운 것이 아니었는데, 그것은 적어도 명나라 시대부터 중국에서 사용되던 (그리고 예수회 천문학자들도 받아들인) 획기적인 혁신이었다.[60] 컴퓨터, 반反컴퓨터(컴퓨터와 다른 시간에 관찰된 결과를 계산하는 사람/역주), 그리고 매월 이들이 수행한 계산을 확인하는 비교자들이 포함된 마스컬린의 연산 과정에서 주목할 만한 점은 이 과정이 가정에서 이루어졌으며 종종 다른 가족 구성원들까지도 수행하던, 기존에 잘 확립된 도급 노동의 체계에 통합되었다는 것이다. 완제품의 직물 상품을 생산하기 위해서 오두막 방직공들에게 보내지던 무늬 본처럼, 각 컴퓨터는 동봉된 알고리즘에 따라서 1개월 동안 달의 위치 또는 조수를 예측하는 계산을 수행했다.

수많은 노동자들이 한 지붕 아래 모여서 엄격한 관리감독을 받았던 18세기 중반의 제조 체계가, 증기로 작동하는 베틀이 도입되기 훨씬 전의 가족 단위의 방직 공방을 대체했던 것처럼, 막대한 계산을 수행하는 컴퓨터의 발전도 알고리즘이 기계에 의해서 안정적으로 계산되기 반세기 전에 비슷한 길을 걸었다.[61] 영국 왕실 천문학자를 위한 아버지 컴퓨터와 아들 컴퓨터였던 윌리엄 던킨과 에드윈 던킨의 경력은 도급 형태의 노동 조직 체계에서 제조업 형태의 (그러나 아직 기계화되지는 않은) 노동 조직 체계로의 전환기에 걸쳐 있다. 콘월 출신 광부였던 윌리엄은 영국의 도시 트루로에 있는 자택에서 대부분의 경력을 마스컬린 인력망의 컴퓨터로 일하며 보냈다. 감독관의 지시에 따르는 「해상 연감」의 계산 작업이 런던에서 집중적으로 이루어지던 1831년에 윌리엄은 기존 계산 인력망의 컴퓨터들 중에서 새로운 체계에 속하게 된 유일한 직원이었고, 가족과 함께 런던으로 이사했다. 아들 에드윈은 그러한 고통스러운 변화를 다음과 같이 회상했다. "하지만 아버지는 많은 가족들에게 사랑받던 집(동시에 자신의 재산)을 떠나면서 필연적으로 뒤따랐던 생활과 습관의 큰 변화에 결코 만족하지 못하셨다. 나는 아버지가 트루로에서의 반#독립적인 직업을 잃고, 연륜과 습관 측면에서 자신보다 미숙한 동료들과 함께 매일 정해진 시간 동안 정해진 사무실 책상에 앉아서 일해야 하는 것에 진심으로 후회하는 말을 종종 들었다."[62]

컴퓨터로서 에드윈 던킨의 경력은 아버지가 거부했던 사무실 같은 환경에서 시작되었다. 모든 컴퓨터들이 한방에 모여서, 정해진 근무 시간 동안(에드윈 던킨이 그리니치 천문대에서 일하기 시작한 지 얼마 되지 않아 대폭 단축되었다), 더 높은 수준의 관리감독을 받으며 일했고, 컴퓨터와 보조원이 속한 등급에 따라 급여가 차등 지급되었으며, 최하위에 있는 젊은 직원들의 이직률이 높은 환경이었다. 그러나 에어리의 "체계"를 계산 공장이라고 말할 수는 없다. 어떤 기계도 없었을 뿐 아니라 분업이 느슨했고 발전 가능성도 여전히 컸기 때문이다. 에드윈 같은 젊은 컴퓨터들도 야간 관측 임무를 맡아야 했다. 윌리엄이 컴퓨터로서 사회적 지위에 대한 전망에 만족하지 못해 아들에게 자신의 뒤를 따르지 말라고 했음에도, 에드윈은 결국 왕립 학회의 회원이자 왕립 천문학회의 회장이 되었다.[63] 에어리의 그리니치 천문대의 컴퓨터와 조수들을 조사한 결과, 최저임금을 받는 컴퓨터로 고용된 10대 청소년들부터(이들의 근속기간은 상당히 짧았다) 대학을 졸업하고 곧바로 고용되어 중산층 수준의 가족을 부양할 수 있을 만큼 충분한 급여를 받았던 조수들(이들은 주로 수학적 소양이 뛰어났다)에 이르기까지 그들의 생계 수준은 다양했다.⁶⁴ 미리 인쇄된 마스컬린의 양식과 에어리의 "계율"은 가사 도급 노동과 그러한 사무를 감독하도록 맥락에 맞게 명확하고 엄격한 순서로 짜인 알고리즘(그리고 참조할 만한 여러 표들)을 구조화했다. 그러나 둘 모두 애덤 스미스(1723-1790)가 말한 핀 공장에서의 세분화된 노동이나 무한히 반복되는 동일한 노동을 닮은 형태는 아니었다. 계산은 아직 문자 그대로나 비유적인 의미에서나 "기계적인" 작업이 되지는 않았다.

에어리의 "체계"는 19세기 인간 컴퓨터의 노동을 조직화하는 두 가지의 극단적인 방식들 사이에 있었다. 한 극단에는 매사추세츠 주 케임브리지에 있는 하버드 대학교의 수학과 교수 벤저민 퍼스(1809-1880)가 지휘한, 「해상 연감」의 미국식 모방 작업이 있었다. 스물두 살의 나이에 「해상 연감」 작업의 컴퓨터로 일하기 시작하면서 독학으로 수학을 공부하여 훗날 저명한 천문학자가 된 사이먼 뉴컴(1835-1909)은 근무 조건이 매우 자유로웠다고 말했다. "「해상 연감」을 작성하는 사무소의 공적 근로 조건은 내가 들어본 어떤 정부 기관보다 덜 엄격했다. 이론적으로는 각 조수가 하루에 5시간씩 사무실에 있어야 한다고 '기대되었지만', 실제로 조수는 원하는 장소와 시간에서 일을 할 수 있었고, 오직 제시간 안에 일을 완료하기만 하면 되었다." 동료 컴퓨터였던 철학자 존시 라이트(1830-1875)는 새벽까지 깨어 "시가를 피우며 각성상태를 유지하면서" 1년치 계산을 2-3개월 안에 집중해서 수행했다.⁶⁵ 뉴컴이 영국을 방문했을 때 에어리의 "그리니치 체계"가 실제로 작동하는 모습을 보고 깊은 감명을 받은 것은 당연했다. 그는 그 체계가 "다른 어떤 곳에서도 따라올 수 없는 가치와

중요성을 지닌 전문적인" 결과를 만들어낸다고 칭송했다.[66]

미국의 자유방임적인 「해상 연감」 사무소의 반대 극단에는 프랑스 혁명 중에 미터법의 장점을 과시하기 위해서 시작된 프랑스의 10진법 로그 계산 계획이 있었다. 바로 이때, 기계를 사용하는 수준까지 발전한 상태는 아직 아니었지만, 계산이 현대적 제조업 공정과 처음으로 조우하여 정신적 노동이 아니라 기계적 노동으로 새롭게 상상될 가능성이 확인되었다. 이 모든 것은 정치경제학의 역사에서 가장 유명한 장면인 핀 공장에서 시작되었다.

『백과전서』에 실린 핀에 대한 글은 다양한 종류의 "작은 모형"을 연상시키는 표현으로 시작된다. "핀은 모든 기계적 작업 중에 가장 작고 가장 흔하며 가장 가치가 낮지만, 핀의 제조에는 가장 많은 공정의 조합이 필요하다. 핀은 시중에 유통되기까지 18단계의 공정을 거친다."[67] 이 글의 저자는 함부르크와 스웨덴에서 철사가 도착하는 단계부터 완성된 핀을 한번에 수십 개씩 지편紙片에 붙이는 단계까지 여러 단계를 독자에게 소개한다. 게다가 이 과정을 묘사하면서 공들여 그린 판화와 함께 더 자세한 이야기가 제공된다. 우리는 핀의 머리를 자르는 노동자가 1분당 70개라는 속도를 달성하기 위해서 어떻게 앉아서 어떻게 도구를 쥐어야 하는지, 숙련된 여성 노동자(종이에 핀을 붙이는 여성)가 어떻게 하루에 4만8,000개라는 속도를 달성할 수 있는지를 정확히 알 수 있다. 공정에서 각각의 단계를 맡는 노동자의 임금과 재료비는 이윤 계산과 함께 표로 정리되어 있다(그림 4.2).[68]

『백과전서』 등의 영향을 받은 애덤 스미스는 저서 『국부론The Wealth of Nations』(1776)에서 분업이 노동자의 숙련도와 작업장의 생산성을 어

그림 4.2 핀 공장. 『백과전서』(1765), 장 달랑베르, 드니 디드로 편집, 제4권, 『과학, 교양, 기계 예술에 대한 설명이 포함된 화보 모음집(*Recueil de Planches, sur les Sciences, les Arts Libéraux, et les Arts Méchaniques, avec Leur Explication*)』, 도판 1.

뗗게 향상시키는지를 보이기 위해 핀 제조 공장의 사례를 들었다.[69] 프랑스 기술자 가스파르 리슈 드 프로니(1755-1839)는 분업에 대한 애덤 스미스의 설명을 읽고 "핀을 제조하듯 나의 로그 계산을 제조하겠다"고 결심했고,[70] 영국의 수학자 찰스 배비지(1791-1871)는 파리에서 프로니가 제작한 대수표를 살펴본 후 로그 계산만이 아니라 모든 정신적 노동을 기계화할 수 있다고 결론 내렸다.[71] 『백과전서』에서 애덤 스미스, 프로니, 그리고 배비지에 이르기까지, 핀 공장에 관한 사실과 환상이 연쇄적으로 전이되는 과정의 각 단계에서 분업의 의미는 다양한 방식으로 변모했다. 우리의 목적을 위해서는, 기계, 기계 조작술, 규칙에 대한 새로운 사고에 대해서 가장 잘 말해주는 프로니와 배비지의 차이를 살펴보는 것이 유용하다.

프랑스 토지 대장(과세 목적으로 토지를 구획하고 조사한 공식 지도)을 제작하는 작업의 지휘자였던 프로니는 1791년에 프랑스 혁명 정부가 도입한 10진법 미터법을 기반으로 한 새로운 로그표 작성 임무를 받았다.[72] 새로운 표는 합리적 측정과 합리적 통치라는 새로운 프랑스 체제의 우월성을 뽐내기 위한 것이었기 때문에, 이 계획은 엄청난 규모로 확장되었다. 소수점 이하 25번째 자리까지 계산된 1만 개의 사인값과 소수점 이하 14번째 자리까지 계산된 약 20만 개의 로그값을 계산해내야 했던 것이다. 새롭게 제작된 표는 대부분 17세기에 만들어져 오래된 60진법의 표를 대체할 뿐 아니라, 프로니의 표현을 빌리자면 "지금까지 수행되었거나 구상되었던 계산들 중에서 가장 방대하고 인상적인 계산의 기념비"로 영원히 자리하게 될, 계산의 진정한 기자Giza 대피라미드가 될 것이었다.[73]

그리고 프로니가 대규모 계산의 위업을 이루기 위해서 조직한 노동 분업은 실제로 피라미드처럼 구성되었다(그림 4.3). 피라미드의 정점에는 전체 계산 작업을 지휘하며 해석 공식을 계산하는 고도로 숙련된 소수의 "수학자"가 있었고, 그 아래에는 공식을 숫자로 변환하는 분석적 지식을 갖춘 7-8명의 "계산원" 집단이 있었으며, 피라미드의 가장 넓은 아랫부분에는 실제 계산을 수행하며 덧셈과 뺄셈 외에는 다른 수학적 기술을 지니지 않은 70-80명의 "노동자"가 있었다.[74] (프로니는 열광적인 혁명주의자들로부터 도망친 전직 귀족 가문 출신에서 가장 아래 수준의 계산노동자를 모집했으며, "이런 종류의 작업장, 보호막, 보호소에서는……분업 체계 덕분에 학자가 되지 않고도 과학이라는 방패의 보호 아래 안전하게 살 수 있다"고 말했다.) 프로니가 "순전히 기계적"이

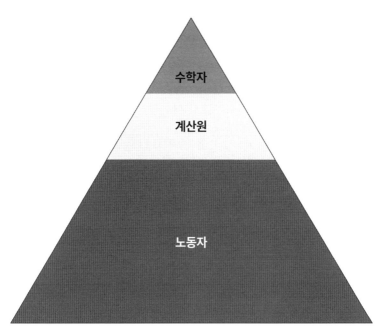

그림 4.3 가스파르 드 프로니의 로그 작업장에서의 피라미드형 노동 분담.

라고 묘사한 방법을 통해서, 노동자들은 하루에 수천 번의 덧셈과 뺄셈을 수행했고 또 실수를 방지하기 위해서 이를 교차 검증했다. 1790년대 대공포 시기의 정치적, 경제적 혼란 속에서도 프로니의 계산 공장은 수년 만에 작업을 완료했으며, 오늘날까지도 파리 천문대에 보존되어 있는 전 17권의 2절판 책에 표를 채워넣었다.[75]

이 엄청난 계산 계획에는 깃펜보다 특별히 더 복잡한 기계가 사용되지 않았다. 프로니와 동시대인들의 눈에 그것이 "기계적으로" 보인 것은 피라미드 아랫부분에 속한 작업과 노동자들의 특성 때문이었다. 배비지가 후렴처럼 반복했던 구절을 보면, 프로니는 끊임없이 이어지는 덧셈과 뺄셈을 수행하는 데에 가장 멍청한 노동자들이 가장 적은 오류를 범한다는 사실에 놀라움을 금치 못했다. "나는 오류가 가장 적은 계산 결과지가 지능이 가장 낮은, 말하자면 별다른 생각 없이 자동적으로 사는 사람에게서 나온다는 사실을 깨달았다."[76] 이러한 관찰은 분업이 노동자에게 미치는 영향에 대한 기존의 설명과 정면으로 배치되었다. 『백과전서』나 애덤 스미스가 관찰한 핀 제작자도 모두 세분화된 분업 방식에 좌절하지 않았다. 오히려 애덤 스미스는 세분화된 작업의 반복을 통해서 노동자가 기술을 숙달하고 요령을 획득함으로써 독창성과 재주를 키울 수 있다고 보았다.[77] 프로니는 이와 같은 반직관적인 발견에 놀란 듯하다. 무지성이 어떻게 고도의 지능을 필요로 하는 계산의 정확도를 높일 수 있다는 말인가? 그러나 새롭게 산업화된 영국의 정치경제에 정통했던 배비지에게 프로니의 대수표 제작 계획은 가장 복잡한 계산조차도 말 그대로 기계화될 수 있다는 것을 증명하는 사례였다. 아무 지성이 없는 노동자가 그렇게 신뢰할 만하게 일할 수 있다면, 아무 지성이 없는 기계로 그 작업을 대체하지 않을 이유가 무엇인가?[78]

배비지의 해석기관Analytical Engine 및 차분기관Difference Engine에 관한 계획은 프로니의 대수표와 그 함의에 대한 고민을 통해서 구체화되었다. 대수표 출판은 프랑스 정부의 재정이 파탄나면서 중단되었고, 오늘날까지도 전체가 출판되지 못했다.[79] 1819년 캐슬레이 경(1769-1822)이 프랑스 정부와 함께 프로니 대수표의 출판 비용을 분담하겠다는 영국의 계획에 착수했을 무렵, 배비지는 파리에 방문했다. 출판 계획은 무산되었지만, 배비지는 파리 천문대에서 2절판 책의 원고를 살펴볼 수 있었고 이 경험은 1827년 배비지가 자신의 대수표 책을 출판할 때 도움이 되었다.[80] 수년 후, 배비지는 저서 『기계와 생산자의 경제학On the Economy of Machinery and Manufactures』(1832)에서 노동 분업의 원리가 육체노동만이 아니라 정신노동에도 적용될 수 있음을 증명하기 위해서 프로니의 로그 계산 계획을 언급했다. 그는 계산노동자의 수학적 지식이 적을수록 계산이 더욱 정확해진다는 프로니의 관찰을 반복해서 강조했다. 뒤이어 배비지는 생산물이 핀이든 대수표든 간에 분업은 프로니의 피라미드가 보여주듯이 기술 수준을 계층화함으로써 이윤을 높인다고 결론지었다. "우리는 바늘을 담금질하는 기술로 하루에 8실링이나 10실링을 벌 수 있는 사람의 시간 일부를 하루에 6펜스로 할 수 있는 수레바퀴 돌리는 일에 사용하지 않아야 한다. 마찬가지로 우리는 뛰어난 수학자를 산술의 가장 하부적인 과정을 수행하는 데에 고용함으로써 발생하는 손실도 피해야 한다."[81]

프로니가 제조한 대수표와 이를 가능하게 한 차분법差分法만이 배비지의 해석기관 및 차분기관에 영감을 준 것은 아니다. 정교한 무늬를 직조하는 작업을 부분적으로 자동화하고 1818년에는 완전히 작동하기 시작한, 조제프 마리 자카드(1752-1834)가 발명한 카드 체계도 배비지에게 큰 감명을 주었는데, 그는 자카드 카드로 짠 자카드의 초상화를 소중히 간직했다(그림 4.4).[82] 그러나 자카드 카드가 일단 설치되어 직조 과정의 일부(전부는 아니었다)를 자동화했음에도, 무늬를 고안하는 디자이너, 무늬를 수백 장의 카드에 옮기는 등사자, 적절한 직물과 색상의 실로 베틀을 짜는 직공을 대체하지는 못했다.[83] 물론 샤를 그자비에 토마 드 콜마르(1785-1870)의 잘 작동하는 연산기나

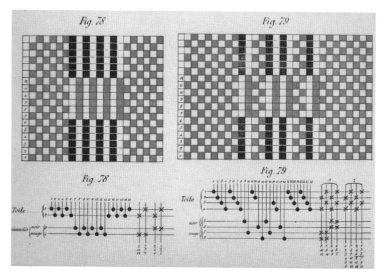

그림 4.4 자카드 카드에 새겨진 직물 무늬. 콩스탕 그리몽프레, 『아틀라스 직조 분석 (*Atlas Tissage Analysé*)』(1878), 도판 178.

배비지의 잘 작동하지 않는 해석기관, 심지어 IBM의 천공 카드에 이르는 계산기계도 인간 작업자를 대신하지 못했다. 20세기까지 **컴퓨터**라는 단어는 저임금 노동자를 지칭했고, 1920년대에는 천문대, 인구조사국, 제2차 세계대전의 맨해튼 계획 등 군사 사업에서 기계의 도움을 받거나 전혀 받지 않고 계산을 하는 여성을 의미했다.[84]

인간 계산원과 기계식 계산기의 결합은 프로니가 대수표를 제조했을 때나 배비지가 프로니의 계획을 나름의 방식으로 해석했을 때로 거슬러 올라간다. 애초에 계산을 기계화한다는 발상은 당시에 기계가 아니라 기계적 노동자들이 신뢰할 만한 수준으로 계산을 수행해냈기 때문에 떠오를 수 있었다. 19세기 초만 해도 **기계적**이라는 단어는 머리를 쓸 필요 없이 손만 쓰는, 가장 낮은 수준의 육체노동을 의미했다. 기계는 기계적 노동자를 돕고 대체하기 위해서 존재했다. 반면에 계산은 아무리 귀찮더라도 머리로 하는 일로 간주되었으며, 배비지가 차분기관 최초의 원형을 만든 후에도 "지적 과정을 기계적 수행으로" 대체하여 "일반적인 방법으로는 얻을 수 없는 속도와 정확성"을 얻을 수 있다는 생각은 동시대인들을 믿기 힘들 정도로 놀라게 했다.[85] 일각에서는 프로니의 기계적 노동자와 배비지의 기계가 일궈낸 결과에 대한 회의론이 수십 년간 지속되었다. 1870년대 말까지도 대수표를 손으로 계산하고 확인한 스코틀랜드의 한 저술가는 신중한 계산을 명목 삼아 프로니의 표와 곧이어 출시될 예정이었던 아리스모미터를 비꼬았다. "우리는 우리의 지적 능력을 기계나 공식, 규칙, 도그마에 위임할 수 없다는 건전한 진리를 되찾아야 한다. 또한 내가 너무 게을러서 미처 생각할 수 없다고, 나를 위해서 생각해달라고 기계, 공식, 규칙, 도그마에게 말할 수는 없다."[86] 그러나 생각 없는 기계공들이 계산을 수행할 수 있게 되자, 적어도 배비지 같은 풍부한 정신의 소유자에게는 생각 없는 기계와 그 기계의 톱니바퀴에 물화된 엄격한 규칙을 향해서 나아가는 것은 작은 한 걸음만 나아가는 것 정도로 여겨졌다.

결론 : 얇은 규칙들

알고리즘은 그것이 기계에 의해서 완벽히 실행되는 모습을 상상할 수 있게 되었을 때 비로소 기계화되었다. 이때 상상하다라는 단어는 조심스럽게 사용되어야 한다. 실제로 구현되지 못한 배비지의 해석

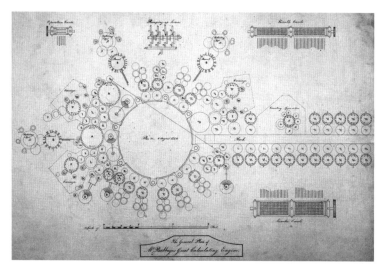

그림 4.5 찰스 배비지의 실현되지 않은 해석기관에 대한 조지프 클레멘트의 계획(1840). 영국, 런던 과학 박물관 / 과학과 사회 사진 도서관.

기관은 20세기 말까지만 해도 작업을 수행할 수 있는 기계가 아니라, 생각만 하는 기계에 불과한 공상이었다(그림 4.5). 실제 기계는 삐걱거리고 움직이지 않았으며, 바퀴도 돌아가지 않았고, 기어도 맞물리지 않았다. 17세기에 파스칼과 라이프니츠가 고안한 계산기계의 원형도 단순한 호기심의 대상으로만 여겨지고 말았을 정도로 신뢰받지 못했다.[87] 배비지의 계산기계도 파티에 참석한 손님들을 즐겁게 하는 장난감 수준의 단계를 벗어나지 못했다.[88] 전근대적 문헌들에 적힌 두꺼운 규칙들처럼, 기계들은 조정과 판단을 필요로 했다. 기계가 오작동하고 있거나 비뚤어진 핀을 생산해내고 있거나 총합을 잘못 계산하고 있는지를 확인하기 위한 일조차도 말이다. 그러나 공상 속 기계들은 마찰과 마모에 강했고, 먼지나 습기가 내부 작동을 방해하지 않앉으며, 고장나지도 않았다. 규칙의 엄격성이라는 새로운 특징에 관한 이야기에서는 그 실현이 훨씬 뒤처지기는 했어도 공상이 어떻게 처음으로 상상 가능해졌는가 하는 점이 핵심이다.

18세기 영어 예문에서 "엄격한 규칙"이라는 구절은 "엄격한 명예의 규칙", "엄격한 예의범절", "정직함과 솔직함" 같은 도덕적 명령에서 가장 자주 사용되었다. 이런 규칙들을 위반하는 일은 도덕적 질서를 약화시키는 공격으로 간주되어 용납되지 않았기 때문에, 이런 규칙들은 엄격하게 적용되었다. 이와 대조적으로 "기계적 규칙"이라는 구절은 손으로 수행하는 작업이나 수공예 작업의 측면, 실제 기계나 자연법칙의 작동("기계 철학"과 관련하여), 더 경멸적인 말로는 운문이나 산문을 작성하는 기술(작법술)을 규칙으로 환원하려는 시도를 지칭했다. 예를 들면, 알렉산더 포프(1688-1744)는 서사시에 "기계적 규칙"을 적용한 프랑스 작가들을 조롱했다.[89] "기계적 규칙"에 대한 경멸은 수공예의 계율이 정신노동의 영역으로 옮겨지고 "기계적"이라는 단어가 계층 하락과 탈숙련의 의미를 내포하게 되자 가장 극심한 상태에 달했다. "기계적"이라는 단어는 단순히 기계뿐 아니라, 셰익스피어(1564-1616)가 『한여름 밤의 꿈*A Midsummer Night's Dream*』에서 "저속한 기계공"이라고 표현한 것처럼 아무런 지성도 필요 없고, 반복적이고, 단조로운 것으로 인식되는 모든 종류의 노동을 수행하는 사람들을 지칭했다.

19세기에 접어들 때까지 알고리즘을 조작하는 것은 정신노동으로 간주되었다. 그러한 노동의 지위는 문화적 맥락, 알고리즘의 정교함, 수행해야 하는 계산의 양과 표준화 정도에 따라서 달라졌다. 심지어 고대 필경사의 문화에서도 학생의 계산과 알고리즘에 대한 스승의 문헌, 해설은 명성의 지위가 매우 달랐다. 반면에 18세기에는 가장 저명한 천문학자와 수학자도 계산에 몰두했다. 프랑스의 수학자이자 자유주의 혁명가였던 마리 장 앙투안 니콜라 드 카리타 콩도르세 후작(1743-1794)은 새로운 프랑스 공화국의 시민들이 산술을 배움으로써 사제나 정치인의 속임수에 대항할 수 있다고 주장하기까지 했다.[90] 1부터 10까지의 숫자를 결코 암기해서는 안 되며 "어떤 것도 규칙에 버려지지 않고 지성과 이성으로" 학습해야 했다. 콩도르세는 계산이 아무 지성이 없는 행위가 아니라 "인간 정신이 수행할 수 있는 세 가지 지적 활동인 **개념 형성, 판단, 추론**"의 기초라고 주장했다.[91]

플램스티드 같은 정신노동자들은 국가 행정, 수표 및 항해표, 천문관측의 축도를 위한 계산이 산더미처럼 쌓이던 17세기 중반 무렵에 멈칫거리기 시작했다. 17세기에 가장 계산 집약적인 직업은 천문학(항해술 포함)과 행정학이었고(파스칼은 루앙의 세무 감독관이었던 아버지를 돕기 위해서 계산기계를 발명해냈다), 이 시대에 계산은 힘들고 단조로운 일이었다는 불평 섞인 증언이 많이 남아 있다. 대수와 "네이피어의 뼈"라고 불리는 계산 막대에 대한 존 네이피어(1550-1617)의 연구도 계산의 부담이 증가함에 따라 등장했다.[92] 그러나 계산의 고된 노동을 분업화할 표준화된 절차와 노동 조직을 개발하는 데에는 한 세기가 더 걸렸다. 배비지는 프로니의 로그 제조 피라미드에서 가장 낮은 단계에 집착했지만, 상위 두 단계의 노동은 과업을 완성하는 데에 필수적이었다. 그리니치 천문대와 「해상 연감」 작성에 필요한 계산을 분배하기 위해서 마스컬린의 "계율"과 에어리의 양식이 필요했던 것처럼 말이다. 수학자와 천문학자는 공식 이상의 것을 고안해야 했고, 다수의 복잡한 알고리즘을 단계별 절차로 번역하는 것 이상의 일을 해야 했다. 그들은 반숙련 컴퓨터들이 대량의 계산을 안정적으로 수행할 수 있도록 전체 과정을 매우 세분화된 분업의 관점에서 구상해야 했다. 다시 말해서 그들은 수학을 일종의 핀 공장이라고 상상했고, 지위와 임금에 따라 등급을 매김으로써 공장을 완성했다.

학생이든 실직한 장인이든 (나중에 편입된) 여성이든 간에 피라미드의 최하위에 있던 저임금 컴퓨터는 최소한 한 가지 중요한 지점에서 근대 이전에 알고리즘을 배우던 학생들과 달랐다. 저임금 컴퓨터는 더는 과거의 응용 사례와 새로운 응용 사례를 연결하는 유비 추론 능력을 발휘할 필요가 없었다. 마스컬린, 에어리, 프로니가 절차를 세분화하고 표준화한 덕분에 그들은 문제와 해답을 미리 포장된 형태로 받아볼 수 있었다. 따라서 그들은 근대 이전의 알고리즘 문헌들처럼 세부적인 것에서 세부적인 것을 귀납해내지 않아도 되었고, 초기 수학자들이 수행했던 알고리즘을 분류별로 구분해 일반화하지 않아도 되었다. 문제는 사전에 이미 다 분류되어 있었으며 풀이 절차에 관해서도 세부적인 사항이 지정되어 있었다. 어떤 컴퓨터도 이 문제가 어떤 종류의 문제인지 혹은 이 문제를 풀기 위해서 어떤 알고리즘이 필요한지 물을 필요가 없었다. 알고리즘에 대한 이들의 경험은 근대 이전에 계산을 하던 사람들의 경험과 확실히 달랐다. 이들의 규칙은 매우 얇았다.

이들의 규칙이 얇았던 이유는 그들이 맥락으로부터 독립적으로 존재했기 때문이 아니다. 그들의 맥락이 이미 고정되어서 가변적이지 않았기 때문이다. 자유롭게 응용될 수 있는 전근대적 알고리즘을 포함해 두꺼운 규칙의 두드러지는 특징인 예측 불가능성과 가변성은 계산 "체계"를 만든 프로니나 에어리 같은 설계자의 노력으로 대부분 제거되었다. 뒤죽박죽한 실제 세계의 환경에서 거의 얻어낼 수 없는 효과를 얻기 위해서 세밀하게 통제된 실험실 환경이 필요하듯이, 인간 컴퓨터의 체계가 놀라울 만큼 효율적으로 작동하기 위해서는 분석과 조직화를 위한 어마무시한 노력이 선행되어야 했다. 그리니치 천문대와 파리 천문대의 관측을 계산하는 방법을 재구상한 작업은 얇은 규칙이 제 기능을 할 수 있는 안전한 작은 세계를 만들어냈고, 얇은 규칙을 수행할 수 있는 저렴한 노동력이 그곳에 제공되었다.

이 규칙이 얇았던 이유는 이것이 가능한 한 가장 작은 단계들로 쪼개졌기 때문이다. 이는 프로니의 로그 계산 계획에서 덧셈과 뺄셈이 그랬던 것과 동일했다. 복잡한 문제를 해석적 방정식과 숫자화된 형식, 실제 계산으로 분해하고, 문제 풀이 노동을 마찬가지로 수학적 능력이 크게 다른 세 부류의 노동자에게 분배한 것은 수학과 정치경제학이 함께 이룬 성과였다. 가장 낮은 등급의 컴퓨터가 하는 일만이 "기계적"이라고 불렸다. 알고리즘을 기계적으로 만들고 알고리즘을 실제로 대규모로 기계화하려는 시도를 상상 가능하게 한 것은 기계가 아니라 노동의 분업이었다.

5

계산기계 시대의 알고리즘 지능

기계적인 규칙 지키기 : 배비지 대 비트겐슈타인

20세기 철학에서 가장 유명하고 가장 알쏭달쏭한 구절을 보자. 루트비히 비트겐슈타인은 계산의 규칙조차도 기계적으로 지켜질 수 없다고 주장하기 위해서 수학적 예시를 사용한다. 이 예시에는 한 선생이 한 학생에게 0, 2, 4, 6, 8……로 시작하여 2씩 더해 1,000까지 나열된 숫자들을 계속 적어보라고 지시한다. 학생은 1,000, 1,004, 1,008, 1,012를 쓴다. 선생은 학생이 문제를 잘못 이해하고 실수했다고 생각하지만, 비트겐슈타인은 이에 동의하지 않는다. 이러한 경우를 우리는 이렇게 설명해볼 수 있다. 학생이 우리의 설명을 듣고 우리의 규칙을 이해하는 것을 자연스럽게 여기듯이, 우리도 학생의 규칙, 즉 "1,000까지는 2씩 더하고, 2,000까지는 4씩 더하고, 3,000까지는 6씩 더한다"는 규칙을 이해해야만 한다. "기계적으로 정밀하게 작동하는

그림 5.1 찰스 배비지의 차분기관 제1호(1824–1832). 영국, 런던 과학 박물관 / 과학과 사회 사진 도서관.

기계조차도 "[기계의 부품이] 구부러지거나 부러지거나 녹는 등의 가능성이 있음을 우리는 잊고 있는 것은 아닐까?"라고 의심하면서, 비트겐슈타인은 엄격한 계산 규칙을 따르는 것은 기계적인 동작을 행하는 것보다는 관습을 따르는 것과 더 유사하다는 결론을 내린다.[1]

자명해 보이는 수열조차도 놀라운 변수를 지닐 수 있음을 보여준비트겐슈타인의 사례는 독창적이지는 않지만 체제 전복적인 함의를 담고 있다. 제4장에서 이미 소개한, 그보다 한 세기 전 영국의 수학자이자 발명가, 정치경제학자인 찰스 배비지는 비트겐슈타인이 제시한 무질서한 수열의 사례를 예상했고 심지어 실제 기계로 그를 구현했다. 1832년 배비지는 기술자 조지프 클레멘트(1779–1844)에게 시범의 목적으로 차분기관의 축소화된 형태(청동과 강철로 만들어졌으며 높이, 너비, 폭이 약 30센티미터인 정육면체 크기)를 만들어달라고 부탁했다(그림 5.1). 배비지는 런던 자택에서 사교계 인사들을 위한 파티를 정기적으로 열었는데, 그곳에서는 정치경제학자 나소 시니어(1790–1864) 같은 사람들이 천문학자 존 허셜(1792–1871)이나 상당한 존재감을 지닌 외국인 알렉시 드 토크빌(1805–1859) 등과 어울렸다. 카나페와 마데이라 포도주를 즐기며 연회장에서 춤을 추는 사이사이에, 그들은 전기 배터리부터 최초의 사진에 이르기까지 과학적 호기심을 불러일으키는 최신 문물들을 보고 즐거워했다. 그중에서도 무엇보다 차분기관은 배비지가 일종의 계산의 기적이라고 묘사했을 만큼 이런 유익한 즐거움의 정점을 제공했다.[2]

차분기관은 $2 + x = n$과 같은 대수 함수를 계산할 수 있도록 프로그래밍되었고, x에는 0과 자연수의 값이 부여될 수 있었다. 그런데 차분기관은 $x = 1,000$이 되는 등 특정 시점 이후부터는 $4 + x = n$ 같은 다른 방정식이 적용되도록 프로그래밍될 수도 있었다. 이런 차분기관이 생성한 수열은 다음과 같았다.

2, 4, 6, 8, 10, 12······994, 996, 998, 1,000, 1,004, 1,008······

신학에 대한 배비지의 저서 『제9차 브리지워터 논고*The Ninth Bridge-water Treatise*』(1837)에서 그는 차분기관의 계산에 미리 설계되어 있는 이러한 놀라운 일을 신적인 기적에 비유했다. 탁상 위의 더 크고 더 나은 기계가 수천 년간 끊이지 않고 계속 일련의 제곱수를 생성하다가 결정적인 순간에 이를 멈추고는 "기계가 작동하는 법칙의 완전한 표현"에 모순되지 않고 세제곱수를 만들도록 미리 설계될 수 있는 것처럼, 신은 창조의 순간부터 자연법칙에 대한 모든 명백한 예외를 예견하고 미리 정해두었을 수 있었다.[3]

물론 비트겐슈타인이 강조하고자 한 점은 배비지가 강조하고자 한 점과 달랐다. 배비지가 아무리 명백한 변칙사례일지라도 규칙을 위반하는 것이 아니며 규칙이 기계적으로 준수될 수 있음을 보이기 위해서 계산기계를 사용한 반면, 비트겐슈타인은 기계조차도 규칙을 기계적으로 행할 수 없다고 주장했다.[4] 비트겐슈타인이 배비지의 글을 읽었는지는 불확실하지만, 만약 읽었다고 해도 이것이 이런 충격적인 빅토리아 시대의 사례를 반대로 사용한 비트겐슈타인의 첫 번째 글은 아니었을 것이다. 영국의 대학자 프랜시스 골턴(1822-1911)은 범죄자 등 특정한 인간의 전형을 범주들의 시각적 본질로서 드러내기 위해 합성사진를 만드는 기술을 활용했는데, 반면에 비트겐슈타인은 본질에 대한 생각을 반박하고 가족 유사성 개념을 주장하기 위해서 합성사진 기법을 사용했기 때문이다.[5] 그러나 비트겐슈타인이 배비지와 차분기관을 접한 적이 없다고 하더라도, 그는 배비지가 상상했던 세계에 살았다. 천문대, 정부 인구조사국, 회계사무소 같이 대규모의 계산이 이루어지는 모든 장소에서 실제 기계가 매일 일상적으로 작동하는 세계 말이다. 배비지는 아리스모미터, 고속도 계산기, 도표 작성기계의 세계를 창조하지 못했고, 그의 해석기관과 차분기관은 설계 단계 이상으로 발전하지 못했다. 그러나 배비지는 프로니의 로그 계산 계획에서 실마리를 얻어 계산을 기계적인 활동으로 재해석하는 데에 크게 기여했다. 그런 기계적 계산은 무지성의 기계가 수행한 최초의 지적 활동이었다.

인공 지능, 스마트폰, 모두를 위해서 무엇이든 할 수 있는 알고리즘이 인간의 모든 지능을 따라하고 능가하는 컴퓨터에 대한 꿈과 악몽을 만들어내는 시대에 사는 우리에게 계산을 지성의 영역에서 기계의 영역으로 전환한 배비지는 선견지명이 있는 인물처럼 보인다. 심지어우리는 인간 지성을 일종의 기계로 상상하기도 하며, 이는 현대 인지과학의 근간이다. 더 나아가서 우리는 지성을 스스로 개발하는 기계들을 상상해볼 수도 있다. 영화 「2001 : 스페이스 오디세이」(1968)에나오는 컴퓨터 할HAL처럼 그다지 괜찮은 기계들은 아니지만 말이다. 그러나 무지성의 기계가 계산을 수행할 수 있다는 배비지의 생각과인간이 기계적 지성에 의해서 대체될 것이라는 우리의 불안 사이에는약 1870년부터 1970년까지 거의 한 세기 동안 계산기계가 인간과 함께 어우러져 협력하며 작업을 수행해왔던 역사가 있다. 복잡한 계산을 수행할 능력이 거의 혹은 아예 없던 기계가 이를 수행할 수 있도록 복잡한 계산의 노동을 분배하는 방법을 고안해낸 것은 인간이었으며, 그런 기계를 작동시킨 것 역시 인간이었다. 이것이 바로 비트겐슈타인이 베를린 공과대학과 맨체스터 대학교에서 공학을 공부할 때직접 경험했을 계산의 현실이었고, 아마도 이러한 경험이 기계의 자율성에 대한 그의 의구심의 바탕이 되었을 것이다. "만약 계산이 우리에게 기계의 동작처럼 보인다면, 그것은 계산을 하고 있는 인간이 기계와 다름없기 때문이다."[6]

인간과 기계가 함께 거대한 규모의 계산을 수행하던 수십 년간 계산은 지성과 기계의 영역을 넘나들었다. 계산기계가 지적인 존재로 여겨졌기 때문이 아니다. 제4장에서 살펴본 것처럼 계산이 기계적인 지적 활동으로 여겨졌기 때문이다. 그러나 기계가 정확하고 효과적으로 계산을 수행하기 위해서는 인간의 지성이 여전히 필수적으로 개입해야 했다. 17세기 초 천문학자 요하네스 케플러(1571-1630)가 화성의 궤도를 계산하기 위해서 손으로 직접 수행했던 방대한 양의 수기 계산 같은 인간 지능과, 20세기 말에 이러한 계산을 단 3초 만에 수행하도록 프로그래밍된 컴퓨터의 인공 지능 사이에는 인간과 기계가 함께 협력해서 작동시켰던 혼종적인 지능의 역사가 존재했다.

혼종적인 지능은 이중적인 의미에서 알고리즘적이었다. 제4장에서 살펴본 것처럼, 알고리즘이라는 단어는 좁은 의미와 넓은 의미를 모두 지녀왔다. 원래 의미에 해당했던 좁은 의미의 알고리즘은 0, 1, 2, 3, 4 같은 인도 숫자로 수행되는 더하기, 빼기, 곱하기, 나누기의 산술 계산을 의미했다. 현대적 의미에 더욱 가까운 넓은 의미의 알고리즘은 계산 혹은 문제 해결에 사용되는 모든 단계별 절차를 포괄한다. 알고리즘 지능의 역사에서는 넓은 의미의 알고리즘과 좁은 의미의 알고리즘이 모두 중요한 의미를 지닌다. 주제 자체는 숫자 계산과 같은 좁은 의미의 알고리즘에 해당했다. 그러나 복잡한 작업을 정밀하게 정의된 입출력을 지닌 작은 단계들의 유한하고 명확한 순서로 구분하는 것처럼 계산을 특정한 절차와 작업의 흐름으로 변환하는 방식도 넓은 의미의 알고리즘에 해당했다. 요리책의 요리법, 가구 회사 이케아IKEA의 조립 설명서 등 단계별로 설명된 모든 절차들은 계산 작업이 포함되지 않더라도 넓은 의미의 알고리즘과 유사하다. 넓은 의미의 알고리즘은 대수 계산만큼이나 핀 제조에 쉽게 적용될 수 있으며, "검토해야 할 각 난제를 가능한 한 많은 부분들로 나누어 각각을 만족스럽게 해결하라"는 데카르트의 유명한 방법의 두 번째 단계에도 적용될 수 있다.[7] 그것은 느슨하게 하거나 분해한다는, 분석의 본래 의미에 해당한다.

19세기 말에서 20세기 초까지 이루어진 계산기계의 도입과 확산은 계산을 한다는 좁은 의미의 알고리즘과 계산을 위한 조직을 만든다는 넓은 의미의 알고리즘을 모두 변화시켰다. 계산기계는 또한 계산의 의미와 계산원의 정체성도 변화시켰다. 그러나 이런 기계는 계산의 정신적 부담을 덜어주기 위해서 고안되었음에도 불구하고 계산의 본질을 근본적으로 바꾸지는 못했다. 대신 계산의 정신적 부담은 한 사람에게서 다른 사람에게로, 혹은 한 사람의 이성에서 다른 사람의 이성으로 옮겨갔다. 16세기 이래로 천문학자, 측량사, 행정가, 항해사가 불만을 지녔던 대규모의 계산노동은 여전히 단조롭고 지루한 작업이었고, 심지어는 정신적 피로와 주의 집중 약화에 대해서 정신물리학적으로 완전히 새로운 탐구가 시작되었다. 적어도 그것이 널리 사용되었던 첫 한 세기 동안에는 기계적 계산이 기계 속의 유령을 완벽히 쫓아내지는 못했다. 그러나 기계 속의 유령도 이미 많이 지쳐 있었다.

"먼저 조직하고 그다음에 기계화하라" : 인간과 기계의 작업 흐름

프로니와 배비지의 주장대로 계산이 본질적으로 기계적인 것이라면, 「해상 연감」 같은 계산 집약적 사업의 절실한 요구에도 불구하고 기계가 계산을 실제로 수행하기까지 왜 그렇게 오랜 시간이 걸렸을까? 1640년대 프랑스의 수학자 블레즈 파스칼이 그의 산술기계를 판매하려고 시도한 이래로 수많은 독창적인 계산기계들이 적어도 원형 수준으로 발명되고 제작되었지만, 별다른 성공을 거두지는 못했다. 17-19세기의 발명가들은 다양한 디자인과 재료로 계산기계를 만들려고 실험했지만, 기계는 여전히 제작하기 어려웠고, 구매하기에 너무 비쌌으며, 신뢰하며 사용하기에는 불안정했다. 그것들은 일상적인 도구라기보다는 왕실의 진품실珍品室 속 장식품에 불과했다.[8] 길고 복잡한 계산에 유용했던 것은 스코틀랜드 수학자 존 네이피어가 발명한 로그표이다. 그가 1614년에 라틴어로 작성한 계산표에 대한 설명과 지침은 1899년까지 일곱 차례에 걸쳐 증보, 개정되었고 배비지를 포함한 수많은 학자들의 계산표에 영감을 주었다.[9] 제4장에서 살펴본 에드윈 던킨 같은 인간 컴퓨터들은 19세기 내내 그러한 로그표를 수시로 사용했으며, 각각의 계산은 복수의 계산표를 참조해 이루어졌다.[10] 고대 중국의 산가지, 주판, 네이피어의 뼈(곱셈표가 새겨진 계산 막대), 토큰, 계산 자 같은 계산 보조도구들은 상업적 환경에서는 흔히 사용되었지만, 상대적으로 적은 자릿수의 숫자들만 조작할 수 있다는 한계가 있었기 때문에 천문학과 항해술에 필요한 길고 힘든 계산에는 적합하지 않았다.[11] 계산기계나 계산도구는 수학적 기기

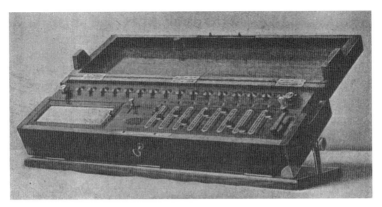

그림 5.2 토마 아리스모미터. 모리스 도카뉴, 『기계적 및 그래픽 절차에 의해서 단순화된 계산(*Le Calcul Simplifié par les Procédés Mécaniques et Graphiques*)』(1905), 제2판.

에 관한 18세기의 가장 방대한 저술에서도 잘 언급되지 않았을 정도로 실무자에게는 거의 사용되지 않았다.[12]

성공적으로 제작되어 판매될 만큼 견고하고 신뢰할 수 있던 최초의 계산기계는 아리스모미터였다. 이 기계는 프랑스의 사업가 토마 드 콜마르가 1820년에 특허를 받았지만 1870년대까지는 널리 사용되지 않았다(그림 5.2). 당시 아리스모미터의 주요 구매자였던 보험회사들은 이 기계가 자주 고장나고 작동에 상당한 손재주가 필요하다며 불만을 제기했다.[13] 그러나 1920년대에 이르자 프랑스, 영국, 독일, 미국에서 제조된 계산기계들은 보험사무소, 은행, 정부 인구조사국, 철도청의 필수품으로 자리를 잡았다. 다만 1933년 당시에 사용되었던 계산기계에 대한 종합적인 조사에 따르면, 과학적 목적으로는 "글과 숫자표의 도움을 받는 정신적 계산"이 여전히 지배적이었다.[14]

이 시기가 바로 영국의 「해상 연감」이 기계식 계산기계를 도입하기 시작한 시기와 거의 정확히 일치한다.[15] 방대한 천문학적 계산을 기반으로 하여 가장 오래되고 가장 정기적으로 발행된 항해 안내서이자 계산에 계산기계가 처음으로 도입된 「해상 연감」은 인간과 기계가 협력해서 숫자를 계산하기 시작한 전후에 그러한 계산이 어떻게 조직되었는지를 보여주는 주목할 만한 예시이다. 「해상 연감」을 위해서 천체의 위치에 대한 계산이 수행되었지만, 그러한 계산의 목적은 세계에서 가장 강력한 해군과 상선을 대영 제국 전역에 안전하고 신속하게 인도한다는 현실적인 목표에 있었다. 따라서 「해상 연감」의 숫자들은 매해 엄격한 일정에 따라 갱신되어야 했으며, 천문대에서보다는 상업적 환경에서 시간적 압박이 가해졌다. 따라서 「해상 연감」은 과학적 계산에 기대되는 높은 수준의 정확성과 상업적 계산에 기대되는 효율성이라는 두 가지의 높은 기준을 모두 만족시키고자 했다. 다시 말해 마감 기한이 있는 대규모 계산 작업을 수행해야 했던 것이다.

왕립 그리니치 천문대에 있는 팔각형 방의 높은 의자에 앉아서, 미리 인쇄된 에어리의 양식을 앞에 두고 적절한 단계의 값을 찾아볼 수 있는 표들의 책에 둘러싸인 채 자신에게 할당된 계산을 수행하는 젊은 에드윈 던킨의 모습을 떠올려보자. 에어리의 계산 체계는 노동 분업과 표에 크게 의존했지만 기계에는 전혀 의존하지 않았다. 어린 컴퓨터와 선임 조수들이 계산하고 표를 찾아보면서 생기는 펜 긁는 소리와 종이 넘기는 소리 외에는 정적으로 가득했던 팔각형 방이, 거의 귀가 멀 정도로 달그락거리는 덧셈기계 소리로 가득한 그리니치 해군대학의 붐비는 사무실로 전환된 것은 분명 혼란스러운 일이었을 것이다. 1930년 해군청에 더 넓은 숙소를 마련해달라고 요청한 긴급 탄원서에서 감독관 레슬리 콤리(1893-1950)는 당시 상황을 이렇게 묘사했다. "우리는 작동할 때면 도저히 집중을 할 수 없을 정도로 시끄러운 버로스 덧셈기계를 계속 사용하고 있다. 다른 작업자들을 위해서라도 기계를 위한 별도의 방이 마련되어야 한다."

사무실은 왜 그렇게 붐볐을까? 이전에는 은퇴한 직원과 그들의 친척, 성직자, 교사 등 적당한 수입을 올리려는 "외부 노동자들"에게 소포 등을 통해서 작업이 분배되었지만, 기계가 도입되자 "대수밖에 모르며 자신의 집에서 일하는 구식의 고임금 컴퓨터" 대신에 "계산기계로 일하는 평범한 하급 노동력 인력들"이 작업을 맡았기 때문이다. 저임금 노동자들은 "더욱 면밀하게 감독해야" 했고, 비싼 기계들은 사무실에 있어야 했다.[16] 그렇다면 감독자의 감시를 받으며 새로운 기계들을 작동시키던 값싼 노동자들은 누구였을까? 이제 그들은 에드윈 던킨의 시절처럼 학교를 갓 졸업한 소년들이 아니라, "영어, 산술, 일반 상식, 수학"에 관한 경쟁 시험을 통과한 6명의 미혼 여성들이었다(당시에는 영국 공무원 규정으로 기혼 여성의 고용이 금지되었다).[17]

비용 절감, 노동력 절약, 생산 속도 향상, 그리고 무엇보다도 지적 노동의 감소를 위해서 기계가 도입되었으나 적어도 도입 초기에는 역설적으로 더 많은 노동자를 고용해야 했고 더 많은 돈을 지출해야 했으며 생산에도 차질이 생겼다. 인간과 계산기계를 원활하고 효율적이고 오류가 없는 순서로 통합시키기 위해서 계산 방식을 어떻게 재조직해야 하는지를 감독자들이 고안해내야 했다는 점을 고려해보면, 지적 노동에 드는 노력도 가중되었다. 콤리가 달의 천문표(특정

그림 5.3 미국 인구조사국의 홀러리스 천공 카드 조작자(1925?). 미국 국립 기록 보관소.

기간의 달의 위치에 대한 계산)를 만들기 위해서 최소 6개월 동안 임대하고자 했던 홀러리스 도표기계를 예로 들어보자. 임대 자체에 드는 약 264파운드에 더해서 1만 장의 천공 카드를 구입하는 데에 추가로 100파운드의 비용이 발생했으며, 숫자를 입력하고 기계를 작동시킬 "소녀 4명의 6개월치 임금과 추가로 소녀 2명의 6개월치 임금"으로 234파운드가 더 들었다. 여기에 전기 요금으로 또 9파운드가 추가된다. 비용은 총 607파운드에 달했고, 이는 기존의 방법으로 같은 계산을 수행했다면 들었을 500파운드라는 비용과 비교가 된다. 7개의 표로부터 모인 1만 개의 숫자의 합계를 계산하는 대신, 이제는 1,200만 개의 숫자를 30만 장의 카드에 천공하여 홀러리스 기계를 돌려야 했다(그림 5.3). 콤리는 이 수치를 제출하면 돈에 쪼들리는 해군성이 눈썹을 찌푸릴 것이라고 틀림없이 예상했으리라. 그는 이후 "도표기계를 사용함으로써 얻을 수 있는 속도와 정확성의 향상, 정신적 피로의 절감"을 통해서 "막대한 초기 비용"이 정당화될 수 있다고 해군성을 설득하려고 했다.[18]

1930년경 "진짜 계산기계"에 대한 한 정의는 "진정으로 지적 노동을 요구하는 모든 것을 그의 작동을 통해서 덜어낼 수 있는 기계"였다.[19] 그러나 억압된 것이 되돌아오듯이, 지적 노동과 정신적 피로가 되돌아오고는 했다. 카드를 천공하는 여성들이 견뎌야 했던 피로는 이후에 언급하기로 하고, 「해상 연감」 작성에 필요한 수백만 가지 계산을 수행하는 분업을 재검토하는 데에 추가로 들어가던 노력을 우선 살펴보자. 앞에서 살펴본 바와 같이, 천문대 감독과 「해상 연감」의 책임자들은 최소 18세기부터 계산 작업을 여러 단계로 나누어 분석하고, 학생부터 케임브리지의 랭글러Wranglers(케임브리지 대학교 졸업 수학시험에서 최고 점수를 받은 학생)에 이르는 사람들의 수학 수준에 맞도록 각각의 단계를 배분하는 작업을 수행해왔다. 이와 같은 업무 합리화를 위한 노력은 19세기 중반의 에어리 체계에서도 끝나지 않았다. 20세기 초, 「해상 연감」은 노동자 임금을 절약하기 위해서 정규 직원은 소수로 유지하면서, 계산 꾸러미를 분배받은 "내부" 직원보다 적은 임금을 지급해도 되는 여성 노동자나 임시 컴퓨터들과 함께 일하게 하는 실험을 했다.[20]

그러나 1930년대에 계산기계를 작동시킬 새로운 "내부" 직원들이 유입되면서, 감독관과 부감독관은 관리감독의 위기에 직면했다. 새로운 직원과 새로운 기계를 기존 직원들, 이미 검증된 그들만의 방식과 어떻게 조화시킬 것인가? 다루기 까다롭지만 귀중한 직원이었던 대니얼스 형제가 있었다. 이들은 표 교정을 믿고 맡길 수 있는 유일한 직원이었지만, 한편으로는 "기질적으로 부하 직원을 감독하기에 부적합하다"거나 "너무 정형화된 습관이 있어서 기계를 사용하는 일에는 적응할 수 없다"고 평가받기도 했다. 브룬스비가Brunsviga 계산기계를 사용해 태양 중심 좌표를 지구 중심 좌표로 변환하는 일을 맡았던 스톡스 양과 버로스 양은 감독관으로부터 각각 3개월씩의 개인 교습을 받아야 했다.[21] 새로운 기계와 인력에 대한 상당한 규모의 투자에도 불구하고 왜 여전히 「해상 연감」이 일정보다 12개월이나 늦어지는지를 정당화하기 위해서, 감독관 콤리는 해군성 상사들에게 기계와 작업자를 위한 감독관의 작업 준비가 "전체 계산의 20-30퍼센트"를 차지한다고 설명했다. 가령 예전에는 자오선 통과 시 달의 일주 궤도를 계산하는 일이 1명의 석사학위 소지자 W. F. 도컨에게 "자오선 통과 시 달의 궤도를 계산하라"라고 시켜서 "4-5개월 후에 인쇄된 복사본이 제출되는 방식이었다"면, 이제는 "6-7명의 사람들에게 100-120개의 다른 지침을 내리는" 일로 작업이 분화되었다는 말이었다.

그러나 그렇더라도 새로운 방법은 결과적으로 기존 방식보다 20퍼센트 이상 저렴했다. 「해상 연감」이 11명의 박사를 고용한 독일 경쟁사처럼 호화로운 인력 구조를 채택하지 않는 한, 여성처럼 더욱 저렴한 노동력과 기계, 그리고 무엇보다도 지속적이고 창의적인 감독이 필요했다. 새로운 알고리즘은 적어도 두 가지 수준에서 기존의 계산 방식에 따른 수행을 방해했다. 첫째로, 기계는 인간이 학습한 방식이나 수학 이론의 해법이 지시하는 방식에 따라서 계산하는 경우가 거의 없었다. 예를 들면, 세긴Seguin 기계는 덧셈을 반복함으로써가 아니라 숫자를 10의 거듭제곱의 다항식으로 나타내어 곱셈을 했다.[22] 지적 계산에 가장 적합한 규칙은 기계적 계산에 적합하지 않았고, 기계들은 각각 다른 알고리즘을 사용했다. 기계를 사용하는 계산을 지휘하려면, 산술 알고리즘을 다시 생각해보아야 했다. 둘째로, 계산의 지적, 기계적, 수작업적 측면을 통합하기 위해서 감독관은 예컨대 달의 자오선 통과 같은 문제를 작고 명료한 단계로 나누는 새로운 절차적 알고리즘을 발명해야 했다. 콤리와 전임 및 후임 감독관들은 케임브리지 대학교에서 천문학 박사학위를 받고도, 맡고 싶었던 과학적 업무가 아니라 다른 행정 업무들 때문에 얼마나 많은 시간을 빼앗기는지에 대해서 불평했다.[23] "내가 방법론을 활용해서 더 나은 계산방식을 고안해내고 직원 각각의 업무를 취합하고 관리하려면, 나의 정신이 행정 업무에 대한 걱정으로부터 자유로워야 한다."[24] 이는 분석적 지능이 알고리즘의 이중적인 본질적 의미에 주목했음을 보여준다. 비용 절감이라는 명목 아래에 기계와 기계를 작동시키는 기계적 노동자들을 동시에 수용하기 위해서, 계산과 노동의 분업이 재고되었던 것 말이다.

비싼 기계를 구매하되 이 기계를 작동시키기 위한 더 많은 직원의 고용을 정당화하기 위해서 계산에 들어가는 전체 경비를 절감해야 한다는 압력은 철도산업처럼 계산 집약적인 산업에서 더욱 컸다. 그리니치의 「해상 연감」이 천문학적 계산을 간소화하기 위해서 홀러리스 기계를 비롯한 계산기계들을 실험해보던 시기에, 프랑스의 파리-

리옹-메디테라네 철도청은 화물 선적과 재고 이동을 추적하기 위해서 같은 기계를 도입했다. 프랑스의 정예 공과대학인 에콜 폴리테크니크를 졸업한, 파리-리옹-메디테라네 철도청의 회계 책임자 조르주 볼(1868-1955)은 1929년 기고문에서 새로운 기계의 경제적 이점이 "계산할 수 없을 정도"라고 언급했다. 홀러리스 천공 카드의 45개 열을 최대한 많이 활용하는 방법부터 기계 작동가들의 정보 처리 속도를 높이도록 가장 자주 운송하는 화물의 종류에 관한 기호를 고안하는 데에 이르기까지, 작업의 모든 세부사항을 사전에 꼼꼼하게 고려한다는 것이 그의 계산의 전제였다. 화물 분류에 숫자를 붙이는 것을 비롯해 작업 과정의 그 어떤 작은 세부사항도 감독관의 감시를 피할 수 없었다. "이런 종류의 작업에서는 모든 세부사항들이 면밀히 검토되고 논의되고 평가되어야 한다." 「해상 연감」의 사례에서와 같이, 기계의 사용은 작업장의 중앙 집중화(물론 파리에서 이루어졌다)와 "질서정연, 배려, 집중력, 선의"의 자격 요건을 갖춘 값싼 노동력(물론 이들은 여성이었다)의 고용을 수반했다. 값싼 노동력의 경제적 이점은 너무나도 컸고, 볼은 기계 자체의 비용을 포함해 과거의 방식을 새로운 방식으로 대체하는 데에 드는 모든 어려움이 과거의 방식과 비교하면 아무것도 아니라고 결론을 내렸다. 그러나 그가 생각했던 이익은 조직화를 위한 방대한 노력을 통해서만 달성될 수 있었다. "기계가 풀어낼 모든 문제에 대한 연구에는 고된 정신노동, 계획된 조직을 갖추고 모든 작업이 원활히 수행되는 것을 확인하기 위한 상당한 성찰, 관찰, 토론이 필요하다."[25] 그의 좌우명인 "선 조직화, 후 기계화"도 이를 잘 보여준다.[26]

기계적 지성

17세기부터 20세기 중반에 이르기까지 계산기계들은 각각 설계, 재료, 성능, 신뢰성에 차이가 있었지만 모두 인간 지능을 대체하기보다는 보완하겠다고 약속했다.[27] 기계가 지능적이라는 것이 아니라, 적어도 일부 지능은 무의식적으로 수행될 수 있다는 의미에서 기계적이라는 추론이 기계의 계산 능력으로부터 도출되었다. 그러나 이때의 무의식은 주의 집중력과 기억력을 최대한 발휘해야 하는 특이한 종류의 무의식이었다. 이러한 사실은 한편으로는 계산 영재와 다른 한편으로는 계산기계 조작자를 대상으로 한 심리학 연구의 흐름에서 가장 잘 드러난다. 계산 영재와 계산기계 조작자는 한때 서로 스펙트럼의 양 끝에 위치한다고 가정되고는 했다. 즉, 각각 숫자 천재와 숫자 부진아라고 말이다. 그러나 계산기계의 확산은 전통적으로 계산에 따라붙던 집중이라는 단조로운 노력을 포함해 계산이라는 지적 활동의 가치를 평가절하했다. 결과적으로 지적 산술의 거장들과 계산기계 조작자들의 심리적 상태에 대한 해석은 이상한 방식으로 수렴되기 시작했다.

18-19세기 초는 수학의 역사에서 레온하르트 오일러, 카를 프리드리히 가우스(1777-1855), 앙드레-마리 앙페르(1775-1836) 등 훗날 유명한 수학자가 된 자랑스러운 여러 계산 천재들의 시대였다.[28] 그들이 일찍이 드러낸 지적 산술의 성취에 관한 일화들은 수학 천재의 초기 징후로서 이야기되었다. 그러나 19세기 말부터 20세기 초에 이르자 심리학자와 수학자들은 이러한 사례가 비정상적이라고 믿게 되었

그림 5.4 왈(Wahl) 기계를 사용하는 조작자. 루이 쿠피냘, 『계산기계(*Les Machines à Calculer*)』(1933).

다. 위대한 수학자는 대개 계산 천재가 아니었고, 계산 천재가 위대한 수학자인 경우는 더욱 드물었다. 이러한 주장이 계산기계에 대한 논문에서 더욱 두드러졌다는 사실이 중요하다. 만약 계산이 기계적인 행위라면, 계산에 필요한 지성은 필연적으로 기계적인 것처럼 보일 것이다. "뛰어난 계산 능력이 뛰어난 수학적 성향의 지표라고 널리 알려져 있지만 이는 진정으로 잘못된 생각이다.……이 둘을 혼동하는 것은 피아노 연주를 위한 뛰어난 손재주를 음악 작곡에 뛰어난 놀라운 재능의 지표로 혼동하는 것만큼이나 심각한 판단 오류이다."[29] 당시 최신의 계산기계들에는 조작자가 여러 숫자를 동시에 입력할 수 있는 키보드가 있었고 따라서 계산기계의 조작이 피아노 화음 연주에 종종 비유되었다는 사실은 꽤나 시사적이다(그림 5.4).[30] 이제 비범한 계산 능력은 지적으로 수행되든 기계적으로 수행되든 간에 창의성보다는 재주에 가깝게 여겨졌다.

소르본 대학교의 심리학 교수이자 지능실험 연구의 선구자인 알프레드 비네(1857-1911)는 1890년대에 파리 보드빌 쇼에서 활약하던 두 명의 계산 천재, 이탈리아의 자크 이나우디와 그리스의 페리클레스 디아만디를 대상으로 실험실에서 일련의 실험을 수행했다(그림 5.5). 비네는 자신의 실험 결과와 지적 산술의 대가에 관한 역사적 문헌을 검토한 결과, 그들은 개인별로 다양한 차이가 있지만 일종의 "자연종"을 형성한다고 결론을 내렸다. 그들은 천부적인 재능을 타고났고, 천재의 전력이 없는 가족에서 태어났으며, 빈곤한 환경에서 자랐고, 어린 나이부터 재능을 드러냈으나, 지적 발달 수준은 두드러지지 않았고 심지어 뒤처졌으며, 성인이 되어서도 "나이 들지 않은 아이들"과 닮았다는 공통된 특징을 지녔다. 반면 가우스같이 어린 나이에 지적 산술 능력으로 부모와 교사를 놀라게 했던 수학자들은 수학적 천재성이 성숙해지면서 이런 능력을 상실했다. 비네는 계산 천재의 업적이 단순한 "숫자 전문가"로만 평가를 해보아도 놀랍다고 할 만한지 의문을 제기했다. 암산에 능하던 봉 마르셰 백화점의 계산원 4명과의 대결에서, 비네가 실험 대상으로 삼은 한 계산 천재는 큰 숫자들을 계산하는 문제에서는 모든 계산원들보다 뛰어났지만, 정작 작은 숫자들의 계산에서는 가장 뛰어난 실력의 봉 마르셰 계산원에게 패했다. 비네는 계산 천재의 진정한 재능은 숫자에 한해서 적용되는 그들의 기억력과 "주의 집중력"이라고 결론을 내렸다.[31]

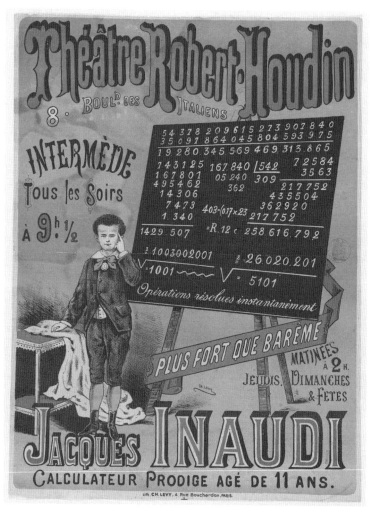

그림 5.5 계산 천재 자크 이나우디를 그린 로베르-우댕 극장 포스터(1890?). 프랑스 파리, 카르나발레 박물관. © PWB Images / Alamy Stock Photo

계산기계 조작자는 바로 이런 단조로운 주의 집중력을 몇 시간 동안이나 끝까지 유지해야 한다고 여겨졌다. 인간 계산원에게 요구되었던 견디기 힘든 주의 집중의 부담은 인간 계산원과 고용주 사이의 오랜 골칫거리였다. 계산의 생산성을 높이기 위한 열성적인 노력에도 불구하고 에어리는 1838년에 인간 컴퓨터의 근무 시간을 11시간에서 8시간으로 줄였다. 1837년 핼리 혜성에 관한 계산을 완료하기 위해서 1시간의 근무 시간을 추가하려고 하자 인간 컴퓨터들의 반발이 일어났는데, 이들은 오전 9시부터 오후 5시까지의 기존 근무 시간도 "계속되는 계산을 견뎌내며 억압적이고 지루한 정신 활동을 지속하기에 벅차다"고 항의했다.[32] 1930년에 퇴임한 「해상 연감」의 감독관 필립 코웰(1870-1949)은 후임자인 콤리에게 "5시간 동안 정말 열심히 일한 사람이라면 누구든 그 이상 계산을 제대로 하지 못할 것이다"라고 전했고, "당신의 기계라면 다를 수도 있겠다"고 덧붙였다.[33]

실제로 기계별로 다르기는 했지만, 효율성에 집착했던 프랑스 철도청의 볼조차도 하루에 6시간 30분 동안 45열의 카드 300장을 천공하는 것이 홀러리스 기계 조작자에게 기대할 수 있는 최대치라고 생각했고, 이들이 1개월에 14일만 연속적으로 작업할 수 있다고 생각했다.[34] 1931년 엘리엇-피셔 계산기계를 작동시켰던 프랑스 철도청 조작자들의 성과에 대한 심리학 연구에서 관찰된 바와 같이, 신체 동작은 연습을 통해서 자동화될 수 있었지만, "작업에 주의를 집중시키려는 노력에는 지속적인 집중력이 필요했다. 조작자는 끊임없이 기계를 점검하고, 종이에 적힌 이름을 확인하고, 계산 요소들이 정확한지 확인해야 했다." 각각의 계산은 기계에 종이를 삽입하는 것부터 다

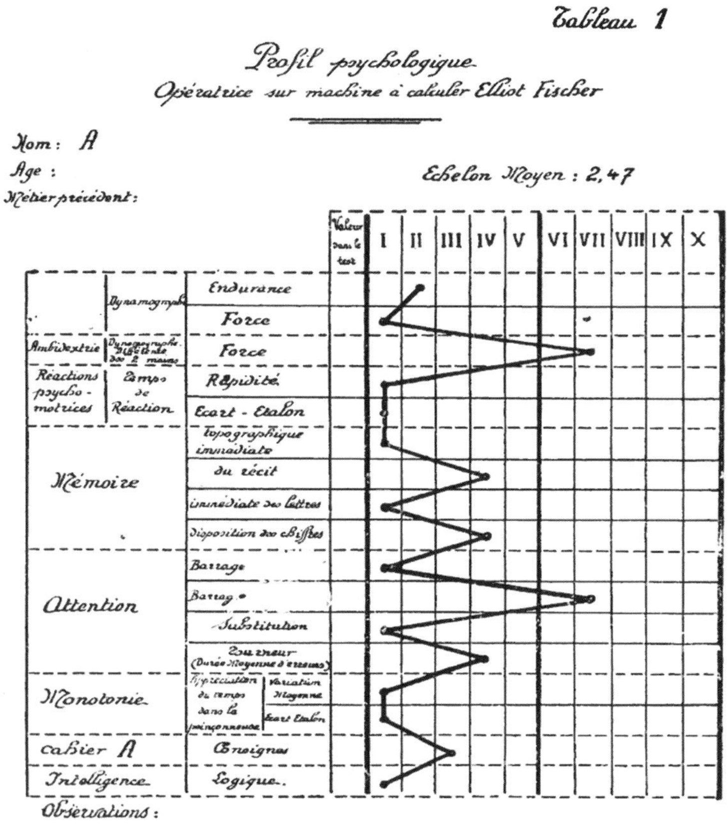

그림 5.6 엘리엇-피셔 계산기계를 사용하는 최고의 조작자를 실험한 결과, 힘과 주의력의 편차가 컸다. 장-모리스 라이, 스테판 코른골드, "계산기계 조작자의 선별(Séléction des operatrices de machines comptables)", 「심리학 연보(Année Psychologique)」 제32권 (1931) : 131-149쪽.

음 계산을 수행하기 전에 모든 숫자를 지우는 것에 이르기까지 16개의 개별 단계로 이루어졌다. 조작자를 대상으로 실험을 진행한 심리학자들이 보기에 "휴식 없이" 오랫동안 그렇게 심도 깊은 집중력을 유지하는 것은 불가능에 가까웠다(그림 5.6).[35] 수학적 표 및 천문표 계산을 위한 배비지의 차분기관의 이점을 언급하며, 1823년에 영국의 천문학자 프랜시스 베일리(1774-1844)는 "기계의 변함없는 작동"이 "수천 번의 연속적인 덧셈과 뺄셈의 지루하고 바보 같은 반복으로 (인간) 컴퓨터의 집중력을 제한하는" 문제를 어떻게 해결해줄지를 상상했다.[36] 그로부터 한 세기 뒤인 1933년에도 계산기계는 정신적 노력을 절감시킨다는 특징을 중심으로 정의되었다.[37] 그러나 주의 집중을 위한 정신적 노력을 덜어주겠다고 약속했던 계산기계는 결국에는 그를 더 악화시킨 셈이 되었다.

계산기계가 선언했던 목표와 관련해서 보면, 기계적 계산은 최소한 당시의 기준에서 지성을 강력히 요하는 작업이 되었다. 20세기에 접어들던 시기에 심리학자들은 지루하지만 필수적인 작업에 자발적으로 주의 집중력을 모으는 능력이야말로 의식적인 의지적 행위의 본질이며, 인간 의식이 가장 높은 수준으로 표현된 것이라는 데에 만장일치로 동의했다.[38] 콜레주 드 프랑스의 비교심리학 및 실험심리학 교수 테오뒬-아르망 리보(1839-1916)는 문명인과 야만인, 존경받을 만한 시민과 "부랑자, 도둑, 매춘부"와 구별해주는 것이 바로 지루한 일에 대한 주의력을 유지하는 능력이라고 추측했다. 계산기계 조작자들에 대한 실험을 진행했던 심리학자들과 마찬가지로 리보는 자발적인 주의 집중력의 발휘에는 항상 노력이 수반되며, 이는 "유기체의 급속한 피로를 초래하는" 비정상적인 상태라고 강조했다.[39] 따라서 심리학자들은 실험 대상의 자발적 주의 집중력의 강도와 정신적 피로에 대한 저항력을 실험하기 위해서 단조로운 계산을 시켰다.[40] 실험 결과 피험자가 피로함을 느낄수록 그들의 정신은 딴 데 팔렸으며, 오류가 누적되면서 피험자의 주의 집중력이 급격한 변동을 보였다. 교실과 실험실 환경에서 지루한 작업에 대한 두려움이 피로와 함께 커지는 것이 관찰되었으며, 때로는 "가벼운 수준의 광기"에 이르는 모습까지 관찰되었다.[41] 기계적 계산 환경에서도 기계를 작동시키는 사람의 피로는 주의 집중력의 변동을 일으키고 오류를 범하는 경향성에도 상당한 영향을 미친다는 것이 관찰되었다. 그러나 1933년 최신식 계산기계에 대한 논문이 강조했듯, 기계 조작자를 없앨 수는 없었다. "현대의 기계들을 비교한 연구에서, 조작자가 [계산에] 개입하는 방식을 고려하지 않는 것은 불가능하다."[42] 유일하게 할 수 있었던 일은 조작자의 재량을 최소화할 수 있도록 계산 작업을 조직화하는 동시에 단조로운 작업인 기계식 계산에 대해서 조작자가 최대한 오래 주의력을 유지하도록 하는 것이었다. 기계적 계산은 인간이 주의를 기울이게 만들었다.

알고리즘과 지능

이 장은 배비지와 비트겐슈타인이 동일한 수열의 예를 어떻게 서로 반대되는 목적을 위해서 사용했는지를 대조하는 데에서 시작했다. 배비지는 차분기관이 겉으로 보기에 변칙적인 듯한 항을 토해내는 것이 기계장치에 새겨진 규칙을 실로 정직하게, 기계적으로 따르고 있기 때문이라고 주장했다. 마치 신과 같은 기술자가 태초부터 자연의 기계장치에 기적을 새겨두었다는 듯이 말이다. 반대로 비트겐슈타인의 관점에서 보면, 교사는 학생이 쓴 변칙적인 항을 기적이 아닌 실수라고 보겠지만, 비트겐슈타인도 겉으로 보기에 변칙적인 듯한 것이 실제로 규칙을 위반한 것인지에 대해서는 배비지만큼이나 회의적이었다. 그러나 비트겐슈타인은 이 예시가, 규칙이 명백히 명시될 수 없기 때문에 규칙을 기계적으로 따르는 것이 불가능하다는 사실을 보여준다고 생각했다. 그가 보기에는 규칙을 알고리즘이 아니라 관습이나 제도로 이해하는 것이 규칙에 대한 해석의 무한한 회귀를 끊어내는 유일한 방법이었다. 비트겐슈타인은 인간이 과연 규칙을 기계적으로 따르는지에 관해 의문을 제기했을 뿐 아니라, 과연 기계가 규칙을 기계적으로 따르는지에 관해서도 의문을 제기했다.

그러나 기계적인 규칙 준수에 관한 이러한 두 가지 우화에서 언급되는 기계는 어떤 종류의 기계일까? 이들이 기계인 것은 맞을까? 제4장의 프로니 로그 계산 계획의 사례에서 살펴보았듯이, "기계적"이라는 단어는 실제로 기계 없이 수행되는 계산을 의미할 수도 있었다. 이와 같은 두루뭉술하고 (주로 경멸적인) 표현을 사용하면, 상이한 재료(나무, 상아, 강철, 실리콘)와 상이한 기계 부품(기어, 레버, 키보드, 추, 브레이크)으로 만들어지고 상이한 알고리즘(다항식의 곱셈 대 덧셈의 반복, 수의 차 찾기 대 각각의 값을 새롭게 계산하기)을 사용해서 상이한 기능(단순 덧셈 및 뺄셈부터 홀러리스 기계의 45열 표에 이르기까지)을 수행하는 기계들 사이의 차이를 지워버릴 수 있다. 이런 차이는 사실 중요했는데, 말썽을 일으키거나 오류를 내는 기계는 신뢰받을 수 없었고, 아무리 뛰어난 설계일지라도 숙련된 기술자와 적절한 재료 없이는 실제로 구현될 수 없었기 때문이다. 막대한 정부 보조금에도 불구하고, 20세기 후반에 정밀 가공 기술이 발달할 때까지 배비지의 차분

기관이나 해석기관은 모두 설계도면의 단계를 벗어나지 못했다.[43]

배비지와 비트겐슈타인은 차분기관이나 해석기관과 같은 컴퓨터가 널리 사용되는 것을 볼 때까지 살지 못했다. 스웨덴의 게오로크 쇼츠(1785-1873)와 그의 아들 에드바르드(1821-1881)가 1853년에 차분기관을 기반으로 하여 가장 성공적으로 구현된 계산기계를 만들었지만, 그것도 대량 생산되지는 않았다.[44] 계산기계에 관한 1905년의 조사는 해석기관에 관한 배비지의 미래상을 "동화 속 나라"라고 격하했다.[45] 배비지의 독창적인 설계를 20세기 후반 컴퓨터와 연결 짓는 직접적인 연결고리는 없다. 이 둘 사이에는 상이한 방법들로 수행된 다양한 기계적 계산으로 가득한, 거의 한 세기의 시간이 존재한다. 이는 규칙의 역사에서 중요한데, 오류 없이 준수되는 명백한 규칙에 대한 꿈은 항상 무엇보다도 얇은 규칙이라고 할 수 있는 특수한 계산의 사례를 덧붙여왔기 때문이다. "기계적 계산"에 실제 기계들이 관여하기 전에도 "기계적 계산"은 자유재량을 위한 공간이 아예 없는, 배비지와 비트겐슈타인이 대조적인 방식으로 꿈꾸던 규칙에 대한 꿈을 의미했다. 명시적이고 모호하지 않게 적혀 있으며, 자동적이고, 오류 없이 수행될 수 있는 규칙 말이다. 제4장에서 살펴본 바와 같이 알고리즘, 심지어 계산 알고리즘도 그렇게 얇은 규칙을 지향할 필요는 없다. 많은 수학적 전통에 존재하는 문제 중심의 알고리즘은 그와 마찬가지로 예시를 통해서 형성된 기계적 기술의 두꺼운 규칙과 더 비슷하다. 계산은 19세기와 20세기에 이르러서야 모델 패러다임이 필요 없는 규칙, 모방할 모델을 필요로 하지 않는 알고리즘, 그것을 해석하거나 적용할 지성을 필요로 하지 않는 패러다임이 되었다. 기계적

그림 5.7 캘리포니아 주 패서디나 제트 추진 연구소의 여성 컴퓨터들(1955?). NASA / JPL-Caltech 제공.

계산의 범주가 사실과 달리 겉으로는 일관적으로 보인 이유는 그에 사용된 기계들의 균일성 때문이 아니라, 그것의 반대인 지적인 계산이라는 범주와의 대조가 선명했기 때문이었다.

기계적 계산이 최초로 널리 보급되던 시대에는 물질적, 개념적, 경제적 이유 때문에 인간 지능과 기계 지능이 한데 결합되어 있었다. 기계를 작동시킨 인간 컴퓨터로는 여성이 점점 더 많아져서 1890년대에 이미 그리니치, 파리, 매사추세츠 주 케임브리지의 천문대에 많이 채용되었으며, 이후 수십 년간 천문대부터 군사 계획에 이르기까지 대규모 계산이 이루어지는 곳이라면 어디에서든 그들을 찾아볼 수 있었다(그림 5.7).[46] 하버드 대학교 천문대 같은 몇몇 기관들은 높은 수준의 천문학 및 수학 교육을 받은 여성의 능력을 활용했지만, 여성

노동력의 가장 큰 매력은 값싼 임금을 지급해도 된다는 점이었다. 대학 학위가 있는 여성도 능력이 비슷한 남성 컴퓨터보다 훨씬 적은 임금을 받았다.[47] 영국 「해상 연감」 사무소를 둘러싼 과학적 맥락과 프랑스 철도청을 둘러싼 산업적 맥락을 통해서 살펴보았듯이, 실제로 처음에 계산기계를 도입한 가장 주된 동기는 비용 절감이었다.[48]

그러나 자동화된 지능의 선지자였던 배비지가 이 정도에 감명을 받았을까? 물론 "기계적인" 작업과 "지적인" 작업의 경계가 흐려졌던 것은 사실이지만, 이는 실제 기계가 대규모의 계산 계획에서 사용되기 전 이미 프로니의 로그 계산 계획에서도 이루어진 일이었다. 그러나 천문대와 보험사무소의 일상적인 업무에 도입된 계산기계는 그것을 더욱 지능적인, 즉 현대적 의미의 인공 "지능"을 갖춘 존재로 보이게 하지는 않았다. 그보다는 인간 계산원을 더 기계적인 존재로 보이게 만들었다. 계산 천재들의 명성이 추락한 것이 이러한 변화를 상징적으로 보여준다. 19세기 말에 이르면, 이런 재능은 더 이상 수학적 천재성의 전조로 여겨지지 않았고 버라이어티 쇼의 소재로 남게 되었다. 계산 능력은 더 이상 인간의 지능과 연결되지 않았고, 계산기계에 인공적인 지능 같은 능력을 부여하지도 않게 되었다.

계산기계는 대규모 계산 계획에서 인간의 지능을 제거하지 못했다. 반대로 인간 지능은 새로운 방식의 알고리즘을 통해 사고해야 하는, 더욱 높은 수준의 도전 과제를 마주하게 되었다. 계산 알고리즘을 기계의 기어와 레버 속에 설계하려면, 산술적 연산은 기존과 같은 방식의 정신적 산술에 상응하지 않고 수학 이론에 상응하지도 않는 새로운 방식으로 재구성되어야 했다. 인간 지성에 최적인 것이 기계에 최적이지는 않았고, 기계 속 움직이는 부품이 복잡해짐에 따라 인간과 기계의 차이는 더욱 뚜렷해졌다. 「해상 연감」의 사무실에서든 프랑스 철도청에서든 간에 인간과 기계를 기나긴 연속적 계산의 과정 속에 한데 모으는 데에 필요했던 절차들에서, 기존에 1명의 계산원이 총체적으로 구상하고 수행하던 일은 가장 작은 구성 요소들로 쪼개지고, 엄격한 순서에 따라 배열되고, 각각의 단계를 가장 효율적으로 수행할 수 있는 인간 혹은 기계 계산원에게 할당되었다. 여기에서 "효율적"이라는 말은 일을 더 잘 수행한다거나 더 빠르게 수행한다는 의미가 아니라, 더 저렴한 비용으로 수행한다는 의미였다. 한편으로, 계산 작업을 위한 인간-기계 생산 라인에 필요했던 분석적 지능은 다른 기계화된 제조공정에 필요했던 조정과 다르지 않았다. 기계식 직조기는 인간 직공이 일하는 방식대로 작동하지 않았고, 섬유 공장에서 인간 노동과 기계 노동의 순서를 배열하고자 할 때에도 새롭고 반직관적인 방식으로 작업을 세분화해야 했다. 그러나 다른 한편으로, 인간과 기계의 협업을 통해서 계산 작업을 수행해내기 위한 분석적 지능은 처음에는 경영 관리, 나중에는 컴퓨터 프로그래밍으로 알려지게 될 활동에 대한 예행연습에 해당했다.[49]

인간 계산원과 기계적 계산기의 상호작용은 지능을 더욱 미묘한 방식으로 변형시켰다. 계산이 지적 성취로 이해되었든 아니면 고된 노동으로 이해되었든, 계산이 왕실 천문학자에 의해서 수행되었든 아니면 학생 컴퓨터에 의해서 수행되었든, 계산은 지루할 정도로 정신 소모적인 일이었다. 케플러에서 배비지에 이르는 계산가들은 천문표 계산에 뒤따르는 부담을 호소했고, 네이피어에서 파스칼에 이르는 계산장치와 계산기계 발명가들은 단조롭지만 끊임없는 주의력을 요했던 노동으로부터 해방처를 제공하겠다고 약속했다. 연습은 계산의 속도를 높여주었지만, 반복적인 신체 동작에서 가능한 것처럼 계산을 자동화하거나 무의식적으로 수행할 수 있도록 해주지는 못했고, 반드시 오류의 위험이 뒤따랐다. 주의력과 정확한 계산 사이의 연결고리는 너무나도 강력해서 프로니는 자신의 계산원들 중에 지능이 가장 낮고 가장 "자동화된" 계산원이 가장 적은 실수를 범했다는 사실에 놀라움을 표했고, 훗날 프로니 표를 비평한 사람들은 의식 수준이 낮은 계산원이 오류를 늘리지 않았다는 사실을 믿지 못했다.[50] 그러나 더 신뢰할 만한 계산기계가 보급되자 계산의 지적 지위가 격하되었을 뿐 아니라 지성과 정확성 사이의 연관관계도 끊어지고 말았다. 20세기 초에 이르면 자동화는 오류 없는 계산을 방해하는 장애물이 아니라 이를 보장하는 존재가 되었다. 수 세기 동안 수작업으로 결과를 확인해야 할 만큼 오류를 범하던 계산기계의 오랜 역사를 뒤집은 기계 설계, 재료, 구조의 발전은 1920년대에 이르면 "자동화된 계산"과 "정확한 계산"을 동치로 만들었다.[51]

그러나 여전히 기계 안에는 인간 조작가라는 유령이 남아 있었다. 새로운 세대의 계산기계 애호가들이 인정했듯이, 계산의 효율성과 결과의 정확성은 숫자를 입력하고 레버를 당기고 카드를 천공하고 정확한 리듬에 맞추어 순서대로 집계를 하는 인간의 재주와 주의력에 따라 달라졌다. 조작가는 더는 실제 계산을 수행하지 않았지만, 그가 수행했던 작업에 요구되는 주의력은 애초에 계산기계의 발명에 동기를 제공했던 지적 노동만큼이나 피로한 노동이었다. 조작가들이 받았던 정신적 피로는 너무나도 컸는데, 심지어 원래 계산기계의 도입을 정당화했던 경제성의 철칙을 깨면서까지 그들의 근무 시간을 단축해야 할 정도였다. 인간 작업자가 기계의 속도에 맞춰야 하는 다른 반복적 공정이나 사무직 일과는 달리, 계산기계를 사용하는 데에 필요한 동작은 지성이 방황하는 동안 타자기 자판 위에서 손가락이 자동적으로 움직일 만큼 무의식적으로 수행될 정도로 숙달될 수는 없었다. 기계가 있든 없든 계속해서 반복되는 일과 계속해서 주의 집중을 필요로 하는 일이 조합된 계산은 매우 고단한 일이 되었다. 아무리 믿을 만한 계산기계라고 할지라도 대규모의 계산 작업에서 지성과 단조로운 일에 요구되는 주의력을 없앨 수는 없었다. 그저 그러한 정신적 노력을 다른 업무에 대한 정신적 노력이나 다른 사람이 기울여야 할 정신적 노력으로 대체했을 뿐이었다.

결론 : 기계적 지능에서 인공적 지능으로

계산기계를 통해서 인간 지능은 새로운 도전에 직면했는데, 그것이 인공 지능의 탄생을 위한 길을 열어주었을까? 계산기계가 기계의 내부 구조 구성부터 기계와의 세심한 상호작용을 위한 작업의 조직에 이르는 대규모의 계산 수행의 모든 단계를 최적화하는 방법을 재고해보도록 함으로써 알고리즘의 영역을 확장한 것은 사실이다. 그러나 표준화된 단계적 절차를 따른다는 의미에서 계산을 알고리즘적으로 만드는 것은 지능을 알고리즘으로 만드는 것과 거리가 멀다. 지능을 알고리즘으로 만들기 위해서는 지능을 계산의 한 형태로 환원할 수 있어야 하고, 또 그것이 바람직해 보여야 한다. 그러한 목표를 표방하며 계산과 조합론을 모든 지적 활동의 표본으로 삼았던 몇몇 역사적 선례가 있지만, 계산기계는 그러한 명분을 발전시키지 못했다.[52] 오히려 계산이 기계화됨으로써 계산은 지적 활동으로 인정받지 못하게 되었다. 인공 지능 혹은 기계 지능을 모순적이지 않은 존재로 만들기 위해서는 "계산"과 "지능" 모두를 완전히 다시 개념화해야 했다. 이것이 바로 조지 불(1815-1864), 고틀로프 프레게(1848-1925), 다비트 힐베르트, 버트런드 러셀(1872-1970), 앨프리드 노스 화이트헤드(1861-1947), 쿠르트 괴델(1906-1978), 앨런 튜링(1912-1954)에 이르는 학자들이 수학적 논리를 발전시켰던 방향이었으며, 이는 사무실에서 일상적으로 이루어졌던 대규모 계산의 수행보다는 수학의 논리적 기반을 확보하려는 노력과 연결되어 있었다.[53]

그러나 계산기계의 시대가 증진시킨 지능은 계산 자체, 즉 좁은 의미에서의 알고리즘의 재개념화를 넘어섰다. 알고리즘적 지능은 복잡한 작업과 문제를 서로 이어진 단계별 순서로 분석하는 능력, 즉 넓은 절차적 의미에서의 알고리즘을 낳았다. 계산기계 시대 알고리즘 지능의 두 번째 측면에 관한 사실은 인공 지능의 초기 역사에서 명확히 확인할 수 있다. 1956년의 중요한 논문에서 앨런 뉴얼(1927-1992)과 허버트 사이먼(1916-2001)은 논리 정리를 증명하는 컴퓨터 모델을 개발하여 발표했는데, 이들은 그들의 시스템에 대해서 "일반적으로 계산에 사용되는 체계적 알고리즘과 달리, 인간의 문제 해결 활동에서 관찰되는 것과 비슷한 경험적 방법론에 크게 의존한다"라고 언급했다.[54] 뉴얼과 사이먼의 논리 이론가 프로그램의 첫 번째 모델은 사이먼의 아내, 자녀, 대학원생들에게 인덱스 카드를 나누어주고 "각각의 사람이 논리 이론가 프로그램의 부품이 되도록" 함으로써 버트런드 러셀과 앨프리드 노스 화이트헤드의 『수학 원리*Principia Mathematica*』(제1권, 1910) 제2장에 나오는 첫 50개 정리를 증명하도록 했는데, 이는 프로니의 로그 계산 계획 이후 존재해왔던, 대규모 계산의 중심지에서 이루어지는 노동 분업을 상기시킨다.[55] 바로 이 순간에, 작업을 수행하기 위한 인간 작업자의 배열이 컴퓨터용 프로그램으로 전환되었다. 수십 년 후에 사이먼은 비록 "과학적 진리를 생산할 수 있는 강력한 공정 혹은 조립 라인은 존재하지 않았지만", 분업에 더욱 일반적으로 적용되는 동일한 분석 방법(즉, 복잡한 문제를 단순한 문제들로 분해하는 것)이 컴퓨터 프로그램을 통해서 과학적 발견의 주요 사례들을 모델화하는 데에 사용될 수 있다고 확신했다.[56] 컴퓨터의 서브루틴은 분업과 그에 수반되던 지적 탈숙련의 경제적 원리를 확장시킨 것에 불과했다.[57]

배비지는 언젠가는 심지어 과학적 발견조차 정신적 노동에서 기계적 노동으로 강등될 것임을 예측하지 못했고, 아마 사이먼조차도 빅데이터를 알고리즘적으로 활용해 지금처럼 "이론에 기반하지 않은 과학"을 만드는 시도가 이루어질 것임을 예견하지 못했으리라.[58] 이러한 발전은 계산기계의 시대를 정의했던 기계들과는 종류(유연하고 긴 프로그래밍의 등장), 정도(속도와 메모리에서의 엄청난 향상), 설계, 재료 등 모든 면에서 상이한 컴퓨터에 의해서 이루어졌다. 또한 이와 같은 기계의 발전만큼이나 인공 지능을 더 이상 모순적이지 않은 단어로 만든 데에는, 좁은 의미의 알고리즘과 넓은 의미의 알고리즘을 모두 접근하기 어려운 컴퓨터 프로그램 코드 안에 블랙박스화해서 넣는 것이 중요했다. 기계와 기계 조작자가 개방형 사무실에 일렬로 배치된 책상에서 기계적 계산을 수행하는 생산 라인과는 대조적으로, 복잡한 작업을 세분화된 단계로 나누는 프로그램은 대부분의 컴퓨터 사용자의 눈으로부터 숨겨져 있다. 컴퓨터가 최종 결과를 도출하는 과정은 인간의 지적 사고 과정만큼이나 불투명해졌고, 인간의 지능과 동등한 수준이거나 이를 뛰어넘을 만한 지능이 등장할 가능성도 더욱 높아졌다. 무지성의 기계에서 기계 지능으로의 전환은 이러한 혁신, 그리고 그 혁신을 통해서 가능해진, 훨씬 더 강력한 계산기능의 맥락 속에서만 이해될 수 있다.

계산기계의 시대가 흔적도 없이 사라지지는 않았다. 처음에 기계와 협력하여 문제를 풀기 위해서 인간은 자신이 계산 과정에서 사용하던 알고리즘과 기계가 사용하던 알고리즘 모두에 부합하도록 문제를 조정해야 했다. 인간이 기계 같아졌다고 할 수 있을 정도로 기계의 냉혹한 리듬에 맞춰지게 되었다는 사실은 토머스 칼라일(1795-1881)에서 앙리 베르그송(1859-1941)을 거쳐 찰리 채플린(1889-1977)의 영화 「모던 타임스」(1936)에 이르기까지, 산업화에 대한 비평들 사이에서 가장 오래 논의된 주제였다. 반면 계산기계는 일상화된 습관과는 다른 끊임없는 주의 집중을 요구함으로써 인간 조작가를 규율했다. 디지털 네이티브 세대조차도 컴퓨터 화면을 마주할 때마다 이러한 구분을 재현한다. 무의식적으로 다리를 움직여 걷는 것처럼 그들은 무의식적으로 손가락을 움직여 문자를 보내거나 타자를 칠 수 있지만, 클릭을 한 번 잘못하면 전체 연락처에 기밀 이메일을 보내거나, 원하는 상품 옆에 있는 상품을 구입하거나, 온라인 세금 신고서가 취소될 수 있다. 그렇기 때문에 사용자는 알고리즘이 요구하는 대로 계속 주의를 집중시켜야 한다.

　부주의는 심지어 컴퓨터 계산에도 악영향을 미친다. 잘못된 숫자나 다른 측정 단위를 입력하면 1억2,500만 달러 규모의 화성 기후 궤도선이 우주로 날아가버릴 수 있다.[59] 현재 우리 곁에 있는 대부분의 알고리즘은 과거 계산기계의 내부에 통합되어 있던 알고리즘이 그것을 작동시키던 인간 조작가에게 그랬던 것처럼, 우리의 시야로부터 숨겨져 있고 쉽게 바꿀 수도 없다. 그때와 마찬가지로 지금도, 아무리 얇은 규칙일지라도 규칙에 대한 이해 없이 규칙을 따르기 위해서는 정신적인 주의 집중이 필요하다.

6

규칙과 규정

법, 규칙, 규정

법law, 규칙rule, 규정regulation 간의 관계는 유동적이지만 중요한 노동의 분업에 의해서 관리되어왔다. 대략 1500-1800년에 이 세 가지 종류의 구분은 범위, 구체성, 안정성의 차원에서 계층 구조로 나누어지며 명확해졌다. 계층 구조의 정점에는 "법"이 있었는데, 법은 형식의 차원에서는 일반적이었고 관할 범위는 넓었으며 막강한 권위를 지녔다. 17-18세기에 가장 보편적이고 권위 있던 법은 자연철학자 아이작 뉴턴이 17세기 말에 저술한 『자연철학의 수학적 원리』에서 공식화한 자연법칙과 후고 그로티우스(1583-1645), 사무엘 푸펜도르프(1632-1694) 같은 법학자들이 지구적 확장의 시대에 국제적으로 유효한 행위 규칙을 찾아서 체계화시킨 자연법이었다. 자연법칙과 자연법은 모두 신 또는 적어도 인간 보편적인 본성으로부터 강력한 권위를 끌어냈다. 절대주의 군주들은 영토 통치를 위한 법률을 제정할 때 보편성과 통일성을 점점 더 중시했다.[1] 계층 구조의 그다음 수준에는 자연과 인간의 왕국 모두에 적용되는 "규칙"이 위치했다. 여름은 일반적으로 겨울보다 덥다는 날씨의 규칙이나, 유언장이 없을 때 상속인들에게 유산을 어떻게 분할해야 하는지에 관한 법적 규칙 같은 것들이었다. 규칙은 법률보다 더 구체적이고 관할 범위는 더 제한적이었다.[2] 계층 구조의 가장 아래 수준에는 "규정"이 위치했는데, 이들의 관할 범위는 더 제한적이고 개수는 훨씬 더 많으며 극도로 구체적이었다. 가장 보편적인 법인 자연법칙과 자연법은 제7장에서 보고, 이번 장에서는 스펙트럼의 반대편에 있는 국지적인 규정을 살펴보자.

"법치주의"라는 문구처럼 법이 규칙의 가장 위엄 있고 고상한 측면을 보여준다면, 규정은 소매를 걷어붙이고 현장에서 일을 직접 처리하는 규칙에 가깝다. 법은 망원경으로 멀리 있는 별에 초점을 맞추는 규칙이고, 규정은 현미경으로 근시적인 세부사항에 초점을 맞추는 규칙이다. 이상적으로 법은 비교적 수가 적고 거의 변경되지 않지만, 규정은 수가 많고 지속적인 수정이 필요하다. 법은 보편성을 지향하며, 규정은 세부사항에 주목한다. 한편, 규칙의 의미는 둘 모두에 의해서 정의된다. 그러나 현대 사회에서 법이 권위의 측면에서 우위를 점하고 있다면, 규정은 일상적인 경험의 측면에서 우위를 점하고 있다. 일반 시민이 법과 충돌하는 경우는 거의 없지만, 우리는 거의 매일 규정에 대해서 불만을 토로한다.

복잡한 사회, 특히 현대 도시를 통치하는 정부는 교통부터 가로등, 음식, 상수도 공급에 이르기까지 모든 것을 관장해야 하기 때문에 넘칠 만큼의 규정을 가지게 되었다. 이를 두고 자유주의 비평가들은 모든 정부 행위를 안보, 기반시설, 법치주의와 연관해서 생각하기보다는 모기 떼처럼 많고 귀찮은 규정과 연관해서 논한다. 이들은 모든 규정을 없애기를 원한다. 이러한 측면은 일상생활에서 규정의 밀도가 높아지면서, 법과 규정 사이의 의미 스펙트럼에서 규칙의 의미가 규정에 가까운 쪽으로 옮겨졌음을 보여준다. 지난 500년 동안 가장 친숙한 규칙은 "살인하지 말라"는 법률적 명령보다는 "빨간 불에서 멈춰라" 같은 규정적 명령의 부류에 가까워졌다.

이러한 변화는 대도시의 높은 인구밀도 환경에서 사람들이 함께 살아가는 방식에 일어난 경제적, 인구학적, 기술적, 정치적 변화를 반영한다. 이번 장에서는 중세 번영기에서부터 오늘날에 이르기까지 규정의 수를 늘린 변화를 세 가지로 정리한다. 첫째로, 무역이 활발해지면서 경제 규모의 팽창이 일어나고 새로운 욕망이 생겨났다. 14세기에 제노바, 피렌체, 베네치아 같은 도시들이 장거리에 펼쳐진 무역망의 거점이 되면서, 이 도시인들은 새롭게 벌어들인 돈을 비단, 견직물, 벨벳, 금은 장식이나 단추처럼 새롭게 수입된 사치품에 소비하고 싶어했다. 이런 현상에서 나타난 유행과 사회적 지위에 대한 유혹은 귀족 가문을 빈곤하게 만들고 사회적 질서를 뒤집어놓을 만한 위협이 되었다. 거만한 상인들은 공작보다 우위에 서게 되었고, 누구의 모자가 더 세련되었는지를 두고 견습 장인과 천박한 멋을 부리는 학생들 사이에 싸움이 벌어지기도 했다.

둘째로, 급증한 도시 인구는 오래된 거리와 위생 관련 기반시설의 부담을 가중했다. 인구가 약 3만 명인 도시(1600년경의 빈이나 보르도 같은 상당한 규모의 도시), 약 5만 명인 도시(제노바나 마드리드 같은 대도시), 약 25만 명인 도시(이스탄불이나 런던 같은 거대도시)마다 복잡성의 정도에는 단계별로 차이가 있었다.[3] 18세기 전반의 런던이나 파리처럼 인구가 50만 명을 넘어가면 좁은 거리에서는 보행자만으로도 거리가 꽉 찼고, 여기에 말과 마차, 노새가 끄는 수레까지 더해져 대혼란이 발생했다. 장-자크 루소(1712-1778)는 공공 주요 도로를 죽어라 빠르게 달린 마차들에 치여 사망한 수천 명의 파리 보행자들 중 한 사람에 불과했다.[4] 17세기 말과 18세기의 유럽 대도시에서 지방 자치 당국은 스파게티처럼 얽히고설킨 중세의 도로를 대로로 바꾸고, 마차가 다닐 길을 만들기 위해서 노점상과 보행자를 거리에서 몰아내고, 질병의 확산에 영향을 미치는 인간과 동물의 배설물의 악취를 줄이기 위해서 고군분투했다.

셋째로, 17세기부터 현재에 걸쳐 이루어진 민족국가의 정치적 통합은 이전에는 법적으로, 문화적으로 분리되어 있던 영토에 통일성을 부여했다. 학교에서는 지역 방언과 함께 공통 국어를 가르치거나 아예 지역 방언을 제외하고 공통 국어만을 가르쳤고, 말과 문자의 통일성은 국가의 통합을 상징했다. 한때는 사람마다 달랐을 뿐 아니라 한 사람에게서도 다양하게 나타난, 비공식적이고 특이한 시민들의 철자법을 통일하는 것은 애국적인 대의명분을 지니게 되었다. 16세기 유럽 고유어들의 탄생부터 현대에 이르기까지, 맞춤법 규정을 위해서 엄청난 규모의 공력과 호된 질책이 지속적으로 투입되어왔다.

이 장을 구성하는 세 가지 사례는 각각 규정의 폭발이 이러한 변화들을 보여주는 일화들을 소개한다. 첫째는 약 1300-1800년의 유럽 도시에서 고급 섬유를 중심으로 일어났던 경제 부흥에 대응하기 위해서 탄생한 "사치 금지법"이다. 둘째는 약 1650-1800년 파리의 대규모 인구 급증에 대응하기 위해서 고안된 "교통 및 위생 규정"이다. 셋째는 19세기 말부터 오늘날에 이르기까지 엘리자베스 시대의 영국, 계몽주의 시대의 프랑스, 새로 통일된 독일에서 태동한 민족적 애국심의 표현이었던 "맞춤법 개혁"이다. 이러한 각 사례는 좋은 질서에 대한 보편적 이상과 실생활의 세세한 세부사항 간의 간극을 메우기 위해서 규정으로서의 규칙이 어떻게 애를 썼는지, 그리고 이러한 노력이 어떻게 다양한 수준의 성공을 거두었는지를 보여준다. 보편적인 이상이 "지출은 신중하게 결정되어야 하고 초과적인 지출은 삼가야 한다"라고 정의되면, 그에 따른 세부사항은 "아들의 교육비와 딸의 결혼 지참금에 필요한 돈을 내년이면 유행이 지나버릴 세련된 벨벳 장식 구입에 써서는 안 된다"라고 정의되었다. 보편적인 이상이 "도시의 거리들은 깨끗해야 하고 교통이 원활해야 한다"라고 정의되면, 그에 따른 세부사항은 "요강의 내용물을 창밖에 버리면 안 되며 길 한가운데에서 공놀이를 하면 안 된다"라는 것이었다. 보편적인 규칙이 "한 국가의 시민은 공통의 언어로 단결하여 서로 자유롭고 명료하게 소통할 수 있어야 한다"는 것이었다면, 그에 따른 세부적인 규칙은 "Schifffahrt(항해)의 철자는 f를 2번이 아니라 3번 사용해서 표기되어야 한다"는 식이었다. 규정은 실제 세상에 작동하는 규칙이었다.

그러나 심지어 동일하게 지속적으로 시행되어도 어떤 시행은 규정을 작동시키기에 충분하지 않았다. 이러한 점에서 이번 장에서 소개하는 세 가지 사례들은 또한 규칙이 실제로 어떻게 성공하거나 실패했는지를 설명하기 위해서 선택되었다. 대부분의 규칙과 마찬가지로, 규정은 해야 할 일과 하지 말아야 할 일을 명령하는 어조로 표현한다. 그러나 많은 규칙과 그보다 더 강력한 법과 달리, 규정은 높은 수준의 일반성을 지향하지 않는다. 규정은 그 전제가 무엇이든 간에 원칙이라는 도덕적 우위를 추구하지 않는다. 대신에 규정은 가장 사소한 세부사항에 집착한다. 규정의 기본적인 입장은 적대적인 것에 가깝다. 세무조사관처럼, 규정은 거의 모든 사람이 규칙을 어기려고 시도하며, 규칙의 모든 구멍을 예상해서 막아야 한다고 가정한다. 법은 실현되어야 할 정치적 이상을 떠올리게 하지만, 규정은 눈에 띄는 악용 사례에 대응하기 위해서 주로 사후적으로 만들어진다. 법의 명령은 시대를 초월하여 모든 사람에게 적용되는 반면, 규정의 명령은 현재의 순간에 바로 그곳에 존재하는 사람에게 적용된다. 벨벳 장식을 과시하거나 요강을 창밖으로 비워내거나 여전히 바이에른 사람처럼 철자를 쓰는 바로 그 사람에게 말이다.

이와 같은 적대적인 명령은 아무리 엄격하게 시행되더라도 항상 원하는 결과를 가져오지는 못한다. 유럽의 사치 규정은 500년 동안 끔찍하게 실패해온 규칙의 사례이며, 교통 및 위생 규정은 끝내 부분적인 성공을 거두었고, 공통 공교육 덕분에 맞춤법 규칙은 광고주같이 교묘하게 규칙을 훼손하는 사람들 사이에서도 확고히 자리를 잡았다. 가장 명시적이고 세부적이며 부자연스러운 규칙인 규정은 역설적이게도 제2의 천성처럼 자연스럽고 암묵적인 규범과 관습으로 내재화됨으로써 성공할 수 있었다. 맞춤법의 사례에서 보이듯이, 제안된 개혁안에 대한 분노는 규정이 진정한 규범이 되는 데에 성공할 수 있다는 것을 증명한다. 국지적이고 특수하며 관습적이고, 거의 말 그대로 인기가 없는 규칙인 규정이 어떻게 당연히 주어진 것으로 여겨지는 규범으로 변모했거나 그러지 못했는지는 이번 장의 세 가지 사례 연구를 관통하는 질문이다.

500년에 걸친 실패한 규칙의 역사 : 유행과의 전쟁

기이한 규칙 세계에서도 사치 금지법은 가장 기이하다고 할 수 있다. 사치 금지법은 가격에 상관없이 이웃을 이기고 싶다는 욕망이 가장 강하게 발현되는 모든 영역에서의 소비 지출(라틴어로 숨프투스sumptus) 성향을 제한하는 규칙이다. 고대 그리스와 로마, 중세의 유럽, 도쿠가와 시대의 일본, 현대의 수단에 이르기까지 놀라울 정도로 많은 문화권의 정부는 겸손함, 검소함, 경건함, 위계질서, 애국심, 평범하고 고상한 취향이라는 명목으로 사람들이 장례식, 결혼식, 축제에서 사치스러운 복장을 하지 못하도록 억제하려고 노력해왔다.[5] 이런 규칙의 기이한 점은 다음의 두 가지이다. 첫째는 규칙이 광적인 수준에 가까울 정도로 세부적이라는 것이고, 둘째는 반복되는 실패를 인정하면서도 규칙을 고집해왔다는 점이다. 해야 할 일과 하지 말아야 할 일을 이토록 상세하게 규정하는 규칙은 없었으며, 선언한 목표를 달성하는 데에 이토록 실패했던 규칙도 없었다. 하지만 바로 이런 이유에서 이러한 규칙의 편재성과 지속성은 설명되어야 한다.

사치 금지법은 주로 오래 지속되는 법률보다는 쉽게 개정할 수 있는 규정이나 칙령의 형태로 존재했는데, 규칙을 연구하는 역사학자들에게 규칙의 극단적인 실패 사례를 제공한다. 중세와 근대 초기 유럽의 경우, 약 1200-1800년에 걸친 5세기가 넘는 시기에 사치 금지법은 과잉 소비(또는 지금으로서는 이목을 끄는 소비라고 할 만한 것) 근절에 실패했을 뿐만 아니라 해결하고자 했던 바로 그 병폐를 더욱 악화시켰다. 황금 레이스, 짧은 더블릿doublet(짧고 꼭 끼는 남성용 상의/역주), 벨벳 장식 등 금지된 최신 유행과 사치스러운 섬유를 대단히 상세히 나열한 규정들은 오히려 의도치 않게 디자이너들이 아직 명시적으로 금지되지 않은 새롭고 더욱 사치스러운 장식을 개발하도록 부추기면서, 규제하려는 자와 피하려는 자 사이의 쫓고 쫓기는 경쟁을 촉발했다.[6] 관료들은 유행을 쫓아가기 위해 앞다투어 헛된 노력을 기울였지만, 이미 최신 유행보다 한 시절 넘게 뒤처져 개정되는 규칙을 발표하고 또 발표했다. 이것이 사치 금지법이 안정적인 법률의 형태가 아닌, 개정 가능한 규정의 형태를 취한 이유였다. 영국 의회가 1363년에 금과 은으로 된 옷을 입을 수 있는 사람을 명시한 조례에 관해서 언급했듯이, 의상에 관해서는 "마음대로 개정할 수 있는" 조례가 더 오래 지속되는 법률보다 선호되었다.[7] 관료들이 수 세기 동안 가망 없어 보이는 일을 계속하는 바람에 후대의 규정에서는 지친 신음소리가 들릴 정도였다. 새로운 옷에 대한 "성 비투스의 미친 춤"(중세에 종종 목격되고 기록된 끝없는 집단적 춤/역주)은 대체 끝이 없다는 말인가? 1695년 독일 작센 왕국이 발행한 사치 금지 조례는 숨 가쁘게 이어지는 유행의 속도가 그 자체로 악이라고 불평하면서 관료와 그 가족들에게 "앞으로 조금도 눈에 띄는 변화 없이" 현재의 의상 양식을 유지할 것을 호소했다.[8] 아우크스부르크의 부유한 푸거

가문의 회계사이자 치장에 헌신적이었던 마테우스 슈바르츠(1497?-1574)가 보관한, 유행하는 의상에 관한 책을 보면 유행이 얼마나 빨리 사치스럽게 변화했는지를 짐작할 수 있다(그림 6.1).[9]

더 나쁜 것은, 누가 어떤 경우에 무엇을 입을 수 있는지를 규정함으로써 사회 질서를 공고히 하려던 규정이 오히려 출세주의자들에게서 상류층을 흉내 내는 방법에 관한 세부적인 안내서로 쓰였다는 점이다.[10] 예를 들면, 1294년 프랑스의 "사치 금지 조례"가 부르주아 계층 사람이 흑담비 모피를 입는 것을 금지했음에도 불구하고 사회적 야망을 가진 사람들은 흑담비 모피에 관심을 쏟았다.[11] 아무 소용도 없이 여러 번 발표된 이러한 규정들의 서문을 보면, 거의 히스테리에 가까운 격분을 토하고 있다. 1450년 프랑스의 국왕 샤를 7세(1403-1461, 재위 1422-1461)는 전임 국왕들이 발행하고 국민들이 경멸했던 당시의 길고 긴 사치 금지법의 법률을 돌아보며 "거주 가능한 지구상의 모든 나라들 중에서 프랑스만큼 의복과 의상이 기형적이고 다양하고 별나고 과하고 일관성이 없는 나라는 없다"고 한탄했다.[12]

실제로 고등학교 교복 규정을 다뤄본 교사나 학생이라면 알겠지만 사치를 규정하는 것은 모든 일상적인 경험에 반하는 일이다. 당국은 흑담비 모피 장식(1157년 제노바), 가름소매(안감이 보이도록 겉감에 작은 칼집을 낸 소매/역주, 1467년 페라라), 신발 끝이 손가락 한 마디보다 길게 나와 있는 "부리" 신발(1470년 란츠후트)을 금지했지만, 기발한 아이디어를 가진 사람들은 금지된 품목의 명칭을 바꿔버렸고("가름소매가 아니라 안감에 살짝 구멍이 났을 뿐이에요"), 다음 시절의 유행은 지난해의 금지 조항을 무색하게 만들었다("너무나도 1470년스러운 부리

그림 6.1 가름소매와 모피로 장식한 테두리가 달린 새 옷을 자랑하는 모습. 『아우크스부르크의 마테우스 슈바르츠의 의상서, 1520–1560년(*Das Trachtenbuch des Matthäus Schwarz aus Augsburg, 1520–1560*)』(1513?). 독일 하노버, 고트프리트 빌헬름 라이프니츠 도서관.

그림 6.2 끝이 뾰족한 부리 신발(용담공 샤를 1세 부르고뉴 공작에게 책을 선물하고 있는 번역가의 모습). 퀸투스 쿠르티우스, 『알렉산드로스 대왕의 행적(*Fais d'Alexandre le Grant*)』(1470), 프랑스, 파리 국립 도서관, MS fr. 22547, fol. 2. 출처 : gallica.bnf. fr / BnF.

신발은 유행이 지나가버렸다[그림 6.2]").

그렇다면 이렇게 비효율적인 규정이 왜 그토록 오래 지속되었을까? 경제사학자에게 이런 수수께끼는 계속해서 깊어질 뿐이다. 지방 당국이 왜 소비를 제한하면서까지 번영의 원천을 억제하고 싶어했는지를 이해하기가 힘들기 때문이다. 이런 질문은 비단이나 벨벳 같은 사치품 무역으로 부를 축적한 도시에 대해서는 더욱 풀기 어려워진다(상품과 부가 도시에 집중되어 있었기 때문에, 사치 금지법은 거의 전적으로 도시에서만 나타나는 현상이었다). 대부분의 역사학자는 비합리적으로 보이는 이 법률에 경악해서 손을 내저으며 종교의 숨 막히는 영향력을 상기했다. 그러나 종교적 영향에 반대하는 학자들은 상황이 더욱 복잡했다고 지적한다. 사치 그 자체가 금지된 적은 거의 없었기 때문이다. 피렌체나 제노바의 관료들은 황금 알을 낳는 거위를 죽이려고 하지 않았고, 황금 알 그 자체를 나쁘게 여기지도 않았다.[13] 더욱이 규정을 상습적으로 위반하는 사람들이 내는 벌금은 때때로 도시 예산을 충당하는 역할을 하기도 했다. 마치 현대 도시에서 교통 벌금이나 악행세가 도시의 꾸준한 추가 수입원을 제공하는 것처럼 말이다.[14] 사회사학자나 문화사학자는 이를 조금 더 쉽게 이해할 수 있었는데, 적어도 몇몇 사치 규정법은 남성과 여성, 하녀와 여주인, 시민과 소작농, 학생과 장인 사이의 사회적 위계를 안정시키고 사회적 차이의 상징을 보존하기 위한 성격을 분명히 지녔기 때문이다. 그러나 다시 한번 더 자세히 폭넓게 살펴보면 이 설명에도 더 보완될 여지가 있음을 알 수 있다. 모든 사치 금지법이 사회적 범주에 따라 조직된 것은 결코 아니었으며, 사회적 범주의 차이에 따라 조직된 규정

마저 기존의 위계를 공고히 하기보다는 재편하는 계기가 되기도 했기 때문이다.[15]

사치 금지 규정을 선언한 동기가 매우 다양했을 뿐 아니라 규정으로 억제하고자 했던 과잉의 형태 역시 다양했기 때문에 일반화하기는 쉽지 않다. 다양한 시공간에서 규정은 모든 계층의 사람들에 대해서 식사당 요리의 가짓수를 두 가지로 제한한 1327년 잉글랜드 법처럼 식탁에서의 과도한 탐닉을 금지하거나,[16] 여성 문상객이 옷을 찢거나 머리를 쥐어뜯는 것을 제한한 1276년 볼로냐 법처럼 장례식에서의 부적절한 슬픔의 표현을 금지하거나,[17] 양털이나 솜을 넣어 폭신한 바지를 짓는 재단사들에게 200리브르의 벌금을 부과하여 그렇게 하지 못하도록 한 1563년 프랑스 왕실 칙령처럼 퇴폐적인 과시를 금지하거나,[18] 스위스산 면직물 친츠chintz를 규제한 1712년 뷔르템베르크 조례처럼 현지 제품과 경쟁하는 수입품을 금지했다.[19] 이와 같은 규정을 선언한 동기는 매우 다양했는데, 신의 분노에 대한 두려움도 있었고(특히 군사적 패배나 전염병 창궐 이후에 자주 등장했다), 사회적 처지가 비슷한 사람들끼리 비슷해지도록 유도함으로써 선량한 가정이 빈곤해지지 않게 하려는 의도도 있었고, 상류층의 명예와 존엄을 침범한 출세 지향주의자에 대한 분노도 있었고, 성 역할을 강화하기 위한 것도 있었고(성별을 바꾸어 옷을 입는 것은 사치 금지법 규정 중에 체벌을 받을 가능성이 있는 거의 유일한 규정 위반이었다),[20] 남성과 여성 모두에게 적용되는 겸손함의 기준을 유지하려는 것도 있었고, 사치와 경솔함을 제한하려는 것도 있었고, 경제 보호주의적 동기도 있었다. 여러 가지의 이유를 댈 수 있다면 절대 하나만을 대지 않고 상상 가능한 모든 이유를 열거한 1695년 색슨족의 조례처럼, 종종 동일한 문서 안에 종교적, 사회적, 경제적 정당화의 이유가 가득 담겨 있기도 했다. 여성이 착용하는 반투명 숄은 불경하고 천박하며 비실용적이고 건강에도 좋지 않다는 등 말이다.[21] 때로는 동일한 물건이 한 조례에서 금지되었던 것과는 완전히 다른 이유로 나중에 또다시 금지되기도 했다. 1563년 프랑스 왕실 칙령은 새로운 사치스러운 유행으로 "에나멜이 있든 없든" 금 단추를 금지했는데, 1689년 칙령은 유행에 신경을 많이 쓰는 사람들이 금화를 녹여서 금 단추를 만들어 통화 비축량을 고갈시킨다는 이유로 동일한 금 단추를 금지했다.[22]

그러나 규칙을 연구하는 역사학자의 관점에서 볼 때, 이와 같은 변화무쌍한 규정 속에서도 두 가지 측면은 비교적 변함없이 유지되는 경향이 있다. 첫째는 규칙이 형성되는 과정에는 까다로운 세부사항들이 조합되지만 시행되는 과정에는 상당한 유연성이 있다는 점이고, 둘째는 수 세기에 걸친 실패에도 불구하고 규칙을 만드는 사람들이 포기하지 않았다는 점이다. 사치 금지법은 계속해서 반복적으로 실패한 규칙의 예시이지만, 그것이 실패한 이유들에 대한 탐구는 규정이라고 불리는 규칙의 하위 범주에 대한 풍부한 통찰을 제공한다.

수 세기에 걸쳐 추적한 결과, 사치 금지법은 명백하게도 계속해서 구체화되었다. 화려한 의상을 다루는 패션지 「보그Vogue」의 어느 편집자라도 사치 금지법이 정점에 달했을 때보다 세부사항을 더 자세히 다루지는 못할 정도였다. 유럽 도시에서의 그러한 노력은 보통 사치품 무역의 증가, 그리고 인도 및 중국 등 멀리 떨어진 다른 수출입 항지와의 상업적 접촉의 증가와 나란히 심화되었다. 초기의 법률은 상대적으로 짧았고, 구체적이지 않았다. 예를 들면, 1279년 프랑스의 국왕 필리프 3세(1245-1285, 재위 1270-1285)가 발행한 조례는 식사당 요리의 가짓수를 "매우 간단한" 요리 세 가지로 제한했지만, "타르트와 플랑 파이" 없이 "과일과 치즈만" 먹는 한 디저트는 허용했다.[23] 의복을 규정하는 1294년의 조례는 더 길었지만, 여전히 더 일반적인 접근방식으로서 수입이 6,000리브르 미만인 귀족이라면 마련할 수 있는 새로운 의복의 수를 1년당 "4벌 이하로" 제한했다.[24] 그러나 17세기에 이르면 금지된 사치품 품목이 금 단추, 수입 레이스, 마차 등의 품목을 포함할 정도로 길어졌을 뿐 아니라, 모든 조례가 더 구체적으로 바뀌었다. 1670년에 루이 14세가 발행한 칙령은 그의 통치 기간인 1656년 10월 25일, 1660년 11월 27일, 1661년 5월 27일, 1663년 6월 18일, 1667년 12월 20일, 1668년 6월 28일, 1669년 4월 13일에 선포되었던 사치 금지법 칙령들을 애타게 나열하며 시작된다.[25] 칙령들의 서문에 이미 적혀 있었던 것과 같이, 각각의 칙령은 이전의 칙령보다 더 길고 더 자세하며 더 비효율적이었다.

중세부터 근대 초기의 유럽, 즉 제노바에서 아우크스부르크, 파리에 이르는 여러 지방 자치 당국에서 사치 금지법이 확산되고 점점 더 장황해졌던 것은 경제 성장의 지표가 될 수 있다. 사치품은 점점 더 많아졌고, 돈을 물 쓰듯 쓰려는 유혹은 점점 더 커졌으며, 당대에 등장한 벼락부자 상인 가문이 빛을 잃은 기존 귀족 가문의 화려함을 위협했다. 새로운 직물과 새로운 의상이 계속해서 사치 금지법의 규정 범위 안으로 들어왔다. 1463년 라이프치히 조례는 비단과 벨벳만을 규정했지만, 1506년이 되면 다마스크damask(양면에 무늬가 드러나게 짠 두꺼운 직물/역주)와 호박단(광택이 있는 빳빳한 견직물/역주)을 비롯해 12개의 새로운 품목이 금지 대상이 되었는데, 이는 곧 라이프치히의 부와 소비욕구의 성장을 드러낸다.[26] 무역을 통해서 판매되었으며 중추적이고 가장 매력적인 사치품이었던 비단, 벨벳, 견직, 양단, 금으로 만든 옷, 다른 값비싼 직물은 부와 유행을 만들어냈다. 이런 사치품들은 또한 사치 금지법을 재규정했다. 고대 그리스와 로마의 사치스러운 잔치와 애도 의식에 대한 규정들을 보면, 사치 금지법은 원래 장례식, 결혼식, 세례식 등에서의 과잉 소비와 사치를 막기 위한 것이었다. 이러한 행사는 계속 규제되었지만, 12세기에 이르러서는 이탈리아 북부를 시작으로 개인별 복장이 사치 금지법의 주요 대상이 되었다. 다만 누구의 의복과 장신구가 감시 대상이 되는지는 지역마다 달랐다. 1200-1500년에 이탈리아 도시국가에서 공포된 대부분의 사치 금지법은 여성의 의복을 규정했고, 프랑스는 거만한 남성 귀족을 규정하는 데에 더욱 관심이 있었으며, 바이에른은 모든 사람과 모든 사물에 대한 규정에 관심을 기울였다.[27] 사치 금지법을 공포한 동기 역시 다양했지만, 대부분의 경우 사회적 계층을 나타내는 가시적 상징을 유지하고 불필요한 지출을 억제한다는 것이 가장 두드러지는 공식적인 명분으로 등장했다.

이러한 규칙은 적어도 세 가지 중요한 측면에서 제3장에서 설명한 동시대의 방법서들과 달랐다. 첫째로, 이는 무엇을 어떻게 해야 하는지가 아니라 무엇을 어떻게 하지 말아야 하는지에 관한 것이었고, 어떤 경우에, 누구의 어떤 신발, 어떤 모자, 어떤 장신구가 금지되어야 하는지를 정확히 명시했다. 둘째로, 이들은 자발적으로 행해지는 자기 개선을 위한 지침이 아니라 종종 제재를 가함으로써 준수되는 규정이었다. 셋째로, 이들은 재량권의 여지를 극히 좁게 만들려고 했다. 사치 금지법에는 세부사항이 넘쳐났지만, 이들이 두꺼운 규칙은 아니었다. 사치 금지법을 만든 입법자들은 최소한 반대자들에 의해서, 심지어는 집행자들에 의해서까지 발휘될 수 있는 모든 해석, 예외 사례, 재량이 개입될 여지를 없애버리고자 했다. 또한 이런 규칙은 우리가 제5장에서 본 계산 알고리즘 같은 얇은 규칙도 아니었다. 이러한 규칙을 이해하고 따르기 위해서는 지역적 맥락에 대한 많은 배경 지식이 필요했다. 유행의 역사를 연구하는 학자라면, 꼭 필요했지만 잠깐 사용되다가 사라진 의복 품목들에 대한 난해한 용어들로 사전을 가득 채울 수 있을 것이다.[28] 그러나 사치 금지법은 어떤 동일한 측면에서 두꺼운 규칙과 얇은 규칙을 모두 닮아 있다. 바로 세부사항이 가득하다는 점이다. 제3장에서 본 두꺼운 규칙과 마찬가지로 사치 금지법은 구체적인 세부사항들로 가득했고, 제5장에서 본 얇은 규칙과 마찬가지로 사치 금지법은 주름 칼라, 소매 길이, 벨벳 장식에 관한 구체적인 세부사항들에 명시된 대로 그를 거의 재량 없이 문자 그대로 준수하도록 되어 있었다.

규칙을 만드는 사람과 규칙을 어기는 사람은 금지, 회피, 혁신, 금지의 개정이 반복되는, "유행"이라고 불리는 끝없는 순환 고리 안에 함께 존재했다. 길고 뾰족한 신발이 한 해의 칙령으로 금지되면, 그다음 해에는 동일한 수준으로 비싸고 과한 하이힐과 버클 장식이 유행했다. 당국이 최신 양식을 따라잡았을 때면 이미 재단사, 구두 수선공, 고객들은 이미 다른 양식을 찾아 떠났다. 점점 더 세분화된 금지 규정의 물결은 의도치 않은 결과로서 유행의 흐름을 가속화했는데, 당국보다 한발 앞서기 위해서 제조업자와 고객들이 계속해서 새로운 유행을 창조하고 수용했기 때문이었다.[29] 그 결과는 영리한 회계사들이 아직 명시적으로 금지되지 않은 모든 모호성과 가능성을 이용하여 열려버린 허점을 막기 위해, 반복적으로 개정되는 세법과도 같았다. 이 금지법은 세부사항들로 너무 복잡해져서 실제로 집행하기에는 오히려 더 모호하고 어려웠다. "벨벳 모자가 금지된 '벨벳 보닛 모자'에 포함되는지"(포함되었다), "'기계공'이라는 단어에 소매상, 금세공인, 약제상 및 파리의 다른 주요 공예가가 포함되는지, 그리고 기계공의 아내가 비단으로 만든 테두리 장식을 해도 되는지"(이들은 모두 기계공에 포함되었지만, 그들의 아내는 옷에 비단 장식과 소매를 달 수 있었다) 등 규정 대상에 대한 질문이 1549년의 사치 금지법을 명료히 하고자 했던 프랑스 관료들에게 던져졌는데, 이를 보면 벨벳 모자와 사회적 계층 사이의 관계를 어느 정도 짐작할 수 있다.[30] 의도치 않은 결과의 법칙을 보여주는 훌륭한 예시처럼, 관료들이 더 많은 구체적인 세부사항을 쌓아올리며 재량권을 제한하려고 할 때마다 그들은 의도치 않게 더 많은 혁신과 해석을 장려했다.

그 결과 관료들은 산발적으로나마 할 수 있는 모든 수단을 동원해 사치 금지법을 시행하고자 했지만, 실제로 이를 강력하게 시행하기는 어려웠다. 1286년 초 볼로냐에서는 사치 금지법 위반에 대응하기 위해서 특별 치안판사 제도를 도입했고, 많은 도시들이 위반으로 징수된 벌금의 절반을 제보자에게 보상으로 지급했으며, 1465년 베네치아 법률은 부유한 주인을 고발한 노예를 자유인으로 풀어주겠다고 약속했다.[31] 그러나 관료들은 완강한 저항에 부딪혔다. 대부분이 영향력 있고 부유한 집안 출신인 고용주나 가까운 지인을 고발하는 데에 따르는 사회적 위험도 있었지만, 법률 위반자가 규칙과 물리적인 싸움을 벌일 위험도 있었다. 그들은 벌금을 기꺼이 내려고 하지 않았고 때로는 관료를 모욕하거나 폭행하기도 했다. 따라서 관료를 채용하기도 쉽지 않았으며 관료가 임무를 회피해서 벌금을 부과받기도 했다.[32] 모욕과 부상을 피했다고 하더라도, 이들은 쏟아지는 항의와 변명을 견뎌내야 했다. "왜요, 이 오래된 것이요? 저는 금지법이 시행되기 이전부터 수년 동안이나 이것을 가지고 있었어요." "비단이요? 아니요, 이건 그냥 양털 모조품이에요." "저는 신학 박사학위를 받았기 때문에 옷에 리본을 달 자격이 있어요."[33] 1695년 색슨 법전은 누가 언제 무엇을 입을 수 있는지에 관한, 26쪽에 달하는 세세한 규정을 위반하는 사람들이 모든 방식으로 행하는 "잘못된 해석과 기만적 변명"에 대해서 경고했다.[34] 사치 금지법의 매우 세세한 구체성은 세부사항과 해석을 놓고 흥정을 벌이도록 하는 계기를 제공했다.

규칙 자체에 규정된 예외 조항과 예외 사례가 늘어나면서 문제는 해결되기 더 어려워졌다. 파도바 같은 도시에서는 사회 계층에 상관없이 모든 주민에게 사치 금지법을 적용했지만, 다른 도시들에서는 장신구의 금지와 장신구를 착용하거나 착용하지 못하는 사람의 계층에 관한 지나치게 세밀한 구분을 유지하고자 했다.[35] 1661년의 프랑스 칙령은 여성이 "드레스와 치마의 밑단과 앞면, 소매의 중앙에" 폭 2인치(약 5센티미터) 이하의 레이스(국산품에 한했다)와 장식을 착용할 수 있다고 규정했고, 남성에게는 더욱 구체적인 지침을 부과했다.[36] 1660년 스트라스부르 조례는 주민의 계급을 256개로 구분하고는 각각 무엇을 입을 수 있거나 없는지를 상세하게 규정했다.[37] 이와 같은 구분을 시행하는 일은 악몽과도 같았을 것이다. 만약 레이스 장식의 폭이 2.2인치이거나, 소매의 잘못된 부분에 있다면 어떻게 해야 했을까? 망토에 여우 털 장식을 단 여성이 사회적 계급상으로 135번째나 136번째 수준에 속하는지 판단할 권위를 누가 가지고 있었을까? 또한 규정 자체의 수준에서 예외가 등장하기도 했다. 1459년 베네치아의 칙령은 도시를 방문 중인 외국 고위 인사에게 도시의 화려함을 보여주기 위해서 여성에게 사치 금지법의 적용을 한시적으로 면제해주었고,[38] 1543년의 프랑스 조례는 규정 대상 주민이 새롭게 구매한 고급 옷에 익숙해지도록 규칙 시행 전 3개월 동안의 유예기간을 두었으며,[39] 볼로냐, 파도바, 라이프치히는 대학교에 다니는 외국 학생들에게 면제권을 부여했다.[40]

별로 놀라울 것 없이, 수많은 세부사항, 미세한 구분, 잦은 개정, 수많은 예외, 그리고 무엇보다도 사람들의 끊임없는 저항이 복합적으로 영향을 미친 탓에 규정의 시행은 대단히 어려웠다. 이러한 요소들의 복합적인 작용 때문에 담당 관료들은 개별 사건에 대해서 재량권을 상당히 발휘해야 했다. 법칙 집행의 전례가 유난히 잘 연구되어온 중세 및 근대 초기 이탈리아에서는 규칙 위반자들이 벌금을 완납한 경우가 거의 없었고, 치안판사들은 "배려와 재량을 발휘하여 관리되어야 할 현존하는 상황에 맞도록 유연하고 탄력 있는 제도를 설계하기 위해서" 종종 규칙을 완화해 적용했다.[41] 구체적인 세부사항에도 불구하고, 혹은 바로 그것 때문에, 1695년의 색슨 사치 금지법은 관료의 재량권을 경계와 관용 모두의 이름으로 행사되는 원칙과도 같은 지위로 격상시켰다. 한편으로 치안판사들은 "현행 조례에 명시적으로 금지되지 않은" 새로운 유행을 경계해야 했는데, "왜냐하면 사람이 모든 유행이나 미래에 새롭게 발명될 유행을 포괄할 수는 없기 때문이었다." 다른 한편으로는 "오만함과 건방짐 때문이 아니라 이 복장이 자신의 계급에 적절하지 않다는 생각에서 법칙을 어긴 사람"은 관대하게 대해야 한다는 규정이 있었다.[42] 사치 금지법은 법칙을 어긴 사람의 입장에서 제시할 수 있는 해석의 여지나 특별한 변론의 여지를 없애기 위해서 매우 상세하게 제정되었지만, 제3장에서 살펴본 기계적 기술의 규칙과 비슷하게 특정한 사례에 실제로 적용되는 데에는 관료의 재량이 필요했다. 그러나 제3장에서 살펴본 두꺼운 규칙과 달리, 재량은 전적으로 일방적이었다. 제2장에서 살펴본 『성 베네딕토 규칙서』의 경우와 마찬가지로 재량은 권력자의 특권에 해당했다. 각각의 사례에서 규칙을 변용하거나 유보할지를 결정하는 것은 규칙의 위반자가 아니라 관료였다.

유럽의 사치 금지법(유럽의 식민지에서 반드시 적용되지는 않았다)[43]은 18세기에 이르자 오래된 규정이 더는 시행되지 않고 새로운 규정이 공표되지 않으면서 차츰 쇠해갔다. 사치 금지법을 연구하는 역사학자들은 프랑스 혁명이 복장을 개인의 권리로 선언한 1793년을 분수령으로 꼽는다. 그러나 이러한 칙령에조차도 시민은 성별에 맞게 옷을 입어야 한다는 것과 모자에 3색의 원형리본 착용을 의무화해야 한다는 제한이 있었다.[44] 현대 사회에서도 복장 규정은 사라지지 않았으며, 그중 대부분은 2019년 11월 혁명 이후 수단에서 폐지된 규정처럼 종교의 이름이나 정숙함의 이름으로, 혹은 이슬람 여성이 학교에서 머리쓰개를 착용해야 하는지를 두고 수십 년간 지속된 논쟁에 대응하여 공공장소에서 눈에 띄는 종교적 상징물의 착용을 금지한 프랑스의 2004년 법률처럼 세속적인 자유민주적 정치의 이름으로, 여전히 여성들이 무엇을 입어야 하고 입지 말아야 하는지를 규정한다.[45] 학교, 군대, 병원, 입학식이나 졸업식 같은 곳에서 색깔별로 구분된 모자, 가운, 후드로 구성된 예복을 착용하는 것처럼 명시적으로 적용되는 복장 규정들도 여전히 존재한다.

어떤 경우에 누가 무엇을 입을 수 있는지에 대한 암묵적인 규정의 영역은 여전히 더욱 방대하다. 정말인지 의문이 든다면, 면접 장소에 수영복을 입고 가거나 바비큐 파티에 턱시도를 입고 가보라. 거리나 인터넷 등의 공공장소에서 일어나는, 여성의 지위에 대한 무수한 논쟁과 항의들이 명백히 보여주듯이, 때로는 폭력적이기까지 한 제재가 암묵적인 복장의 규칙을 위반하는 사람들을 옥죄기도 한다. 현대인들은 언제 어디에서나 원하는 옷을 입을 자유로운 소비와 제약 없는 자유에 자부심을 가질지도 모른다. 그러나 복장에 대한 권리는 무조건적으로 자유롭게 보장된 적이 결코 없었으며, 문서로 명시된 규정에 의해서 제한되지 않는다고 해서 모든 사람이 동등하게 누릴 수 있었던 것도 아니었다.

이처럼 길고 기묘한 사치 금지법의 역사는 우리에게 규칙의 가장 골치 아픈 본질에 관해서 무엇을 가르쳐줄까? 첫째는 세부적이고 구체적인 규칙이라고 해서 모호성이나 해석의 여지가 없지는 않으며, 오히려 그 반대에 가깝다는 점이다. 이런 특징은 중세의 지방 자치체가 복장을 규정하려 할 때마다 그리고 현대 정부가 세법을 완벽히 만들려고 할 때마다 드러나듯이 오히려 회피에 대한 동기와 기회를 제공한다는 점에서 더욱 부각된다. 둘째는 수 세기에 걸쳐 최악의 실패가 거듭되었다는 사실이 규정을 포기할 충분한 이유를 제공하지는 않는다는 점이다. 정부가 탈세자에게 항복하는 일은 없을 것이다. 마찬가지로 사치 금지법이 완전히 사라져 땅속에 묻혀버린 적도 없었다. 사치 금지법을 부활시키려면 모피와 동물 학대, 면화와 지속 가능성, 값싼 옷감과 노동 착취 같은 문제를 정치적으로 연결하기만 하면 된다. 그러나 그렇게 금지 조항이 부활한다고 해도 근대 초기의 유럽 도시에서 선포되었던 것만큼 전면적이지도 않을뿐더러, 복장에 대한 권리를 제한해야 하는 이유에 대해서 대중의 광범위한 동의를 얻는다고 하더라도 이를 시행하는 일이 더 쉽지는 않을 것이다. 중세와 근대 초기 유럽에서도 거의 모든 사람들은 과도한 사치가 부도덕하고 낭비적이라는 데에는 동의할지언정, 본인이 풍성한 나팔바지나 금으로 된 장식용 수술을 착용하는 것이 과도한 사치인지에 관해서는 극렬한 반대 이견을 표했다. 셋째는 이와 같은 집행의 어려움 때문에 원하는 결과를 얻는 데에는 명시적 규정보다 암묵적 규범이 훨씬 더 효과적이라는 점이다. 대부분의 사교 행사에서 불문율로 여겨지는 복장 규정은 신참에게만 알려주면 되고, 이를 위반하는 경우는 드물며 만약 그렇다고 하더라도 고의적인 경우가 많다(예를 들면, 1930년 영화 「모로코」에서 마를레네 디트리히가 극적인 효과를 위해 계산적으로 남성용 야회복을 입은 것처럼 말이다).

규칙의 역사를 연구하는 학자들에게 사치 금지법의 사례는 광적인 세부사항들과 유연한 개정 가능성에도 불구하고 왜 사치 금지법이 암묵적 규범의 지위를 얻지 못했는지 난제를 제기한다. 사치 금지법은 제2장에 나온 모델로서의 규칙의 형식이나 제3장에 나온 두꺼운 규칙의 형식(혹은 제4장에 나온 전근대적 알고리즘의 형식)을 취하지 못했다. 이미 수개월 만에 시대에 뒤떨어져버리는 모델이나 예시가 무슨 소용이 있었을까? 두꺼운 규칙을 구성한 예제들의 경우와 다르게 유비를 통해서 일반화될 수 없었던 수많은 구체적인 세부사항들이 무슨 소용이 있었을까? 종교 단체들이 그랬던 것처럼 만일 사치 금지법의 제정자들이 유행의 흐름을 멈출 수 있었다면, 명시적 규칙은 암묵적 규범으로 굳어졌을지도 모른다. 그러나 그러한 승리를 이루기 위해서는 대개 아미시파Amish(재세례파 계통의 보수적인 개신교 종파로, 종교적인 이유로 현대 문명을 거부한다/역주)의 경우처럼 엄격한 규율이 있어야 하며 다른 사회로부터 분리되어야 했다. 따라서 이런 승리는 결과적으로 매우 드물고 또 취약했다. 이와는 대조적으로 교통 규정은 진전이 더디고 산발적으로 이루어졌으며 항상 그 지위가 위태로웠지만, 도시 거주민들이 위험을 감수하면서 알게 되었듯이 결국 자리를 잡게 되었다.

무법 도시를 위한 규칙 :
계몽주의 시대 파리의 길거리 치안 지키기

"규칙은 반드시 해야 하는 일과 관련되며, 규정은 그 일을 어떻게 해야 하는지와 관련된다."[46] 18세기 계몽주의 시대 유럽의 위대한 『백과전서』에 "규칙, 규정" 항목을 작성한 저자는 이와 같은 방식으로 구별하기 어려운 차이의 본질을 밝혀내고자 했다. 규칙과 규정의 차이를 정확히 밝혀내려는 이와 같은 노력이 18세기 중반 파리에서 이루어진 것은 우연이 아니었는데, 18세기 중반 파리는 막강한 경찰 권력과 수많은 규정으로 도시의 혼란을 통제하려는, 유럽에서 가장 존경받은 동시에 가장 비난받은 시도가 이루어진 곳이었기 때문이다. 다음은 1667년과 1789년 프랑스 대혁명 직전까지 발행된 규정들에서 발췌한 몇 가지 예시이다.

1732년 6월 22일, 파리, 경찰 조례 : 1729년의 조례에 따르지 않고 여전히 17세 미만의 운전자에게 마차를 대여해주고, 무거운 짐을 나르는 노새와 말이 거리를 질주하며 보행자에게 부상을 입힌다.[47]

1750년 11월 28일, 파리, 경찰 조례 : 1663년, 1666년, 1744년의 칙령에 따르지 않고 파리 시민은 여전히 오전 7시에 현관 계단을 쓸지 않고, 요강의 내용물을 길거리에 버리며, 거름과 벽돌로 거리를 막고, 일반적으로 당국이 발행한 "칙령, 조례, 금지령을 전혀 따르지 않는다."[48]

1754년 9월 3일, 파리, 경찰 조례 : 1667년, 1672년, 1700년, 1703년, 1705년, 1722년, 1724년, 1732년, 1746년, 1748년의 칙령에 따르지 않고 파리 시민은 여전히 길거리에서 게임을 하며, 행인을 위험에 빠뜨리고, 가로등을 부순다. 그 범인인 "상점 소년, 장인, 제복 입은 하인 등의 젊은이"는 그런 행위를 당장 중단하거나 200리브르의 무거운 벌금을 내야 한다.[49]

이러한 규정은 왕실 칙령의 언어에 따르면 "대중과 개인의 마음의 평화를 보장하고, 무질서를 야기할 만한 모든 것을 도시로부터 몰아내고, 풍요를 보장하고, 모든 사람이 각자의 조건과 재산 상태에 알맞게 살도록 하기 위해서"[50] 파리 치안 사무소가 생긴 1667년과 프랑스 혁명이 발발한 1789년 사이에 발표된 수천 개의 경찰 규정의 전형을 보여준다. 범인을 잡고 벌하는 것은 경찰 업무의 우선순위에서 오히려 후순위였으며, 소방 활동, 거리 청소, 교통, 가로등 사용 등을 포함하는 도시 생활의 모든 세부사항을 통치하기 위해서 끊임없이 쏟아져 나온 규정이 포괄하는 주제들이 더 중요했다.[51] 어떤 작은 무질서도 경찰의 관심을 피해갈 수 없었다. 생-폴 거리를 막는 생선 장사꾼, 코메디-프랑세즈 극장 공연 중에 야유를 하는 난동꾼, 보행자에게 욕을 하는 마차 운전수들까지 말이다. 수, 범위, 세부사항, 야망의 차원에서 전례를 찾을 수 없는 이러한 규칙은 도시 경계 내에 있는 모든 것과 모든 사람을 통제하고자 했으며 무질서로 유명한 파리를 모든 사람이 항상 모든 규칙을 준수하는 도시로 만들고자 했다. 규칙이 무엇을 성취할 수 있는지에 대한 파리 시민들의 미래상은 그 어느 때보다도 포괄적이었고 거침이 없었다.

그러나 이는 도시의 현실과 터무니없을 정도로 대조적이었다. 파리 시민과 방문객이 모두 동의하는 한 가지가 있다면, 계몽주의 시대 파리가 (마치 지금처럼) 단지 길을 건너는 데에도 목숨을 걸어야 할 만큼 지저분하고 악취 나고 사람들로 붐비는 혼란의 상태라는 것이었다(그림 6.3). 18세기 중반의 한 독일인 방문객은 "마차, 소형 4륜 합승 마차, 노점상들의 끊임없는 소음, 더러운 거리, 끔찍하고 무수한 증

그림 6.3 파리 거리의 소란. 에티엔 조라, 「파리 거리의 카니발(*Le Carnaval des rues de Paris*)」(1757), 프랑스 파리, 카르나발레 박물관. bpk / RMN—Grand Palais / Agence Bulloz.

기와 해로운 악취"에 대해서 불평했다.[52] 파리 출신의 루이-세바스티앵 메르시에(1740-1814)는 그로부터 10여 년 후에 집필한 『파리의 풍경*Tableau de Paris*』(1782-1788)에서 좁은 차선을 빠른 속도로 달리는 마차로부터 도망치는 공포에 질린 보행자들의 끔찍한 풍경을 묘사하며 그와 같은 마차의 "야만적인 사치"를 비난했다.[53] 그의 유토피아 소설 『2440년, 한번 꾸어봄 직한 꿈*L'An 2440, Rêve s'il en fut Jamais*』(1771)에서 메르시에는 미래에 파리가 시간 여행자가 놀랄 정도로 예의 바르고 성실하며 최신 유행의 옷 대신 튼튼하고 평범한 옷을 입는 시민들의 도시가 될 것이라고 상상했다(왕실마차를 버린 왕까지 포함해서 말이다).[54] 파리가 이와 같은 도시 생활의 발전을 이루려면 650년 정도가 걸리리라고 메르시에가 생각했다는 점이 주목할 만하다. 파리 치안 사무소의 장황하고 끊임없이 재발행된 수많은 규칙들은 계몽주의 시대 파리를 길들이기에 턱없이 부족해 보였다.

그러나 수천 개의 규칙은 계속 쏟아져 나왔고, 각각은 벌금이나 그보다 더한 형벌을 동원하며 이전의 규칙보다 문자 그대로 새로운 규칙을 준수할 것을 더욱 강력히 요했다. 이전의 비효과적인 칙령을 시무룩하게 나열한 긴 목록이나 몹시 격분한 어조의 서문만이 모든 것이 계획대로 진행되지 않았다는 사실을 보여준다. 규칙의 실패에 맞서 이루어진 규칙 제정에서 반복적으로 관찰되는 완고함은 놀라울 정도이다. 이와 대조적으로, 사치 금지법은 최신 유행을 따라잡기 위해서 변화한 옷차림만큼이나 수시로 개정되며 시대에 발맞추기 위한 필사적인 노력을 기울였다. 계몽주의 시대 파리의 규칙에 대한 열망은 제3장에서 살펴보았던 15-16세기의 두꺼운 규칙과 극명한 대조를 이루는 새로운 종류의 규칙의 탄생을 보여준다. 두꺼운 규칙은 거의 항상 실제 수행 과정에 필요한 방식으로 조정될 것을 염두에 두고 만들어졌고, 규칙 제정자들은 처음부터 예외가 발생하리라고 예상했다. 이러한 초기 규칙들의 형식이 유연했던 것만큼이나 후기 파리 조례들의 형식은 엄격했다. 또한 후기 파리의 규정은 제4장에서 살펴본 그리니치 천문대나 제5장에서 살펴본 영국 「해상 연감」 사무소에서 이루어진 계산 작업을 관할했던 얇은 규칙의 경우에서처럼 그를 둘러싼 맥락이 영구적으로 일관되게 유지될 것처럼 만들어지지도 않았다. 18세기 파리는 참신함, 기업가 정신, 새로운 시도를 하는 사람들

그림 6.4 파리의 마차와 말에 번호를 붙이는 계획. 프랑수아-자크 기요트, 『프랑스 경찰 개혁에 대한 회고(*Mémoire sur la Réformation de la Police de France,* 1749년에 루이 15세에게 제출된 원고)』(1974), 장 세즈네크 편집, 파리 : 에르망.

로 넘쳐나는 장소였다. 반대되는 수많은 경험에도 불구하고, 파리 당국은 무엇 때문에 특수한 것이 항상 보편적인 것을 따르는 것마냥 파리 시민이 들은 대로 행동하도록 규칙을 형식화할 수 있다고 자신만만해했을까? 그 해답은 파리 경찰을 사로잡은 질서에 대한 매혹적인 환상에 있었다.

그림 6.4는 한 파리 경찰이 1749년에 루이 15세(1710-1774, 재위 1715-1774)에게 전한 원고에 삽입된 화가 가브리엘 생-토뱅(1724-

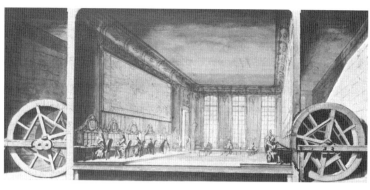

그림 6.5 경찰 서류를 검색하는 기계에 대한 계획. 프랑수아-자크 기요트, 『프랑스 경찰 개혁에 대한 회고』(1974), 장 세즈네크 편집, 파리 : 에르망.

1780)의 정교한 그림으로, 번호판의 발명 장면을 보여준다. 원고의 저자는 프랑수아-자크 기요트(1697–1766)로 경찰 지구대 장교이자 파리 시민이었으며 『백과전서』의 편집자인 드니 디드로의 친구였는데,[55] 그 원고에서 주택 안에 있는 계단과 건물의 층마다 번호와 문자를 매기는 방식으로 파리 가구에 숫자를 부여할 것을 제안했다. 기요트는 경찰이 약 50만 명에 달하는 파리의 모든 주민의 출입을 추적할 수 있도록 하는 일종의 신분증을 만들 것도 제안했다. 그는 경찰이 바퀴를 돌려서 수백만 종의 문서들 중에 적절한 것을 찾아낼 수 있는 거대한 서류 관리 기계도 상상했다(그림 6.5). 기요트는 "[모든 사람에게] 선을 행할 자유를 주되 악을 행하는 일은 매우 어렵게 만드는" 촘촘한 그물망 같은 치안 체계를 구축하고자 했다.[56] 그는 1750년경 급성장하고 팽창하고 있으며 무질서로 악명 높은 파리라는 도시의 규정에 집착하고 있었다. 감시를 연구한 철학자 미셸 푸코(1926–1984)가 18세기 파리의 중앙 집권적 경찰력에 병적으로 매료된 것은 그다

지 놀라운 일이 아니다. 기요트의 원고는 교통부터 쓰레기 수거에 이르기까지 도시 생활의 모든 측면을 감시하고 통제하려고 했던 환상의 세계였다.[57]

물론 18세기 파리에서 질서와 유사한 것만이라도 유지하고자 했던 경찰의 실제 노력을 살펴보면 알 수 있듯이, 그것은 완전히 환상에 불과했다. 당대 사람들은 수레, 마차, 말, 노새, 보행자, 시장 가판대와 쓰레기가 공간을 확보하기 위해서 경쟁하는 진흙탕 차도, 쓰레기의 일부를 센 강으로 운반하는 더러운 개울로 중앙이 나뉜 거리의 불결함, 악취, 혼잡에 대해서 증언했다.[58] 행인을 위한 보도는 거의 찾아볼 수 없었다.[59] 프랑스어로 보도步道를 뜻하는 단어인 trottoir, montoir에서 알 수 있듯이 한 단 위에 설계된 도로는 원래 기수가 말을 탈 때 발을 올리기 위한 것이었다(프랑스어 동사 trotter는 "말이나 사람이 속보로 달리다"라는 뜻이며, monter는 "……에 오르다", "……을 타다"를 뜻한다/역주).[60] 보행자는 과속하는 마차나 짐을 싣지 않고 집으로 돌아가던 노새에 치일까 봐 두려움에 떨었다. 16세기 말부터 19세기 중반까지, 파리 경찰과 지방 당국의 주요 임무는 공공 공간을 정복하는 것이었는데, 이는 거리를 깨끗하게 만들고 교통에 방해가 되는 장애물을 제거해야 했다는 뜻이다(그림 6.6).

그러나 어떻게 그 목표를 이룰 수 있었을까? 근대 초기의 또다른 유럽 도시들과 마찬가지로, 중세의 제약으로부터 자유로워진 17세기 말의 파리에서는 인구수와 상업 활동이 급증했다. 북대서양 무역으로 얻은 수입 증가는 건축 대유행을 일으켰다. 1779년 파리에는 5만 채의 주택, 17개의 광장, 12개의 다리, 폭이 2-20미터에 달하는 975

그림 6.6 파리 퐁-뇌프의 교통 체증. 니콜라 게라르, 「파리의 혼란(퐁-뇌프, *L'Embarras de Paris* [Pont-Neuf])」(1715?), 프랑스, 루브르 박물관.

개의 거리, 약 65만 명의 인구가 있었다.[61] 1594년에 8대의 마차가 있던 이 도시는 1660년에는 300대, 1722년에는 1만4,000−2만 대의 마차가 있는 도시가 되었다.[62] 그러나 용도가 변경된 성벽을 따라서 새롭게 만들어진 대로 몇 개를 제외하면, 대부분의 거리는 구불구불하고 좁았다. 집들은 뒤죽박죽 배열되어 있었고, 각 건물의 정면은 서로 다른 방향을 향하고 있었으며, 각각의 건물 사이는 매우 비좁았다.[63] 기요트는 도시를 완전히 허물고 처음부터 다시 시작해야 한다는 생각을 머릿속에서 이리저리 굴리고 있었다.[64]

이러한 혼란을 통제하는 임무를 맡은 것이 바로 파리 경찰이었다. 17세기 말부터 파리 경찰은 도시 행정의 거의 모든 부분을 책임지고 시민의 안전만이 아니라 편안과 편의를 보장하는 역할을 담당했다.

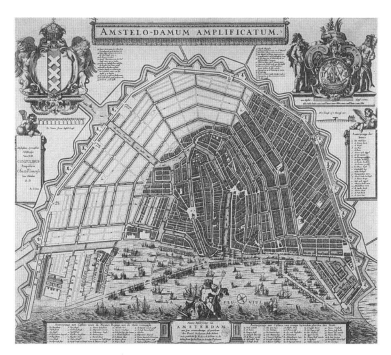

그림 6.7 대칭적으로 확장된 도시 설계를 보여주는 암스테르담 지도(다니엘 스탈파르트, 1657). 네덜란드, 암스테르담 국립 미술관.

당시 근대 초기의 암스테르담은 안전만이 아니라 복지와 질서를 보장한다는 넓은 의미에서의 모범적인 치안으로 방문객의 찬사를 받고는 했다. 청결, 잘 정돈되고 균일한 도시 외관, 효율적인 하수 체계, 넓은 광장, 석유등이 밝히는 야간 가로등, 엄격히 질서 잡힌 교통 흐름, 걸인을 눈에 띄지 않게 수용하는 작업장 등으로 찬사를 받은 암스테르담은 파리와 런던이 한참 뒤떨어져 있던 도시의 표준을 마련했다(그림 6.7).[65] 17세기 말에 서유럽의 대도시들은 주요 도로를 곧게 깔고 가로등을 설치하고 청결하게 하고 폭을 넓히고 무엇보다도 교통질서를 잡기 위한 경쟁에 돌입했고, 그와 같은 개선을 위해서 경찰에 막대한 권한을 부여했다. 파리 근교에 주둔하는 약 50명의 경찰서장들이 매일 올린 보고를 수집하여 연대 및 알파벳순으로 수천 건의 서류들을 정리하는 파리 치안 사무소가 1667년에 창설된 이후로, 경찰은 프랑스 절대주의 관료제의 선봉이 되었으며 유럽 전역의 존경과 두려움의 대상이 되었다.[66] 정치경제학자이자 파리 경찰에 관한 기록학자인 자크 푀셰(1758-1830)는 파리 치안 사무소를 "경찰이라는 거대 기계"의 중심이라고 묘사하면서, "주변부의 모든 바퀴살이 이 사무소로 모여들고 오직 이 사무소만이 경찰이라는 기계를 작동시킬 수 있다"고 썼다.[67] 감시만이 아니라 서류 작업에 대한 기요트의 공상이 파리 경찰을 중심으로 구성되었던 것은 우연이 아니었다.

그 방대한 서류 작업의 상당 부분은 규정에 의해서 발생했다.[68] 이러한 규정은 누가 집 안에 실험실을 마련할 수 있는지(약사와 화학 교수만 가능했다), 마차 운전수로 고용될 수 있는 최소 연령은 몇 살인지(18세였다), 국왕의 탄생을 축하하기 위해서 무엇을 할 수 있는지(창가에 촛불을 켜는 것은 가능했고, 공중에 총을 발사하는 것은 불가능했다), 멍에를 함께 맬 수 있는 말과 노새의 수는 몇 마리인지(두 마리였다), 금과 은을 어떻게 사용해야 하는지(대주교를 위한 십자가를 만드는 간헐적 사례는 예외로 하고, 주화를 만들 때만 사용할 수 있었다), 주요 도로변을 따라 심는 나무의 간격은 어떻게 해야 하는지(최소 약 5.5미터 간격이 되어야 했다) 등을 정했으며 쓰레기, 눈, 수레, 동물, 벽돌, 가판대, 공놀이 등 거리를 가로막는 것을 금지하는 무수한 조항 등도 포함되었다.[69] 이러한 모든 조례들을 10년 단위로 살펴보면, 계몽주의 시대를 연구하는 역사학자들이 이 시대의 상징물로서 습관적으로 언급하는 사건들을 가끔씩 마주칠 수 있다. 1732년 기적적인 치료가 행해졌다는 소문이 돌면서 생-메다르 공동묘지가 폐쇄된 사건이나, 1752년의 『백과전서』에 대한 탄압 같은 사건들 말이다. 그러나 이는 파리 경찰이 매일같이 사로잡혀 있던 규정의 홍수의 극히 일부에 불과하다. 엄청난 수준의 범주와 세부사항으로 이루어진 이러한 규정은 공공 안전과 질서에 대한 모든 위협의 가능성을 예측하고 대응하고 정하기 위한 영웅적 노력의 산물이었다. 샤를 드 세콩다 몽테스키외 남작(1689–1755)은 경찰에 대해서 다음과 같이 말했다. "[그들은] 법보다는 규정과 세부사항에 끊임없이 신경을 쓴다."[70]

그러나 이와 같은 관료적 선견지명, 감시, 기록은 대부분 헛된 것처럼 보였다. 모든 위반에 벌금이 부과되었고, 일부에는 징역형까지 부과되었으며, 위반 사항에 대한 지역 감독관의 일일 보고는 경미한 위반에 대해서까지 경계하고 단속할 근거를 제공했다. 매주 화요일과 금요일에 파리 치안판사는 그랑 샤틀레에서 사건을 심리했다. 예를 들면, 치안판사는 밀수된 인도 면화(가령 친츠)로 만든 붉은 장미가 그려진 옷을 입고 있다가 적발된 "아를레 거리에 거주하는 젊은 여성 사기꾼"에게 300리브르라는 거액의 벌금을 선고했고,[71] 1월 저녁 9시에 요강의 내용물을 거리에 비운 과부 지라르에게 가벼운 벌금으로 100수를 선고했다(그녀는 요강을 비우기 전에 보행자들에게 경고의 의미로 "아래 조심하세요!"라고 외쳤으나 이것이 면책 사유가 되지는 못했다).[72] 속보의 속도보다 빠르게 운전을 하는 등 더욱 심각한 위반이나 상습적 범행의 경우에는 더 무거운 벌금을 부과했는데, 감독관은 일반적으로 벌금 일부를 포상금으로 받았기 때문에 모든 범인을 찾아내어 기소할 동기가 있었다.

그러나 (동일한 규정을 또다시 되풀이해서 발표해야 할 필요성에 대해 한탄하는 듯한 어조의 서문은 제외하고) 이전과 단어 하나하나까지 똑같은 조례들이 수차례 재발표되었다는 사실은 그 비효율성을 단적으로 보여준다. 앞에서 언급한 사례들을 상기해보자. 1750년 11월 28일 거리 청소에 관해서 발표된 경찰 조례는 1663년, 1666년, 1774년의 칙령을 그대로 반복한 것에 불과했다(파리 시민들은 여전히 오전 7시에 일어나 집 계단을 쓸지 않았다).[73] 길거리에서의 게임을 금지하는 칙령은 1667-1754년에 17차례나 반복되었다.[74] 1644년 수입 레이스를 금지하는 칙령은 또다시 절망적인 결과를 가져왔다. "지금까지의 경험에 비춰볼 때, 우리의 선조들과 우리 스스로가 만든 모든 규정은 헛되었고 실제로 집행되지 못했으며, 규정의 권위에 대한 반항, 치안판사의 나약함, 이 시대의 부패를 드러내는 데에만 기여했다."[75]

파리 시민들이 눈을 삽으로 치우고, 레이스를 입지 않고, 거리에서 공놀이를 하지 않고, 정해진 시간에 지정된 장소에 쓰레기를 버리도록 하는 데에 실패하는 굴욕에 맞닥뜨리자, 경찰 관료는 더 많고 더 자세한 규정을 내놓고 감시와 단속을 2배로 강화하는 방안을 내놓았다. 기요트는 루이 15세에게 바친 글에서 더 많은 경찰 조사관과 더 많은 보고서가 필요하며, 모든 사람과 모든 것을 더 많이 서류화하고 더 많이 감시해야 한다고 제안했다. 돌이켜보면 명백히 실패한 규칙의 사례로 보이는 이 일들은 당시에 규칙의 개정에 대한 요구로 해석되었다. 만약 기존의 규칙이 저항과 예외 사례들에 부딪히면, 규칙의 그물을 더욱 촘촘히 짜서 빠져나갈 구멍을 막고 상습적인 위반자들을 잡아내면 문제가 해결될 것이라고 생각했기 때문이다. 이와 같은 관료주의적 반응은 오늘날의 우리에게도 너무 익숙해서 이상해 보이지 않을 정도이다. 그런데 실패한 규칙에 대한 대응책이 왜 기존의 규칙을 반복하고 그에 더해 새로운 규칙을 만드는 것이어야 할까? 질서에 대한 어떤 망상과 규칙에 대한 어떤 환상이 모든 것을 보고 모든 사람의 비밀을 알고 있는 유명하고 말 많은 파리 치안 사무소를 그토록 매혹시켜서 아무리 상반되는 근거를 제시해도 그 망상과 환상을 떨쳐버릴 수 없게 했을까? 프랑스, 아니 유럽 최고의 관료제였던 파리 치안 사무소는 파리 시민들의 저항에 굴복하지 않았다.

거듭되는 실패에도 불구하고 계속된 이와 같은 완고한 고집을 어떻게 설명할 수 있을까? 왜 그렇게 많은 조례들이 파리 시민들 대부분이 명백히 주의를 기울이지 않았음에도 불구하고 폐지되거나 개정되지 않고, 분노의 기조로 쓰인 서문만 바뀐 채 그대로 재발행되었을까? 서문들은 이와 같은 한탄스러운 상황에 대해서 회유적인 설명부터(1735년 재발행된 화재 규정의 서문은 아마도 사람들이 단순히 이전의 조례를 잊을 것이라고 추측했다)[76] 분개한 설명까지(사람들이 허영심을 과시하기 위해서 금화와 은화를 녹여서 단추를 만드는 것은 참을 수 없는 일이었다) 다양한 설명을 내놓았다.[77] 파리의 역사학자들은 혼란을 통제하기 위한 규칙들의 부적절함과 그에 대한 파리 시민들의 저항을 기록하지만, 규정들 자체가 지닌 당혹스러운 수준의 완고함과 강직성에 대해서는 거의 주의를 기울이지 않는다.[78]

15-16세기에 규칙에 광적으로 열광했던 사람들은 수영하는 방법

을 배우는 것부터 자명한 진리를 터득하는 것까지 올바른 규칙이 모든 문제를 해결할 수 있다고 확신하여 수많은 규칙을 만들어냈다. 그러나 초기 규칙은 다양한 예시와 예외들의 부록으로 두꺼웠다. 사치 금지법은 대부분 실패했지만, 규칙의 엄격성이 저항에 부딪혔기 때문에 실패했다고 할 수는 없다. 오히려 사치 금지법은 변화하는 환경에 너무 민감하게 반응했으며, 견인력을 얻기에는 너무 유연하고 산발적으로 집행되었다. 이와 대조적으로 계몽주의 시대 파리에 질서를 잡으려고 했던 경찰 규정은 형식적으로 경직되어 있었고, 그랑 샤틀레의 치안판사의 기록에 따르면 일관되게 시행되었다.[79] 파리 경찰은 마치 일종의 강박장애 신경증에 걸린 것처럼 환경에 적응하기를 포기하거나 의지가 없다는 듯이 수십 년간 매년 똑같이 헛된 규칙을 반복했다.

이러한 고집스러움의 원인에 대한 단서는 17세기 말에 시작되어 18세기 내내 격화되었던 유럽 대도시들 간의 경쟁에서 찾아볼 수 있다. 암스테르담, 파리, 런던은 상호 경쟁 관계에 있었을 뿐 아니라 서로를 모방하며 암묵적으로 일류 도시가 어떻게 보여야 하는지, 어떤 소리를 내야 하는지, 어떤 향기를 풍겨야 하는지에 관한 새로운 기준을 정립해나갔다. 여행객과 정부의 공식 대표단은 고향으로 돌아가면 암스테르담의 새로운 소방 펌프와 가로등 체계에 대해서 보고했는데, 이는 런던과 파리에서 적절히 모방되었다.[80] 파리 생-토로네 거리에서 사치품을 진열하는 유리장의 모습은 런던의 세련된 상점 구역에서 그대로 재현되었다. 도시들은 가장 막힘없이 흐르는 교통, 가장 화려한 공원과 산책로, 가장 깨끗하고 가로등이 잘 갖춰진 거리를 놓고 서로 경쟁했다.[81] 1649년 스웨덴의 크리스티나 여왕(1626-1689, 재위 1632-1654)은 스톡홀름 거리를 개선하라는 칙령을 발표하면서 거리의 편의시설이 "부유한 도시의 우아함과 유용성"을 드러내게 하라고 언급했다.[82] 이와 같은 모든 개선의 목표는 도시 주민의 편안함, 안전, 편의성을 위한 것이라고 명시되어 있었지만, 사실 당국은 외국인의 평가를 민감하게 인식하고 있었다. 예를 들면, 파리 경찰이 퐁-뇌프 광장에서 몇 번째일지도 모를 정도로 반복해서 상인의 노점 판매를 금지했을 때, 경찰은 가판대가 야기하는 교통 체증뿐 아니라 "가장 웅장하고 외국인들이 가장 감탄할 만한 경관"을 가판대가 해친다고 지적하며 그러한 규정을 정당화했다.[83]

교통을 통제하고 화재를 진압하고 거리를 청소하고 경관을 아름답게 가꾸는 일을 모두 "근대화"를 위한 노력으로 묶으면 매우 매혹적인 설명이 된다. 실제로 도시사학자들은 17세기 말부터 18세기까지 일어났던, 중세 성벽 도시로부터 유럽에서 가장 인구가 많고 제멋대로 확장되는 상업 대도시로의 전환을 그와 같은 방식으로 설명해 왔다. 그러나 이러한 도시 간의 경쟁은 (19세기의 근대성과는 달리) 과학기술과 거의 관련이 없었고 그보다는 질서, 예측 가능성, 규칙에 관련되었던 최초의 의미의 근대성을 발명해냈다고 보는 편이 더 정확할 것이다. 메르시에가 미래의 파리를 상상했을 때, 그는 교통과 통신의 경이로운 기술적 발전을 예견하지 못했다. 그의 상상 속에서 2440년의 파리 시민들은 여전히 말이 끄는 마차를 타거나 걸어서 이동하는데, 다만 질서 정연한 방식이라는 점만 달랐다. 계몽주의 시대 파리와 경쟁 도시들은 당시에는 존재하지도 않았고 그런 이름으로 불리지도 않았던 근대성의 이상을 실현하기 위해서 노력했다기보다는, 암스테르담의 균일한 거리 외관, 효율적인 하수 체계, 물 흐르듯 흐르는 교통, 등불로 빛나는 밤거리에서 이미 엿보이던 이상을 목표로 삼았다. 암스테르담은 도시의 경계 안에서는 일상생활의 예측 가능한 정도가 놀라울 만큼 확장된 도시였다. 네덜란드인들이 같은 시기에 인간사에서의 우연의 역할을 통제하기 위해서 수학에 기반한 연금, 복권, 보험 제도를 개발해낸 것도 우연이 아니다.

정치경제학자 앨버트 허시먼(1915-2012)은 찬사를 받기에 충분한 저서 『열정과 이해관계 : 자본주의의 승리 이전에 그것을 위한 정치적 논변The Passions and the Interests: Political Arguments for Capitalism before Its Triumph』 (1977)에서 버나드 맨더빌(1670-1733)과 애덤 스미스 같은 계몽주의 시대 사상가들이 탐욕과 사익 추구의 악습을 어떻게 부활시켰는지 설명했다. 이 사상가들은 이기심이 사람들을 덕 있게 만들지는 못하더라도 예측 가능하게 만들며, 이것이 야망, 분노, 욕망 같은 휘발적인 정열에 비해서 이익 추구 성향이 가지는 큰 장점이라고 주장했다. 이기심은 격렬한 정열을 억제하는 데에 적합한 "차분한 정열"로 시작하여 상업 활동을 원활히 하고 사회적 삶을 안정시켰다는 점에서, 결과적으로 어느 정도는 미덕이 있는 결과를 낳았다.[84] 허시먼은 선한 이해관계의 교리(부제에서 알 수 있듯이 이는 자본주의의 승리를 합리화한 것이 아니라 그에 선행했다)가 왜, 언제, 어디에서 등장하는지는 설명하지 않는다. 고대부터 철학자와 도덕주의자들은 정열을 이성과 미덕의 적으로 비난해왔다. 이에 더해, 차분한 정열에 해당하는 이기심이 악명 높은 거친 정열을 제압할 수 있다는 주장이 설득력을 지녔던 이유는 무엇일까? 마지막으로, 진정으로 선한 것보다 예측 가능한 것이 더 낫다고 생각된 이유는 무엇일까?

이기심의 지위 상승에 관한 이런 질문들에 대한 답은 왜 파리 경찰이 규칙에 대한 패배를 인정하지 않고 수천 개의 규칙들을 일말의 수정 없이 고집스럽게 발행하고 재발행했는지에 관한 답과 일부를 공유한다. 두 경우에서 모두, 비록 단편적이고 취약하더라도 부분적인 성공이 완전한 성공을 이룰 수 있을 것이라는 희망을 부추겼다. 지방 자치체 당국은 두꺼운 규칙이 그랬던 것처럼 즉각적인 경험에 따르기보다는 경험을 규칙에 굴복시키는 쪽에 기대를 걸었다. 몇몇 지역에 불과하기는 하지만, 인구가 많고 소문과 이미지로 널리 알려진 일부 지역은 근대 초기 유럽의 기준으로 볼 때 놀라운 수준의 질서와 예측 가능성을 달성했다. 암스테르담은 이런 도시 개선 가능성에 대한 이상적인 상을 구상하고 수정하는 데에 주요한 역할을 했다. 파리와 런던의 혼란 속에서도, 위에서부터 부과되었든 아래로부터 이루어졌든 간에 규정이 가져온 규칙적인 소우주들이 나타나고 있었다. 가장 단순한 교통 규칙조차도 놀라운 혁신으로 환영받았다. 메르시에의 소설에 등장하는 시간 여행자는 2440년 파리의 교통이 우측 통행으로 유지되는 것을 보았다. "장애물을 피하는 이 간단한 방법은 최근에 발견되었는데, 이처럼 모든 유용한 발명품은 시간이 지나면서 만들어진다."[85] 1786년에 런던을 방문한 사람들은 도시의 혼잡스러운 거리를 걸을 때에 건물의 벽을 오른쪽에 두고 걸으면 "보행에 방해받지 않을 수 있고 모두가 당신에게 길을 양보해줄 것"이라는 조언을 받았다.[86] 메르시에의 책이 출판된 지 50년이 지난 1831년, 메르

그림 6.8 도시 성벽을 재활용한 바스-뒤-랑파르 대로. 나중에 카퓌신 대로가 된다. 장-바티스트 랄망, 「바스-뒤-랑파르 대로(*Boulevard Basse-du-Rempart*)」(18세기 중반). 출처 : gallica.bnf.fr / BnF.

시에가 파리 시민들이 마침내 우측통행이라는 간단한 방법을 발견해 내리라고 생각했던 것보다 600년 앞서서 파리 경찰이 우측통행을 지시하는 조례를 발표했다.[87] 변화는 느리게 찾아왔지만, 18세기 파리의 교통 혼잡을 잘 알고 있던 목격자 메르시에가 예측했던 것만큼 느리지는 않았다.

1668–1705년에 파리의 생-탕투안 문에서 생-토노레 문까지 성벽이 있던 자리에 대로가 만들어진 것도 그와 같은 질서 잡힌 소우주 중의 하나였다(그림 6.8). 이 대로는 18세기 내내 도시의 방문객과 주민들에게 많은 주목을 받았으며, 메르시에는 1780년대에도 여전히 그 대로에 감탄했다. 정확한 간격으로 나무를 심어서 차선을 나눈 성곽 대로는 파리 역사상 최초로 말, 마차, 보행자의 교통 흐름을 분리

했다. 건기에는 먼지투성이 도로에 물을 뿌렸고 우기에는 모래를 뿌렸으며, 도로는 언제나 넓고 안전한 산책로로서 많은 계층을 아우르는 대중으로부터 큰 인기를 누렸다. 1751년의 조례는 성곽 대로가 얼마나 쾌적한지를 자랑스럽게 언급하면서 "대중이 기대하는 편안함에 방해가 되는 모든 장애물을 제거하고" "마차를 타든 걷든 성곽을 따라 통행하는 사람들의 만족감에 크게 기여하는 편리함과 청결"을 지속적으로 보장하기 위해서 주의를 기울이겠다는 경찰의 선언으로 시작되었다.[88] 성곽 대로에는 좋은 질서라는 오아시스가 규칙에 따라 조성되고 유지되었다. 파리의 대부분 지역을 지배했던 무질서에 비하면 작은 성공이었지만, 그래도 이런 질서의 오아시스를 확장할 수 있으리라는 야망을 키워낸 성공이기도 했다.

새로운 성곽 대로는 왜 17-18세기 지방 자치체 당국이 질서와 예측 가능성에 매혹되어 있었는지에 관한 또다른 측면을 상징적으로 보여준다. 17세기 후반에 새로운 포위전 기술의 등장으로 중세 성벽이 쓸모없어지자, 파리, 런던, 암스테르담 같은 도시들은 과거의 경계를 넘어 확장할 수 있게 되었고 실제로 매우 빠른 속도로 확장했다. 1600년 약 5만 명이었던 암스테르담의 인구는 1700년 약 23만5,000명이 되었고, 같은 기간 파리의 인구는 21만 명에서 51만5,000명으로 증가했다. 프랑스 혁명 직전에는 63만 명에 달하는 사람들이 파리에 살고 있었다. 런던의 인구는 훨씬 더 가파른 곡선을 그리며 증가했다. 이 도시들에는 사람들이 터질 듯이 가득 찼고, 도시의 물리적 기반시설이나 사회적 관습은 그 많은 신규 이민자들을 무리 없이 수용할 수가 없었다. 18세기의 직업 연감은 인구가 증가하고 도시가 번영함에 따라서 무역이 더욱 전문화되고 상호 의존하게 되었다는 사실을 보여준다.[89] 2-4배 많아진 사람들이 좁은 길거리에서 서로 밀치고, 창문 밖으로 쓰레기를 던지고, 국가에서 공인한 시장과 비공식적인 시장들로 몰리고, 새로운 주거지를 짓기 위해서 벽돌로 도로를 막고, 마차를 몰고 군중 사이로 지나가며, 그 어느 때보다 다양한 방식으로 더 많은 사람들과 교류했다. 이와 같은 고밀도의 이동성과 사교성의 환경에서, 허시먼의 관심사였던 부분적 미덕 중에 가장 큰 미덕인 예측 가능성에 큰 가치가 부여되었던 것은 이해 가능하다.

자타공인 만사를 통제하려고 하는 우리의 시대가 말할 필요도 없이 그러하듯이, 좁은 범위에 한해서라도 일단 예측 가능성이 획득되면 그것은 중독적인 것이 된다. 작은 성공은 야망을 부추긴다. 반복해서 자주 재발행되는 규정들 중에 적어도 일부는 천천히 습관, 심지어 행동 규범 깊숙이 자리를 잡게 된다. 그러한 변화는 매우 더디게 일어난다. 주민이 배설물을 길거리에 버리지 못하도록 막기 위해서 파리의 집주인에게 변소를 지으라고 했던 최초의 조례는 1534년에 발행되었지만, 다른 많은 규정들과 마찬가지로 1734년까지 아무런 효과 없이 반복되기만 했고 규칙 위반자들에게는 1760년대까지 계속해서 정기적으로 벌금이 부과되었다.[90] 그러나 전염병과 부패한 공기를 연결시키는 신新히포크라테스적 발상과, 그와 반대로 건강에 좋도록 공기가 자유롭게 순환되게 만든 성곽 대로 같은 넓은 거리에서의 쾌적한 경험은 점차 인구집단 전체에 뿌리내리기 시작했다. 이에 따라 이 경찰 규정은 한편으로는 혐오감, 감염에 대한 두려움, 수치심의 감정에 의해서 강화되었고, 다른 한편으로는 쾌적한 공기와 개방된

공간에 대한 열망에 의해서 강화되었다.[91] 의학 이론에 대해서 겉핥기 지식도 없는 사람조차도 "공기를 오염시키고 질병을 일으킬" 수 있기 때문에 쓰레기와 "배설물"을 주거지에서 멀리 떨어진 곳에 쌓아두라고 한 1758년 칙령의 표현을 이해할 수 있었다.[92]

이미 18세기 초에 런던, 암스테르담, 파리같이 급성장하는 도시에서는 좋은 치안을 갖춘 도시란 단순히 안전한 곳이 아니라, 거리가 넓고 곧고, 모두 같은 방향을 바라보는 집들에 각각 번호가 매겨져 있으며, 밤에는 수천 개의 등불이 환하게 빛나고, 잘 작동하는 펌프를 갖춘 소방대가 제시간에 도착하며, 마차에는 면허가 부여되고, 마차 운전사는 보행자를 위협하지 않으며, 주민들은 정해진 시간과 장소에 쓰레기를 버리는 질서 정연한 곳이라는 열망이 고조되고 있었다. 이는 언제나 간헐적이고 부분적으로 성공했다. 파리 주민이 이와 같은 도시 질서의 이상을 내재화하는 데에는, 즉 규정을 규범으로 전환시키는 데에는 거의 200년의 시간이 걸렸으며, 반복되는 거리의 폭동과 끊임없는 교통 체증이 증명하듯 규범 자체도 항상 깨지기 쉬웠다. 마차, 자전거, 전차, 자동차, 지하철 등 모든 새로운 교통수단이 등장할 때마다 기존에 정립되어 있던 교통 규정과 규범은 뒤집어졌고 새로운 규범이 생겨났다. 조례들의 장부도 점점 더 두꺼워졌다. 1897년 파리 교통에 관한 경찰 조례는 424개의 조항에 200쪽이 넘는 방대한 분량이었다.[93] 현대 하수도 체계만큼 복잡했지만 쓰레기통의 표준화(센 지사인 유진 푸벨의 1883년 칙령에 의한 것으로, 그의 성 푸벨은 이후 프랑스어로 쓰레기통을 의미하게 되었다[94])만큼 단순했던 새로운 도로 포장 및 유압 기술은 모두 규칙을 두껍게 만드는 데에 일조했다. 여기에서 강조하고자 하는 것은 부분적인 성공이 계속해서 완벽한 성공에 대한 희망을 키워나갔다는 점이다. 기요트와 동료 경찰관들이 도시 생활의 더 많은 측면에 대한 규정을 강화하고 그에 맞선 주민들의 저항에 인내할 수 있었던 이유는 중세의 토끼굴 같은 골목길과 달리 곧고 넓은 대로를 최초로 갖추게 된 18세기 초 파리의 **상대적인 질서 정연함** 덕분이었다.

암스테르담, 런던, 파리 등 근대 초기 도시들의 역사는 규정이 어떤 조건 아래에서 점차 수용되고 결국에는 선별적일지라도 규범으로 내재화되는지에 관한 통찰력을 제공한다. 1521년 암스테르담 화재와 1666년 런던 화재 같은 재난 사고로, 목재와 짚을 가연성이 낮은 벽돌과 타일로 대체하도록 하는 등 새로운 건물과 새로운 규정이 등장했다. 앙리 4세(1553-1610, 재위 1589-1610)에서 루이 14세에 이르는 프랑스의 절대주의 군주들은 대로, 인상적인 광장, 룩셈부르크 정원이나 튀일리 정원 같은 웅장한 정원을 선호하며 파리의 위용을 뽐내면서 그들 스스로를 과시했다.

그러나 규정을 통한 도시 행동의 지속적 변화를 가속화하는 가장 효과적인 방법은 공화주의적인 동시에 권위주의적이었던 지방 정부를 활용하는 것이었다. 암스테르담의 지방 자치 당국은 전능한 파리 치안 사무소나 절대주의 군주들이 감히 상상할 수 없을 만큼 과감한 조치를 시행했는데, 그럼에도 불구하고 그들의 규정은 시민의 호응을 얻었다. 암스테르담 당국은 새로운 운하와 도로를 만들기 위해서 한 지역 전체를 철거했고, 마차를 도시로부터 완전히 추방했으며, 각 가정에 납 파이프를 설치해서 쓰레기를 처리하도록 했고, 길거리에서

걸인을 없애버리는 등 때때로 외국인 방문객에게 충격을 줄 정도의 가혹한 조치를 취했다.[95] 파리 시민은 더 온건한 규정에도 저항했는데 왜 암스테르담 시민은 이와 같은 엄격한 규정을 준수했을까? 도시사학자들은 네덜란드인이 영원한 공동의 적인 바다에 맞서 싸우기 위해서 단결했던 오랜 역사를 언급하며, 그 역사를 통해서 "개별 시민의 복지보다 공동선을 우선시하는 거시적인 관점"을 공고히 할 수 있었기 때문이라고 지적한다.[96] 그런데 혁명기 파리에서 비슷하게 권위주의적인 공화주의 정권은 홍수의 위협 없이도 비슷한 수준의 규정 준수를 이끌어냈다. 예를 들면, 기요트가 수십 년 전 건물 외관의 획일적인 크기와 방향, 집집마다 매겨진 숫자에 관해 구상했던 규정을 밀어붙인 것은 혁명 정권과 이후의 제국주의 시대의 정권이었다.[97]

  이처럼 공화주의 정권의 권위주의적인 방식이 시민들이 규정을 준수하도록 하는 데에 어떻게 성공했는지에 관해서는 추측만 해볼 수 있다. 아마도 공화주의 정권이 시민들로부터 더 큰 정당성을 부여받았기 때문에 더 많은 규칙 준수를 이끌어낼 수 있었을 수도 있고, 정권의 적법성에 대한 공화주의 정권 스스로의 믿음이 더 가혹한 규정을 집행하는 것을 정당화하는 근거를 제공했을 수도 있다. 그 이유가 무엇이었든 간에, 그들의 성공조차도 일시적이고 부분적이었다. 당시까지 아무도 파리의 교통을 완전히 통제하는 데에 성공하지 못했다. 메르시에의 2440년 파리에 대한 상상과 그로부터 90년 후에 쓰인, 미래의 파리에 대한 또다른 상상인 쥘 베른(1828–1905)의 『20세기 파리 Paris au XXᵉ Siècle』(1863)를 비교해보자. 베른은 비록 고작 한 세기 뒤인 1960년의 파리를 상상했지만, 그가 상상한 도시는 메르시에의 650

년을 뛰어넘은 상상의 도시보다 더욱 큰 변화를 겪은 곳이었다. 메르시에가 상상하던 말이 끄는 마차와 행복한 보행자들은 사라졌다. 조용하고 빠른 전자기 열차가 도시를 가로질렀고, 증기 자동차가 마차를 완전히 대체했으며, "사진 텔레그래프"(일종의 팩스 기계)로 서신을 보낼 수 있었고, 전기 가로등이 상점과 거리를 눈부시게 밝혔다. 또한 메르시에의 도덕적으로 개화된 시민도 사라졌다. 1960년의 파리는 경이로운 기술로 변화했지만, 인간의 본성은 무사안일주의에 무뎌지고 탐욕에 사로잡힌 그대로였다. "1960년의 사람들은 더 이상 이러한 경이로움에 놀라지도 않았고, 더 이상 행복해하지도 않으면서 그것들을 차분하게 누렸다. 그들의 다급한 표정, 정신없이 바쁜 발걸음, 미국식 서두름에서 돈이라는 악마가 그들을 집요하고 무자비하게 앞으로 밀어붙이고 있다는 것이 느껴졌다."[98] 메르시에가 그린 미래의 파리는 유토피아였고, 베른이 그린 미래의 파리는 디스토피아였다. 두 작가와 오늘날의 파리 시민들을 하나로 묶어주는 것은 파리의 교통 혼잡을 어떻게 하면 질서 정연하게 만들 수 있는지에 관한 집착에 가까운 고민뿐이다.

너무 잘 성공한 규칙 : 철자를 쓰는 법

1996년 독일은 소란에 휩싸여 있었다. 독일 각 주총리의 특별 회의가 소집되었고, 언론은 1면 기사와 성난 사설을 쏟아냈으며, 대중의 분노는 편집자에게 보내는 편지, 시위, 그리고 새로운 규칙에 대한 일상적인 저항 행동으로 끓어올랐다. 이 소동은 정치, 경제, 심지어 아우토반 고속도로의 속도 제한에 대한 해묵은 논쟁과도 아무런 관련이 없었다. 국가적 분노를 자극한 것은 독일어의 1퍼센트도 되지 않는 단어에 영향을 미치는 철자법 개정안이었다. Balletttänzerin(발레리나)이라는 단어의 철자에 t를 2개 쓸 것인지, 3개 쓸 것인지 같은 문제 말이다.[99] 결국 1998년 500명이 넘는 교수들이 이 문제를 독일 헌법 재판소에 제소해, 새로운 철자 규칙이 헌법적 권리를 침해하는지에 관한 법적 다툼을 벌였다.[100]

철자법에 대한 집착이 독일인 특유의 것은 아니다. 영국의 대학교 교수들이 성적을 부여할 때 학생 시험지에서 일반적인 철자 오류(예컨대 supersede[대체하다]를 superseed, supercede 등으로 쓰는 오류)를 잘 살피지 않는다는 2008년의 보고는 맹렬한 반응을 불러일으켰다. "세 단어. 즉 세상, 손수레, 지옥["이 세상이 손수레에 실려서 지옥으로 가고 있다"는 영어 구문에서 나온 말]. 우리가 아는 문명에 대해서 내가 절망하는 순간은 흔하지 않다.……그러나 대학교 교수가 학생들의 가장 흔한 20가지 철자 오류의 잘못을 지적하지 않는다는 것을 보고, 나는 이 세계가 종말론을 향해 가고 있는 것은 아닌지 두려워졌다."[101] 1990년 프랑스 정부가 제안한 철자법 개혁은 "수련nénufar의 전쟁"(수련의 이전 철자는 nénuphar였다)을 촉발했고, 결국 프랑스 한림원은 만장일치로 제정했던 최초의 개혁안을 포기할 수밖에 없었다.[102] 성별이 혼합된 집합을 지칭하는 대명사는 남성 대명사여야 한다는 규칙(예를 들면, 모든 여성과 남성을 가리킬 때 tous les femmes et hommes라고 쓰는 것[tous는 남성 복수 대명사이다/역주])을 변경하자는 2019년 프랑스 페미니스트의 제안은 좌파로부터도 분노를 불러일으켰다. 소르본 대학교의 언어학 명예교수 다니엘 마네스(1947-2022)는 자신이 "매우 확실한 페미니스트"라고 하면서도, 그런 자신조차 새로운 철자법 제안에는 매우 확실히 반대할 수밖에 없다고 선언했다.[103]

철자법 개혁가들에게는 철자법 보수주의자들만큼이나 강한 신념이 있다. 적어도 19세기 이래로, 특히 영어권 국가들에서 활동하며 철자법 간소화를 지향하는 단체들은 위인과 선량한 사람들의 공감을 얻고 자금을 지원받아왔다. 셰익스피어가 자신의 이름을 11개가 아니라 7개의 철자로 썼다면 희곡 몇 편을 더 쓸 시간이 있었을 것이라고 주장한 아일랜드의 극작가 조지 버나드 쇼(1856-1950)는 유언으로 영어 사용자가 더 쉽고 경제적으로 철자를 쓸 수 있는 새로운 알파벳을 고안하는 대회에서 우승한 사람을 위한 거액의 유산을 남겼다. 비슷한 정신에서 2010년에는, 1925년부터 올바른 철자법을 지킬 것을 고수해온 미국의 전국 스크립스 스펠링 비Scripps Spelling Bee 행사장 밖에서, 꿀벌로 분장한 시위대가 "enuff는 충분하고, enough는 과하다", "나는 laugh라는 철자를 비웃는다(laff)"라는 구호를 외치며 시위를 벌였다.[104]

맞춤법은 너무나도 성공한 규칙이다. 모든 사람이 어느 정도는 사전에 모셔져 있는 철자법이 가장 전통적인 관습이라는 것을 알지만, 역사와 습관의 무질서한 결과는 보통 무고한 사람을 학살하는 일만큼이나 강렬한 분노를 불러일으킨다. 예컨대 영어의 엄청난 수의 묵음을 없애려는 노력(knight의 k는 말할 것도 없고 night의 gh까지도), 독일어의 불가사의한 대문자 규칙을 없애려는 시도(명사뿐 아니라 특정 문맥에서 사용하는 대문자도 포함된다), 프랑스어의 고풍스러운 곡절 악센트를 없애려는 시도가 있었다. 이는 단지 현대적인 현상만은 아니다. 16-17세기 인쇄술의 발전과 국가 고유어의 등장 이래로 스페인어, 이탈리아어, 프랑스어, 영어, 독일어 등을 사용하는 언어 개혁가들은 순수성, 이성, 일관성, 애국심, 읽기와 쓰기를 배우려고 고군분투하는 학생과 외국인을 위한 호의 같은 다양한 명목으로 철자법을 합리화하고자 노력해왔다. 그러한 개혁에 대한 반대는 21세기와 마찬가지로 16세기에도 격렬했다. 의복과 규칙을 통제하는 규정들과 달리, 철자법은 규범만큼이나 완전히 내면화되어서 위반하면 개인의 사회적 지위, 신뢰도, 경력을 훼손할 수 있다. its(그것의)와 it's(그것은)의 차이를 모르는 것보다는 빨간불 신호를 위반하는 것이 공공의 안전에 더 위협적이지만, 사회에서 둘 중에 무엇이 더 큰 분노를 불러일으킬지에는 논란의 여지가 있다. 그렇다면 철자법은 어떻게, 왜 규범이 되었을까?

대부분의 현대 유럽 언어에서 철자법에 대한 논쟁은 근대 초기부터 시작되었으며, 인쇄술, 고대 그리스어와 라틴어 같은 학술적 언어 대비 고유어의 지위 상승, 초등교육에 대한 접근성 확대, 언어 민족주의와 밀접히 얽혀 있었다(지금도 그렇다). 인쇄술의 발명으로 사전이 대량으로 생산되자 권위에 대한 문제가 제기되었다. 누가 철자법, 발음, 정의를 결정할 권한을 가지는가? 그것은 어떻게 시행될 수 있는가? 당시에도 지금과 마찬가지로 국가 고유어는 방언과 억양에 따라 다양했고 철자는 이런 차이를 반영하기도 하고 증폭시키기도 했다. 게다가 근대 초기 인쇄소에서 활자를 분류하고 배열하는 관행으로, 한 줄을 채우기 위한 창의적인 철자가 만들어지기도 했다. 16세기의 책을 보면 같은 단어의 철자가 비일관적으로 적혀 있는 것을 흔히 볼 수 있다. 심지어 철자법에 대한 책에서도 말이다. 그러나 실용적인 이유와 이념적인 이유에서 철자법은 더 큰 통일성을 추구하게 되었다. 실용적인 측면에서는 교육학 및 인쇄의 효율성 향상에 대한 관심이 높아지면서 모든 사람이 쉽게 기억하고 따를 수 있는 명쾌한 규칙이 선호되었다. 이념적인 측면에서는 정복과 제국주의의 시대에 새롭게 획득한 영토의 주권을 주장하는 데에 문자의 통일성이 법률의 통일성만큼이나 정치체의 상징이자 실체가 되었을 것이다. 1776년 미국의 경우처럼 저항을 통해서 국가를 세웠거나 1871년 독일의 경우처럼 시대에 뒤처져 있다가 발작적으로 국가를 세운 지역에서는 철자의 통일이 역사, 지리, 방언, 종교의 분열에 대응하는 애국심의 균형추 역할을 했다. 미국의 구호인 "여럿으로 이루어진 하나"는 연방 법률이 아닌 『웹스터 사전*Webster Dictionary*』에서 처음으로 달성되었다.

영어와 프랑스어의 경우, 철자법 전쟁의 첫 번째이자 지금도 진행 중인 공격은 16세기에 발발했다. 15세기 말과 16세기 초 스페인과 이탈리아의 인문주의자들은 이미 안토니오 데 네브리하(1441-1522)의 『카스티야어 문법서*Gramática Castellana*』(1492)나 이탈리아 토스카나 피렌체의 『아카데미아 델라 크루스카의 언어 사전*Vocabulario degli Accademici della Crusca*』(1612) 등 고유어에서 적어도 특정 방언의 철자만큼이라도 안정화하고 "정화하기 위한" 문법서와 사전을 출판했다.[105] 런던 문장원의 문장관이었던 존 하트(1501?-1574)는 1569년에 영어 철자법의 혼돈을 신랄하게 비판하고 알파벳을 재구성하여 그러한 불합리성과 비일관성을 근본적으로 개혁하자고 제안(예를 들면, u와 v 중 하나를 모음으로 사용하고 하나를 자음으로 사용함으로써 당시에 서로 섞이며 혼동해서 쓰이던 문자 u와 v의 차이를 분명하게 하자는 제안)하는 저서 『철자법 : 정당한 순서와 근거에 따르기, 인간의 목소리를 어떻게 삶과 자연에 가장 비슷하게 적고 그릴 것인가*Orthographie : Conteyning the Due Order and Reason, Howe to Write or Paint Thimage of Mannes Voice, Most Like to the Life or Nature*』를 출판했고, 그럼으로써 철자를 발음에 엄격히 따르는 완전한 표음문자로 만들고자 했다. 책의 부제는 하트가 초상화 그리기와 철자 쓰기 사이의 비유를 진지하게 받아들였음을 보여준다. 예술가가 가능한 한 충실하게 인물을 묘사해야 하는 것처럼, 글은 발화를 철저히 반영해야 한다는 것이다. "작가가 발화의 다양한 목소리를 가장 근접하고 가장 공정하게 구별할 수 있을 때, 그는 펜으로 가장 잘 묘사하고 그릴 수 있다."[106] 서문에 "의심 가득한 사람들에게"라는 제목을 붙였듯이 거센 저항이 닥칠 것을 올바르게 예견한 하트는 철자법 전통주의자를, 모델의 실제 생김새와 의상을 무시하고, 모델의 이마에 자신의 부모의 이름을 쓰고(어원학에 대한 과도한 존경심을 상징했다), 눈과 귀를 뒤바꾸고, 머리의 크기를 2배로 늘린 그림을 그리는 화가에 비유했다. 모델이 그림에 이의를 제기하면서 왜곡에 대한 설명을 요구하면, 전통주의자를 대변하는 화가는 "이 나라의 화가들은 한동안 무심코 그와 같은 그림을 그렸고, 우리는 그러기를 계속하고 있으며, 너무나도 일반적으로 그렇게 받아들여지고 있으므로, 아무도 그것을 바로잡을 필요가 없다"고 응답한다는 것이었다.[107]

여기에서 하트를 길게 인용한 이유는 오늘날까지 많은 언어권의 개혁가들이 여러 번 제안하게 될 표음식 철자법을 지지했던 그의 성향에 대해서 알려주기 위해서이며, 또한 예스러운 동시에 옛 서체로 인쇄되었어도 여전히 읽을 수 있는 전통적인 16세기 철자법의 감각을 느끼게 하기 위해서이기도 하다. 하트가 제안한 새로운 알파벳과 철자법으로 인쇄된 종이를 살펴보자. 하트가 제안한 표음식 철자들을 손에 쥔(16세기 독자는 철자를 외우거나 종이를 앞뒤로 넘겨가며 읽어야 했을 것이다) 현대 독자들은 어렵더라도 단어를 소리 내어 읽을 수 있으며, 연습을 통해서 결국에는 완벽히 소리 내어 읽게 될 것이다. 그러나 첫인상(두 번째 인상도 마찬가지이다)에는 엘리자베스 여왕 시대 영어만큼이나 현대 영어와 거리가 먼 외국어 같다고 느낄 것이다 (그림 6.9). 제안된 개혁이 얼마나 합리적이었든, 전통을 위해서 전통에 반대해야 한다는 하트의 주장이 얼마나 설득력이 있었든, 새롭고 이질적인 철자를 처음(그리고 지금도) 접할 때 느껴지는 충격은 하트와 후계자들이 해결해야 할 가장 큰 장애물이었다. 그가 이 책에 작가와 작품을 찬양하는 일반적인 서문 격의 라틴어 송가와 함께, 책의 활자를 조판한 조판공이 독자에게 보내는 영시英詩 형식의 지지의 말을 포함시킨 것을 보면, 하트가 새로운 알파벳과 철자법이 독자에게 미칠 영향을 잘 알고 있었음을 알 수 있다. 조판공의 시를 보자. "당신은 나 때문에 기운이 날 수도 있지 / 이 책을 모두 읽을 때까지 / 내가 이 일을 한다는 것이 혐오스러운데 / 나의 작업물을 아직 손에 들고 있네." 그러나 처음에는 회의적이었던 조판공은 작업이 끝날 무렵에는 마음을 빼앗겼다. "내 감각은 완전히 달라졌다네 / 필자의 새로운 의도를 지켜내고 활용할 수 있도록." 그럼에도 관찰력 있는 독자라면, 그 조판공이 하트의 철자법을 터득하지 못한 채 이 시를 썼다

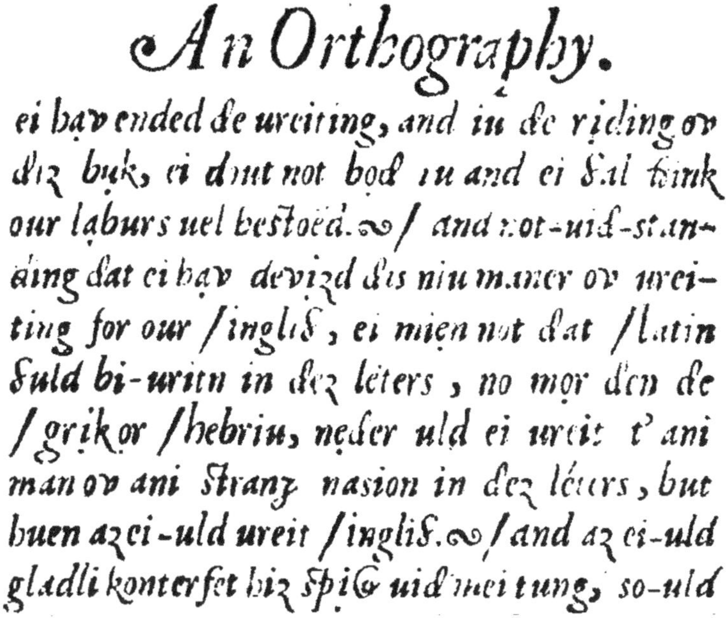

An Orthography.

ei hav ended de wreiting, and in de riding ov
diz buk, ei dont not bod iu and ei sal tink
our laburs uel bestoed. ∽ / and not-uid-stan-
ding dat ei hav devizd dis niu maner ov wrei-
ting for our / inglis, ei mien not dat / latin
suld bi-writn in dez leters, no mor den de
/ grik or / hebriu, neder uld ei wreit t'ani
man ov ani stranz nasion in dez leters, but
huen az ei-uld ureit / inglis.∽ / and az ei-uld
gladli konterfet hiz spiG uid'mei tung, so-uld

그림 6.9 존 하트의 합리화된 영문 알파벳 및 철자법으로 인쇄된 종이. 『철자법』(1569).

는 사실을 눈치챌 것이다.[108]

감각에 대한 조판공의 호소는 두 가지 측면에서 적절하다. 첫째로, 하트는 눈보다 귀, 문어文語보다 구어口語의 우월성을 주장했다. 인간을 모방해 그리는 초상화처럼 철자법은 원본(구어)으로부터 거의 구별할 수 없을 정도의 시각적 또는 음향적 유사성을 목표로 해야 한다. 글을 읽는 사람이 꾸준히 증가하던 시대에, 특히 경전을 읽을 수 있는 독실한 신자의 능력이 강력한 구호로 여겨지던 신교도파 지역에서는, 심지어 조용한 고독 속에서의 독서조차도 내면의 목소리로 하는 찬양으로 여겨졌다. 교회에서 성상聖像과 조각상을 몰아내며 울

리히 츠빙글리(1484-1531)의 취리히나 장 칼뱅(1509-1564)의 제네바
에서 새롭게 형성된 성상 파괴주의적인 종교의 종파들은 성직자가
말하는 목소리를 효과적으로 성화시켰다. 시대 착오적인 비유를 들
자면, 하트 같은 개혁가들은 철자법이 속기보다는 테이프 녹음과 같
은 기술이라고 생각했다. 그는 묵음 문자들을 제거하고(game을 gam
으로), 불필요한 이중 자음을 없애고(bille을 bil로), 소리가 비슷한 c와
k를 통일하자고(crabbe를 krab으로) 주장했다. 이와 같은 새로운 규칙
은 무엇보다도 초보 독자들에게 도움이 될 것이었다. 하트는 영어를
모국어로 사용하는 사람이라면 누구든지 다른 교육 방법으로 학습
할 때 걸리는 시간의 4분의 1시간 만에 자신의 음성 체계를 통해서 읽
는 법을 학습할 수 있을 것이라고 약속했고, 외국인도 마침내 올바른
영어 발음법을 학습할 수 있을 것이라고 약속했다.[109] 누구의 발음이
문제가 있는 것인지는 나중에 살펴볼 일이지만 말이다.

그러나 독서는 여전히 소리보다는 시각에 관한 것이었고, 16-17세
기에 인쇄물이 확산되면서 철자와 시각 사이의 관계는 더욱 강화되
었다. 하트는 그의 책의 3분의 2 정도 분량이 지나고 나서야 개혁된
맞춤법이 실제로 어떤 것인지를 제시했는데, "이 맞춤법이 그들[독자
들]에게 혐오감을 주고 슬픔을 안겨줄 것"임을 잘 알고 있었기 때문
이다.[110] 런던의 머천트 테일러 스쿨의 교장이자 1582년에 영문법 개
혁에 관한 온건한 논문을 쓴 리처드 멀캐스터(1531-1611)는 쓰기를
말하기가 아닌 읽기와 관련시켰다. "우리는 쓰인 것만을 읽고 다른
것은 읽지 않는데, 쓰기를 바로잡기 전에 읽기가 바르게 될 수 있을
까?"[111] 인쇄소에서 활자를 분류하고 배열하는 바로 그 동작들이 글

자 하나하나의 수준이 아니라 전체적 수준에서 단어를 인식하는 조판공의 날카로운 눈초리를 길러서, 적어도 같은 인쇄소 내에서는 표준화된 철자법을 암기하도록 이끌었을 수도 있다.[112] 3세기가 지난 1878년, 프랑스 철자법 문제에 관한 최종 항소심과도 같았던 『프랑스 한림원 사전*Dictionnaire de l'Académie Française*』 제7판(1878)은 단어를 가계 계통에 따라 그 기원과 연결하는 철자법의 "인상학적" 특성을 강조하며 모든 급진적인 맞춤법 개혁이 실패할 수밖에 없다고 결론지었다. "읽고 쓰는 사람들의 습관"을 뒤집을 권한은 누구에게 있는가?[113] 철자법 문제를 둘러싼 눈과 귀의 싸움은 얼굴을 인식하듯 단어를 전체적 수준에서 한눈에 인식했던 (이미 글을 읽고 쓸 줄 아는) 사람들과, 글자와 음절을 하나하나 소리 내어 읽으면서 구어를 그와 잘 들어맞지 않는 글자들의 초상화와 맞추어보려고 했던 학습자들 사이의 싸움으로 이어졌다.

유럽 언어의 철자법을 개혁하기 위한 노력의 500년에 달하는 역사에서, 찬성하는 자들과 반대하는 자들의 주장과 논쟁의 결과 모두에 거의 변화가 없었다는 점은 놀랍다. 간소화와 합리화를 주장하는 개혁가들은 거의 승리하지 못했고, 변화는 수 세기에 걸쳐서 매우 천천히 진행되었다. 모순적이게도 가장 급진적이고 지속적이었던 변화는 지방 정부의 권위의 도움을 받아서 일어나거나 전국적인 단위로 일어나거나 의무 교육에 의해서 일어나지 않았다. 이탈리아 토스카나 지방의 방언을 정화하고 성문화하기 위해서 1583년 피렌체에 설립된 사립 기관 아카데미아 델라 크루스카는 토스카나 방언을 이탈리아 지역 방언의 정점에 끌어올리는 데에 성공했다. 이는 또한 핀란드어를 제외한 모든 유럽 언어의 음성 철자에 가장 가까운 근사치를 만들어냈다. 1612년의 사전에 그리스어와 라틴어 동족어를 포함시켰을 정도로 고전적인 훈련을 받은 인문주의 회원들은 filosofia(철학) 같은 단어에서의 음성적 일관성을 획득하기 위해서 고대 그리스 철자법의 근본이었던 (그리스어 알파벳 Φ의 음역인) ph까지 희생시켰다.[114] 민족주의의 열정이 가장 극에 달했던 1876년 독일의 재건주의자들조차도 그렇게까지 대담하지는 않았다. 다른 근대 초기 개혁가들도 아카데미아 델라 크루스카의 노력을 긍정적으로 평가했으며 프랑스 한림원 (1635년 설립)같이 아카데미아 델라 크루스카의 사명을 모형으로 삼는 기관이 탄생하기도 했지만, 대부분이 아카데미아 델라 크루스카의 무자비한 일관성을 수용하지는 못했고 모두가 그만큼의 성공을 거두지도 못했다. 영국의 하트나 프랑스의 루이 메그레(1510?-1558) 등 비슷한 급진주의자들은 지지보다는 조롱을 더 많이 받았다. 메그레가 조판공에게 자신의 저서인 『프랑스어 문법집Tretté de la Grammaire Françoese』(1550)을 출판해달라고 설득하기까지는 5년이 걸렸으며, 이미 살펴본 바와 같이 하트의 글을 출판한 조판공은 그 작업에 혐오감을 느꼈다.[115]

더욱 전형적이고 궁극적으로는 더욱 성공적이었던 사람들은 멀캐스터 등의 온건 개혁가였는데, 이들은 "소리의 왕자"(즉, 표음식 철자법/역주)와 그 상담자였던 "이성과 관습" 간의 상충되는 요구 사이에서 균형을 맞추고자 했다. 멀캐스터의 우화를 보면, 열정적이고 권위주의적이며 고집불통인 "소리의 왕자"는 자신의 변덕스러운 지시에 따라서 모든 철자법을 통치하고 싶어한다. 그러나 왕자는 "글쓰기의

258

지방에서 일반법"을 제정하고 규칙성과 일관성의 특권을 옹호하는 "이성", 그리고 "사람들이 흔히 혹은 가장 많이 말하는 것이 아니라, 가장 적합하고 최선인 이성이라는 기반에 근거하여" 실제 용례를 지지하는 "관습"에 의해서 제지를 당한다. 멀캐스터는 소리가 너무 역동적이고 가변적이기 때문에 안정적인 철자법의 궁극적인 기초가 될 수 없다고 주장했다. 적절한 발음을 판별하는 대회에서 어떤 지역의 억양에 누가 승리를 부여할 것이며, 런던과 같이 무역의 호황으로 언어가 다양해지고 변형된 도시에서 10-20년 만에 발생하는 음성 변화의 흐름을 누가 막을 수 있다는 말인가? 이성 혼자서는 비일관적이고 예외적이고 새로운 언어를 몰아낼 수 없으며, 관습의 도움을 받아야만 한다. 그 결과 탄생한 음성 그리고 이성과 관습의 합치는 "이 서성거리는, 관습에 의해서 타파된 규칙들을 모두 글쓰기에 녹여낸 예술인데, 이는 이성과 관습과 음성 모두가 자신의 한계를 알고 있었기 때문에 가능했다."[116]

멀캐스터의 철자법의 "예술의 규칙"은 제3장에서 설명한 기계적 기술의 규칙과 매우 유사하다. 보편과 특수 사이를 오가며 예시를 통해서 중재되고 예외를 통해서 수정되는 규칙 말이다. 기계적 기술의 규칙이 경험의 변덕스러움과 물질의 변화무쌍함에 적응해야 하는 것처럼, 소리의 역동성과 관습의 관성 때문에 규칙의 옹호자인 이성은 때때로 규칙의 엄격성을 완화해야 한다. 언어, 특히 문자로 적힌 언어는 인간의 창조물이지만, 멀캐스터는 거의 유기적인 방식으로 변화하도록 하는 "영혼 같은 실체"가 언어에 있다고 보았다.[117] 멀캐스터의 후계자들은 고대 그리스어와 라틴어 같은 죽은 언어와 대조적으로 언어에 생명을 부여하고 특징적인 형태를 부여하는 "천재성"을 언급했다.[118] 『프랑스 한림원 사전』 제7판은 철학, 산업계, 정치학 분야의 신조어에 대해서 이전 판들보다 더 호의적이었지만, "유비와 언어의 천재성에 반하는 방식으로 부적절하게 구성된 듯한 것들[신조어들]은 무자비할 정도로 배척했다." 그러나 시사 문제를 뜻하는 단어 actualité(지금도 철자가 똑같다)를 프랑스어의 영靈에 부합하지 않으므로 적절히 거부된 주요한 사례로 제시한 것은 모순적으로 보인다.[119]

언어를 "활발한 영"에 의해서 생명을 부여받은 영혼적 존재로 취급함으로써 멀캐스터 같은 온건 개혁주의자들은 신비주의와 실용주의를 결합했다. 멀캐스터는 하트 같은 급진적 개혁주의자들의 독단주의를 비난하면서, 모든 살아 있는 언어의 "비밀스러운 신비"가 "모든 규칙을 무너뜨릴 수 있고, 일반적이면서 새롭고 명확하다"고 주장했다. 그 때문에 멀캐스터의 철자법은 예외로 가득 차 있었다. 두 개의 자음을 함께 써서는 안 된다는 규칙에는 종종 "ff"와 "ll"이 허용되는 등의 예외가 포함되어 있었다. 모든 외래어를 영어 음성학에 따라 발음해야 한다는 규칙에는 다국어 억양을 과시하고자 하는 교양인 등의 예외가 포함되어 있었다. 일관성의 규칙에 따르면 mere는 hear, fear, dear, gear와의 유사성에 따라 mear로 써야 했지만, 이 단어의 라틴어 어원이 merus였기 때문에 이 단어는 "일반적인 계율"로부터 "특별한 예외"를 허용받았다. 철자법은 과학이 아니라 예술이었고, 예술은 "사람들이 따를 만한 규칙에 무엇이 가장 적합한지"를 분별할 수는 있어도 모든 특수한 세부사항들을 엄격한 틀 안에 가둘 수는 없었다.[120] 기계적 기술에서 경험이 수행했던 역할처럼, 영혼이 있는 언어는 철자법의 예술에 대해서 같은 역할을 수행했다. 규칙과 예외 모두의 원천이라는 것이었다.

살아 있는 언어의 철자법을 규칙화하려는 모든 후속 시도들은 모든 규칙에 예외를 만드는 멀캐스터의 "활발한 영"에 굴복했다. 『프랑스 한림원 사전』 초판(1694)은 프랑스어의 기원을 밝히고, 새로운 글자를 도입하거나 오래된 글자를 없애려는 "특정 개인, 특히 인쇄업자들"의 노력을 꾸준히 거부함으로써 전통적 철자법을 지지했다. 예를 들면, temps(시간)나 corps(신체)에 라틴어 어원(각각 tempus, corpus)의 흔적을 따라서 묵음 p를 도입한 것처럼 말이다. 그러나 모든 규칙에는 예외가 있었다. 가령, 의무 및 부채를 의미하는 devoir에 있었던 묵음 b는 debitum이라는 라틴어 어원에도 불구하고 사라졌다. 절대군주처럼 프랑스어를 통치하기 위해서 설립된 막강한 프랑스 한림원은 "사람들은 철자법의 숙달자처럼 단어의 용례를 알아야 한다"고 했는데, 메그레 또는 루이 르 레스클라슈(1600?-1671) 같은 급진적 개혁주의자를 염두에 둔 듯이[121] "아무도 준수하고 싶어하지 않는 규칙들"을 선포한 이들은 실패할 것이라고 예견했다.[122] 19세기 말 이래로 가장 자주, 그리고 가장 지속적으로 개혁을 겪은 근대 유럽 언어인 독일어에는 대문자 규칙의 예외 사례들이 아직도 있다.[123] 영어에서는 "i는 e 앞에 써야 한다. 단, 그 앞에 c가 있는 경우는 예외이고, 또한 ei가 neighbor나 weigh에서처럼 발음되는 경우도 예외이다"와 같은 익숙한 철자법이 가장 일반적인 영단어 1만 개 중에 단 11개에만 적용되며, weird나 seize 같은 익숙한 단어들은 또 이러한 규칙과 충돌한다.[124] 멀캐스터가 기하학의 공리에 비유한 영어 철자법의 8가지

"일반 규칙"의 마지막 조항은 모든 기술의 규칙이 지니는 한계를 선언한다. "어떤 예술의 규칙도 기하학의 일반 법칙처럼 될 수는 없고, 다양한 특수성에 대한 권한은 일상적인 수행에 위임해야 한다."[125] 모든 철자 규칙에 예외가 있다는 규칙은 이후에도 영국의 저술가이자 사전학자인 새뮤얼 존슨(1709-1784)과 같은 철자법 온건주의자들의 표어가 되었다. "모든 언어에는 불편하고 그 자체로는 불필요할지라도 변칙들이 존재하며, 그러한 변칙들은 인간사의 불완전성으로서 용인되어야 한다."[126]

예술의 경우와 마찬가지로, 경험에서 형성된 관행은 적절한 예시들로 보완될 수 있다. 영어 철자법에 관한 멀캐스터의 책이 지속적인 영향을 미친 것은 규칙 덕분이라기보다는 그가 "규칙의 근거"를 이해하지 못하는 사람들을 위해서 덧붙인, 자주 사용되는 단어 8,000개의 목록 덕분인 듯하다. 멀캐스터는 예시들이 때때로 규칙과 모순될지라도 규칙을 확인해주기를 바랐다. (예를 들면, though는 묵음 문자를 제거해야 한다는 정신을 드러내기 위해서 책 전체를 통틀어 tho로 표기되었지만, 목록에는 though로 적혀 있다. 인쇄업자의 복수였을까?)[127] 근대 초기 철자법 개혁가들도 알고 있었듯이 사전은 철자법의 실제 시행을 돕는 가장 강력한 수단이었다. 현대의 사전 사용자들은 가장 먼저 정의를 참조하기 위해서, 그리고 두 번째로 어원을 참조하기 위해서 사전을 사용하지만, 프랑스 인문주의 인쇄업자 로베르 에티엔(1503-1559)의 획기적인 16세기 중반 라틴어 및 라틴어-프랑스어 사전부터 시작하여 여러 사전들은 철자법을 고정시키고 표준화하기 위해서도 사용되었다. 멀캐스터는 이러한 맥락에서 이루어졌던 이탈리아, 프랑스,

스페인의 노력을 긍정적으로 언급했고 에티엔의 『라틴어 백과사전 *Thesaurus Linguae Latinae*』(1543년 최종판 출간)을 미래 영어 사전이 따라야 할 모델로서 명시적으로 언급했다.[128] 『프랑스 한림원 사전』 초판도 에티엔의 『프랑스어-라틴어 사전*Dictionaire François-Latin*』(1540)을 프랑스어 철자법의 모델로 삼았다.[129]

그러나 누가 사전에 그러한 권위를 부여했을까? 공식적인 지지를 받은 사전은 거의 없었다. 또한 1635년에 "우리 언어에 규칙을 부여하고……우리 언어를 순수하고 설득력 있으며 기술과 과학을 아우를 수 있는 언어로 만들기 위해서" 설립되어 1674년에 왕실로부터 독점적으로 사전을 출판할 권리를 부여받은 프랑스 한림원이 발행한 사전처럼 공식적인 지지를 받았다고 하더라도, 실제 용례를 무시하거나 경쟁을 근절시킬 수는 없었다.[130] 철자법 보수주의자들은 문자 언어를 안정화하는 데에 프랑스 한림원이 지녔던 실제 권한을 크게 과장하고는 한다. 영어의 변화가 문학 전통의 연속성을 해치고 자신의 작품을 미래의 독자들이 이해할 수 없게 만들어버릴 것을 우려한 조너선 스위프트(1667-1745)는 1712년에 대영 제국의 재무상 옥스퍼드 백작(1661-1724)에게 프랑스의 좋은 선례를 따라 철자법을 포함해 영어를 정화할 조직을 설립하고 "필요하다고 생각된 변화가 이루어진 다음에는 영원히 언어를 고정할 수 있는" 방법을 고안해달라고 공개적으로 탄원했다.[131] 그러나 정작 프랑스 한림원은 변화의 흐름을 막거나 용례의 흐름을 막을 수 있으리라는 환상을 가지고 있지 않았다. 60년의 구상 기간을 거쳐 마침내 1694년 사전의 초판이 출판되었을 때, 이 사전은 절반 정도 개혁적인 프랑스어 철자법을 사용한 프랑스

문법학자 세자르-피에르 리슐레(1626-1698)의 사전(1680년에 제네바에서 출간)과 경쟁 관계에 있었다. 프랑스 한림원은 에티엔의 『프랑스-라틴어 사전』을 따라 어원을 반영한 기존 철자법을 고수했지만, 그 외에는 "오네트 장honneste gens 사이의 일반적인 거래에서 발견할 수 있는 공통 언어"를 사용했다.[132]

그렇다면 이 오네트 장은 누구였을까? (honneste에 포함되어 있는 s는 결국 그것을 곡절 악센트로 대체하고자 한 절반 정도의 개혁적인 맞춤법에 의해서 대체되었다[현재 프랑스어에서는 honnête라고 표기한다/역주].) 그들은 교양 있고 세련된 세상의 남녀로서, 반드시 학식이 많을 필요는 없지만 궁정 분위기에 친숙하고, 귀족 출신은 아니더라도 검술과 승마술 같은 고귀한 활동을 잘 아는 사람들이었다. 스위프트는 찰스 2세(1630-1685, 재위 1660-1685)의 잘못된 통치 이후 영국 궁정이 "말의 적절성과 올바름"의 모델로서의 지위를 잃었다고 지적하며 영국 궁정을 자신의 언어의 표준으로 삼아야 한다는 사실에 절망했지만, 그러면서도 교육받은 귀족들이 말과 철자법에 대한 지침을 제공하리라고 기대했다.[133] 스위프트는 당대 가장 뛰어난 사람들의 용례를 규칙으로 만들어 호박 속 파리처럼 영구히 보존하고 싶어했다. 그와는 반대로, 프랑스 한림원은 자신들이 선택한 사회 상류층의 변화하는 습관에 얽매여 있었는데, 그러한 습관은 상류층이 읽는 책을 인쇄하는 인쇄업자들의 철자법 관행에 따라서 바뀌었다. 그 결과 어떠한 프랑스어 철자법도 영구히 보존되지 못했으며, 모든 규칙은 예외들로 넘쳐났다. 예를 들면, 1740년판 사전은 많은 묵음 문자를 없앴지만 méchanique의 h는 유지했다.[134] 1740년에 출판되어 18세기 유럽에서 가장 위대한 언어적 권위를 누렸던 『프랑스 한림원 사전』 제3판은 "불변하는 원칙에 기반하며 항상 변화하지 않는 체계적인 철자법"을 만드는 것에 대한 모든 희망을 버렸다. "언어의 문제에서, 용례는 이성보다 강력하고 곧 법의 권위를 뛰어넘게 될 것이다."[135]

철자법에서 **누구의** 용례가 권위를 얻는지에 관한 문제는 사실 언제, 어디에서, 왜, 누가 사용한 용례인지의 문제이다. 주요 인쇄소들이 베네치아, 프랑크푸르트, 라이프치히, 리옹, 암스테르담, 파리 등 상업 중심지에 모여들기 전에도 왕가의 거주지, 수상의 관저, 대학교, 고위 성직자 관료의 소재지 역할을 하던 도시들은 학문, 관료 사회, 법률, 종교의 모든 영역을 아우르는 글쓰기의 중심지로서 철자법에 막대한 영향력을 미쳤다. 결과적으로는 궁정과 도시에서 사용되는 철자법이 국가적 철자법을 결정했다. 지역 방언들이 서로 상당히 달랐지만 프랑스처럼 왕실이 공인한 사전이나 영국처럼 대도시의 상류층 등 표준적인 용례를 성문화할 중앙 정치권력이 없었던 독일어와 이탈리아어의 경우, 문학적 명성에 따라서 단어, 발음, 철자법이 결정되었다. 토스카나 방언은 단테(1265?-1321)의 언어라고 자랑할 수 있었고, 1534년 발행된 루터(1483-1546)의 『성서』는 1876년 최초로 국가의 후원을 받은 철자법 개혁 회의가 열리기 전까지 수 세기 동안 많은 독일어 방언의 철자법 모델로 사용되었다.

용례를 언제, 왜 체계화해야 하는지는 누구의 용례가 어디에서 표준을 설정할 수 있는지만큼이나 까다로운 문제였다. 철자법을 개혁하거나 표준화하기 위한 근대 초기의 모든 시도는 고유어가 충분히 다듬어지고 완성된 상태에 이르렀기 때문에 이 시점에 존재하는 용례들에 기초하여 규칙을 제정하는 것이 정당하다고 주장했다. 데모스테네스(기원전 384-기원전 322)의 그리스어나 키케로(기원전 106-기원전 43)의 라틴어가 고대 언어의 정점을 대표했듯이, 멀캐스터는 대외 무역을 통해서 도입된 새로운 용어들 덕에 더욱 풍부해진 당대의 영어가 "오늘날보다 더 뛰어나질 수 없다"고 생각했고, 어떠한 변화라도 쇠퇴에 해당할 것이라고 예측했다.[136] 『프랑스 한림원 사전』 초판은 17세기의 프랑스어가 그 어느 때보다 가장 번영하는 언어이며, 그것의 문법이 일부 집단이 여전히 소중히 여기던 믿음인 "사고思考의 자연적 질서"에 더 충실하게 들어맞기 때문에 키케로의 라틴어를 능가한다고 자랑스럽게 선언했다.[137] 16세기 영어나 17세기 프랑스어에 대한 고유어 애국심이 반드시 현대 민족주의의 형태를 취했다고 할 수는 없다. 언어에 대한 자긍심은 정치체의 영토적 경계와 일치하는 모습으로 나타나지 않을 수도 있고, 대부분 오로지 특정 시간 동안에만 유효하다. 근대 초기 스페인어와 프랑스어의 경우처럼, 고유어의 활기는 실제로 고국의 경계를 넘어 제국주의적인 영향력을 미치기도 했다.[138] 한편, "나는 라틴어를 존중하지만, **영어를 숭배한다**"는 멀캐스터의 모국어 애국심은 더욱 지역적인 것이었고, 바로 이 이유로 멀캐스터는 외래어의 도입을 환영하면서도 외래어의 영어식 발음을 선호했다(오늘날 영어 중심주의에 대한 프랑스 한림원의 국수주의적 입장과는 대조적이다).[139] 반면에 스위프트는 이미 18세기 초에 영국이라는 나라가 반드시 쇠퇴하고 있다고 할 수는 없지만 적어도 영어는 쇠퇴하고 있다고 확신했다.

그러나 19세기 초에는 철자법을 포함하여 언어가 민족주의적 열정과 얽혀 있었다. 노아 웹스터(1758-1843)는 여러 세대의 미국 어린 아이들이 읽고 쓰는 법을 배웠던 『미국 철자 교본American Spelling Book』 (1786년 초판 발행 후 여러 차례 개정본 출간)에서 애국주의적 의지를 표명했다. "미국에서 언어의 통일성과 순수성을 확산시키는 것, 지역적 편견을 만들어내며 상호 간의 조롱을 조장하는 사소한 방언의 차이들을 없애는 것, 문학과 화합에 대한 미국의 관심을 높이는 것이 필자의 가장 간절한 소망이며, 동포들의 승인과 격려를 받을 만한 자격을 갖추는 것이 필자의 가장 큰 야망이다."[140] 웹스터는 일반적으로 새뮤얼 존슨 같은 영국 사전 편찬자들의 모델을 따랐지만, 시간이 지나 출판된 그의 『사전Dictionary』의 개정판과 철자법 교본은 음성에 따라 철자를 바꾸기를 주저하지 않았고(예를 들면, colour는 color가, labour는 labor가 되었다), Niagra(나이아가라)와 Narraganset(내러갠싯) 같은 미국 지명을 미국식으로 발음하고 적어야 한다는 데에는 단호한 태도를 취했다.[141]

민족주의적 철자법 개혁은 새롭게 통일된 독일을 이끌던 프로이센이 1876년 독일어 철자법을 통일하기 위해서 의회를 소집한 19세기 말에 정점에 달했는데, 이 계획은 독일 국가를 통일하는 일만큼이나 많은 논란을 불러일으켰다. 다른 현대 유럽 언어들보다도 독일어는 공국, 공작 영지, 왕국, 제도의 영토가 모자이크처럼 뒤섞여 있었던 유럽 중부 전역을 아우르는 다양한 방언들로 분화되어 있었다. 루터의 『성서』와 같은 주요 저작물과 인쇄업자들의 관행이 17세기 말까지 고등 독일어 맞춤법을 안정화하는 데에 부분적으로 기여하기는 했지만, 철자법 개혁가와 어원학적 보수주의자들의 논쟁은 일찍이 16-17세기에 프랑스와 영국의 논쟁으로 뚜렷해진 경로를 따라서 18세기 내내 격렬히 진행되었다.[142] 1871년 북부 게르만어권(오스트리아 및 스위스 일부 지역은 제외)의 대부분 지역이 정치적 통일을 이루자마자 거의 바로 독일의 학제, 특히 철자를 가르치는 방식을 통일하려는 노력이 뒤따랐다. 프로이센 교육부 장관의 초청으로 1876년 1월 베를린에서 모인 14명의 언어학자들과 함께 독일 전 지역의 대표들은 독일 제국 전역의 학교 교사를 위해서 문자 c가 제거되어야 하는지의 문제를 비롯하여 중요한 사안들에 대한 법률을 제정했다.[143] 제안된 개혁안은 Sohn(아들)에서 묵음 문자 h를 제거하자는 것같이 상당히 온건했음에도 불구하고, 이들의 제안은 언론으로부터 거센 항의를 받았다. 베를린 회의 후 혼란스러운 와중에 바이에른, 작센, 프로이센 등 개별 독일 주에서 각각 지역 고유의 규칙을 적은 철자법 교과서가 자체적으로 출판될 정도였다. 설상가상으로 프로이센과 제국의 관료들이 1880년 프로이센 철자법 교과서에 명시된 다소 개혁된 철자법을 사용하는 것을 오토 폰 비스마르크 수상(1815-1898)이 금지하는 바람에, 프로이센 관료들은 학교에서 배웠던 철자법을 완전히 다시 배워야 했다.[144]

결국 학교 교과서가 승리했는데, 여기에는 인쇄업자들, 그리고 무엇보다도 1880-1900년에 여섯 차례나 인쇄를 거듭하며 어떠한 공식적인 권위에 의한 지지를 받지 않고도 독일어권에서 중요한 참조 서적으로서 빠르게 자리를 잡은, 사전학자 콘라트 두덴(1829-1911)의 『독일어 맞춤법 사전 완전판*Vollständiges Orthographisches Wörterbuch der deutschen Sprache*』의 역할이 있었다.[145] 1898년 비스마르크의 사망 이후 1901년

6월 베를린에서 열린 두 번째 철자법 회의에서는 특히 프로이센의 학교 교과서와 두덴의 사전이 함께 영향력을 발휘하여 독일의 국가적 통일 후 25년 만에 오랫동안 갈망해온 독일어 철자법의 통일을 이루어냈다. c는 대부분 z와 k로 대체되었고, 불타는 쐐기풀을 의미하는 Brennnessel은 삼중 자음을 지켜냈다. 독일 제국의 황제 빌헬름 2세 (1859-1941, 재위 1888-1918)는 처음에는 새로운 철자법으로 적힌 어떤 편지도 읽기를 거부했지만, 그도 결국 1911년에 항복했다. 회의의 결과보다 훨씬 더 중요했던 것은 독일어권 전역에서 철자법 문제에 관해 두덴이 최종적인 권위를 지니게 되었으며 언어적 통합은 물론 정치적 통합을 상징하게 되었다는 점이었다. 제2차 세계대전 이후 독일이 이념적으로 양극화된 두 국가로 분단된 후에도, 동독과 서독은 모두 두덴의 사전을 철자법 규범으로 고수했다.[146]

16세기에 시작된 철자법 전쟁은 아직 끝나지 않았다. 독일의 개혁가들은 성별 대명사 der, die, das를 영어의 the처럼 하나의 정관사로 대체해야 한다고 주장하고 있다. 프랑스의 한림원은 tous, toutes와 같은 집합 대명사 규칙 변화에 대한 제안을 둘러싸고 싸움을 벌이고 있다. 영어를 가르치는 교사와 학습하는 학생들은 발음과 매우 다른 철자법 때문에 골머리를 앓고 있다. 언론, 텔레비전, 인터넷, 심지어 거리 시위에까지 모든 곳에서 반대 진영은 이 문제를 놓고 핏대를 세우고 소리를 높여가며 공방을 벌이고 있다. 이들은 왜 이렇게 철자법에 관심을 가질까? 철자법을 익히는 데에 이미 시간과 노력을 들인 사람들이 새로운 철자법을 배워야 한다는 데에 불평을 표하는 것은 당연하다고도 할 수 있겠지만, 새로운 철자법은 사실 단어의 5퍼센트에도 영향을 미치지 않는다. 새로운 워드 프로세서 프로그램을 터득하는 데에 시간이 더 많이 걸리지만, 그것이 우리가 아는 문명의 종말이라고 불평하는 사람은 거의 없다. 언론이 유명인사들의 철자법 오류를 조롱하기를 좋아하기는 하지만 사회적 자본이 그 때문에 위태로워지지는 않는다. 특히 영어에서 철자법의 정확도는 사회 계층이나 교육 수준을 나타내는 지표로 잘 사용되지 않는다. 옥스퍼드 대학교 학생들도 embarrass와 embarass를, 또는 it's와 its를 잘 구분하지 못하기 때문이다.[147] 게다가 컴퓨터의 계산기능이 산술 규칙의 학습을 불필요하게 만들었던 것처럼, 컴퓨터 철자법 검사기는 우리가 철자법 규칙에 대해서 더 이상 생각할 필요가 없게 만들 수도 있지 않을까? 그러나 여전히 많은 사람들은 전통적으로, 역사적으로 완전히 가변적으로 변해왔고 예외로 넘쳐나는 철자법 규칙을 바꾸자는 제안에 대해서, 마치 수정주의자들로부터 십계명을 지켜내려는 사람들처럼 격노하여 반응한다.

아마도 규칙에 대한 분노를 이해하는 실마리는 높은 수준의 작가들, 심지어 전문 작가들도 종종 원고나 사적인 서신에서 철자를 틀릴 때가 있다는 또다른 혼란스러운 현상에서 찾을 수 있을지도 모른다. 영어 철자법을 완전히 규율하고 싶어했던 스위프트도, 18세기 영어 사전의 선도자였던 새뮤얼 존슨도 철자를 틀릴 때가 있었다. 19세기 중반에 사전, 학교 교육, 인쇄업자들의 도움으로 영어 철자법이 효과적으로 표준화된 지 한참 지난 후에도, 찰스 디킨스나 찰스 다윈(1809-1882)의 편지에는 출판된 작품에서 발견되었다면 얼굴을 붉혔을 만한 철자법 오류들이 가득했다. 역사 언어학자 사이먼 호로빈은 공적인 글에서와 사적인 글에서의 철자법의 차이가 "상대적 격식성을 나타내는 표식"이었으며 저술가들은 인쇄소의 조판공에게 교정을 맡겼을 것이라고 추측했다.[148]

철자법의 사회성에 관한 호로빈의 통찰을 확장하면, 우리가 내면의 대화로서 친한 사람에게 보내는 편지를 단숨에 작성해 보내버린 경험을 떠올려볼 수 있다. 이렇게 써내려간 편지는 상대와의 대화를 마음의 귀로 하는 대화로 만들 수 있다. 이때 "마음의 귀"라는 표현은 더 은유적으로 받아들여야 한다. 특히 놀랄 만한 빈도의 동음이의어 실수(their를 there로 적는 등)가 보여주듯이 많은 사람들은 속도를 내어 글을 쓰거나 타자를 칠 때 작은 소리로 암송을 한다. 철자에 능한 사람조차도 서로 잘 아는 사이이며 철자법 오류를 무지 때문이라고 생각하지 않을 상대에게 편지를 보낼 때에는 음성적 글쓰기로 돌아갈 것이다. 그러나 빠르게 써내려가서 철자법 오류가 있는 서신을 읽는 사람이 발신인을 문맹으로 치부하지 않더라도, 그는 의도치 않게 발신인을 비난하게 될 수도 있다. 그들은 귀가 아닌 눈으로 글을 먼저 읽는 독자로서 반응하기 때문이다. 말하기와 보기 사이의 경계가 그어지면, 사람의 얼굴을 인식하는 것처럼 전체 글자를 한번에 인식하는, 보기에 관련된 종류의 철자의 사회성이 작동한다. 인지심리학자 스타니슬라스 드앤은 읽기 학습이 원래는 얼굴 인식에 사용되는 뇌의 영역을 활성화한다고 주장한다.[149] 정확히 어떤 철자가 틀렸는지 파악하기도 전에 철자가 틀린 언어를 인식해내는 흔한 경험은 숙련된 독자들이 단어를 전체적 수준에서 파악한다는 사실을 보여준다. 마치 안면인식장애 환자를 제외한 많은 사람들이 얼굴을 특정한

눈썹과 특정한 귀의 조합으로 보지 않고 전체적 수준에서 인식하듯이 말이다. 이 비유가 맞다면, 철자가 틀린 단어를 읽는 일은 익숙한 얼굴이 왜곡된 모습을 보는 것만큼이나 불안감을 불러일으킬 수 있다. 이런 불안이 아마도 철자법 전쟁에서 터져나오는 격렬한 독설을 설명해줄 것이다.

이 비유는 또한 철자법 규칙을 변경하자는 제안에 반대하는 사람들의 격렬한 반발이 사회적 차별이나 현대와 과거 문학 사이의 연관성, 단어의 역사, 오래된 규칙을 배우기 위해서 들여야 했던 노력의 비용에 관한 것만은 아니라는 점을 보여준다. 심지어는 전혀 규칙에 관한 것이 아닐 수도 있다. 대부분의 유럽 언어에는 수많은 철자법 규칙이 있으며(20세기에만도 여러 번의 개혁을 거친 독일어에는 169개의 철자법 규칙이 존재한다)[150] 각 규칙에 대한 예외들도 넘쳐나기 때문에, 철자법을 배우고 일상에서 사용하고자 하는 사람은 낙담하게 될 것이다. 우리가 철자법을 헷갈릴 때 참조하는 것은 사전에서 제공하는 모델이지, 규칙이 아니다. 개혁에 반대하는 사람들이 그토록 열렬히 지지하는 철자법은 전근대적 의미의 규칙이다. 익숙하고 편안한 느낌을 주는 가족과 친구들의 얼굴이나 유년기 고향의 풍경처럼, 평생 쌓아온 시각적 기억에 저장되어 있는 수많은 모델 말이다. 1988년에 제안된 철자법 개혁에 격분한 독일인이 "모국어는 사람이 절대 잃을 수 없는, 그가 태어난 지역의 풍경, 유산, 고향과도 같다"라고 쓴 것은 바로 이러한 감정적인 연상이 있었기 때문이다.[151] 고향, 유산, 그리고 강제 추방은 모두 20세기 독일 역사에서 상실, 파열, 망명 등을 연상시키는 단어이다. 그러나 이 단어들이 얼마나 극적인 표현이든지에 상관없이, 이 단어들은 철자법이 우리 속 깊이 내재된 규범으로서 자리 잡는 데에 예상치 못한 성공을 거두었음을 보여준다.

결론 : 규칙에서 규범으로

규정은 가장 핵심적이고 기본적인 규칙이다. 우주를 질서대로 움직이는 장엄한 자연법칙부터 특정한 분야에만 적용되는 세세한 규칙에 이르는 스펙트럼에서, 규정은 후자에 가까이 놓여 있다. 대문자를 언제 쓰는가에 관한 규칙은 언어 전체에 적용되는 반면, 앞코가 뾰족한 신발의 최대 길이를 정하는 규칙은 뾰족한 신발에만 적용될 수 있는 것처럼, 규정이 어디까지 적용될 수 있는지의 범위는 영역에 따라 달라진다. 무역과 외교에 적용되는 국제적인 규정도 있지만, 대부분의 규정은 세부적인 것에 관한 지역적인 규정이다. 또한 국제적인 규정마저도 궁극적으로 시행은 지역적으로 이루어지기 때문에, 불가피하게 지역적 상황에 맞춰 조정되어야 한다.

따라서 규정은 작은 범위 안에 모든 것이 응축되어 있는 것의 한 사례이다. 이 장에서 소개한 규정들이 작동하는 범위는 소도시에서 대도시, 언어 공동체 전체에 이르기까지 다양하고, 세 가지 규정들은 모두 그들이 통제하는 영역에 대해서 수많은 세부 정보를 담고 있다. 규정은 시공간의 규모뿐 아니라 복잡성과 밀도에 따라서도 급증한다. 넓은 영역에 촘촘하게 짜인 무역망은 엄청난 부와 상품을 창출하여 상업도시에서 사치 금지법을 만들어냈고, 인구 급증과 취약한 기반시설에 대한 요구사항들은 계몽주의 시대 대도시에서 교통 및 위생 규정을 만들었으며, 문해율 상승과 인쇄술의 보급은 철자법을 규칙화하려는 노력을 촉진했다. 볼로냐의 결혼식에서든 파리의 길거리에서든 인쇄된 책의 종이에서든, 사람들 간의 상호작용이 가속화된 속도로 확장되고 강화되는 곳이라면 어디에서든지 규칙은 같은 공간에서 다양한 방식으로 다양한 행동을 하는 많은 사람들의 무질서를 바로잡기 위해서 등장했다.

이쯤 되면 우리 안의 자유주의자가 다음과 같이 항의하려고 할지도 모른다. 뾰족한 구두 또는 찢어진 청바지를 착용하는 것, 마차와 차를 원하는 만큼 빠르게 달리는 것, 같은 쪽에 여우를 fox, focks, phawx로 쓰는 것이 무엇이 그렇게 잘못되었다는 말인가? (그래도 순진한 행인의 머리 위에 요강의 내용물을 뿌려대는 것에 찬성하는 자유주의자는 거의 없을 것이다.) 이 모든 규정들이 근본적으로는 다양성과 개별성을 없애버리려는 권위주의적 노력에 기인한 것 아닌가? 유행의 변화를 멈추고자 했던 색슨 당국, 같은 방향을 향한 획일화된 주택 외관을 꿈꿨던 파리 당국, 철자법 교과서의 무법성에 공포에 질렸던 독일 당국 등 규칙과 규정의 서막이 종종 깔끔하고 정돈된 미를 추구하는 분위기를 풍기는 것은 사실이다. 옷장 속 잡다한 옷가지, 조화롭지 않은 주택 외관, 될 대로 되라는 식의 철자법의 불일치성으로부터 우리는 쉽게 추醜를 연상할 수 있다. 그러나 미적 선호 외에도, 사치품에 부를 허비하는 가정의 현실, 숫자가 매겨져 있지 않고 방향도 제각각인 집들의 미로 속에서 길을 찾으려고 헤매야 한다는 현실, 종이 위 글자들의 이상한 조합이 의미하는 단어들을 해독해야 한다는 현실 같은 실질적인 어려움들이 많은 규정을 탄생시키기도 했다. 모든 현실이 똑같이 어려움을 야기하는 것은 아니다. 교통 통제와 its와 it's의 구분은 그 결과의 측면에서 엄청난 차이가 있다. 그러나 후자는 아마도 전자보다 더 많은 열정의 투입을 필요로 할 것이다.

이러한 점은 이 장에서 제기했던 중심 문제를 떠올리게 한다. 규정은 언제, 왜 성공하거나 실패할까? 이제 우리는 적어도 몇 가지 그럴듯한 가설을 제거할 수 있다. 수 세기 동안 반복되는 실패도 규정을 없애버리지는 않는다. 완고한 기능주의는 어떤 규정이 남고 어떤 규정이 남을 수 없는지를 판단하는 데에 불확실한 지침일 뿐이다. 절대주의 군주가 선포한 규정이 공화주의 정부가 선포한 규정보다 덜 광범위하고 덜 권위적일 수 있다. 하나 확실히 알 수 있는 것이 있다면, 규정의 집행만으로는 규정을 강화할 수는 없다는 점이다. 금지된 물건이나 행위가 유혹의 손짓을 하지 않는다면 규정이 필요 없기 때문에, 신속하고 엄격하고 지속적인 집행 없이는 거의 모든 규정이 자리 잡지 못할 것이다. 그러나 그 반대로, 아무리 독재적인 경찰 국가에서라도 지속적이고 보편적인 집행은 불가능하다.

가장 효과적인 규정은 규범과 습관에 기반한다. 규범과 습관은 어린 나이에 습득될수록 강력하며, 어린아이에게 읽기와 쓰기를 가르치기 위한 보편적 의무 교육을 법제화할 수 있는 국가의 권력은 철자법이 국가적 통일성과 애국적 자부심의 문제로 여겨진다는 것을 의미한다. 이민자나 소수 민족의 자녀에게는 영어 철자법 전문가가 되는 것이 완전한 시민권을 부여받았음을 상징할 수 있다. 1908년 오하이오 주 클리블랜드에서 열린 최초의 미국 철자법 대회에서 4,000명의 관중은 마리 볼든이라는 14세의 아프리카계 미국인 여학생에 환호했다. 오늘날 많은 관중의 관심 속에 매년 워싱턴에서 열리는 전국 스크립스 스펠링 비에서는 미국 이민자들의 자녀들이 꾸준히 우승한다.[152] 또한 아이들은 거의 모든 규칙을 거의 신성시하는 어린 나이에 철자법을 배운다. 발달심리학자들은 어린아이들이 유치원과 초등학교에서 배운 가장 명백하게 관습적인 규칙(예를 들면, 게임의 규칙)조차도 얼마나 신성한 경전처럼 여기는지를 밝혀냈다.[153] 아마도 이것이 사소한 세부사항까지도 철저히 준수되는 철자법만큼이나 열정적으로 준수되는 규정이 거의 없는 이유일 것이다.

모든 규칙은 예언적인 규칙이 되기를 열망한다. 만일 규칙이 지켜지면, 원래 원했던 결과나 질서가 실현된다. 요리책의 설명을 그대로 따르면 그림처럼 완벽한 케이크가 만들어져야 하고, 교통 규칙을 그대로 따르면 안전하고 질서 정연한 길거리가 조성되어야 한다. 이러한 예언은 케이크와 교통에 관한 과거의 경험을 성문화한 것이기 때문에 설득력을 지닌다. 그러나 이번 장에서 살펴본 규정에는 더 큰 야망이 담겨 있었다. 그러한 규정을 만든 사람들은 존재한 적 없었고 앞으로도 존재할 수 없을 질서에 대한 구상을 규정에 담아두었다. 변하지 않는 단순하고 절제된 복장, 모든 집에 깔끔하게 번호가 매겨져 있고 안전하게 길을 건널 수 있는 도시, 모든 시민이 같은 철자법으로 글자를 쓰고 같은 방식으로 말하는 언어에 의해서 통일된 국가 같은 것 말이다. 이러한 고지식한 규정에는 인간 본성의 최고 선과 최고 악을 모두 가정해 만들어진 유토피아적인 요소가 있었다. 규정들은 최고 악을 가정하여, 규정을 우회하기 위한 온갖 술책과 속임수들을 예상한 수많은 세부사항들을 정했다. 또한 규정들은 최고 선을 가정하여, 진보에 대한 믿음을 가지고 계속해서 발표되고 다시 발표되었다. 궁극적으로 규정은 인간의 완벽성에 대한 내기와도 같았다. 엄격하게 단속하거나 보도 같은 기반시설을 구축하는 것만으로는 규정을 준수하도록 하는 데에 한계가 있었다. 내기에서 이기기 위해서는 규정이 규범으로 굳어져야 했다. 사치 금지법 제정자들은 내기에서 패배했고, 파리 경찰은 부분적으로 승리했으며, 철자법 개혁가들은 상상 이상의 성공을 거뒀다. 그러나 이들은 모두 장기적인 관점을 가지고 있었다. 규칙을 규범으로 바꾸는 데에는 수 세기가 걸릴 수 있었다.

규정은 상황에 영향을 받지 않는 얇은 규칙이 되기에는 너무 시시각각 변화하는 상황에 대응하도록 만들어졌다. 그러나 규정은 규칙의 공포에 의한 엄격성과 영원히 지속될 새롭고 개선된 질서를 실현하려는 야망을 지닌다는 점에서, 얇은 규칙을 지향한다고 설명될 수 있다. 정의에 따르면 유토피아는 변하지 않으며, 따라서 유토피아의 규칙은 알고리즘만큼 얇고 엄격히 실행될 수 있다.

규정의 세부성은 규정의 수를 증가시킨다. 세부화할 세부사항은 항상 많고, 막아야 할 허점은 항상 많으며, 저지해야 할 예외와 회피는 항상 많다. 원칙적으로 규정은 만약의 경우나 부가적인 경우나 예외를 허용하지 않는 엄격한 규칙이다. 그러나 실제로는 아무리 구체적이라고 해도 예외의 발생을 방지하거나 재량권을 발휘할 필요가 없을 수는 없다. 재량권이 규칙을 따르는 사람이 아니라 규칙을 집행하는 사람을 위한 일방적인 것이라고 할지라도 말이다. 더 많고 더 세부적인 규정은 종종 자멸적인 결과를 낳았다. 아무리 세세한 규정이라도 최신 유행과 사치를 따라잡을 수 없었고, 사치 금지법은 여러 번 반복해서 민첩한 유행과의 전쟁에서 패배했다. 원활한 교통 흐름을 방해하는 모든 장애물을 예측하고 금지하려고 했던 교통 규정은 자신의 무게에 짓눌려 무너져버렸다. 마찬가지로 계속해서 진화하는 자연어에서 틀린 철자법을 성문화하고 교정하려고 했던 시도는 결국 단어의 수만큼이나 많은 규칙을 만들어내는 데에 그쳤다. 너무 많은 규정은 아무 규정도 부과되지 않는 것만큼이나 시행의 효과를 보지 못한다. 규정의 남용을 정확하게 짚어내기 위해서는 그 반경을 넘어서기 위한 유비와 해석이 필요하다. 다음 장에서 우리는 반대 극단에 있는, 즉 규칙의 반경이 전 세계를 넘어 우주까지 뻗어나가는 자연법과 자연법칙에 대해서 살펴볼 것이다.

7

자연법과 자연법칙

가장 광범위한 규칙

상상 속에서만 볼 수 있는 두 장면을 상상해보자. 하나는 우주, 즉 은하계와 태양계, 척박하거나 비옥한 무수한 세계, 궤도를 따라 철저히 태양 주변을 도는 행성들, 완벽히 동일한 궤적을 따라 은하계 사이의 허공을 통과하는 아주 작은 먼지 입자들을 바라보는 신의 눈이다. 이것이 바로 가장 보편적이고 균일하며 벗어날 수 없는 규칙인 자연법칙의 모습이다. 다른 하나는 거의 고립되어 있고 경제적으로도 독립된, 하나의 가족 단위 정도로 작은 규모의 인간 사회가 동굴이나 숲속 같은 지구의 조그마한 영역에서 살아가는 모습이다. 이 사회에서 다른 인간과의 만남은 극히 드물고 순간적이며, 정치나 경제, 사제나 왕자는 아직 존재하지 않는다. 에덴 동산으로 그려지든 아니면 만인의 만인에 대한 투쟁으로 그려지든 간에, 이와 같은 인간성의 시초에 대한 상상은 관할 구역이 훨씬 제한적이기는 해도, 자연법칙만큼이나 균일하고 불변하는 자연법이라는 규칙의 지배를 받는다. 규칙의 스펙트럼에서 자연법칙과 자연법은 모두 제6장에서 살펴본 것과 같은 규정과 정반대 극단에 위치한다. 자연법칙과 자연법이 보편적이고 균일하며 영속적인 반면, 규정은 국지적이고 다양하며 가변적이다.

두 장면은 모두 사고 실험에 해당한다. 우주를 한눈에 내려다보는 위치에 대한 꿈은 고대의 스토아 철학만큼이나 오래되었으며 전파망원경 데이터로 재구성한 블랙홀의 이미지만큼이나 새롭지만, 아무도 우주를 한눈에 담아낸 적은 없다.[1] 탐험가와 인류학자들은 자연 상태에 가까운 무리를 발견했다고 주장해왔으나 인류 사회가 탄생하기 전의 단계에 있는 인간을 본 사람은 아무도 없다.[2] 이 두 가지 상상이 얼마나 환상적이든 상관없이, 두 상상은 모두 과학, 철학, 신학, 정치이론, 법학 분야에서 "규칙의 지배"의 의미에 막대한 영향을 미쳤다. 뉴턴의 중력 개념부터 일반 상대성 이론의 장 방정식에 이르기까지 또 미국 독립선언문에서 국제연합 인권선언에 이르기까지, 어떠한 경계도, 수정도, 변형도, 예외도 없는 규칙의 이상은 여전히 우리의 상상력을 자극한다. 이러한 규칙들은 언제, 어디에서나 적용되며 궁극적인 정의와 궁극적인 질서를 보장한다고 간주된다.

인간(그리고 심지어 동물)의 관계를 지배하는 자연법과 우주를 지배하는 자연법칙이라는 두 가지 이상은 자연과 인간의 기묘한 혼성체이다. 법은 입법자에 의해서 만들어지며, 법의 지배를 받는 대상은 법을 이해하고 준수한다. 모든 법은 위반될 가능성이 있는데, 그렇지 않다면 애초에 법이 필요 없기 때문이다. 그렇다면 자연의 규칙성을 설명하는 데에 왜 "법칙"이라는 말을 붙여야 할까? 자연법칙이 지배하는 대부분의 무생물은 그것을 이해할 수도 없고 어길 수도 없는데 말이다. 자연법칙 개념의 가장 열렬한 지지자들도 인정했듯이, "자연법칙"이라는 개념은 은유로 받아들여야 하며, 이러한 은유는 약간 어색한 것이 맞다. 자연법이라는 개념도 마찬가지로 당혹스러운 면이 있다. 그러한 법을 제정하는 "자연"이란 무엇일까? 만약 그것이 모든 인간 종에게서 동일하게 발견되는 인간 본성이라면, 왜 자연법은 항상 매우 가변적인 실정법에 의해서 보충되며 때로는 모순될까? 특히 인간의 행동과 문화의 영역에서 법이 기껏해야 부분적으로만 준수될 때, 자연이 가지는 입법 권한이 무엇인지에 대한 의문은 더욱 커진다. 자연법칙의 물리적 필연성과 자연법의 도덕적 권위 사이의 오락가락하는 움직임은 이 구성 요소들인 "법칙"과 "자연"이 서로 다른 방향으로 향하는 긴장 상태를 보여준다. 이러한 모호함은 훈계하는 경찰관의 모습을 깔끔하게 담아 "중력, 그저 좋은 생각에 그치지 않습니다. 중력은 법입니다"라고 쓴 포스터와 같다.

자연법과 자연법칙이라는 이러한 극단적인 규칙의 역사는 두 가지 수수께끼를 던진다. 첫째로, 자연법칙과 자연법의 일치하지 않는 이 두 가지 구성 요소가 어떻게 서로 긴밀하게 연결되어 상호 간의 내적 비일관성에도 불구하고 지속될 수 있었을까? 둘째로, 법학자, 천문학자, 신학자, 철학자의 저서에서 수 세기 동안 연결되지 않던 자연법칙과 자연법이 어떻게 근대 초기 유럽에서 강력한 공생관계를 형성했다가 18세기 말에 다시 분리될 수 있었을까? 이 문제들에 대한 답은 서로 연결되어 있다. 법과 자연의 모순이 가장 두드러졌던 17세기 바로 그 시대에, 그때까지 뚜렷이 구분되었던 자연법과 자연법칙의 전통이 가장 크게 공명했다. 이때가 바로 인간의 질서와 자연의 질서에 대한 새로운 개념이 서로 맞물리며 등장한 순간으로, 이 두 가지 개념은 법조인으로 훈련을 받고 새로운 토대 위에 자연철학과 법률을 확립하고자 했던 프랜시스 베이컨과 고트프리트 빌헬름 라이프니츠 같은 인물들의 저서에서 함께 등장했다. 이들의 저서에 더해 자연법 이론가인 후고 그로티우스, 토머스 홉스(1588-1679), 사무엘 푸펜도르프, 크리스티안 토마지우스(1655-1728)와 자연철학자 르네 데카르트, 로버트 보일, 아이작 뉴턴 같은 학자들의 연구에서도 보편적 법에 대한 새로운 시각이 형성되었다. 그것은 바로 전 세계와 가장 멀리 있는 별에까지 적용되는 규칙, 인간의 정신과 사물의 질서에 영구히 새겨진 규칙, 장소와 시간에 구애받지 않고 변화하거나 예외에 굴복하지 않는 규칙, 모든 규칙 중 가장 위대한 규칙이었다.

자연법

소포클레스(기원전 496-기원전 406)의 고대 그리스 희곡에서 주인공 안티고네는 불명예스러운 죽음을 맞은 오빠 폴리네이케스를 테베의 왕이자 삼촌인 크레온의 명령에 따라 매장하지 않거나, 명령을 저버리고 "기록되지 아니하고 확실한 신의 법"에 따라서 죽은 자를 위한 의식을 치러야 하는 냉혹한 선택지를 마주한다.[3] 안티고네는 오빠를 매장하기로 한 자신의 선택을 옹호하기 위해서 자연이 아니라 신을 끌어들이기는 했지만, 아리스토텔레스와 후대의 주석가들은 크레온의 명령에 반한 그녀의 결정이 미약한 인간의 법보다 자연의 법을 지키려고 한 전형적인 사례라고 보았다. 아리스토텔레스는 안티고네의 대사를 인용하면서, 그녀의 말이 특수한 공동체의 "특수한 법"이 아닌, 모든 사람에게 공통적으로 적용되며 "자연의 섭리에 따라 정의와 불의를 판단하는" 보편적 법에 대한 호소라고 해석했다.[4] 토마스 아퀴나스 같은 중세 기독교 사상가들이 아리스토텔레스의 보편적 법 개념을 신의 영원한 법 개념과 동일시한 이후에도, 보편적 법이 자연에서 파생되거나 자연에 의해서 정당화된다는 생각은 지속되었다.

그러나 이들에게 자연이란 정확히 무엇이었으며, 자연의 명령은 무엇이었을까? 이에 관한 극명하게 대조되는 두 개의 답이 고대 로마에서부터 18세기 이후까지 자연법 전통을 형성했다. 하나는 자연이 인간의 것이든 우주 전체의 것이든 어떤 이성의 표현이라는 생각이었다. 로마의 정치가이자 스토아 철학자인 키케로는 『국가론*De Re Publica*』(기원전 44?)에서 이러한 관점을 구체화했다. "참된 이성은 자연과 일치하는 올바른 이성이며, 불변하고 영원하며 보편적으로 적용되고, 명령을 통해서 의무를 알려주고 금지를 통해서 잘못을 방지한다."[5] 죽은 오빠에 대한 안티고네의 의무처럼, 참된 이성은 모든 곳에서 모든 사람에게 구속력을 지니며 해석자가 필요하지도 않고 변덕스러운 입법자의 자의에 좌우되지도 않는 신성한 법이었다. 사람들은 인간의 이성만으로도 자연을 이해하고 그에 순종할 수 있었다. 다른 하나는 자연은 인간과 동물들이 공통적으로 가진 본능의 표현이라는 생각이었다. 6세기에 기독교 황제 유스티니아누스 1세의 명령으로 제작된 로마법의 체계적 개요서에서, 법학자 울피아누스(170?–

228?)는 자연법을 "하늘, 바다, 땅에서 사는 모든 동물에게 자연이 가르쳐주는 것"이라고 정의했고,[6] 번식을 위한 암수의 성적 결합과 자식을 돌보는 것을 포함시켰다.[7] 키케로의 자연법이 인간의 가장 수준 높은 능력을 의미했다면, 울피아누스의 자연법은 인간의 가장 수준 낮은 능력, 심지어 인간만의 것도 아닌 능력을 의미했다.

자연법이 유래된 인간 본성에 대한 이와 같은 두 가지 상반되는 견해는 수천 년 동안 로마법 전체에 불편하게 얽혀 있었다. 로마법은 심지어 관습법을 따르는 체계까지 포함해 서구의 모든 법 전통에 깊은 영향을 미쳤다.[8] 이 두 견해가 겨우 공유하는 특징은 첫째, 자연법은 특정 정치체나 역사적 시대의 법(시민법)과 달리 보편적인 법이라는 것과 둘째, 자연법은 시민법이나 국가법과 달리 인간의 합의에 의해서 만들어진 산물이 아니라는 것이다. 자연법이 신의 명령에서 비롯되었는지, 우주의 질서에서 비롯되었는지, 아니면 이성이나 본능, 사교성이나 신체적 연약함 같은 인간 본성의 또다른 측면들에서 비롯되었는지는 여전히 열려 있으며 종종 논쟁의 여지가 있는 문제이다. 후대의 기독교 저술가들은 자연법에 대한 스토아 학파의 관점에 동조하면서, 키케로의 자연법을 신의 계시에 의해서 선포되고(『성서』에 적혀 있는 신성한 실정법) 인간 이성에 의해서 인식되는(사도 바울로가 「로마인들에게 보낸 편지」 제2장 15절에 적은 "마음속에 새겨진 율법"과 동일시된 자연법) 신의 영원법과 동일시했다.[9] 큰 영향력을 미치던 토마스 아퀴나스가 13세기에 공식화한 바에 따르면, 자연법은 신의 영원법에 인간 이성을 더한 것과 같으며 그 안에 십계명의 모든 도덕적 교훈을 포함한다.[10] 그러나 중세의 법학자와 신학자들은 동물적 본능의 자연법도 지지하면서 "자연에 반하는 범죄"를 벌하는 더욱 야만적인 법을 법문화했는데, 자연에 반하는 범죄란 거의 모든 종류의 비생식적 성행위(모두 "남색"이라는 법규로 묶인다), 근친상간, 영아 살해(특히 임신을 중단하거나 사회 통념에 어긋나는 임신을 숨기려는 여성이 저지른다)에 대해서까지 확대된 것이었다. 이와 같은 "비자연적인" 행위가 종교적 이단과 자연재해의 모습을 취한 신의 보복(「창세기」 제19장 24절의 소돔과 고모라 멸망에 관한 이야기 등) 모두와 연관을 맺게 되면서, 특히 베네치아와 같이 홍수와 지진이 빈번히 발생하는 도시에서는 이에 대한 처벌이 강화되었다.[11]

어떤 견해가 우위에 있는지에 따라 자연법은 지역 관습이나 시민법보다 더 큰 영향력을 발휘하기도 하고 더 작은 영향력을 발휘하기도 했다. 예를 들면, 유스티니아누스 1세의 『학설휘찬Digesta』은 모든 사람이 자연법에 따라 자유롭고 평등하게 태어났다는 점을 분명히 밝혔다.[12] 그러나 로마 제국 내에 노예제는 시민법에 의해서 정당화되고 규제되는 제도로 널리 퍼져 있었고 온전히 수용되었다. 보편적인 자연법이 로마의 시민법을 뛰어넘지 못했던 것이다. 인간이 동물과 함께하는 상태가 문명화된 사회의 법보다 우위에 있다고 여겨져야 하는 이유가 무엇이란 말인가?[13] 이런 관점에서 보면, 자연법은 그것이 얼마나 보편적이거나 불변하는지에 상관없이 근본적인 것이 아니라 원시적인 것으로 간주되었다. 그러나 자연법이 인간 이성의 명령이나 신의 칙령을 나타낸다고 생각되면, 자연법이 모든 시민법을 초월한다고 여겨졌다. 키케로는 "정의는 하나이며, 모든 인간 사회를 지배하고, 명령과 금지를 정의하는 올바른 이성인 법에 근거한다"고 주장했다.[14] 소포클레스의 희곡에서 크레온은 더 높은 법에 호소하는 안티고네를 저버리고 자신의 명령을 고집스럽게 고수하다가 가족을 파멸로 이끌었다. 왕일지라도 이러한 자연법을 함부로 어길 수는 없었다.

두 가지 자연법 전통을 모두 짊어진 로마 저술가들은 동물적 본능의 자연법을 신의 명령과 같은 수준으로 격상시키거나 영아 살해 같은 본능에 대한 위반을 이성을 상실한 탓으로 돌리면서 두 전통 사이의 모순을 완화하고자 했다. 전자의 전략을 택한 예시로, 히포의 성 아우구스티누스가 『고백록Confessiones』(400?)에서, 비생식적이라는 이유로 "비자연적 행위"라고 간주되었지만 고대 지중해 세계의 많은 지역에서 수용되던 남색과 관련해서, 당시 칭송받던 로마 황실의 격언인 "로마에 가면 로마 법을 따르라"는 규칙에 따라 예외를 인정한 경우를 들 수 있다. "그러나 하느님께서 어떤 백성의 관습과 헌법에 반하는 일을 명하신다면, 비록 그것이 이전에 행해진 적이 없더라도 그때부터는 행해져야 하며……그것이 이전에 법으로 제정되지 않았다면 그때는 법으로 제정되어야 한다."[15] 이런 주장의 여파는 "자연의 창조주"가 그려둔 종 간의 경계를 넘는 수간이 간통보다 더 나쁘다는 아퀴나스의 주장부터 동성애에 관한 최근 가톨릭 교회의 문답서에 이르기까지 수 세기 동안 기독교 신학에 반향을 일으켜왔다.[16] 이와 반대되는 후자의 전략은 동물의 본능에 반하는 행위를 이성 혹은 우주의 질서의 실패와 연결짓는 것이었다. 불충실한 남편 이아손에게 복수하기 위해서 두 아들을 살해하는 콜키스의 공주 메데이아에 관한 에우리피데스(기원전 480?-기원전 406?)의 비극을 재구성한 세네카(기원전 4?-기원후 65)는, 메데이아가 영아 살해를 계획할 때 "광기 어린 분노"에 사로잡혀 있었다고 묘사할 뿐 아니라, 메데이아의 마법이 계절의 순환을 바꾸고 조수潮水를 역행시킴으로써 "하늘의 법칙"을 어떻게 전복시켰는지를 지적한다.[17] 스토아 철학자 키케로처럼 세네카는 이성의 전복을 우주의 질서의 전복과 연결했으며, 메데이아라는 인물을 통해 이 둘을 동물적 본능에 대한 거역과 연결했다.

자연법의 두 가지 해석 사이의 이러한 대조적인 연관성은 아무리 유비적이라고 하더라도, 신을 우주의 자연과 인간 본성 모두의 창조자로 삼고 그럼으로써 둘 사이의 조화를 보증했던 중세 기독교 신학과 법률 전통에 의해서 강화되었다. 우주의 최고 군주로서 신의 관할권은 무한하고 영원하고 불변하며, 지상의 그 어떤 권위보다 강력했다. 신의 총독總督이나 시녀로 다양하게 의인화된 자연은, 별이 궤도에 따라 공전하고 계절이 적절한 질서를 유지하며 창조된 모든 동물이 번식을 통해 영속되도록 지치지 않고 일했다. 중세 번영기의 풍부한 우화와 도상학의 전통에서, 자연의 여신은 프랑스의 우화시 「자연의 불평」(1165?)에서 그려지듯이 생물 종을 보충하느라 바쁘게 일하며(종종 대장간에서 생물 종들을 망치로 빚는다) 때로는 남색이 그녀의 노력을 방해한다면서 불평하는 모습으로 등장한다(그림 7.1).[18]

아우구스티누스의 신이 "더 큰 권위는 더 작은 권위 위에 있다"면서 아래에 있는 대상들을 지배하는 세상의 왕자 위의 "최고의 군주"로 군림했듯이, 중세 신학자들은 신법, 자연법, 실정법이 서로 맞물린 법의 위계를 설정했다.[19] 피라미드 중간의 자연법은 필연적인 신의 명령과 예측 불가능한 인간의 자유의지 사이의 위태로운 위치에서 신의 권위와 인간의 사법권을 모두 누렸다. 비슷하게 자연은 신의 전능

그림 7.1 자연의 여신이 망치로 동물 종을 만들어내며 신의 지시를 받는 모습. 『장미 이야기(*Roman de la Rose*)』(1405?), MS Ludwig XV 7, fol. 124v, 미국 캘리포니아 주 말리부, J. 폴 게티 미술관. 게티 박물관의 오픈 콘텐츠 프로그램이 디지털 이미지 제공.

함과 인간의 연약함 사이에서 중재자의 역할을 맡았다. 자연의 여신은 강하지만 전능하지는 않았다. 만약 자연의 여신이 전능했다면, 인간이 자신의 칙령을 위반하는 데에 불평할 이유가 없었을 것이다.

유비와 의인화, 위임과 중재로 이루어진 이러한 피라미드 조직은 가장 상위의 인간 본성과 가장 하위의 인간 본성에 뿌리를 둔, 자연법의 두 가지 전통 사이의 모순과 자연법 개념 자체가 가진 모순을 가렸다. 후자는 아주 극명해질 수도 있었다. 고대 그리스 철학의 주요 학파였던 소피스트는 사람을 묻거나 태우거나 보존하는 등 장례 관습이 민족마다 매우 다양할 수 있지만, 불은 어디에서나 타오른다며 법과 자연을 대비시켰다.[20] 프로타고라스(기원전 490-기원전 420?)와 회의주의자 미셸 드 몽테뉴(1533-1592) 등 소피스트 계통의 철학자들은, 헤로도토스부터 마르코 폴로(1254-1324), 월터 롤리 경(1552?-1618)에 이르기까지 이국적인 문화에 대한 여행자의 이야기에 깊은 인상을 받아서 자연의 불변성과 법의 다양성을 대비시켰다. 이런 관점에서 볼 때 "자연법"이라는 표현은 "쌀쌀한 더위"나 "밝은 그림자" 같은 의미를 지녔다. 중세 자연법 전통은 자연(인간의 자연과 우주의 자연)과 법(신법과 자연법)을 모두 신의 뜻에 종속시킴으로써만 이들 사이의 균열을 덮어둘 수 있었다.

16세기와 17세기의 유럽 자연법 이론가들은 새로운 변화에 직면해 교리를 근본적으로 재검토해야 했다. 유럽인들은 무역과 탐험을 위해 아시아와 아메리카로 항해하면서 자신들과는 법적, 종교적 배경을 전혀 공유하지 않는 문화와 직접적이고 장기적으로 접촉하게 되었다. 중국 명나라에서 개종을 시도하던 예수회 신도들은 그들의 논리조차 번역되기 힘들다는 사실을 깨달았고,[21] 스페인 도미니코 수도회의 수사들은 아메리카 원주민이 합리적인 인간이라기보다는 어린아이나 짐승과 더 비슷하다는 이유로 그들의 땅을 빼앗아도 되는지에 관해서 토론했다.[22] 야만적인 국가와 문명 국가의 구분에 대해서는 회의론자들도 의문을 제기했다. 1563년에 브라질 원주민과 그들의 관습에 대해서 이야기를 나눈 몽테뉴는 "(내가 들은 바에 따르면) 이 민족에게 야만적인 것은 없으며, 단지 모든 사람들이 자신에게 익숙하지 않은 것을 야만적이라고 부른다는 사실을 알아냈다"고 결론을 내렸다.[23] 자국 주변에서는 유럽 기독교 국가들 사이의, 그리고 그들과 오스만 세력 사이의 종교적 분열, 상업적, 제국적 경쟁, 거의 끊임없는 전쟁으로 인해 여러 국가 간 공유되는 계율이 부재한 당시 상황에서 국제 관계를 어떻게 정치적으로 규제해야 하는지에 관한 의견이 분열되었다. 세계를 아우르는 무역과 제국을 향한 열망으로 보편성의 수사학이 부활했고, 지리적으로 더욱 한정된 영토를 통합하려는 절대주의 군주들의 야망으로 획일성의 가치가 높아졌다.

그러나 이러한 보편적이고 획일적인 법이, 스토아 학파의 신격화된 자연이나 입법자 신의 존재에 대한 중세 기독교 신학자의 종교적 호소 없이 어떻게 정당화될 수 있었을까?[24] 이는 네덜란드의 후고 그로티우스, 영국의 토머스 홉스, 독일의 사무엘 푸펜도르프와 크리스티안 토마지우스 같은 근대 초기의 법학 이론가들이 직면한 난제였으며, 이들은 가톨릭 논객들이 신의 영원법에 반항하는 종교개혁의 교회 분리론자들을 공격하는 데에 사용하는 무기를 빼앗고 싶어했던 신교도주의자였다.[25] 이 사상가들은 자연법이 무엇을 규정하고 금지하는지(노예제, 일부다처제, 남색은 합법인가 불법인가), 자연법을 어떻게 확인할 수 있는지(선험적 원칙에만 의존할 것인가, 아니면 모든 인류의 문화가 지지하는 규범에 대한 경험적 탐구를 통해서 확인할 것인가), 자연법과 신법 및 인간의 실정법은 어떤 관계를 지니는지(자연법은 『성서』보다 우선하는가), 그리고 심지어 자연법이 법이라고 할 수 있는지(제재를 통해서 강제되지 않는 법이 존재할 수 있는가) 등 다양한 측면에서 의견을 달리했다. 그럼에도 불구하고 이들은 다음의 두 가지 지점에서는 견고한 합의를 이루었는데, 첫째는 자연법이 인간 본성뿐 아니라 신화적인 자연 상태에서 나타나는 인간 본성에서 비롯된다는 것이었고, 둘째는 자연법이 지역적 법과 관습에서 비롯되는 혼란스러운 다양성에도 불구하고 언제 어디서나 인간에게 적용된다는 것이었다.

이 두 가지 주장 중에 어떤 것도 자명하지 않았다. 자연 상태의 인간 본성이 무엇이라는 말인가? 그것의 어떤 측면이 자연법과 관련이 있다는 말인가? 추후의 논증을 위해서 자연 상태에서의 인간 본성에 대한 사고 실험을 받아들인다고 해도, 사회 형성 **이전**의 인간의 상태에 근거해 사회 **속**에서 살아가는 인간을 위한 법을 규정하는 것이 적절한가? 17세기 자연법 이론가들은 이 질문들에 대해서 상이한 입장을 보였다. 그로티우스는 인간은 동물이지만 "우월한 종류의 동물"이며, 지능을 통해서 일반 원리에 따라 행동하고, 즉각적인 쾌락을 좇으려는 충동을 억제할 수 있는 존재라고 주장했다. "그러한 판단에 명백히 어긋나는 것은 자연법칙에도 어긋나고, 인간의 본성에도 반한다고 이해될 수 있다." 그로티우스는 이것이 신이 존재하지 않는다고 해도 마찬가지라고 주장했다.[26] 그로티우스가 자연법의 근거를 우월한 인간 지성에서 찾은 반면, 홉스는 자연 상태에 있는 인간의 가장 주요한 관심사가 자기 보존, 특히 권력에 대한 끊임없는 욕망을 가진 다른 인간의 약탈로부터의 자기 보존이라고 보며 좀더 부정적인 견해를 제시했다. 홉스에게 자연법칙은 "이성을 통해서 발견되는 계율이나 일반적인 규칙으로, 인간에게 금지된 행위, 즉 자신의 삶을 파괴하거나 자신의 삶을 보존할 수 있는 수단을 빼앗는 행위와 보존되어야 한다고 생각하는 것을 빠뜨리는 행위를 금지하는 것"이었다.[27] 푸펜도르프는 인간을 포함한 모든 동물의 자기 보존에 관한 권리 개념을 받아들였지만, 만인의 만인에 대한 투쟁 같은 자연 상태에서의 혹독한 삶에 대한 홉스의 서술을 완화하여, 발톱이나 송곳니 혹은 다른 보호 수단이 없이 무력하게 태어난 인간의 자기 보존에는 사교성이 수반된다고 가정했다. 그에 따르면, "자연의 근본 법칙"은 "모든 사람이 자신에 대해서 하는 만큼 사회를 보존하고 증진하기 위해서, 즉 인류의 복지를 위해서 노력해야 한다"는 것이었다.[28]

이 저명한 자연법 이론가들은 인간 본성과 그로부터 어떤 자연법이 파생되는지에 관해서는 서로 다른 의견을 지녔지만, 다음의 두 가지 점에서는 의견을 함께했다. 첫째는 자연법이 필연이 아닌 이성에 의해서 만들어진다는 것이었고, 둘째는 그 이성이 가능한 한 모든 수단을 동원해 자연 상태를 벗어나야 한다고 지시한다는 것이었다. 인간 본성에서 이성이 지배적이지는 않을지라도, 그로티우스의 시대 착오적 주장과 달리 인간에게 생존을 위해서 무엇을 해야 하는지를 보여주는 것은 여전히 이성이었다. 동물은 본능에 의해서 자신을 보존하는 방법을 알고 그렇게 할 수 있는 수단까지 가진 듯했지만, 인간은 벌거벗은 채 무기 없이 태어나며 털이나 발톱 대신 이성과 그들을 돌봐줄 부모를 부여받았다. 이것이 합리적인 이기심의 간략한 이유였다. 즉, 살아남고 싶다면 다른 인간과 공동의 이익을 만들어야 한다. 사회의 안전은 엄청난 대가를 치르게 하지만(홉스는 그 대가가 자연권과 자유의 희생이라고 보았고, 토마지우스는 그 대가가 자연적 평등이라고 보았다),[29] 만인의 만인에 대한 투쟁이 끊이지 않으며, 동물 포식자들이나 열악한 환경에 취약하게 노출되고, 책과 같은 편리한 도구가 전혀 없는(토마지우스는 방해받지 않고 책을 읽기 위해서 반사회적인 고독을 갈망했던 책벌레들을 언급했다) 자연 상태에 비하면 어떤 것이든 나아 보였다.[30] 요컨대 인간 본성의 본질, 따라서 자연법의 본질은 자연 상태로부터의 적극적인 극복이었다.

근대 초기 법학자들은 고대 자연법학의 두 가지 요소, 즉 이성으로서의 자연법과 자연이 모든 동물에게 가르친 본성으로서의 자연법을 재고하면서, 자연법의 토대를 신법에서 (좁은 의미의) 인간 이성으로, 자손의 출산과 양육에서 신화적인 자연 상태로부터의 생존으로 전환시켰다. 근대 초기 자연법에서 이성과 동물성은 여전히 융합되어 있었지만, 두 개념은 모두 재정의되었고 상호 간의 관계도 재정립되었다. 이러한 자연법은 전쟁과 제국의 세계의 목적에 잘 부합했는데, 그 세계는 기존에 공유되던 거의 모든 가정이 당연하게 받아들여지지 않는, 호기심과 탐욕, 폭력적인 문화의 세계였다. 자연법은 최소한의 원리에서 최대한의 결과를 도출해내기 위한 수행이 되었고, 기하학적 공리만큼이나 자명하고 보편타당한 것으로 공식화되었다.[31]

자기 보존의 목적을 위한 최선의 수단을 판별하는 것으로 요약되는 이성과, 자연 상태를 떠나 사회를 이루는 것으로 요약되는 자기 보존이라는 두 가지 핵심적인 기반 외에 관해서도 근대 초기 자연법 이론가들은 끊임없는 논쟁을 벌였다. 국가법은 모든 인간에게 적용되고 또 인간에게만 적용되는데, 그렇다면 자연법이 국가법과 동일하다고 할 수 있는가? 자연법은 자명한 기본 원칙들에 의해서만 성립될 수 있는가? 아니면 다양한 시공간을 통틀어 많은 사람들에게 공통적으로 적용되는 법과 관습에 대한 경험적 증거에 의해서도 성립될 수 있는가? 자연법은 아내가 남편에게 순종하거나 충성을 다할 것을 규정하는가? 남색은 정말 "자연에 반하는" 범죄인가? 자연법은 실정법을 보충하는가, 보완하는가, 대체하는가, 그보다 하위에 있는가? 17-18세기에 걸쳐 이런 질문들을 포함한 수많은 질문들에 관해서 격렬히 논의가 전개되었다. 유일하게 논쟁의 대상이 되지 않았던 것은 자연법이 고대에든 현대에든, 멕시코에서든 중국에서든, 종교적 정통파에게든 이교도에게든, 군주제 국가의 신민에게든 공화제 국가의 시민에게든, 왕자에게든 빈민에게든 상관없이 모든 인간에게 보편적으로 동일하게 불변하며 적용된다는 점이었다.

자연법의 기원과 관할 범주에 대한 논의가 인간의 세계에 대한 것으로 축소되던 바로 그 역사적 순간에 천문학, 역학, 자연철학에서는 우주 전체를 아우를 수 있는 새로운 범주가 형성되고 있었다. 바로 자연법칙이었다. 신의 존재조차 불필요한 전제로 만들 정도로 보편적 원리의 범주를 축소해나갔던 근대 초기 자연법 이론가들과는 대조적으로, 자연법칙 이론가들은 신학에 크게 의존하며 신의 본성을 자연의 질서에 대한 보증인으로 삼았다. "자연법칙"이라는 표현이 역학에서 탄성체의 충돌 같은 자연의 규칙성을 은유적으로 설명해줄 뿐이라는 사실을 인식하면서도, 자연을 법의 지배를 받는 것으로 보는 새로운 사고방식을 지지했던 이들은 자연법과 자연법칙 사이의 비유를 계속해서 언급했다. 자연에는 보편적인 법뿐 아니라 지역적인 관습도 있었고, 왕자가 왕국의 법을 선포하듯이 신이 자연의 법을 선포하는 입법자였으며, 왕자가 드물게 왕실의 은총으로 사면을 허가하듯이 자연법칙에 대한 예외는 드물게 행해지는 신의 시혜였다. 무엇보다도 자연법과 자연법칙은 다른 모든 규칙과 규제보다 강력한 보편성, 단일성, 불변성을 지녔다.

자연법칙

1644년 프랑스의 수학자이자 자연철학자이며 한때는 용병으로도 활동했던 르네 데카르트는 형이상학 및 물리학에 관한 라틴어 논문으로 자연의 질서를 생각하는 방식에 관한 근본적이고 새로운 시각을 제시했다. 그에 따르면 별에서 불가사리, 붉은색에서 벨벳의 질감에 이르기까지 세상의 번쩍이고 윙윙거리는 모든 혼란은 운동하는 물질이라는 개념으로 환원될 수 있었다. 더 나아가 물질은 기하학적 공간으로, 운동은 세 가지의 핵심적인 법칙으로 환원될 수 있었다. 제1법칙은 운동 중이거나 정지해 있는 물체는 "다른 것이 그 상태를 변화시키지 않는 한" 같은 상태를 유지하려고 한다는 것이었고, 제2법칙은 "모든 운동은 그 자체로는 직선적인 운동"이라는 것이었으며, 제3법칙은 물체들이 충돌하더라도 속도와 부피의 곱(운동량)은 보존된다는 것이었다.[32] 데카르트는 이러한 세 가지 원리를 "법칙"이라고 부르면서, 이를 이전 저작에서 사고하는 방법에 관한 무수한 계율을 나열하는 데에 사용했던 용어인 단순한 "규칙" 개념과 대조하고 법칙의 근본적인 측면을 강조했다.[33] 데카르트 기계 철학의 가장 일반적인 기본 원리이자 다른 모든 현상이 파생되는 근본 원리에 법칙이라는 이름을 붙임으로써, 데카르트는 후대의 과학적 사고를 지배하는 강력하고 수수께끼 같은 은유인 자연법칙을 제시한 것이다.

자연법칙의 힘은 일반성, 단순성, 다산성에 있다. 자연법과 마찬가지로 자연법칙은 적용 범위가 넓다. 그러나 자연법칙은 인간에 관한 작은 세계만이 아니라 우주 전체에 적용된다는 점에서 근본적으로 일반적이다. 또한 자연법칙은 자연법과 같이 어디에서나 항상 동일하게 적용된다는 점에서도 일반성을 지닌다. 그로티우스나 푸펜도르프 같은 자연법 이론가들이 다양하고 가변적인 지역 관습이나 실정법과 자연법을 대비시켰듯이, 프랜시스 베이컨이나 로버트 보일 같은 자연철학자들은 일정한 시간이나 특정한 지역적 조건 아래에서만 적용되는 낮은 수준의 규칙성을 지니는 자연의 "관습"이나 "국지적인 법"과 자연법칙을 대비시켰다.[34] 자연법과 자연법칙은 그 수가 적고, 간결하게 공식화되며, 무엇보다도 근본적이라는 점에서 단순성을 지녔다. 이론적으로, 자연법과 자연법칙은 법학과 자연철학이라는 건물이 세워질 수 있는 토대를 제공했다. 이 토대는 그로부터 자명하고 매우 다양한 결과가 도출될 만큼 견고했기 때문에, 이 토대에 근거하는 학문의 안정성과 범위를 보장해주었다. 하지만 실제로 명백한 결과를 도출해내는 일은 예상보다 훨씬 까다로웠다. 자연법 이론가들은 자연법이 노예제나 일부다처제를 정당화하는지에 관해 논쟁을 벌였고,[35] 데카르트 본인도 그의 자연법칙으로부터 추론될 수 있는 여러 다양한 세계들 중에 무엇이 맞는지 결정하기 위해서는 여러 실험이 필요하다는 사실을 인정했다.[36] 건축의 비유를 이어가자면, 동일한 토대가 바로크 양식의 궁전을 지탱할 수도 있었고 바우하우스 양식의 아파트 건물을 지탱할 수도 있었던 것이다. 자연법과 자연법칙 모두의 경우에서, 일반적이고 단순한 법은 가능한 결과를 너무 많이 생산해낼 수 있었다.

수수께끼는 자연이 법칙을 따른다는 생각 자체에 있었다. 이 수수께끼는 모든 물질이 물리적 힘에만 의존하고 수동적이며 생각을 지니지 않는다고 본 기계적 철학의 지지자들에게 특히 예민한 문제였는데, 이들은 물질이 신이나 인간 같은 지성의 작용을 받기 전까지는 움직이거나 변화하거나 생각할 수 없다고 보았다. 데카르트나 보일 같은 기계적 철학자들은 자연을 신으로 의인화하는 것에 반대하며 신에게는 조수가 필요하지 않다고 주장했다. 보일에 따르면 "우리가 흔히 그렇듯이 신이 자연이라는 지적이고 강력한 존재를 대리인으로 임명해서 우주가 그의 뜻대로 행하도록 끊임없이 감시하게 한다고 상상하는 것"은 신의 섭리를 경시하고 우상숭배를 행하는 것과 같았다. 자연은 운동하는 물질이자 신이 창조한 정교한 엔진이었다. 보일은 "자연법칙"이라는 용어가 약간 어색하다는 점을 인정하면서도 데카르트를 따라 "자연법칙"이라는 용어를 사용했고, "그러나 지성과 감각이 없는 물체가 어떻게 자신의 운동을 조절하고 결정해서, 물체 자신은 이해하거나 알지도 못하는 법칙에 부합하도록 만들 수 있는지 나는 상상할 수조차 없다"고 덧붙였다. [37] 보일은 자연법칙이라는 은유가 별로 좋지 않다고 생각하면서도 고수했고, 17세기 말에 이르자 자연법칙이라는 은유는 가장 규칙적인 자연의 규칙성을 설명하는 일반적인 방식으로 자리를 잡았으며 지금까지도 계속되고 있다.

   법에 대한 은유가 왜 몇몇 단점에도 불구하고 성공적으로 자리를 잡았는지는 수수께끼이다. 다른 대안이 없었던 것은 아니다. 자연의 질서는 여러 다른 방식들로 이해될 수 있고, 우리는 여전히 일상적인 대화에서 다양한 질서의 개념들을 흔히 사용한다. 자연에 대한 가장 오래되고 여전히 널리 퍼져 있는 구어적 의미는 고대 그리스어 단어 피시스physis와 라틴어 단어 나투라natura의 원래 의미였던 "특정 자연specific nature", 즉 어떤 것을 다른 것이 아니라 명백히 그것으로 만들어주는 무엇인가이다. 물의 본성은 자신의 수위를 찾아가는 것이고, 학의 본성은 이주하는 것이며, 크로커스의 본성은 봄에 꽃을 피우는 것이다. 자연법 이론가들이 인간 본성을 논했을 때 자연은 바로 이러한 의미로 사용되었다. 즉, 그들에게 자연은 자연 종에 예측 가능한 성질을 부여하는 자연 종 내부의 공통의 특징을 의미했던 것이다. 생물의 세계에서든 무생물의 세계에서든 특정 자연은 린네 분류법이나 원소 주기율표처럼 분류를 가능하게 했다. 특정 자연만큼 오래된 개념이 지역적 자연인데, 이는 독특한 풍경과 생태를 조성하는 동물과 식물, 지리와 지형, 날씨와 기후의 모습에 관한 것이었다. 고대 그리스의 히포크라테스 학파 의사들이 관찰하고 현대의 생태학자들이 수학적 모형을 만드는 바와 같이, 지역적 자연은 그곳에서 살아가는 사람들의 관습이나 생활 방식과 긴밀하게 연결되어 있다. 북극의 툰드

라나 열대 연안에서의 삶의 방식은 주변 환경, 주변에 서식하는 생명체들과 절묘한 조화를 이룬다. 특정 자연과 지역적 자연의 질서는 적어도 데카르트의 자연법칙만큼이나 널리 퍼져 있고 중요한 안정적인 규칙성을 설명한다.[38]

그러나 특정 자연과 지역적 자연은 자연법칙의 일반성, 단순성, 불변성을 가지지 못한다. 지구의 눈부시게 다양한 동물, 식물, 광물은 물론이고 지구 너머의 세계와 은하계도 수많은 특정 자연이 만들어낸 것이다. 그 어떤 박물관이나 백과사전도 무한한 다양성을 모두 담을 수 없다. 특정 자연이 단순화될 수 없듯, 지역적 자연도 일반화될 수 없다. 19세기 프로이센의 박물학자 알렉산더 폰 훔볼트(1769-1859)의 지도에 묘사된 것처럼, 열대 우림, 험준한 산, 대초원, 야생화 헤더로 덮인 초원 등의 여러 조각들로 이루어진 조각보가 지구를 덮고 있는 것이다(그림 7.2). 특정 자연과 지역적 자연은 불변하지도 않는다. 이들은 보통은 신뢰할 수 있는 질서를 보장하지만, 종종 예외가 개입해 영향을 미친다. 언제든 봄에 제비가 돌아오지 않거나 바람에 불어닥친 물이 오르막을 거슬러 올라올 수 있고, 계절풍 강우가 오지 않거나 시베리아 기단의 기온이 치솟을 수도 있다. 보편적이고 불가침한 자연법칙과 달리, 특정 자연과 지역적 자연은 베이컨과 보일의 "자연의 관습" 개념, 즉 제한된 조건 아래에서 대부분의 경우에 발생하는 일을 가리키는 개념을 닮아 있다.[39]

고대 및 중세 자연철학, 특히 천문학, 광학 등 수리과학 분야에서 법의 이름으로 개념화된 자연의 질서가 전혀 없지는 않았다. 예를 들면, 세네카는 『자연학의 문제Naturales Quaestiones』(기원후 65?)에서 혜성

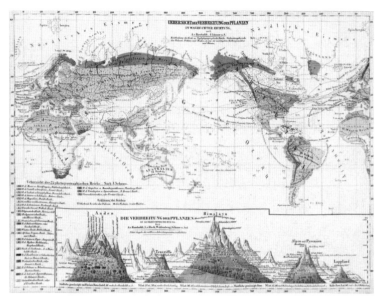

그림 7.2 알렉산더 폰 훔볼트의 지구 식물 분포. 『알렉산더 폰 훔볼트의 세계지도집 (*Atlas zu Alexander von Humboldts Kosmos*)』(1851), 트라우고트 브로메 편집, 도판 31.

운동의 "법칙"을 제시했고, 에피쿠로스 철학자인 루크레티우스(기원전 94-기원전 55)는 서사시 『사물의 본성에 관하여*De Rerum Natura*』(기원전 1세기경)에서 자연이 어떻게 "약조"를 통해 종의 동일성을 보장하는지를 설명했다.[40] 중세 및 르네상스 라틴어 자료들은 천문학과 광학(때로는 문법)에서 등장하는 규칙성을 기술하기 위해 "법"의 은유를 사용했지만, "공리", "원리", "규칙", "원인" 같은 수많은 대안적 용어들도 비슷한 의미적 영역을 포괄했다.[41] 법무장관을 역임하고 이후에 영국 대법관을 지낸 베이컨은 순백이나 열熱 같은 단순한 본성의 기본적인 알파벳(그가 사용한 또다른 은유이다)을 설명하기 위해 법의 언어를 사용했지만, 결국에는 아리스토텔레스의 오래된 용어인 "형상"

을 목적론 속으로 다시 끌어들였다.[42] 데카르트가 1644년 운동하는 물체의 법칙을 발표하기 전까지, 자연의 규칙성을 설명하기 위해 "자연법칙"이라는 은유를 사용하는 경우는 천문학을 제외하고는 드물었다(니콜라우스 코페르니쿠스[1473–1543]와 요하네스 케플러는 모두 이 용어를 선택적으로 사용했다).[43] 훗날 자연법칙의 개념의 일부가 된 "일반성", "확실성", "필연성", "기초" 같은 의미를 지닌 용어들도 많이 있었다. 자연은 질서 있는 것으로 인식되었지만, 획일적이거나 예외 없이 규칙적인 것으로 생각되지는 않았으며, 보편적인 법과 규칙의 체계보다는 오히려 특정 자연과 지역적 자연이 안정성을 보장했다.[44]

이처럼 데카르트의 법칙은 전환점이 되었으며, "자연법칙"이라는 은유는 명백한 부적합성에도 불구하고 거부할 수 없는 표현이 되었다. 이후 17세기 중후반 자연철학에서 이 용어가 데카르트가 공식화한 바와 다르게 사용될 때마저도 데카르트가 이 용어를 사용했던 원형의 성질은 남아 있었다. 1660년대 영국 왕립 학회는 자연철학자들에게 "데카르트가 제시한 운동법칙"을 개선할 것을 요청했고, 아이작 뉴턴은 획기적인 저서 『자연철학의 수학적 원리』에서 자신의 세 가지 반反데카르트적 기본 원리를 "공리, 혹은 운동법칙"이라고 이름 붙였다.[45] 역학은 천문학 및 광학과 마찬가지로 데카르트 이전에도 "법칙"이라는 용어가 가끔 사용되던 "응용수학적" 과학이었지만, 뉴턴 이전의 역학에서 가장 중요한 인물로 꼽히는 갈릴레오도 자연법칙이라는 은유를 거의 사용하지 않았고, 수학자 블레즈 파스칼도 기력학과 유체정역학에 대한 연구에서 이러한 비유를 사용한 적이 거의 없었다.[46] 그러나 1660년경 이후에 "자연법칙"은 전통적인 수리과학뿐 아니라 모든 종류의 자연적 규칙성을 말할 때 사용되었고, 이 단어와 경쟁관계에 있던 "규칙", "정리", "원리" 같은 용어들을 불과 수십 년 만에 밀어냈다.[47] 그 이유는 무엇이었을까?

이 질문에 대한 역사적 문헌은 산더미처럼 많다. 다양한 관점을 가진 학자들이 이러한 현상이 빚어진 데에 형이상학, 수학, 신학, 기술, 정치이론 중에 무엇이 상대적으로 중요한 역할을 했는지에 관해서 많은 의견을 개진해왔다.[48] 그러나 데카르트, 보일, 뉴턴, 라이프니츠 등 자연법칙을 옹호한 학자들의 글은 신의 힘 대 신의 지혜를 둘러싼 논쟁이 그 중심에 있었음을 보여준다. 자연법칙에 대한 이들의 주장은 언제나 신학적 용어로 정리되었고, 17세기 중반 무렵에는 이미 오랜 논쟁의 역사를 이루고 있었다.[49] 신조차도 논리에 구속되는가, 아니면 신은 그의 의지로 비모순적인 원칙조차 거부할 수 있는가? 신이 명한 자연법칙은 인간이 헤아릴 수 없는 신의 목적과 관련이 있는가, 아니면 인간 이성과 필연적으로 관련을 맺고 인간 이성을 통해서 이해될 수 있는가? 기적은 자연법칙을 위반하는 것인가, 아니면 신이 이미 태초에 예측하고 계획해둔 것인가? 신의 섭리는 신이 허락하지 않으면 참새 한 마리도 땅에 떨어지지 않도록 모든 피조물 하나하나를 세심히 보살피는 것인가, 아니면 보일이 믿었듯이 신은 "복종에 앞서 가톨릭 법과 더 고상한 목적을, 그리고 모든 개별적인 종류의 돌발사태에 따라 그의 행위를 변화시키는 것에 앞서 행위의 일관성을" 더 중시했는가?[50] 많은 자연법 법학자들이 신학적 질문으로부터 거리를 두고 그 대신 인간 본성에 뿌리를 두려고 했던 바로 그 시점에, 자연철학자들은 신의 본성에 대한 논쟁에 정면으로 뛰어들었다.

자연철학자들이 벌인 신과 자연법칙에 대한 논쟁들 중에 가장 유명한 것은 1716-1717년에 영국의 성공회 성직자이자 과학서 번역가였던 새뮤얼 클라크(1675-1729)가 아마도 뉴턴의 조언을 받아서, 독일의 수학자이자 철학자, 법학자인 고트프리트 빌헬름 라이프니츠에게 보낸 답신에서 벌인 논쟁일 것이다. 뉴턴과 라이프니츠는 이미 미적분학에서의 우위를 놓고 공개적으로 격렬한 논쟁을 벌였던 과학적 경쟁자였다.[51] 또한 라이프니츠가 웨일스 공주인 안스바흐의 카롤리네(1683-1737)에게 편지를 써서 뉴턴의 자연철학이 정통 교회에 잠재적으로 해를 끼칠 수 있다고 언급하면서 시작된 정치적, 신학적, 과학적 이해관계에 대해 두 사람 모두 잘 알고 있었을 것이다.[52] 라이프니츠와 클라크는 서로에게 그리고 그들의 논쟁을 분별력 있게 판단해줄 카롤리네에게 편지를 쓰면서, 신, 중력, 진공의 존재, 기적, 우주에 대한 서로의 의견 차이를 자연이 얼마나 법의 지배를 받는지를 둘러싼 대결로 승화시켰다.

　라이프니츠는 클라크에 대한 첫 번째 공격으로, 뉴턴이 "아름답게 확립된 질서인 자연법칙"에 따라 영원히 작동하는 완벽한 기계가 아니라 수시로 점검하고 고쳐주어야 하는 시계 장치를 제작한 무능한 장인으로 신을 묘사했다고 비난했다. 이는 뉴턴의 『광학_Opticks_』(1704)에 등장하는 제31번째 질문을 언급한 것으로, 이 책에서 뉴턴은 중력이나 발효와 같은 "특정한 활동적인 원리"의 개입 없이는 우주 전체가 결국 멈추어버릴 것이라고 주장하며, 신은 "자연법칙을 변화시켜서" 우주 다른 곳에 다른 종류의 세계를 만들 수도 있다고 추측했다.[53] 한편 클라크는 스스로 작동하는 기계에 대한 라이프니츠의 상상은 신의 섭리와 주권에 어긋난다고 평생 반박했다. "왕의 통치와 간섭"이 필요하지 않은 왕국의 왕은 이름뿐인 왕이라는 것이었다. 라이프니츠는 신의 지혜가 예지력을 수반하며 창조주로서 신이 만든 세계라는 기계는 일단 작동하기 시작하면 어떤 손길도 필요로 하지 않도록 만들어졌다고 주장하고, 클라크는 신의 힘이 우주를 계속해서 돌보는 데에서 드러난다고 반박하며 논쟁을 이어갔다. 라이프니츠의 자연법칙은 영원하고 자족적이며 "가능한 모든 것 중에서 가장 좋은 것"인 한편, 클라크의 자연법칙은 전적으로 신의 뜻에 의존하며 언제든지 변경될 수 있는 신의 명령이었다. 라이프니츠에게 클라크의 주장은 신의 뜻을 우연의 변덕으로 환원하는 것으로 여겨졌고, 클라크에게 자연의 불변하는 질서에 대한 라이프니츠의 주장은 운명론과 다를 바 없는 것으로 여겨졌다. 라이프니츠는 자연에서 기적의 역할을 최소화하며 기적은 자연에 대한 신의 돌봄이 아니라 신의 은총을 보여주는 것이라고 주장했다. 클라크는 신의 즉각적인 행동 없이는 어떤 일도 일어나지 않기 때문에, 자연 현상과 초자연 현상의 유일한 차이점은 단지 후자의 발생이 이례적이라는 것뿐이라고 반박했다. "자연의 순리", 간단히 말해서 "자연"은 신이 모든 창조물을 세세히 돌본다는 것을 의미하는 완곡어법에 다름없었다.[54] 라이프니츠와 클라크가 많은 측면에서 보였던 의견 불일치의 중심에는 좋은 통치에 대한 양립 불가한 이상, 즉 라이프니츠의 선견지명적 입법자 대 클라크(그리고 뉴턴)의 개입주의적 군주가 자리하고 있었다.

중력과 진공의 문제에서는 뉴턴의 과학이 우세했지만(운동량 보존에 관해서는 뉴턴의 과학이 우세하지 않았다), 결과적으로는 라이프니츠의 창조주 신 개념이 뉴턴의 "보편적인 통치자" 개념에 대해 승리를 거두었다(실제 자연법칙의 합리적 필연성에 관해서는 라이프니츠의 개념이 승리하지 못했다).[55] 18세기 중반까지 계몽주의적 사상은 자연을 보편적이고 영원하며 불변하는 법칙의 체계로 받아들였다. 1748년 몽테스키외는 이런 세계관을 다음과 같이 요약했다. 신은 힘과 지혜에 부합하는 법칙에 따라 세상을 창조하고 보존하며, 물질의 운동은 이러한 "불변하는 법칙"을 따라 이루어지고, "만약 이 세계와 다른 세계를 상상할 수 있다면 그 세계도 불변하는 규칙을 가질 것이고 그렇지 않으면 파괴될 것"이라고 말이다.[56] 몽테스키외가 다른 세계의 존재에 대한 입장에서 암시한 것처럼, 그가 보기에 어떤 세계에 어떤 불변하는 규칙이 적용되는지는 신의 재량에 의해서 결정되는 문제였다. 이 점에서 라이프니츠의 유일한 합리적 법칙 개념은 뉴턴의 극렬한 주의주의主意主義에 패배했다. 중력 같은 자연법칙은 보편적이고 불변하지만 신의 자의적인 실정법으로 여겨졌다.[57] 그러나 라이프니츠는 더 큰 문제였던 자연에 대한 신의 개입의 문제에서는 분명한 승리를 거두었다. 독실한 신자들조차도 지속적으로 개입하는 신에 대한 뉴턴의 개념보다는 기적이나 신의 개입을 요하지 않는 우주에 대한 개념을 선호했으며, 가끔씩 발생하는 지진이나 불의는 일반성, 단순성, 균일성에 대한 대가라고 생각하게 되었다. 보일과 마찬가지로, 프랑스의 오라토리오 수도회 사제 니콜라 말브랑슈(1638-1715)는 기형아의 탄생과 기타 사고가 신이 가능한 한 가장 단순한 방법으로 일을 하기 때문에 필연적으로 발생하는 불가피한 결과일 뿐이라고 말했다.[58] 기적의 원천적 가능성을 단호하게 부정한 것은 바뤼흐 스피

노자(1632-1677) 전통의 소수의 급진적 철학자들뿐이었지만, 실질적으로는 가톨릭과 개신교를 포함한 정통 교회의 성직자들조차도 기적의 수와 기적에 부여하는 의미를 최소화하려고 했다.[59] 기적에 대한 가장 방대하고 부정할 수 없는 증언조차도, 거역할 수 없는 자연법칙의 존재를 증명하는 압도적인 증거들을 능가할 수 없다고 주장한 데이비드 흄(1711-1776)의 글 「기적에 관하여」(1748)는 신과 자연법칙을 둘러싼 오랜 지적 여정 끝에 다다른 종착점이었던 것이다.[60]

결론 : 보편적 적법성

자연법과 자연법칙에 대한 근대 초기 유럽의 사고는 유사한 방식으로 진화했다. 일단 둘 사이에는 분명한 차이가 있다. 자연법은 인간 본성에만 적용되며 물리적 필연성보다는 이성에 의해서 강제되었고, 자연법칙은 은유적으로만 그렇게 불렸으며 가상의 원시 상태에 대한 사고실험보다는 경험적 탐구를 통해서만 발견될 수 있었다. 그러나 자연법과 자연법칙 사이의 공통점이 이러한 차이점을 압도했다. 자연법과 자연법칙은 모두 단순하고 일반적인 몇 가지 법칙으로부터 방대하고 다양한 결과를 도출해낼 수 있는 근본적인 모델을 포괄했고, 자연법과 자연법칙의 보편성, 균일성, 불변성은 모자이크를 이루는 국지적 관습 및 국지적 자연과 대비되었다. 법학자로서 관습법과 시민법을 "하나의 강력하고 통일된 법률 체계"로 단순화하려고 했던 베이컨과 라이프니츠의 노력과 단순하고 균질적인 자연법칙 개념에 대한 그들의 옹호 사이에는 놀라운 유사점이 있다.[61] 자연법과 자연법칙 두 전통은 모두 국지적인 실정법 혹은 자치법과의 관계를 통해서 보편법을 상상했고, 그 과정에서 자치법은 특정한 상황적 조건이 요하는 대로 보편법을 보완하고 제한하고 때로는 수정하는 역할을 수행했다.[62] 보일은 기형아의 탄생이나 다른 변칙사례 등 "물질적인 것을 인도하는 일반 법칙"으로부터의 국지적인 일탈을 설명하기 위해서 "특수하고 종속적인(혹은 이른바 자치적인) 자연법칙" 개념을 언급했다.[63] 라이프니츠는 자연법으로부터의 예외를 인정하지 않았던 것처럼 자연법칙에 대해서도 예외의 가능성을 단호히 배제했는데, 이 역시 놀라운 일이 아니었다.[64] 자연법과 자연법칙은 단순히 이름만 비슷했던 것이 아니라 서로 깊이 관련되어 있었다.

바람직한 통치 체제로서 보편적이고 균일하며 불변하는 법치주의에 대한 공통의 시각은 두 전통 모두에 활기를 불어넣었다. 이런 모델에서, 『성서』 속 신이 특정 사람과 민족에게 베푼 은혜는 은총의 증거가 아니라 독재자의 변덕에 해당했다. 그러한 은혜가 자연법을 초월하는 것이든(신이 아브라함에게 아들 이사악을 죽이라고 명령한 것처럼) 아니면 자연법칙을 초월하는 것이든(신이 이스라엘 백성을 위해서 홍해를 가른 것처럼), 그러한 은혜는 비일관성과 변덕스러움을 결합으로 여겼던 사상가들에게는 당혹스러운 것이었다. 입법자는 전능하지 않았지만, 법은 전능했다. 이런 문제가 되는 구절들에 관해 중세 주석가들은 신이 명령한 것은 설사 신의 율법에 어긋나더라도 무엇이든 그 자체로 옳다고 결론지었고, 뉴턴 같은 근대 초기 주의주의자들은 신이 원할 때만 자연법칙이 유효하다고 주장했다. 그와 대조적으로 18세기 법학의 자연법 개념과 자연철학의 자연법칙 개념을 지지한 사람들은 인간의 정의와 자연의 질서를 근본 법칙에 대한 예외 없는 준수와 동일시했다.[65] 군주, 심지어 신조차도 법 앞에 무릎을 꿇었다. 계몽주의 시대의 위대한 『백과전서』에서 "법"(1765)에 관한 설명은 루이 12세(1462–1515, 재위 1498–1515)의 칙령을 다음과 같이 인용했다. "군주가 끈질기게 법과 모순되는 명령을 내릴지라도 법은 항상 준수되어야 한다."[66]

이와 같은 불변하는 보편적 적법성에 대한 견해에 모든 사람이 동의한 것은 아니었다. 날씨와 같이 변화무쌍한 현상의 변덕스러움을 연구한 박물학자들은 기껏해야 지역적 "규칙"들을 발견했을 뿐, 결코 안정적인 법칙을 발견하지는 못했다.[67] 보편적인 예측이 특정 상황에서의 정의로움과 너무 자주 어긋났던 인간 세계에서는 항의가 넘쳐났다. 1689년 "자연적 질서"에 따라 정렬된 시민법에 관한 논문을 출판하고 그를 60번 넘게 수정한 17세기 프랑스의 법학자 장 도마 (1625–1696)는 불변하는 자연법의 존재를 인정하면서도, 특정한 시공간의 임의적인 법칙에 의해서 자연법이 제한될 수 있는 많은 사례를 제시했다. 일반법에 대한 그러한 예외는 너무 많아서 암기하기 어려울 정도였고, 그 때문에 판사들은 "일반법을 너무 과하게 확장해 예외 상황에서 잘못된 판단을 내리지 않도록 법의 정신을 적용해야" 했다.[68] 보르도 고등법원의 원장이었던 몽테스키외도 1748년에 발표한 『법의 정신*De l'Esprit des Loix*』에서 보편법 개념에 강력히 저항하며, 법의 문자와 법의 정신 사이에서 대립하는 성 바울로의 변화를 언급했다. 모든 사람에게는 각자의 기후, 토양, 생활 방식, 종교, 부, 도덕, 예의범절에 어울리는 법이 필요했다. 17세기 말에 프랑스 왕실이 왕국 전체에 적용할 왕실 법령을 편찬하는 등 유럽 전역의 중앙 권력이 지역법을 왕실법에 종속시키려는 노력을 이어갔음을 보면, 보편법보다 지역적 관습을 옹호하는 것은 추상적인 이론적 차원에서뿐 아니라 실질적인 정치적 차원에서도 의미를 지니는 주장이었다.[69] 고대부터 짝지어져온 지역적 자연과 지역적 관습은 보편적인 인간 본성의 개념과 균일한 물리적 자연의 개념 모두에 강력히 저항했다.

몽테스키외는 지역적 자연에 기반한 관습에 대한 그의 지지가 보편적 적법성에 대한 견해를 공유하며 형성된, 자연법과 자연법칙의 동맹을 떼어놓는 것임을 이해하고 있었다. 그는 지적인 존재의 세계가 고유한 불변의 법칙을 가질지라도, "물리적 세계가 그것[의 법칙]을 따르는 것과는 달리 항상 어떤 법칙을 따르지는 않는다"고 설명했다.[70] 자유의지가 있는 동시에 오류를 범하는 성향도 있는 인간이라는 존재는 사회를 이룬 후에는 자연상태의 원시적 법으로부터 벗어났다는 것이었다. 여기에서 몽테스키외는 자연법과 자연법칙 사이의 중요한 차이점을 지적했다. 자연법칙은 물리적 필연성에 의해서 준수되는 반면, 자연법은 인간 이성의 동의에 의해서만 준수된다는 점이다. 의사이자 경제학자였던 프랑수아 케네(1694–1774) 등 18세기 사상가들은 정부가 농업의 성공 또는 실패를 결정하는 자연법칙을 따르지 않는다면 지구상의 모든 열매를 누릴 자격을 천명하는 자연법도 위배하는 결과를 낳을 것이라고 주장하면서, 규칙의 물리적인 강제와 이성적인 순응를 융합하려고 했다.[71] 그러나 그러한 노력은 거의 무시당했다. 18세기에 자연의 영역과 인간의 영역 사이의 격차는 더욱 벌어졌고, 자연법과 자연법칙 사이의 유비는 더욱 약화되었다.

그러나 두 영역을 분리하는 데에 가장 큰 공헌을 한 인물조차도 이런 유비를 고수했다. 이마누엘 칸트는 자신이 준수할 법칙을 자유롭게 선택할 수 있는 이성적 존재자들의 왕국인 "목적의 왕국"과, 철두철미한 자연법칙에 따라 자연의 모든 것이 결정되는 "인과의 왕국"을 형이상학적, 도덕적으로 구분했다. 인간은 두 왕국 모두에 살면서 모든 것을 양쪽의 시각으로 볼 수 있는데, 이는 "첫째로 자연법칙(타율성)에 의해서 지배되는 감각의 세계에 속한 사람으로서, 둘째로 자연으로부터 독립적으로 존재하며 선험적이고 이성(자율성)에 근거하는 지적인 세계에 속한 사람으로서" 볼 수 있음을 의미한다. 칸트가 말한 후자는 자연법 이론가들의 견해와 달리 인간 본성과는 아무런 관련이 없고 오직 이성과만 관련이 있었는데, 칸트는 이 이성을 인간의 이성으로만 국한시키지 않으려고 했다. 왜냐하면 그는 또다른 행성에 인간과 다른 지적 생명체가 존재할 수 있다고 믿었고, 그의 목적의 왕국과 그곳에서의 규칙이 우주 어디에나 존재하는 모든 이성적 존재들을 포용해야 한다고 생각했기 때문이다. 또한 칸트가 말한 전자는 자연법칙 이론가들의 견해와 달리 신의 명령이 아니었으며 자연을 질서로 이해한다는 인지적 전제조건이 되었다. 이로써 칸트는 자연법과 자연법칙 개념을 급진적으로 재개념화했고, 자연법과 자연법칙을 한때 함께 묶어두었던 거의 모든 연결을 끊어버렸다. 그럼에도 불구하고 칸트는 가장 위대한 규칙에 대한 두 가지 시각을 밝혀준 보편적 적법성의 은유는 유지했다. 칸트의 정언명령, 즉 실천 이성의 궁극적 법칙은 모든 이성적 존재들에게 권고한다. "당신의 행동의 준칙이 언제나 동시에 보편적 입법의 원리가 될 수 있도록 행위하라."[72]

8

규칙의 변용과 파괴

한계에 도달하다

가장 철두철미한 규칙이 예외 상황에 직면하면 어떻게 될까? 규칙이 심한 긴장 때문에 결국 변용되고 파괴되어버린 유명한 사례 세 가지를 살펴보자.

첫째는 "살인하지 못한다"(「출애굽기」 제20장 13절)라는 규칙이다. 그러나 하느님은 또한 아브라함에게 "사랑하는 네 외아들 이사악을 데리고 모리야 땅으로 가거라, 거기에서 내가 일러주는 산에 올라가, 그를 번제물로 나에게 바쳐라"(「창세기」 제22장 2절)라고 명했다. 하느님은 자신의 법을 어긴 것일까? 가장 위대한 가톨릭 신학자 토마스 아퀴나스는 "입법자이신 하느님의 진정한 의도"를 적은 십계명의 계명으로부터 특별히 예외적인 면제는 있을 수 없다고 주장했다. 그러나 아브라함과 이사악의 경우에 대해서는 "매우 드물게 발생하는 특

별한 경우"에는 영원한 신법의 "제1원칙"조차도 유보할 수 있다는 부차적인 원칙을 내세웠다.[1]

둘째는 자연법과 실정법 모두가 금지하는 도둑질에 관한 것이다. 그러나 춥고 배고프고 집이 없으며 적절한 일을 찾을 수도 없는 가난한 사람과, 진미가 넘쳐나는 식탁 앞에 앉아 있지만 빵 한 조각도 자선할 생각을 하지 않는 부자가 있다고 해보자. 이 경우 부자는 없어진 것을 알아차리지도 못할 생필품을 가난한 사람이 부자에게서 훔치는 일이 정당화될 수 있을까? 17세기 독일의 자연법 법학자 사무엘 푸펜도르프는 이 경우의 도둑질이 정상 참작될 수 있다고 주장했다. "그리고 가난한 사람에게 자선을 베푸는 것같이 호의로 이루어지는 일은 강요되어서는 안 되지만, 극단적으로 불가피한 상황은 바뀔 수 있으며, 그러한 자선이 마치 공식적인 의무에 따라 절대적으로 행해져야 하는 것으로 여겨질 수 있다."[2]

마지막으로, 법치주의는 견제와 균형의 원리가 적용되지 않는 행정 명령으로부터 시민을 보호한다. 그러나 대규모 홍수, 전염병, 기습 같은 비상 사태가 발생하면 행정부는 입법부나 사법부와의 상의 없이 명령을 내릴 수 있다. 통치자가 아무리 자애로울지라도 그의 자의적인 권력에 종속되지 않을 자유민의 권리를 가장 설득력 있게 옹호했던 17세기의 철학자 존 로크(1632-1704)조차도, "확실하고 변화하지 않는 법률이 적절히 명령을 내릴 수 없는, 예측할 수 없고 불확실한 사건의 경우에는 공익을 보장하기 위한" 행정적 특권을 행사할 수 있다고 보았다.[3]

그렇다면 언제 규칙을 변용하는 것이 규칙을 파괴하는 것이 될까?

도덕신학, 법학, 정치이론의 영역에서 따온 이 세 가지 사례는 이와 같이 적나라한 질문을 제기한다. 법, 심지어 신법 혹은 법치주의는 아리스토텔레스가 언급한, 휘어져서 둥근 표면을 측정할 수 있는 레스보스의 유연한 곡선 자처럼 구부러져야 하는가, 아니면 완전히 부서져야 하는가? 법의 엄격성은 언제 불의가 되고, 법의 유연성은 언제 단순한 변덕이 되는가? 이러한 질문은 고대부터 법을 해석하는 사람들 사이에서 꾸준히 제기되어왔다. 플라톤은 『정치가Politicus』에서 어떠한 고정된 법률 체계도 모든 경우에 정의를 구현할 수는 없다고 보는데, "모든 사람과 행동이 다르며 인간의 삶에서 그 무엇도 그대로 고정되지 않는다는 사실이, 그 어떤 과학도 모든 것과 모든 시간에 적용될 수 있는 단순한 규칙을 공표하지 못하도록 하기 때문이다."[4] 오늘날 헌법 변호사와 헌법 재판관들은 법을 문자 그대로 준수하는 것을 우선해야 하는지, 아니면 법의 정신을 준수하는 것을 우선해야 하는지를 두고 씨름한다. 법을 문자 그대로 준수해야 한다고 주장하는 사람들은 과거의 입법자가 본래 의도한 바에 충실해야 하며 미래에 결정을 내릴 때의 예측 가능성을 중시해야 한다고 지적한다. 반면 그에 반대하는 사람들은 여론의 역사적 변화와 같은 상황의 가변성을 인정해야 한다고 주장한다.[5] 플라톤은 현대 미국 대법원에서 재판 중인 사건의 내용이 놀랄 만큼 새롭다고 느낄지언정 원전주의자와 진보주의자가 자신들의 주장을 제시하는 방식에는 완전히 익숙할 것이다.

보편적인 규칙을 개별 사례에 맞게 조정할지, 그리고 그렇다면 언제, 어떻게 조정해야 할지를 결정하는 것은 도덕철학자나 법학자만이 아니다. 익숙한 질병이 개별 환자에게서 낯선 방식으로 발현되는 상황을 마주하는 모든 의사들은 이 특정한 사례에서 표준적인 치료 방식을 따를지 말지를 따져봐야 한다. (의학사학자 잔나 포마타의 멋진 개념인) "인식적 분야로서 사례"는 유럽은 물론이고 중국의 전통에서도 의학과 법학 분야에서 가장 흔하게 등장한다.[6] 그런데 사례에 기반한 추론은 다양한 세부사항을 다루어야 하는 인간 과학 및 생명 과학의 규칙에 기반한 추론을 보완하는 데에도 용이하다.[7] 역사적 변화는 상이한 맥락에서 형식화된 규칙을 불안정하게 만들 수 있다. 토머스 제퍼슨(1743–1826)은 미국 상원의 절차 관련 규칙을 작성할 때 이 사실을 잘 이해했으며 기꺼이 받아들였다. "나의 뒤를 잇는 사람들은 상원의 규칙들이 강령이 될 때까지 이것을 계속해서 수정하고 보완할 것이며, 그 결과 업무의 정확성, 시간의 경제성, 질서, 통일성, 공평성이라는 효과를 얻을 것이다."[8] 결과적 변동성이 크거나 시간이 지나며 중대한 변화가 발생하는 모든 영역에서 규칙은 변용되고 때때로 파괴된다.

따라서 일반 규칙을 특정 사례에 적용하는 데에는 재량과 판단이 지속적이고 널리 발휘된다. 또 많은 경우 재량과 판단은 규칙만큼이나 영구적이고 보편적으로 존재한다. 그러나 이 책에서 제시한 역사적 관점에서 보면 또다른 의문도 발생한다. 언제, 왜 규칙의 변용과 규칙의 파괴는 세상이 작동하는 자연스러운 방식이 아닌, 문제적인 것으로 여겨지기 시작할까? 이 책의 앞부분에서는 규칙이 어떻게 처음부터 예측할 수 없고 다루기 힘든 특수한 것들의 반항을 예상하여 유연하게 만들어졌는지를 살펴보았다. 모델로서 고안된 규칙은 모사와 즉흥적인 수정에 따라서 수행될 수 있는데, 이는 마치 서사시 같은 문학 양식이 서로의 작품에 기대어 발전했지만 서로를 완전히 동일하게 모방하지는 않는 것과 같다. 베르길리우스(기원전 70-기원전 19)의 『아이네이스』와 호메로스(기원전 8세기경)의 『일리아스』, 존 밀턴(1608-1674)의 『실낙원』은 바로 이런 관계를 서로 맺고 있다.[9] 두꺼운 규칙을 만드는 데에는 그것이 실제 수행되는 실험을 견뎌낼 수 있을 만큼 유연해지기 위해서 예시, 예외, 경험이 동원된다. 심지어 게임과 산술에서 활용되는, 명백해 보이는 규칙도 마찬가지이다.

한편 이 책에서는 17세기부터 등장한, 더 야심 차고 덜 수용적인 규칙에 대해서도 살펴보았다. 이들은 (제6장에서 살펴본 사소한 일까지 관리하고자 했던 지방 자치 규제처럼) 더 많은 세부사항을 규제하려고 하고 (제7장에서 살펴본 보편적인 자연법처럼) 좀더 넓은 시공간을 관할하고자 했다는 점에서 더 야심 찼다. 반면에 이들은 (제3장에서 살펴본 요리책에 상세히 설명된 절차처럼) 더 명시적이었고 (제5장에서 살펴본 계산의 작업 흐름처럼) 재량을 잘 허용하지 않았다는 점에서 덜 수용적이었다. 규칙은 기존의 규칙(제3장에서 살펴본 기계적 기술의 규칙이나 심지어 제4장의 알고리즘 등)이 예측하지 못한 상황과 충돌하는 경우에 규칙을 보호해주던 예시, 예외, 경험이 제공한 보호막을 점점 더 박탈당하고 있다. 오늘날 규칙의 어조는 포괄적이기보다는 독단적으로 변하고 있다. 원칙적으로 이런 규칙은 문자 그대로 지켜져야 하지만, 실제로 어려운 상황에 적용될 때 문자 그대로의 규칙과 규칙의 정신은 서로 충돌할 수밖에 없다. 제6장에서 다룬, 의도적으로 엄격하게 정해진 규정이라고 할지라도, 그 어떤 세부적인 규칙조차 예상하지 못한 상황에 적용될 때에는 규칙 집행자의 조정이 필요했다.

판단과 재량은 무용지물이 되지 않았다. 그러나 그것들은 큰 논쟁의 대상이 되었다. 규칙을 확장하기 위한 세부적인 의사 결정은 항상, 특히 법조계의 저항에 부딪혔다. 17-18세기는 종교적 양심이든 법적 판결이든 정치적 주권이든 상관없이 모든 경우에서 모든 규칙의 확장에 대한 원칙적인 도전이 이루어졌다는 점에서 새로운 시기였다. 이번 장에서는 도덕신학의 결의론, 법학의 형평성, 정치학의 주권적 특권에 대한 근대 초기의 논쟁이 특정한 이런저런 규칙들만이 아니라 규칙 일반의 견고함을 시험했던 방식을 살펴볼 것이다.

결의론 : 어려운 상황과 유연한 양심

1630년 파리, 예수회의 에티엔 보니(1564-1649)는 프랑스 가톨릭 신자, 특히 상인들에게 종교적 의무를 다하는 것과 수익률이 높은 거래를 하는 것을 조화시킬 방법에 대해서 상담해준다. 위험하지만 잠재적으로 수익성이 높은 항해를 앞둔 상인에게 대부업자가 이자를 부과하는 것은 정당한가? 그렇다면 얼마를 부과할 수 있는가? 일반적으로 교회법은 대출에 대해 이자를 부과하는 것을 고리대금업이라고 칭하며 금지한다. 그러나 예수회 신부 보니는, 적어도 14세기부터 모든 유럽 항구도시에서 사업하던 해상 보험업자들을 대변하여, 이자의 총액이 항해의 예상 수익과 위험에 비례한다는 전제 아래에 이자를 부과하는 관행을 옹호한다. 사실상 이런 이자는 진짜 이자가 아니라, 대출금을 상환할 채무자의 능력이 박탈될 수 있다는 "위험에 대한 대가"라는 것이었다. 각각의 사례에 맞춰 비용을 미세 조정하는 일은 여기에서 그치지 않는다. 보니는 더 나아가 상인에게 계약 당사자의 상대적인 재정 형편을 고려하라고 조언한다. 거래로 인해서 한쪽이 부자가 되지만 한쪽이 가난해지면 "그 계약은 무효가 된다."[10] 미묘한 차이들과 라틴어로 된 신학적 권위에 대한 언급으로 가득한 글에서, 보니는 연약한 양심을 가지고 혼란스러워하는 고해 신부들이 사회의 "모든 조건과 특징들" 때문에 생기는 골치 아픈 도덕적 결정의 덤불을 헤쳐나갈 수 있도록 안내하고자 한다.

보니의 도덕적 조언은 보편적으로 받아들여지지 않았다. 그는 강력한 영향력을 지녔던 추기경 프랑수아 드 라 로슈푸코(1558–1645)의 영적 지도자였지만, 보니의 책은 교황과 소르본의 신학자들로부터 지나치게 관용적이라는 비난을 받았다. 이 안내서는 1640년에 가톨릭 교회에서 공식적으로 금지한 도서들의 목록인『금서 목록Index Librorum Prohibitorum』에 실렸지만, 그럼에도 불구하고 이후에 재출간되었을 정도로 분명히 상당한 수요를 불러일으켰다. 근대 초기 유럽은 격동적인 변화의 장소였다. 종교 개혁과 박해로 수만 명의 삶이 요동쳤고, 아시아, 아프리카, 아메리카 대륙으로 향하는 무역로가 열려 새로운 상업적 기회가 생겨났으며, 글을 읽을 줄 아는 사람들이 늘어나고 책과 신문이 보급되면서 지적, 정치적 열풍을 촉발시켰고, 주식회사와 어음 같은 기발한 금융상품이 어떤 사람에게는 막대한 부를 안겨주었지만 다른 사람에게는 찢어지는 가난을 안겨주었으며, 거의 200년 동안 유럽 대륙 전역에서 동족 간의 전쟁이 벌어졌다. 제6장에서 살펴보았듯이, 이 시기에는 은행가가 귀족보다 더 많은 돈을 썼고, 새

규칙의 변용과 파괴   317

로운 기회에 끌린 사람들이 도시에 유입되면서 도시의 기반시설들이 흔들렸으며, 막 글을 배운 사람들은 읽기와 쓰기를 배우기 위해서 노력하며 기존의 사회 질서를 흔들어놓았다. 이러한 경제적, 사회적, 종교적, 정치적 변화는 수요가 높았던 보니의 안내서가 다룬, 새로운 종류의 도덕적 딜레마를 야기했다.

보니가 다룬 도덕적 난제의 상당수가 참신했을지는 몰라도, 그를 비롯해 또다른 가톨릭 및 개신교 신학자들이 이 시기에 다룬 도덕적 추론이라는 분야에는 오랜 전통이 있었다. 사실 결의론은 복잡한 특정 사례에 전통을 중하게 적용하는 것을 의미했다. 원래 결의론은 주로 목회자의 목적에서 『성서』 및 초기 그리스도교의 가르침, 교회법, 학자들의 의견을 특정 사례에 적용하여 해석하는 것을 가리켰는데, 13세기부터 가톨릭 교회 전체에서 고해 신부들이 이를 수행해왔다. 영미 관습법에서는 수 세기에 걸친 성문법, 판례, 법률적 의견을 특정 사례에 적용하기 위해서 전문가가 훈련을 받아야 하고 의학에서는 의사가 관련된 최신 과학 문헌과 더불어 유사한 사례에 대한 역사적 기록에 정통해야 하는 것과 마찬가지로, 결의론자들은 수 세기 동안 축적된 방대한 신학적 문헌 및 도덕적 문헌에 통달했다. 관습법 변호사가 "법의 결의론자"로, 고해 신부가 "영혼의 의사"로 불렸을 만큼 결의론은 관습법적 수행 및 의학적 수행에 자주 비유되었다.[11] 이들은 모두 일반적인 규칙이나 원리로부터 문제가 되는 특정 사건으로 추론해 내려가는 대신에, 사건 자체에서부터 추론을 시작했다.

혹은 결의론자들이 심지어 사례에서 사례를, 개별적인 것에서 개별적인 것을 추론해냈다고 하는 편이 더 정확할지도 모른다. 역사학자이자 과학철학자인 존 포레스터(1949-2015)가 지적했듯이, 사례 기반 추론은 포괄적인 일반화를 목표하지 않는다는 점에서 개별적인 것으로부터의 귀납과 다르다.[12] 결의론의 추론은 동종의 사례들에 대한 일반화를 거부한다는 점에서 반反통계적이지만, 완전히 경험적이다. 모든 사례 기반 추론은 그것이 사례들의 집합과도 같다는 특징이 있으며, 사례들은 주제별로 느슨하게 구분되어 있으면서도 때로는 그 잠정적인 분류를 가로지르는 교차의 유비에도 열려 있다. 근대 초기 유럽의 의사와 법학자가 사례별 주석이 달린 모음집을 발간하여 해당 분야에서의 실용적인 추론을 안내했듯이, 신학자들은 스페인 예수회 신부 안토니오 에스코바르 이 멘도사(1589-1669)가 쓴 백과사전격의 『양심의 문제에 관한 개요서Summula Casuum Conscientiae』(1627)나 『도덕신학에 관한 논문Liber Theologiae Moralis』(1644)과 같이, 방대한 도덕적 난제에 대한 학자들의 의견을 모아 두꺼운 개요서로 정리했다.[13] 이러한 사례집은 유럽에서만 발간된 것도 아니었으며, 중국 법학자들도 수 세기에 걸쳐 비슷한 전통을 자랑스럽게 이어오고 있었다.[14]

이러한 사례집에서 드러나는 경험주의는 특정한 사례에서 보편적 규칙으로 나아가는 것을 목표로 하지 않는다는 점에서 관찰, 실험, 통계 조사와 같은 경험주의와는 다른 부류에 속한다. 후자인 경험주의에서는 하나의 관찰이 단순한 하나의 일화에 불과하고, 하나의 실험을 통해서 해당 실험실에서뿐 아니라 어디에서나 작동하는 원인을 찾아내고자 하며, 통계 조사도 집단적 규칙성을 드러내기 위해서 개인별 차이를 의도적으로 제거한다. 그러나 이와 반대로 사례 기반 실증주의는 계속해서 개별적인 것에 뿌리를 둔다. 잘 선택된 사례들의 모음집은 사례들 간의 유사점과 차이점을 부각하고, 과거의 경험에 비추어 현재 당면한 사례를 이해하는 데에 도움이 되는 기억 저장소의 역할을 한다. 그러나 어떤 사례, 다시 말하면 어떤 법적 판례, 어떤 의학의 역사, 어떤 도덕적 결정이 가장 관련성이 높은 사례이며 그와 비슷한 원칙에 비추어 현재 당면한 사례의 문제를 해결할 수 있는지를 결정하는 것은 추상화하거나 일반화할 수 있는 문제가 아니다. 또한 예시가 그것이 서술하는 규칙에 종속되는 것과 달리, 사례는 적절한 일반 원칙에 깔끔하게 종속됨으로써 문제를 해결하지 않는다. 오히려 문학 연구자 안드레 욜러스(1874-1946)가 지적한 것처럼, 사례는 서로 다른 규칙과 원칙을 경쟁하게 하고, "규범과 규범의 대결" 상태를 만든다.[15] 즉, 오히려 규칙이 사례에 종속되는 것이다. 수사학자 존 아토스는 결의론에서 사례가 "단순히 법 아래 종속되지 않으며 어떤 방식으로든 실제로 법을 변화시킨다"고 지적한다.[16] 사례에 기반한 추론을 유비적이라고 설명하는 것은 반만 사실이다. 사례가 제시하는 과제는 존재 가능한 무한한 유비 중에서 이 특정한 사례에는 어떤 유비가 (배타적이지 않으면서) 가장 큰 비중을 차지하는지를, 다른 대안적인 지배 원리 아래에서라면 선호되었을 경쟁적인 유비들의 존재를 간과하지 않고서 식별해야 한다는 것이다. 사례는 생각을 멈추지 않게 하기 때문에 그를 통해서 생각하는 데에 좋은 도구이다.

이제 투자금과 영혼의 안녕을 걱정하는 상인 교구민을 어떻게 대해야 하는지에 관해서 주교 보니 신부가 고해 신부들에게 조언한 내용으로 다시 돌아가보자. 대출 이자의 공평한 책정이 단순한 수학적인 문제였다면, 상당히 산만한 수많은 맥락들의 세부사항(여정 중에 해적이나 기타 위험에 대한 보고가 있는가? 화물의 가치는 얼마나 되는가? 채권자와 채무자의 상대적인 재정 상황은 어떠한가?)이 도덕적 난제에 핵심적인 역할을 한다. 가톨릭이든 개신교든, 법학이든 의학이든 분야를 막론하고 결의론자는 수학자들이 이런 세부사항을 싫어했던 것만큼이나 이런 세부사항에 몹시 열광적이었다. 보니와 비슷했던 영국인 청교도 윌리엄 퍼킨스(1558-1602)는 도둑에게 거짓말을 해도 되느냐는 질문을 받고, "그 거짓말은 선서 아래 이루어졌는가? 선서를 존중하는 것이 공동선을 해하는가? 피해자는 얼마나 위험한 상황에 처해 있었는가? 다른 사람의 생명이 위험에 처할 수 있었는가?" 같은 모든 상황을 종합적으로 검토한 후, 결국에는 어느 한쪽으로 결론을 내리기를 거부했다. "가장 위대하고 최고인 신"은 거짓말쟁이를 면죄할지 모르지만, "나의 입장에서는 의심의 여지가 남아 있다."[17] 수많은 세부사항과 원칙 사이의 경쟁에서, 결의론자들은 확정적인 판단 대신에 그럴듯한 판단만을 내릴 수 있을 뿐이다. 사건의 세부사항이 증가할수록 잠재적으로 적용 가능한 규칙의 수도 증가했다. 결국에는 어떤 규칙이 다른 규칙보다 더 중요한 것으로 선택되었지만, 이는 다양한 규칙들 간의 경쟁을 거친 후에야 가능한 일이었다. 결의론은 규칙을 변용하기 전에 규칙을 시험한다.

이런 종류의 추론이 수학자나 엄격주의자를 미칠 정도로 괴롭히기 위해서 특별히 고안된 것이라는 의심을 해볼 수도 있다. 보니와 동료 예수회 결의론자가 프랑스의 수학자이자 종교적 엄격주의자였던 블레즈 파스칼의 반발을 산 것으로 유명했다는 사실이 이를 잘 보여준다. 정통 신학자들의 공격을 받는 가톨릭 금욕적 종파였던 얀센파의 일원이었던 파스칼은 종교적, 정치적 동기를 가지고 예수회를 공격했다.[18] 그러나 엄청난 성공을 거둔 그의 논쟁적 저서 『시골 친구에게 보낸 편지Les Provinciales』(1657) 속 신학적 내용은 (파스칼이 실명을 언급한) 보니 같은 예수회 결의론자에 대한 신랄한 풍자 뒤에 완전히 가려졌다. 파스칼은 지방에 있는 친구에게 파리의 최신 소식을 알려주는 편지를 쓰는 루이 드 몽탈트라는 인물을 책의 화자로 내세워서, 예수회 결의론자들의 지나치게 친절하고 지나치게 유연한 도덕성을 꼬집었다.[19] (에스코바르 이 멘도사의 글에서 주로 문맥에 맞지 않는 부분을 선별적으로 발췌하며) 결의론자들의 글을 직접 인용하고 비판하면서, 파스칼은 수용적인 예수회 고해 신부들에게 용서받지 못할 정도로 중대한 도덕적 결함이나 악랄한 죄가 거의 없을 정도라고 암시했다. 엄격주의자인 몽탈트는, 한 상냥한 예수회 신자가 『성서』와 교부의 지시를 엄격히 지킬 수 있는 사람은 극소수에 불과하기 때문에 고해 신부들이 개별적인 도덕적 결합의 사례에 대해서 관용을 베풀지 않으면 대다수의 신자를 잃을 위험이 있다고 설명하자 분개한다. 게다가 고해 신부들은 시대의 변화를 고려해 현재 상황의 맥락에서 실제로 벌어진 사건에 대해서 판결을 내려야 한다고 한다. 몽탈트는 "교부들은 그들의 시대의 도덕성에 대해서는 훌륭한 소양을 가지고 있었지만, 우리 시대의 도덕성과는 거리가 멀다"는 구절을 인용한다. 반대의 견해보다 더 적은 지지를 받더라도 학식 있는 권위자들의 가장 편리한 견해를 따르는 것을 허용하는 개연설의 교리를 원용하며, 이 상냥한 예수회 신부는 사순절 금식 규정을 위반한 사제와 수녀, 명예 결투에서 피를 흘린 귀족, 중국인 개종자에게 충격을 주지 않기 위해서 그리스도의 십자가형을 은폐한 예수회 신도에게 무죄를 선고한다. 이에 대해서 몽탈트는 "이런 가능성이란 얼마나 유용한가!"라며 쓸쓸하게 외친다.[20]

결의론과 예수회는 "한편에는 그리고 또다른 한편에는"(어떤 때는 그리고 또다른 때는) 식의 별로 힘이 없는 추론 방식에 대한 파스칼의 풍자를 결코 극복하지 못했다. 『시골 친구에게 보낸 편지』는 유일하게 살아남은 17세기 프랑스의 논쟁서이며, 파스칼에 반대했던 예수회 신도들조차도 문체의 탁월함을 인정했다.[21] 다양한 언어로 빠르게 번역된 『시골 친구에게 보낸 편지』의 영향력 때문에, "예수회적이다"와 "에스코바르적이다"라는 표현은 지나치게 미묘하고 궤변적이고 이해하기 힘든 주장을 가리키게 되었다. 심지어 17세기에는 교황조차도 예수회 결의론자들의 느슨함을 비난했다.[22] 개신교 국가들에서 특히 심했지만 몇몇 다른 나라들에서도 결의론은 진지한 도덕적 추론의 형태로서의 지위를 영구히 박탈당했다. 결의론의 훌륭함을 재건하려는 현대 철학자들의 노력도 소용이 없었다.[23] 파스칼은 수학만큼이나 종교에 대해서도 엄격했으며, 거추장스러운 세부사항보다는 확고한 원리원칙의 명분을 옹호했다. 그리고 어쩌면 의도적으로, 보니가 결의론이라는 특수한 도구를 통해서 맞서 싸웠던 문제, 즉 불확실한 결과에 공정한 가격을 매기는 문제에 대한 일반적인 수학적 해법을 내놓았다.[24]

18세기에 들어서자 양심의 의미는 모든 신학적 법규와 계율은 물론 개인의 상황과 의도까지 포괄적으로 고려했던 학문적 전통에서 벗어나, 추론은 물론 느낌을 이용해서 판단을 도출해내는 내적 능력을 의미하는 것으로 바꿨었다. 장-자크 루소, 이마누엘 칸트 등 계몽주의 도덕철학자들의 저작에서, 양심은 결의론을 완전히 대체했다. 양심은 우물쭈물하지 않으며 명료하고 단호한 판단을 신속히 제시했다.[25] 칸트는 도덕적 판단이 원칙적이고 명료해야 한다고 주장하며, 결의론이나 개연설에 의해서 양심적 판단을 내릴 필요성을 완전히 제거했다. "양심은 법에 종속된 사건으로서 행위를 판단하지 않는다.……반면 이성은 모든 주의를 기울여서 행위를 평가했는지를 스스로 판단한다. 즉 이성은 그 자체를 판단한다." 칸트는 "일종의 양심의 변증법"인 결의론에서 상반되는 규칙과 원칙 사이의 아웅다웅하는 논쟁을 2차적인 내적 변증법으로, 즉 스스로 판단하는 이성으로 대체했다.[26] 『도덕 형이상학*Die Metaphysik der Sitten*』(1797)의 "결의론적 질문들"은 결의론에서 항상 핵심이 되었던 미묘한 질문들(예를 들면, 모든 합리적인 인간이 느끼는 자존감은 오만으로 이어질 수밖에 없는가?)을 계속 던졌지만, 항상 이성이 최종적인 답변을 제공했다(진정한 겸손은 권위에 굴복하거나 권위를 폐기하는 것과 아무 관련이 없다).[27] 칸트의 도덕론은 양심을 감시하는 외부의 감독자도 제거했고, 모든 다양한 세부사항도 제거했으며, 모든 결의론적 판단의 잠정적인 태도도 제거했다. 그러나 서로 경쟁하는 규칙을 서로 대립시키는 결의론적 추론의 특징적인 변증법은 계속해서 살아남았다.

마찬가지로 결의론 역시 고해성사만이 아니라 다른 이름의 형태로 살아남았다. 여러 국가의 병원들은 의료윤리위원회를 설치해서 환자를 치료할 때 발생하는 도덕적 딜레마에 관한 심의를 진행한다.[28] 주요 일간지에서는 독자들이 제공하는, 재심의가 요청된 어려운 사례들에 대해서 자문하는 칼럼을 규칙적으로 싣는다. 최근 「뉴욕 타임스*New York Times*」의 "윤리학" 연재 칼럼이 다룬 딜레마로는 "본인에게 꼭 필요하지 않아도 무료 코로나 바이러스 검사를 받아야 하는가?", "정자은행을 이용했는데, 딸에게 이복형제를 소개해주어야 하는가?"와 같이 완전히 현대적인 난제들이 있다(보니가 다룬 사례들도 당대에는 이처럼 최신의 사례였을 것이다).[29] 결의론은 언제나 맥락에 민감하게 반응하며, 우리가 현재 살아가는 방식에 빠르게 적응한다. 청교도 결의론자 퍼킨스가 주장했듯이 "우리는 우리가 살고 있는 시대의 흐름에 순응해야 한다."[30] "윤리학" 칼럼의 사연자들은 보니의 교구 주민만큼이나 진지한 당혹감을 느낀다. 칸트와 파스칼에게는 유감이지만, 이들의 양심은 다양한 사례에서 어떤 도덕적 규칙을 따라야 하는지에 대해 신속하고 명확한 결정을 내리지 못한다. 모든 어려운 사례들은 세부사항으로 가득 차 있고, 두 가지 이상의 상충되는 윤리적 원칙들이 경쟁을 벌이며, 이 원칙들은 모두 더 고려할 만한 여지를 남긴다. 더 생각해보아야 할 것은 항상 남아 있으며, 우리는 세부사항과 원칙 사이를 오가는 일을 계속해서 반복해야 한다. 진정한 의미에서 보면 사례는 결코 종결되지 않는다.

형평성 : 법은 언제 불의를 범하는가

1862년 파리, 가난한 한 남자가 굶주림 때문에 빵 한 덩이를 훔친 죄로 5년의 고된 노역형을 선고받는다. 법적 불의를 다룬 빅토르 위고(1802-1885)의 대하소설 『레 미제라블*Les Misérables*』(1862) 속 장 발장의 얽히고설킨 이야기는 이렇게 시작된다. 이어지는 이야기에서 장 발장은 종종 법의 반대편에 서지만, 그가 불의의 편에 서는 경우는 거의 없다. 형평성은 법과 정의가 어긋날 때 이 둘을 모두 아우를 수 있는 개념이며, 정의의 이름으로 정의를 위해서 법을 변용하는 관행이다.

공평성, 형평성, 공정성을 의미하는 라틴어 단어 아이퀴타스aequitas의 법적 의미는 로마법에서 유래한다. 제2장에서 살펴보았듯이, 아리스토텔레스는 입법자가 예측할 수 없고 법의 엄격한 적용이 부정의한 결과를 초래할 수 있는 사례에 법의 엄격성을 완화하기 위해서 친절함, 관용, 적절함을 의미하는 그리스어 단어 에피에이케이아epieikeia를 사용했다. 집정관으로 불린 로마의 치안판사들은 기원전 2세기에 이르러 임시로 법을 변용하고 보완하는 관행을 제도화했다.[31] 중세의 로마법 주석가는 형평성 개념을 공정성의 원칙에 관한 것에서 관련 법규뿐 아니라 『로마법 대전』 전체를 고려하는 총체적인 것으로 확장했다.[32] 근대 초기의 유럽에서 형평성 개념은 아리스토텔레스의 고전 문헌뿐 아니라 『히브리 성서』가 새롭게 번역되면서 히브리어 단어 메사림mesarim(곧음, 정직함, 정의로움을 의미하며 형평성을 의미하는 그리스어, 라틴어 단어와 같은 어원을 공유한다)과 연결되며 더욱 풍부한 의미를 가지게 되었다.[33] 마지막으로, 모든 유럽의 법이 형평성의 교리를 인정했음에도 불구하고 14세기 영국의 법학자들은 관습법 법원과 형평법 법원으로 이루어진 이원론적 구조를 완성했는데, 관습법 법원에서는 왕이 임명한 판사들이, 그리고 형평법 법원에서는 왕 자신이 (그리고 나중에는 대법관이) 전권을 행사했다. 이는 성문법과 형평성 사이에, 그리고 규칙의 엄격한 준수와 규칙의 신중한 변용 사이에 대략

적인 분업 체계를 이룩한 것이었다.[34]

　이 같은 다양한 근원은 어떤 어원과 느낌을 강조하기로 선택하는지에 따라서 형평성 개념에 상당한 유연성과 해석의 폭을 부여했다. 퍼킨스는 1604년에 발표한 『에피에이케이아_Epieikeia_』에서, 그리스어 에피에이케이아의 온화함, 관대함이라는 뜻과 관련되면서 형평성을 추구하는 법적 관행을 기독교적 자선, 자연법, 인간의 연약함과 연결했다. 법에 대한 중재가 필요한 상황에 대한 그의 가장 유명한 예시는 "굶주림, 추위, 가난에 시달리다가 고기를 훔쳐 고발당한 어린 소년"의 사례이다. 법이 요구하는 대로 범인을 사형하면 형평성을 해치는 셈이었는데, 왜냐하면 "적당한 형벌을 부과하는 것이 바로 법의 형평성이며 극한의 형벌을 부과하는 것은 불의에 가깝기" 때문이다.[35] 대법관을 지냈으며 관습법 법원과 형평법 법원 사이의 충돌에 대해서도 잘 알았던 프랜시스 베이컨은, 법이 "서로 만나거나 교차하는 상황"이거나 법이 당면한 사건에 대해서 아무런 언급도 없는 상황에는 좀더 소송과 관련된 용어로서의 형평성을 최종 발언으로 지켜낼 것을 옹호했다. 그러나 베이컨은 또한 이와 같은 자유재량에 의한 판결은 "이후에 그에 대한 설명과 한계를 반드시 명시하여" 향후 발생할 사례 상황에서 참고할 규칙으로 삼을 수 있다고 주장했다.[36] 프랑스의 법학자 장 도마는 파스칼의 친구이자 얀센파 동료였음에도 불구하고 엄격한 법의 적용보다 유연한 형평성을 옹호했다. 그는 형평성이야말로 자연법을 유지하는 토대이며 "모든 규칙의 사용과 구체적인 해석의 기본 토대가 되는 보편적인 정의의 정신"이라고 주장했다.[37]

결의론과 형평성 모두 도덕 원칙과 실정법 같은 규칙의 일반적인 자원의 한계를 넘어서는 이례적인 경우를 다루는 것이었다. 그러나 결의론이 규칙과 원칙을 서로 대립시켰다면, 형평성이 논의되는 경우에는 어떤 법을 적용해야 하는지에 관한 논쟁의 여지가 거의 없었다. 굶주림에 음식을 훔친 빈자는 명백히 법을 위반한 사람이었다. 대부분의 경우 법 자체가 심판의 대상이 되지도 않았다. 도둑에게 중한 처벌을 부과하는 법의 필요성에 문제를 제기하는 논객은 거의 없었다. 형평성의 이름이 시험하는 것은 법의 엄격성을 특정한 사례에 적용하는 것이 더 큰 정의에 부합하는지의 문제였다. 형평성에 대한 주장은 암묵적으로든 명시적으로든 규칙 간의 위계를 확립하고 상위의 규칙이 하위의 규칙보다 우선함을 인정했다. 물론 이 체계에는 많은 변형이 존재했다. 퍼킨스 같은 기독교 도덕주의자는 도둑을 처벌하는 엄격한 법보다 용서와 관용이라는 『신약 성서』의 계율을 우선시했고, 그로티우스 같은 자연법 법학자는 같은 경우에 국지적인 법보다 보편적인 법을 옹호했으며, 도마와 많은 다른 사람들은 그들이 법의 정신이라고 부른 것을 문자 그대로의 법보다 우선시했다. 명분이 무엇이었든, 법은 그 범위와 위상이 다소 축소되기는 했지만 공고히 살아남았다. 형평성은 법을 변용하기는 했지만 부숴버리지는 않았다.

그러나 규칙은 너무 많이, 너무 자주 변용되면 깨질 수 있다. 형평성을 옹호하는 사람들도 그것이 과도하게 행사되면 모든 규칙을 훼손할 수도 있다는 사실 때문에 불안해했다. 아리스토텔레스는 "모든 사례의 문제를 가능한 한 자세히 정의하고, 가능한 한 판사의 재량에 최대한 적게 맡겨두는" 법을 선호했고, 형평성을 논한 후대의 모든 저술가는 재량과 자의, 자비와 방종 사이의 아슬아슬한 경계에 대해서 고민했다.[38] 영국의 역사가이자 법학자인 존 셀든(1584-1654)은 형평성 법원이 집행하는 형평법이 대법관의 직책을 맡은 사람의 양심에 따라 "방대해지기도 하고 축소되기도 하는" 자의적인 기준일 뿐이라고 비웃었다.[39] 퍼킨스는 기독교적 자선의 이름으로 형평성을 옹호하면서도, 너무 과한 자비는 "지혜를 약화시키고 이성을 나약하게 만들며" 자비와 극단에 있는 가장 잔인한 엄격성만큼이나 위험하다고 비난했다.[40] 거의 동시대 작품인 셰익스피어의 희곡 『베니스의 상인The Merchant of Venice』(1600)에서는 두 극단의 과잉에 대한 이러한 걱정이 정교한 균형을 이룬다. 작품에서 포르티아는 채무 불이행에 대해서 1파운드의 살점을 내놓겠다는 무모한 약속을 한 안토니오를 위한 자비를 호소하지만, 결국 채권자가 안토니오의 살점만을 가져갈 수 있으며 피를 흘리게 해서는 안 된다는, 터무니없는 문자 그대로의 법에 기대어 소송에서 승리한다.

불완전한 법에 대한 필수적인 교정책으로서의 형평성의 오랜 역사를 보면 법을 불필요하게 만들 정도로 통치술에 능숙한 현명한 통치자가 재량권을 자유롭게 행사할 수 있게 해야 한다는 주장은 플라톤만이 한 것으로 보인다. 그러한 통치자는 바람과 날씨의 변화에도 익숙하게 배를 모는 노련한 선장처럼, 각각의 특정한 상황에서 성문법과 전통에 우선해 무엇이 공동의 이익에 가장 잘 부합하는지를 결정할 정당한 권한을 부여받는다.[41] 그러나 사실 플라톤조차도 이러한 통치자가 홍옥紅玉보다 희귀하다는 사실을 인정했다. 대부분의 정치체는 성문법이라는 차선책에 만족해야 했는데, 성문법은 인간사에서 끊임없이 변화하는 상황에 언제나 적절히 적응하지는 못했다.

형평성의 중심에는 인간 법률의 본질적인 불완전성에 대한 플라톤적 비관론이 자리한다. 보편성과 영속성에 대한 열망이 얼마나 대단하든, 법은 항상 예상하지 못한 특수성과 예측할 수 없는 상황의 변화에 직면하게 된다. 법은 본질적으로 입법자의 의지를 미래에 투영하는 것이었고, 이를 통해서 현세대뿐 아니라 미래 세대까지 구속하고자 하는 것이었다. 법에는 본질적으로 오만한 요소, 즉 죽음의 운명과 변화를 부인하는 태도가 내재되어 있었다. 이런 관점에서 보면, 기본법이나 헌법처럼 더 포괄적이고 영속적인 법일수록 미래에 발생 가능한 모든 만일의 사태와 예측하지 못하는 실패를 교정할 수 있는 형평성의 처방을 더욱더 필요로 한다. (선장에 대한 플라톤의 은유로 되돌아가자면) 이와 같은 경로 수정이, 개별적인 규칙보다 근본적인 기본 원칙을, 법의 문자보다 법의 정신을, 과거의 공적 가치보다 현재의 공적 가치를 옹호하는 것으로 정당화되는지와는 상관없이, 이는 영구적 불확실성의 조건에서 영속적인 법이 존립 가능한지 의문을 제기한다. 이러한 체계에서 형평성은 기본적인 인간성보다는 인간의 지극히 인간적인 나약함을 드러내는 것에 가까웠다.

형평성을 논한 17세기의 저술가들은 언제 어디에서나 "모든 경우에 대해서 동일한 형평성을 발휘하며 따라서 특별 시혜, 완화, 조정 없이 집행되어야 하는" 신법의 "보편적 정의로움"과, "동일한 형평성을 발휘하지 못하며 따라서 신중하고 지혜로운 중재에 의해서 집행되어야 하는" 불완전한 인간의 법을 비교했다.[42] 신법은 적어도 13세기 무렵부터 아퀴나스와 학자들에 의해서 자연법과 연결되어왔지만,

신법의 보편성과 영속성에 근접한 성질을 지닌 인간법을 상상할 수 있게 된 것은 자연법이 대학에서 교육되고 법률적 견해에서 언급되는 등 실제로 법률적 성문화와 사법적 집행의 기반으로서 여겨지기 시작했던 17세기와 18세기에 이르러서야 가능했다. 제7장에서 살펴보았듯, 자연법 법학과 자연법칙의 형이상학은 어떤 이유에서든 어떤 종류의 예외도 인정하지 않으며 발전해왔다. 그 결과는 형평성의 폐지가 아니라 형평성 작동의 통제와 형평성의 이론적 기반의 변화로 귀결되었다.

우리는 앞에서 베이컨이 대법관으로서 형평성에 의해서 두드러지는 행위들을 규칙으로 정식화하고자 했던 시도를 살펴보았는데, 그의 후계자들은 18세기를 통틀어 이러한 시도를 형평법 법원에서 확장했다. 17세기 말부터 대법관들은 일관성과 절차적 안정성을 강조하는 합리적 정당화에 근거하여 자신들의 결정을 강화했다.[43] 이러한 발전은 아리스토텔레스의 형평성 개념보다 키케로의 형평성 개념이 부상했던 시기, 즉 규칙의 예외로 여겨지던 형평성의 개념보다 자연법의 보편적 규칙에 부합하는 것으로 여겨지는 형평성의 개념이 부상했던 시기와 일치한다.[44] 1751년 데이비드 흄이 도둑과 해적조차도 "그들 사이에 새로운 분배의 정의를 확립하지 않는다면 그리고 그들이 나머지 인류에 대해서 위반한 형평성의 법을 상기하지 않는다면 그들의 불량한 연합을 유지하지 못할 것"이라고 주장했을 때, 그는 규칙의 예외로서 형평성 개념이 아니라 바로 규칙으로서 형평성이라는 키케로의 개념을 지지한 것이었다.[45]

장 발장에 대한 위고의 소설은 제도화된 예외로서의 형평성과 자연법으로서의 형평성의 차이를 탐구한다. 생필품을 훔치는 것 외에는 아무런 대안이 없던 사람에게 무죄판결이 내려진 사례는 적어도 13세기부터 형평성에 관한 이론가들이 논의를 전개하는 데에 시금석이 되었고, 학계의 주된 의견은 법의 엄격한 집행보다 유연한 형평성의 발휘를 중시하는 쪽으로 정의의 저울추를 계속해서 옮겨왔다. 절도 금지를 자연법의 일부로 여겼던 그로티우스조차 부자에 맞서 가난한 사람의 편에 섰다. 그러나 특별한 경우에 예외를 두는 동시에 이것이 인간 행위의 일반 법칙이 되어야 한다고 명령한 칸트의 절도죄에 관한 주장은 공식적인 도덕적, 법적 교리로서의 그러한 관용에 종지부를 찍었다. 18세기 말에 자연법은 더 이상 자비가 아닌 기적, 즉 행정적 사면에 의해서만 예외가 인정되는 자연법칙의 궤도에 들어섰다. 1810년 『나폴레옹 형법전*Napoleonic Penal Code*』에 따르면 형평성에 대한 고려로는 장 발장에게 선고된 5년의 고된 노역형을 감면해주지 못했으며, 오직 하늘의 용서만이 그를 구할 수 있었다.

결의론의 경우와 마찬가지로, 가장 좋은 법도 허용할 수밖에 없는 예외라는 의미인 고대의 아리스토텔레스적 형평성 개념은 형평성이라는 단어 자체의 의미가 얼마나 변화했는지에 상관없이 사라지지 않았다. 마약 관련 범죄에 대한 형 선고가 의무가 되어야 하는지 혹은 재량에 맡겨야 하는지, 가정폭력 피해자가 가해자를 살인한 행위가 정당방위로 인정되어야 하는지, 범죄를 저지른 아동이나 정신질환자를 법의 완전히 엄격한 적용으로부터 보호해야 하는지 등에 대한 최근의 논란에서, 여전히 양쪽 입장은 근대 초기 법학자와 도덕주의자들이 하던 숙고를 반복한다. 그러나 개별 사례의 상황에 따라 정상 참작이 필요하다고 주장하는 사람들도 예외라는 단어를 거의 사용하지 않는다. 통치자의 변덕에 영향을 받는 법치주의에 반대하고 법 앞의 평등을 중시하는 정치적, 철학적 견해가 17세기와 18세기에 걸쳐 새롭게 등장하면서, 개별 사례에 대한 조정보다 전반적인 일관성과 통일성을 중시하는 경향이 강화되었다. 사례별 조정이 정의의 대의에 더 부합함에도 불구하고 말이다. 일부 현대 법률 이론가들은 분쟁이 발생할 경우에 정의와 공정의 가치보다 법의 일관성과 통일성의 가치가 더 중요하다고 주장하기까지 한다.

불의에 불의로 처신하는 것은 법의 목적이 아니다. 그러나 법적 체계가 중요하게 보존해야 하는 가치가 있다. 결과의 예측 가능성, 대우의 균일성(같은 사건을 같은 방식으로 다루는 것), 검은 법복을 입더라도 개별 의사 결정권자에게 무제한적인 재량권을 부과하는 일에 대한 두려움이 바로 그것이다. 이 가치들은 종종 법치주의라는 이름으로 불리며, 법치주의의 많은 덕목은 규칙을 진지하게 받아들임으로써 달성된다.[46]

제7장에서 살펴보았듯이, 법학의 영역만이 아니라 신학과 자연철학의 영역에서 법치주의가 지닌 신성한 지위는 17세기와 18세기 정치철학에도 비슷하게 존재했다.[47] 도덕신학에서 결의론이 불명예스럽게 실패하고 형평성이 법의 예외로서 의미를 잃은 것처럼, 대권행위大權行爲는 그것이 인간의 것이든 신의 것이든 지혜로운 개입보다는 자의적인 변덕으로 낙인찍히게 되었다.

대권행위와 예외 상태 : 통치자와 법치주의

1617년 런던, 옥새상서(영국 정부의 관직/역주)의 자격으로 프랜시스 베이컨 경이 재무부 남작으로 새롭게 임명된 존 데넘 경(1559-1639)에게 임무를 지시한다. "그대는 무엇보다도 국왕의 특권을 지켜야 하는데, 국왕의 특권과 법은 서로 다르지 않고 국왕의 특권이 바로 법이고 법에서 가장 중요한 부분이며 법에서 가장 우선하는 것이므로, 그대는 대권행위를 지키고 유지함으로써 곧 법을 지키고 유지할 수 있음을 명심해야 하오."[48] 엘리자베스 1세(1533-1603, 재위 1558-1603)와 제임스 1세(1566-1625, 재위 1603-1625)의 통치기에 거의 항상 영국의 고위 법관직을 맡았던 베이컨은 당시 영국에서 격렬한 정치적 논쟁의 주제였던, 의회의 권한과 군주의 권한의 우위에 관한 자신의 입장을 여기에서 분명히 보여준다. 1640년대에 이 논쟁은 내전으로 번졌고, 1689년에 이르러서야 "의회의 동의 없이 법을 폐기하거나 유보하고 법을 집행할 수 있는 국왕의 권력"은 비로소 "기존 법과 법령, 자유에 전적으로 그리고 직접적으로 반하는 것이다"라고 『권리장전 Bill of Rights』으로 선언되었다.[49] 그러나 아직 1617년에는 베이컨이 성문법을 유보할 수 있는 국왕의 권력인 대권행위가 법에 부합할 뿐 아니라, 그것이 바로 법이라고 주장할 수 있었다.

20세기 독일의 정치이론가 카를 슈미트(1888-1985)는 최고 권력을 예외에 관해 결정할 수 있는 권한으로 정의한 것으로 유명하다. 슈미트는 "극단의 위험" 상황에 발생하는 예외는 "기존의 법 질서에 성문화될 수 없다"고 단호히 말했다. 여러 규칙을 함께 놓고 비교하는 결의론이나 법을 법의 정신에 걸맞게 변용하는 형평성과 달리, 최고 권력자가 선포한 예외 상태는 모든 규칙을 파괴한다.[50] 현대 전체주의에 관한 슈미트의 견해에서 보면 최고 권력자는 "무한한 권한"을 행사하는데, 이는 권력자의 가장 광범위한 특권을 설정한 근대 이전의 교리에서도 찾아볼 수 없다. 전제주의적 황제조차도 자신의 통치를 정당화했던 자연법과 신에 부응해야 했다.[51] 그러나 20세기 슈미트의 예외 상태 개념과 17세기 베이컨의 대권행위 개념은 모든 예외와 자의성이 제거된 법 질서에 역행하는 식으로 정의되었다. 슈미트는 현대적 관점에서 보편적 적법성에 대한 견해를 계몽주의적 자연법과 동일시했다. 그러나 최고 권력의 문제를 다룬 근대 초기 저술가들은 법과 자유의 대안적인 이상을 찾기 위해서 고대 로마의 공화주의를 탐구했다. 그들이 보기에 여러 입장의 한쪽 극단에는 16세기에 절대주의를 옹호하는 과정에서 부활한 "법으로부터 자유로운 지배자"라는 로마 제국의 교리가 있었고, 다른 한쪽 극단에는 아무리 자비로운 통치자일지라도 통치자의 자의적인 결정에 복종하는 것은 노예 상태에 있는 것과 같다는 로마 공화주의의 교리가 있었다.[52] 어떤 정의에 따르든, 예외를 선언할 권력은 현대 정치이론의 핵심적인 문제이다. 누가 법을 변용하는 것을 넘어서 법을 파괴할 수 있는가?

이 질문은 베이컨, 장 보댕(1530-1596), 토머스 홉스, 로크, 로버트 필머(1588-1653)의 학문적 관심사였을 뿐 아니라 그들을 통치했던 군주들의 관심사였다. 16-17세기에 특정한 왕과 왕비가 통치의 적법성을 두고 (종종 전장에서) 논쟁을 벌이는 일은 새롭지 않았다. 그보다 당시에 새로웠던 것은 법과 관습을 폐지할 수 있는 특권적 권한, 즉 군주의 적법성에 대한 지속적인 문제 제기였다. 논문, 소책자, 설교, 연설은 이 의문을 지속적으로 치열하게 제시했고, 이런 생각들은 내전을 촉발하고 헌법을 개정하고 억압을 강화하고 궁극적으로 한때는 세상을 휩쓸었던 특권적 권한의 범위를 축소하는 근대적 정치 이상을, 즉 슈미트가 그토록 혐오했던 법치주의를 이룩하는 데에 기여했다.

절대 권력 개념은 근대 초기 유럽이 물려받은 정치적 전통의 세 가지 상호 강화적인 원천으로부터 나왔는데, 신의 권위, 아내와 자녀에 대한 남성 가장의 가부장적 권력, 그리고 전쟁에서 완패한 자에 대한 정복자의 권력이 그 세 가지였다. 주요한 왕정주의자인 필머는 저서 『부권론, 혹은 왕의 자연적 권력Patriarcha, or the Natural Power of Kings』(1620-1642년 집필, 1680년 출판)에서 신이 아담에게 부여한 땅의 지배권이 전 세계의 군주에게 이어지는 경로를 추적했다. 책 제목에서 알 수 있듯, 필머는 부계의 권위가 신권을 반영한다고 보았다. "자녀의 복종이 하느님 당신의 사제서품을 통해서 부여된 왕권의 원천이 된다"는 것을 필머는 "국민의 선택"으로부터 정부 형태가 연유한다는 주장에 대한 직접적인 논박이라고 해석했다. 그는 자녀가 부모를 선택하지 못하는 것처럼, 국민도 어떤 정부에서 살지를 결정하지 못한다고 보았다(그림 8.1).[53] 툴루즈의 법학 교수이자 파리 의회 의원이었던 보댕 또한 아내와 자녀가 절대적인 가장의 의지에 복종하는 가부장제로부터 왕권이 기원한다고 강조했다. 실제로 보댕은 인간이 만든 제도가 지닌 모든 권위의 궁극적인 원천은 "신과 인간의 모든 법"에 의해서 그리고 자연 그 자체에 의해서 승인된, 남편에 대한 아내의 복종에서

그림 8.1 「가부장적 권력을 가진 가장이 가족과 함께 있는 모습(The Father in the Circle of His Family, Represented as the Possessor of Patriarchal Power)」(1599?), 한스 페르, 『이미지 속 법(*Das Recht im Bilde*)』(1923), 도판 195.

오며, 그 이유는 남성 가장이 "만물의 보편적인 아버지인 위대한 주권자 신의 참된 형상"이기 때문이라고 주장했다.[54] 부권과 왕권의 이와 같은 긴밀한 연결 덕분에 베이컨은 "한 가정의 아버지 또는 가장"인 왕에 복종하는 것이 법에 복종하는 것보다 "더 자연스럽고 명료하다"고 주장할 수 있었다.[55] 보댕과 필머는 모두 법을 정지할 수 있는 왕의 특권이 주권의 정의 자체에 내재된 것으로서 "권력, 책임, 시간"에 제한이 없으며(보댕), "그만이 알 수 있는 이유에 따라서" 정당화된다(필머)고 주장했다.[56] 베이컨이 섬긴 제임스 1세가 1610년 분열된 영국 의회를 향해서 왕은 "신이 지상에 보낸 그의 대리인"이고, "자기 국민의 정치적 아버지인 후견인"이며, 따라서 "신민을 만들거나 만들지 않을 권한이 있다"고 주장했을 때, 그는 이미 익숙한 주제들을 조

금 바꿔서 이야기한 것이었다.[57]

현대에도 여전히 중요하게 남아 있음에도 불구하고, 정복에 의한 무제한적인 대권행위를 합법화하는 세 번째 원천이자 가장 오래된 원천은 보댕과 필머의 글이나 제임스 1세의 거만한 연설에서는 찾아볼 수 없다. 근대 초기의 군주들은 합스부르크 왕가의 스페인령 네덜란드나 정복자들의 지배를 받은 멕시코 등 구대륙과 신대륙 모두에서 전례 없을 정도의 절대 권력을 행사했다. 게다가 이 시기에는 특히 신대륙 식민지에서 노예제를 옹호하기 위해 정복자의 절대 권력이 점점 더 강조되었다. 캐롤라이나 영주의 비서이자 『캐롤라이나 헌법 *Constitution of Carolina*』의 저자였던 존 로크는 노예제를 명시적으로 지지했으며, 『통치론 제2논고 *Second Treatise on Government*』(1690)에서는 "정당하고 합법적인 전쟁에서 포로로 잡힌 사람들"을 완전히 죽이는 것보다는 자비롭게 대하는 방식이라며 노예제를 옹호했다.[58] 그러나 정복이 법과 관습을 파괴할 수 있는 왕실 특권을 정당화한다는 주장은 바로 이러한 노예제와의 위험한 인접성 때문에 오염되었다. 로크는 정복의 권리를 통해서 노예에 대한 주인의 전제적 지배를 옹호했지만, 한편으로는 신민에 대한 왕의 전제적 지배를 폭정으로 정의하고 반대하면서 양측 모두에서 강력한 목소리를 낸 인물이었다. 바로 이 점에서 그를 예외의 권력에 대한 근대 초기의 태도 변화를 보여주는 증인이라고 할 수 있다.

노예제와 왕실 특권 모두에 관한 로크의 입장의 중심에는, 궁극적으로는 로마 공화주의에서 파생되었으나 근대 초기 정치철학자들 사이의 논쟁을 통해서 크게 고무된 자유의 이상이 자리했다.[59] 고대 로마의 자유인과 노예의 구분을 중심으로 한 공화주의적 자유의 이상은 본질적으로 소극적이었는데, 그것은 무엇인가를 할 수 있는 자유가 아니라 무엇인가로부터 혹은 누군가로부터의 자유를 의미했다. 주인이나 군주의 절대적 권력은 "한 사람이 다른 사람에 대해서 지니는 절대적인 자의적 권력으로, 원할 때면 언제든 그의 목숨을 빼앗을 수 있는 것"이었다. 역사학자 퀜틴 스키너가 강조했듯이, 로크의 정의에서 핵심적인 단어는 삶과 죽음에 대한 권력이 아니라 "자의적"이라는 단어였다. 주인이 매우 자애로운 사람이고 노예가 살해당하거나 부당한 대우를 받을 확률이 매우 낮다고 할지라도, 다른 사람의 변덕 아래에 놓여 있다는 사실만으로도 견딜 수 없는 고통을 줄 수 있다. 규칙에 얽매이지 않는 한, 주인이 갑자기 잔인하게 변하거나 변덕스럽게 행동하는 것을 막을 방법은 없다. 노예는 언제 주인의 친절함이 잔인함으로 변할지 알 수 없다. 로크와 공화주의 사상가들이 소중히 여겼던 것은 불확실성 자체로부터의 자유가 아니라, 이와 같은 구체적인 형태의 정신적 불확실성으로부터의 자유였다. 즉, 자유인과 노예 모두 질병, 악천후, 기타 자연적 불행의 변덕에 휘둘린다는 점에서 언제나 불확실성에 노출되어 있지만, 인간의 의지와 변덕스러움의 불확실성으로부터의 자유는 보장되어야 한다는 것이다. "절대적이고 자의적인 권력으로부터의 **자유**"는 아무도 "자신의 의지로 다른 이의 노예가 될 수 없으며, 그가 바랄지라도 절대적이고 자의적인 권력을 가진 이가 자신의 목숨을 빼앗도록 할 수 없을" 정도로 근본적이었다. 자유인은 자신의 자유를 자발적으로 포기할 자유가 없었다. 표현의 유사성이 보여주듯이, 불법적인 폭정과 합법적인 노예제는 겨우 머리카락 한 올만큼의 차이밖에 나지 않으며, 로크는 정당한 전쟁을 통해서 획득한 정복의 권리, 재산권에 대한 불가침의 지위, 노예의 자녀에 대한 보호를 미세하게 구분했다.[60]

　모든 규칙에 대한 예외를 선언할 수 있는 절대 권력의 권한에 관한 17세기의 논쟁이 이러한 배경에 반해 이루어졌다는 사실을 이해하는 것이 중요하다. 자유주의 시대의 계몽주의적 자연법 전통이 주권적 특권에 반한다며 비난했던 슈미트와는 반대로, 보댕과 필머를 비롯한 근대 초기의 절대주의자들은 공화주의와 제한된 왕권에 관한 사회계약론에 맞서 싸웠다. 슈미트의 반대자들과 달리, 이들의 반대자들은 자연법에 관한 교리를 긍정하기보다는 그에 반대하는 경우가 많았다. 보댕과 필머는 주권적 특권이 광범위한 적용 범위를 가진다는 측면에서 자연법에 호소하는 데에 모순이 없다고 생각했다(그들은 가족보다 더 자연스러운 것으로 무엇이 있겠느냐고 반문했다). 슈미트는 보댕과 필머가 옹호하는 절대 권력에 대한 성서적, 가부장적 입장을 공유하지는 않았다. 좁은 범위의 특권을 지지한 로크와 공화주의자들은 자유를 폭군의 자의적인 의지보다 소중히 여겼다. 반면에 푸펜도르프나 라이프니츠 같은 자연법 이론가들은 왕국의 안정된 질서를 무너뜨리는 것은 군주의 존엄과 지혜에 해를 입힌다고 주장했다.

　제7장에서 논의한 자연법칙에 대한 17세기의 논쟁으로 돌아가보면, 근대 초기 공화주의자들은 통치자의 권력과 그 남용의 위험을 강조한 반면, 자연법 이론가들은 통치자의 지혜와 명령을 강조했다. 요컨대 예외를 결정할 절대 권력에 대한 로크의 상반되는 결론이 라이프니츠와 푸펜도르프의 결론과 닮아 있듯이 절대 권력에 대한 슈미

트의 결론이 보댕과 필머의 결론과 닮아 있을 수는 있지만, 절대 권력에 관한 근대 초기의 입장과 현대의 입장은 모든 면에서 달랐다. 그러나 이런 입장은 매우 다양한 방식으로 정당화되었다. 정치이론에 관한 근대 초기와 현대의 논쟁이 수렴되는 하나의 지점은 누가 특정한 법에 대한 예외를 선언할 수 있는 권력을 지녀야 하는가가 아니라, 누가 법치주의 자체를 유예할 수 있는 권력을 지녀야 하는가 하는 중요한 질문이었다.

17세기 전반에 걸쳐 장기화되며 잉글랜드 내전과 일시적인 군주제 폐지로까지 번졌던, 대권행위에 관한 왕실과 의회 사이의 격렬한 논쟁은 잉글랜드를 예외의 문제를 둘러싼 가장 첨예한 충돌의 장으로 만들었다. 제임스 1세의 일방적인 세금 부과와 찰스 1세(1600-1649, 재위 1625-1649)의 죄 없는 투옥 명령 등 대권행위를 둘러싼 갈등은 왕의 특권이 "**법**의 지붕 아래 놓기에는 너무 높다"고 주장한 사람들과 국민이 "무한한 **자의적인 권력** 아래에 노출될 것이며 그로 인해 복종이 끝나지 않게 될 것"을 두려워한 사람들 사이의 논쟁을 촉발했다. 법무장관으로서 이미 관습법 법원에 대한 형평법 법원의 우선권을 놓고 왕실과 충돌한 경험이 있었던 에드워드 쿡 경(1552-1634)은 "특권은 법의 존중을 받지만, 잉글랜드 법률에 의해서 그 한계를 부여받는다"며 「마그나 카르타」에 보장된 **구속적부심사**拘束適否審査(피의자의 구속이 적법한지의 여부를 법원이 심사하는 제도/역자) 청구권을 지지했다.[61] 왕당파는 "왕은 유일하게 직접적으로 하느님에 의존하며, 신민체臣民體로부터 독립적으로 존재한다"고 반박했다.[62]

이런 논쟁을 통해서 서술된, 왕실 특권에 대한 로크의 성숙한 입장은 기묘하게도 노예 주인의 독재적인 권력에 대한 그의 입장을 보완했다. **주관적 불확실성**은 노예 상태를 허용할 수 없게 만든 반면, **객관적 불확실성**은 특권의 행사를 합리화했던 것이다. 왕실 특권은 "확실하고 불변하는 법률이 안전하게 적용될 수 없는 예측 불가하고 불확실한 상황에서, 공공선을 보장하기 위해 왕의 손에 쥐여진 권력일 뿐"이었다. "인간사의 불확실성과 가변성"을 마주할 때, 주권은 법보다 공익을 우선시할 권한을 적법하게 부여받았다.[63] 로크의 논리는 어떤 규칙이나 법도 개별적인 것의 변덕스러움에 노출되지 않을 수는 없다고 했던, 플라톤과 아리스토텔레스 이후 철학자들의 논리와 유사했다.

　어떤 입법자도 미래의 모든 상황을 예견할 수는 없었고, 그 때문에 모든 법은 예외를 맞닥뜨릴 수밖에 없었다. 이런 관점에서 볼 때 집행적 특권은 형평성의 극단적인 형태였다. 형평성이 일반적이지 않은 상황에 개입하여 법원이 불의를 저지르지 않도록 구했듯이, 특권은 일반적인 비상 상황에 개입하여 정치체를 재난으로부터 구했다. 두 경우 모두에서 규칙이 예측하지 못한 상황은 규칙을 변용하거나 파괴하는 조치를 필요로 했다. 로크는 규칙이나 법치주의가 부재한 상황에서도 "국민의 복지가 최고의 법"이라는 원칙으로 왕의 특권이 폭정으로 변질되지 않도록 견제할 수 있다고 믿었다. 그러나 이는 원칙에 불과했다. 로크는 특권은 사익이 아니라 공익을 위해서 봉사해야 한다고 주장하면서도, 실제로 언제 예외 상태를 선언해야 하는지, 그리고 공공선이 무엇인지를 어떻게 결정할 수 있는지는 암묵적으로 왕의 재량에 맡겼다. 규칙이 규칙, 메타 규칙, 메타 메타 규칙으로 향하는 무한 퇴행 없이 언제, 어떻게 합법적으로 변용되고 위반될 수 있는지를 감독할 수 있는 규칙은 존재할 수 없다. 집행적 특권은 언젠가는 연속선상에 종지부를 찍어야 하는데, 그 지점이 어디인지는 예측 불가하다. 주인이 노예에게 절대 권력을 행사할 때 그러한 권력의 행사와 자유가 양립될 수 없도록 하는 원인이었던 불확실성은, 모든 합리적 예측을 뛰어넘는 사건이 발생했을 때 군주에게 무한한 왕실 특권을 부여했다. 어떤 규칙도 그로부터의 예외를 피할 수 없었다.

적어도 17세기 특권 이론가들은 제한적인 사례에서 사건의 불확실성과 왕실의 재량권이라는 평행선이 신의 의지로 수렴된다고 보았다. 그들에 따르면 불가해한 신의 뜻은 사건의 불확실성이라는 한쪽을 지시하고, 왕실의 재량권이라는 다른 한쪽을 허가했다. 슈미트를 비롯한 정치사상사 학자들은 제7장에서 살펴본 새뮤얼 클라크와 고트프리트 빌헬름 라이프니츠가 벌인 신의 자유와 신의 지혜에 대한 논쟁이, 로크와 필머 등이 벌인 왕실 특권과 법치주의에 대한 논쟁과 얼마나 밀접히 연관되어 있는지에 주목했다.[64] 기적이 자연법칙의 지배를 받는 자연에 관한 것이라면, 특권은 자연법이 지배하는 정치체에 관한 것이 되었다. 기적과 특권은 모두 언제 어디에서나 적용되는 규칙 체계에서는 허용할 수 없는 예외였다. 슈미트에게는 이런 형태의 보편적 적법성이 그가 너무나도 혐오했던 자유주의적 입헌주의의 형이상학적 토대였으며, 이러한 이유로 그는 라이프니츠와 니콜라 말브랑슈의 이론을 "정치 신학"이라고 부르며 혹평했다. 그러나 그의 입장은 그가 인정했던 것보다 보편적 적법성에 관한 배경적 가정에 더욱 의존했으며, 이는 주권에 관한 근대 초기의 논쟁을 둘러싼 불확실성을 원리적으로 제거했다. 20세기 초에 이르자 슈미트는 예외 상태의 기반을 놓는 데에 불확실성에 더는 호소하지 않아도 되었다. 그 대신 그는 "존재하는 전체 질서의 정지를 의미하는 무제한적 권위"로 예외를 정의했다.[65] 그러나 권위는 자연에서의 인과관계만큼 신뢰할 수 있는 명령과 집행의 질서를 나타내는 효력이 없다면 무의미하다. 슈미트는 자연법이라는 신성한 장치와 국가라는 조직 사이의 라이프니츠적 유비를 거부했지만, 아돌프 히틀러가 1933년 이래로 전체주의적 목표를 이유로 독일 관료 조직을 동원했을 때, 나치당 당원으로서 슈미트는 자신이 그토록 혐오했던 규칙의 합리적 관료주의 없이는 아무리 열정적인 의지와 행위력을 가진 독재자일지라도 무력할 수밖에 없음을 경험했다.

현대에 예외가 지니는 힘을 점차 축소시킨 것은 바로 이러한 합리적 관료주의였다. 영국에서는 이미 19세기에 주권자의 의회 해산 특권이 미약한 의례에 불과했으며, 2011년에는 고정 임기 의회법에 의해서 공식적으로 폐지되었다. 사면권도 왕의 직접적인 개입 없이 법무부 장관이 행사한다. 한때 방대했던 특권은 가터 훈장 수여처럼 특정한 명예를 부여할 수 있는 전적인 재량권 등 부분적으로만 잔재한다.[66] 미국에서도 마찬가지로 헌법에 의해서 부여된 특권이자 명시적으로는 왕실 특권에서 비롯된, 연방 범죄에 대한 대통령의 사면권은 1865년부터 대부분 법무부 장관 사무소 산하의 사면 서기, 1891년부터는 사면 변호사에 의해서 행사되어왔다.[67] 명시적인 규칙이 부재한 경우에도, 자비의 명목으로든 생존의 명목으로든 예외를 인정하는 행정적 재량권의 행사는 여러 제도와 절차로 대체되어왔다.

물론 이는 대부분의 경우에 관해서이다. 쳇바퀴처럼 굴러가는 근대 국가에서조차도 예외가 완전히 제거될 수는 없으며, 로크와 동료들은 그 이유를 잘 알고 있었다. 로크가 왕실 특권이 필요하다고 생각했던 이유는 전형적으로 "인간사의 불확실성과 다양성" 때문이었는데, 현대 정치는 언제 의회를 소집하고 해산할 것인지에 관한 규칙을 정할 수 있을 만큼 예측 가능해졌다. 또한 관용에 관한 결정을 전례와 일관성에 따라서 결정할 수 있는 숙련된 변호사들에게 위임할 만큼 예측 가능하기도 하다. 그러나 테러 공격이든 감염병의 전 세계적 유행이든 새롭게 발생한 비상 사태는 법을 유보할 행정적 재량권과 주정부의 권력을 확대했다. 최근 클린턴 행정부와 트럼프 행정부 모두에서 사면이 전례와 절차를 무시하고 순전히 대통령의 의견에 근거해 이루어졌다는 사실이 이를 잘 보여준다.[68] 적어도 일부 현대 정치체에서 이미 엄청난 안정성과 예측 가능성이 달성되었음에도 불구하고, 상황의 불확실성과 변덕은 여전히 때때로 규칙을 압도하며 아무리 신중하고 장기적 관점을 지닌 규칙 체계일지라도 예외 없이 작동하지는 못한다.

결론: 규칙 혹은 예외, 무엇이 먼저인가

역사학자 카를로 긴즈부르그는 예외 상태에 대한 슈미트의 정의를 회고하면서 그것의 전제를 "예외는 규범을 포함하는 것이지, 그 반대가 아니다"라고 요약했다.[69] 이 표현은 17세기 말과 18세기에 등장했던 규칙들, 즉 얼버무림이나 정상 참작 없이 명료하고 엄격한 성격을 지녔던 규칙들에 관해서는 사실에 부합한다. 그러한 규칙들의 예외는 명확한 경계를 정의하고, 그렇게 함으로써 마치 토지의 재산 선이 그 범주 내의 땅을 포함하듯이 경계 내에 규칙을 담아둔다. 제6장에서 살펴본 것처럼 엄격한 규칙이 모두 얇은 규칙인 것은 아니지만, 얇은 규칙과 엄격한 규칙은 모두 그것이 적용되는 영역을 표시하기 위해서 명료한 경계선을 전제한다. 얇은 규칙과 엄격한 규칙은 모두 영향력을 유효하게 발휘하기 위해서 고정적이고 안정된 맥락을 필수조건으로 한다. 예외를 예외로 인정하는 것은 사실상 규칙에 모순되는 예외가 존재함을 인정하는 것이며, 이는 예외의 존재로 인해서 명확한 경계가 그어지는 종류의 규칙이 존재함을 암묵적으로 인정하는 것이다.

이 책의 앞부분에서 살펴본 바와 같이 이러한 설명이 모든 규칙에 들어맞지는 않는다. 모방해야 할 모델이나 따라야 할 지침으로 여겨지는 규칙들은 형식화된 규칙 자체에 가변성을 내포한다. 예시, 경험, 예외는 이러한 규칙의 계율을 더욱 두껍게 만들고 실제로 집행될 때에는 더욱 유연해지게 만든다. 변동성이 크고 예측 가능성이 낮은 세상에서 예외는 모든 면에서 규칙과도 같았다. 예외는 규칙이 예외를 포함해야 했을 정도로 너무나도 자주 발생했다. 상황에 대응하여 즉흥적으로 결정을 하거나, 규칙을 조정하거나, 상황에 적응시키는 일은 당연한 작업으로 여겨졌다. 규칙을 만드는 기술이란 예측할 수 있는 상황과 예측할 수 없는 상황을 모두 수용할 수 있도록 충분한 규칙을 만드는 것이었다. 수도원 공동체를 통제하거나, 음악 작곡을 가르치거나, 기계적 기술을 갈고닦기 위한 규칙은 그 자체의 불완전성을 이미 예상하고 있었다. 이렇게 두껍고 방대한 규칙은 예외를 그로 부터 배제하기보다는 그 안에 포함했다.

이 책은 근대 이전의 규칙과 근대의 규칙의 구별을 부분적으로 정당화하는 역사적 궤적을 추적했지만, 이는 부분적인 구별에 불과하다. 근대 이전과 근대라는 연대기적 용어는 시대별로 구분되기보다는 영역별로 구분되는 안정성과 표준화의 배경적인 전제조건을 잘 보지 못하게 한다. 예측 가능성과 획일성이 부상할 때, 두꺼운 규칙은 얇은 규칙으로 축소될 수 있고 유연한 규칙은 (모든 두꺼운 규칙이 그렇듯이) 엄격한 규칙으로 굳어질 수 있다. 제7장과 이번 장에서 살펴본 것과 같이, 컴퓨터 알고리즘을 포함해 그 어떤 규칙도 재량 발휘의 필요성을 완전히 없앨 수 있을 정도로 얇거나 엄격하지는 않다. 그러나 인위적으로 안정된 세계 내에서는 재량의 범위가 상당히 좁아질 수 있고 실제로도 상당히 좁아지고 있다. 이러한 통제 가능한 섬을 만들고 유지하려면 기술적 지식, 정치적 의지, 문화적 상상력을 포함하는 엄청난 노력이 필요하다. "근대성"이라는 성의 없는 축약어는 무게부터 시간대, 의복의 치수, 공항 설계에 이르는 모든 것을 표준화하는 전 세계 규모의 방대한 계획을 포괄한다. 국제 기구와 규제 기관의 지휘부는 주로 작은 중립국 도시에 신중히 설치되며, 우편물을 배달하거나 전염병을 감시하거나 전 세계의 원자로를 조사하는, 거의 보이지 않는 장치를 감독한다. 이들은 얇은 규칙을 가능하게 하는 배경규칙을 시행한다.

그러나 이러한 장치조차도 완벽하거나 완전히 보호되거나 완전히 세계적으로 작동하지 않는다. 그것은 인간의 의지와 선견지명이 확장될 수 있는 범위까지만 작동한다. 전염병 발발, 원자로 사고, 산불 같은 오판과 불운은 세계에서 가장 현대화된 도시에도 여전히 엄청난 피해를 입힐 수 있다. 얇고 엄격한 규칙이 전제하는 배경 조건이 갑자기 무너지면, 시대와 상관없이 두껍고 유연한 규칙이 다시 등장한다. 또한 평온한 시대라고 해도 개인 맞춤형 의료나 교육처럼 다양성이 불가피하고 심지어 바람직한 가치로 여겨지는 영역에서는 두꺼운 규칙이 계속해서 존재한다. 18세기 이래로 많은 영역에서 얇은 규칙이 확산되어온 것은 사실이지만, 이면에서는 두꺼운 규칙들도 많이 끼어들어왔고 규칙들과 함께 재량을 위한 영역을 만들어왔다. 관료주의적 규칙을 문자 그대로 따르는 것은 "규칙을 준수하면서 일하라"는 파업 구호처럼 길고 복잡하다. 이미 확정되어 있는 세법의 규칙을 해석하기 위해서 수많은 변호사와 회계사가 등장했다. 가장 얇은 규칙인 컴퓨터 알고리즘은 소셜 미디어 플랫폼에서 알고리즘의 오류와 과잉을 바로잡기 위해서 수많은 익명의 인간 감독자를 필요로 한다. 모든 얇은 규칙 뒤에는 그것을 따라다니면서 청소 작업을 해주는 두꺼운 규칙들이 존재한다.

에필로그

따르기보다는 깨는 편이 명예가 되는 규칙들

"우리에게는 이렇다 할 규칙서가 없다." 전 세계적인 감염병 유행의 한가운데에 와 있는, 이 글을 쓰는 2020년 끝자락의 지금까지, 의사, 간호사, 공중보건 전문가, 과학자, 정치인, 그리고 우리 모두는 이 문장을 셀 수 없이 진부하게 되풀이해왔다. 그렇다고 해서 우리가 규칙의 공백 속에 살고 있다는 말은 아니다. 그 반대로 우리는 매주 새롭고 다양한 규칙들을 마주해왔다. 서로 얼마나 떨어져야 하는지에 관한 사회적 거리 두기 규칙들, 언제 어디에서 마스크를 착용해야 하는지에 관한 규칙들, 집을 언제 어떤 이유로 나설 수 있는지에 관한 규칙들, 누가 학교와 직장에 갈 수 있고 갈 수 없는지에 관한 규칙들, 누구를 대면으로 만날 수 있고 누구를 화상회의라는 창백한 매체를 통해서만 만날 수 있는지에 관한 규칙들, 어떤 상황에서 실내 또는 실외 모임이 허용되는지에 관한 규칙들까지 말이다. 거의 모든 사람들이 현재와 같은 비상 상황을 헤쳐나가기 위해서는 규칙이 필요하다는 사실을 인정하고, 튼튼한 가드레일이 되어 우리의 삶을 안전하게 지켜줄 규칙들을 갈망한다. 그러나 지식과 상황이 바이러스보다도 빠르게 변화하는 불확실성의 상태에 모든 규칙은 무력화될 정도로 너무나도 빠르게 변화한다. 우리는 규칙이 위배되는 시대에 살고 있다.

햄릿은 술에 취한 왕의 건배에 큰 소리로 응하라고 부추기는 덴마크 관습에 대해서 "풍습을 따르기보다는 깨는 편이 더 명예가 된다"라고 하며 관습에 대한 경멸을 표했다(『햄릿*Hamlet*』, 제1막 제4장). 그러나 셰익스피어의 문구같이 다수의 공감을 불러일으키는 구절들은 그 자체로 생명을 얻는데, 햄릿의 이 문구는 규칙을 준수하는 것보다 예외를 통해서 규칙의 존재를 더욱 강하게 확인할 수 있음을 의미하게 되었다. 이 책에서 다룬 규칙의 오랜 역사와 규칙서 없이 살아가는 현재의 경험은 햄릿의 말이 정반대로 바뀌어버린 것이 우연이 아님을 시사한다. 예외는 규칙을 시험하고 확인함으로써 규칙의 존재를 증명한다. 규칙은 단순히 예외를 포함할 뿐 아니라 예외를 정의하며 또 예외에 의해서 정의된다. 마치 우측이 좌측을 정의하고 울타리가 구멍을 정의하듯이 말이다.

맥락은 규칙과 예외의 2인무를 지휘한다. 제2장과 제3장에서 살펴보았듯이, 규칙은 수도원을 운영하는 경우든 도시를 포위공격하는 경우든 예상하지 못한 상황이 발생할 때의 실제적인 수행을 인도하기 위해서 예시와 예외를 통해 형식화되었다. 이러한 두꺼운 규칙은 어떠한 만일의 사태에도 대응할 수 있도록 준비되어 있다. 반대로 반복적인 계산 수행에 알고리즘을 적용하는 경우나 도로의 제한 속도를 설정하는 경우처럼 비교적 안정되고 표준화된 상황을 위해서 형식화된 규칙에서는 예외가 거의 언급되지 않는다. 이러한 얇은 규칙은 과거에 일어난 일이 현재와 미래에 일어날 일에 대한 신뢰할 수 있는 길잡이가 되어주는 경우처럼 평균에 대한 논의가 넘쳐나는 상황일 때 유행한다. 제4-6장에서 살펴보았듯이, 얇은 규칙이 잘 작동하는 세계를 위해서는 대규모의 인적, 물적 인프라가 구축되어야 한다. 계산을 위한 작업 흐름, 도시 교통을 위한 보도와 넓고 곧은 도로, 모든 사람을 위한 학교 교육과 훈육같이 말이다. 그러나 예컨대 규칙을 학생들에게 효과적으로 훈련시켜서 맞춤법 등에 관한 약간의 변화만으로도 전국적인 시위의 물결을 불러일으킬 수 있을 정도의 가장 완벽한 상황에서도, 규칙은 편집자의 빨간 펜과 뛰어난 맞춤법 검사기에 의해서 계속해서 지탱되어야 한다. 규칙과 예외 사이에서 판결을 내리기 위해서 설립된 유서 깊은 영국 법제의 형평법 법원(제8장)이나 프랑스 한림원 사전(제6장)은 예외가 언제나 존재한다는 사실을 설득력 있게 증명해준다.

그러나 모든 규칙에 동반되는 예외와, 모든 규칙을 유예하는 예외 상태는 굉장히 다르다. 자연법과 어긋나는 신성한 기적의 형태로든(제7장) 혹은 국가원수가 비상 사태의 발생이나 직권의 발동을 통해서 법치주의를 유예하는 형태로든(제8장) 간에, 예외 상태에서는 통치자의 특권이 규칙을 대체한다. 이러한 상황에서 재량의 범위는 최대한으로 치솟고, 그에 따라 예측 가능성은 최소한으로 떨어진다. 제한이 없는 재량은 아리스토텔레스의 시대에도 불안감을 불러일으켰지만, 두꺼운 규칙은 이러한 능력에 의존했다. 이 책은 임의적이고 변덕스럽고 비일관적이고 예측 불가하고 불공정하고 모호하고 제멋대로이고 심지어 폭압적이라는 의심의 눈초리를 받으면서 형성된 재량에 대한 불신이 어떻게 두꺼운 규칙에서 얇은 규칙으로의 진화를 부분적으로 촉진했는지에 관한 역사적 흐름을 추적했다. 더 정확하게 말하자면, 재량에 대한 낮은 관용도는 사회에 불신이 만연해 있음을 보여주는 지표이다. 이런 사회에서 정부는 시민이 스스로 안전한 주차장소를 선정하거나 복권 당첨 여부를 신고하여 적절한 세금을 납부하도록 허용하지 않고, 시민은 정부가 부자와 빈자를 평등하게 대우하거나 뇌물을 받지 않을 것이라고 신뢰하지 않는다. 이런 상황에 모든 예외는 의심의 대상이 되고, 심지어는 예외 상태를 형성하게 된다.

그러나 자연 질서와 사회 질서를 극적으로 위반하는 것이 규칙을 해이하게 하는 유일한 방법은 아니다. 장기적으로 그에 더 큰 영향을 미치는 방법은 애초에 어떤 규칙도 그 힘을 유지할 수 없도록 매우 자주 그리고 과감하게 규칙을 바꿔서 "규칙의 현기증"을 유발하는 것이다. 기적과 비상 사태는 본질적으로 찰나의 순간에 불과하다. 만약 이스라엘 백성이 안전하게 건넌 뒤에도 홍해가 영원히 갈라진 채 있었다면 홍해는 또다른 자연 명소가 되었을 것이다. 즉, 비상 사태가 수년간 지속되면 현재를 살아가는 방식이 되며, 과거의 화려한 예외는 시간의 흐름에 따라 결국 현재의 규칙이 된다. 반대로 규칙의 현기증은 너무 오래 지속될 경우 규칙의 개념 자체를 훼손한다. 과거의 규칙이 현재의 예외가 된다면, 어떠한 규칙도 습관이나 규범으로 굳어질 수가 없다. 빠르게 변화하는 유행은 과시를 막으려는 중세와 근대 초기의 사치 금지법을 파멸시켰다. 반대로, 파리 당국이 동일한 위생 규칙을 계속해서 반복적으로 공표하고 재공표하며 일상적인 행동에 규칙을 정착시키기까지는 한 세기가 넘는 고집스러운 시도가 필요했다(제6장). 규칙은 빨간 불에 멈추거나 버스와 비행기를 타기 위해서 줄을 서는 것처럼 자연스럽고 장기적으로 유지되는 속성이 되어 규칙 자체가 불필요할 때 가장 성공한 규칙이 된다. 빠르게 변화하는 상황에서 질병의 유행을 억제해야 했던 정치인들이 목격했듯이, 얼마나 긴급하게 공표되었는지에 상관없이 규칙이 빠르게 변화할수록 규칙의 힘은 약해진다. 규칙은 일반적으로 퇴락하기 마련이고, 이는 어떠한 일시적인 예외 상태보다도 대응하기 어려운 위협이 된다.

규칙은 어떻게 통제력을 잃지 않고 가변성, 불안정성, 변화에 대처할 수 있을까? 모델, 알고리즘, 법률이라는 규칙의 오래된 세 가지 의미(제1장)는 각각 그를 위한 상이한 전략을 보여준다. 법률은 세부사항으로 가득 찬 지역적 규제부터 모든 인류를 위해서 선포된 자연법까지 다양한 형태와 규모가 있다. 그러나 일반적이든 세부적이든 상관없이 어떤 법률이 영속적으로 존재하려고 하고 더욱 높은 수준의 예측 가능성을 달성하려고 할수록, 그것의 규범적 권위는 더욱 강해진다. 만일 법의 강제가 산발적이고 제재가 경미할지라도 말이다. 기본법 또는 헌법은 개정되는 경우가 흔치 않기 때문에 이런 통찰로부터 이점을 누린다. 법률이 너무 자주 개정되면 규칙이 무엇인지, 어떻게 규칙을 따라야 할지에 대해서 불확실성이 발생한다. 시대가 변하거나 법률이 서로 충돌하거나 예외가 발생하면, 형평성, 결의론, 유추, 전례, 특권 같은 강력한 논리적 근거들이 등장하여 예기치 못한 사례에 맞아떨어지도록 기존 법률을 확장하려고 한다(제6-8장).

알고리즘은 맥락을 무시함으로써 맥락으로부터 탈출한다. 수학 문제에는 문제를 푸는 데에 딱 필요한 만큼의 세부정보만 포함되어 있다. 천문대, 인구조사국, 은행은 19세기 공장이 대량생산 방식을 표준화했던 것과 같은 방법으로 거대한 규모의 계산을 표준화해냈다. 기계를 통해서 계산을 수행하든 아니든, 작업을 기계적으로 만듦으로써 말이다(제4-5장). 그러나 혼란스러운 세부사항과 특수한 경우를 포함하는 맥락은 필연적으로 다시 등장한다. 온라인 알고리즘에 의해서 발생한 오류와 피해를 복구하기 위해서 화면 뒤에 대규모의 인간 작업자들이 있다는 것을 생각해보라. 개발 단계에서는 매우 잘 작동하는 기계학습 알고리즘도 실제 활용에서는 입력 데이터의 미세한 변화 때문에 실패할 수 있다. 알고리즘이 안전하게 작동할 수 있는 세상을 만든다는 것은 맥락을 고정시킨다는 것과 같고, 그러한 세상은 변칙 사례와 돌발 상황이 전무한 세상일 것이다.

모델은 어떠한가? 1800년경까지 멸종되어가는 것처럼 보였던 모델이라는 규칙의 의미는 결국 가장 오래 남은 의미가 되었다. 모델로서의 규칙은 인간의 학습 방식처럼 가장 유연하고 민첩한 규칙이다. 그 모델이 수도원의 수도원장이었든 거장의 예술 작품이었든 아니면 심지어 수학 교과서의 전형적인 문제였든 간에, 모델은 상황에 따라 얼마든지 조정될 수 있었다(제2-4장). 공장의 조립 라인에서 대량으로 만들어지거나 바이럴 이미지의 형태로 온라인에서 퍼지는 등 정확한 사본이 생산될 수 있는 현시대에 모방은 무의식적인 복제를 의미하게 되었다. 그러나 전통이 존재하든 단순한 양식만 존재하든, 과학이든 예술이든, 애가哀歌든 정물화든, 모사 없는 모방은 계보를 화석화하지 않고 영속화한다. 현용 언어의 사례와 같이, 규칙은 문법적인 문장을 구성하고, 연극을 쓰고, 교향곡을 작곡하고, 실험실에서의 실험을 수행하는 방법에 관해서 정식화될 수 있다. 그러나 모델을 따르면 명시적인 규칙을 따르는 것보다 더 효율적이고 유연하게 학습할 수 있다. 체스처럼 가장 규칙에 얽매이는 활동도 마찬가지이다. 게다가 특정 동사의 활용형에 관한 문법 구조를 통해서 동사 활용형의 일반적인 규칙을 알 수 있는 것처럼, 암묵적 규칙으로서 모델은 명시적 규칙을 위한 길을 열어준다. (문법을 잘 지킨 문장처럼) 모델을 잘 선택하면 이미 일반화의 절반을 이루었다고 할 수 있을 정도이다. 모델은 고대에 철학적으로 대립했던 보편적인 것과 특수한 것, 규칙과 사례 사이를 잇는다. 그리고 모델은 모든 규칙을 모호하지 않게 해석하는 방법에 관한 현대 철학적 문제를 피해간다. 모호성은 그 자체로 모델의 속성이지, 오류가 아니다.

그렇다면 왜 20세기 중반에 이르자 모델로서의 규칙이 사라지고 또 완전히 역설적인 것이 되어버렸을까? 모델의 암묵적 규칙은 모델의 명시적 규칙과 분리되어 존재했던 적이 없으며, 암묵적 규칙과 명시적 규칙은 수행을 규칙화하고 다듬기 위해서 함께 작동했다(제3장). 그렇다면 다시 물을 수 있는 질문은 다음과 같다. 어떤 상황에서 명시적 규칙이 더는 암묵적 규칙을 필요로 하지 않는가? 비트겐슈타인은 절대 그럴 수 없다고 답변을 제시했다. 수열의 수를 계속해서 나열하는 알고리즘 규칙처럼 가장 단순하고 명백해 보이는 규칙도 해석을 피할 수는 없다. 비트겐슈타인의 해결책은 본질적으로 관습 혹은 제도로서의 규칙, 다시 말해 모델로서의 규칙이라는 암묵적 규칙을 재창조하는 것이었다. 그러나 아무리 타당하다고 하더라도 이런 철학적 대응은 다음과 같은 역사적 질문을 수반한다. 왜 명시적 규칙이 암묵적 규칙 없이도 기능할 수 있는 **것처럼** 보였을까? 이 책에서 보았듯이, 균일성, 안정성, 예측 가능성을 만들기 위한 시도가 느리고 산발적이고 취약하고 부분적이지만 현실적으로 성공할 것이라는 생각이 예외 없고 모호하지 않으며 탄력성도 없는 규칙에 대한 꿈을 키웠기 때문이다. 제5장에서 살펴본 기계적 알고리즘과 제7장에서 살펴본 자연법칙은 언제 어디에서나 준수되는 이러한 규칙에 대한 꿈에 해당한다. 규칙과 무질서한 세계 사이의 충돌을 중재하는 모델은 완성된 건물의 비계飛階처럼 제거될 수 있었다.

이러한 꿈의 세계가 완전히 실현된 적은 없지만, 언제 어딘가에서 그와 비슷한 세계가 구현된 적은 있다. 표준화된 요리법부터 법치주의에 이르기까지, 길거리 안전부터 신뢰할 수 있는 통계적 예측에 이르기까지, 세상의 부분부분들은 더욱 규칙화되고 덜 날뛰게 된 덕분에 규칙에 의한 통치가 쉬워졌다. 이런 부분적인 성공은 너무나도 인상적이어서 꿈의 세계에 근접한 성공이 마치 완벽한 성공으로 오인되기도 했는데, 이것이 바로 비트겐슈타인이 드러낸 문제이다. 그러나 보편적인 것과 특수한 것의 조화를 어떻게 이룰 것인가를 두고 씨름했던 아리스토텔레스나 칸트는 이러한 문제를 생각도 하지 않았을 것이다. 이 문제는 2,000년 만에 처음으로 등장한 규칙에 대한 새로운 철학적 문제였으며, 이 문제가 등장하기 위해서는 어떤 규칙이 명시적이고 엄격하며 완전무결하고 분명한 규칙이 될 수 있는지에 대한 생각의 전환이 필요했다.

이 책이 보였듯이 규칙에 대한 고대와 현대의 두 가지 철학적 문제는 아직도 자주 다루어진다. 그러나 현대의 문제를 탄생시켰던 동일한 역사적 상황은 두 가지 문제 모두의 해결을 방해했다. 명시적 규칙은 모델로서의 규칙을 몰아냈을 뿐 아니라, 모델로서의 규칙 혹은 거의 모든 규칙을 따르는 데에 필요한 인지적 기술을 의심스럽게 만들었다. 재량, 판단, 유비추론같이 각각의 구체적인 사례에 어떤 규칙이 적절하게 들어맞는지를 선택하고 규칙을 상황에 더 잘 들어맞도록 조정하는 데에 필요한 모든 능력은 (비판적인 검토를 거치지 않아서 모호한) 직관, 본능, 영감이 지배하는 암흑의 영역에 빠져버릴 위험에 처해 있다. 더 심각한 문제도 있다. 바로, 명시적 규칙을 스스로 구해내는 능력이 불공평하고 비이성적인 것으로 비추어진다는 점이다. 관료적 규칙은 상황에 상관없이 모든 사람을 동일하게 대하는 것이 공정성이라고 정의한다. 그러한 규칙은, 동일하게 대해지지 않은 모든 것들을 현명한 재량이 아니라 부패의 표면적인 증거로 간주해버리며 악명 높은 엄격성을 얻었다. 공정성에 대한 현대의 이상처럼, 합리성은 명시적 규칙을 기계적으로 적용하는 것이 되어버렸다. 명시적 규칙을 예외로부터 구해내기 위해서는 추론이 필요하고, 모호함이 그 자체로 명시적 규칙으로 설명될 수 없다는 사실은 모호함을 사실상 비이성적인 것으로 만든다. 그러나 그런 요소들은 비이성적이지만 필수적인 존재이다. 규칙은 재량과 판단, 유추 없이는 적용될 수 없다.

규칙의 적은 규칙이 부과하는 제한 때문에 종종 고난에 처한다. 분별은 모든 면에서 부정되고, 새롭고 더 나은 업무 방식은 관료주의로 인해 묵살되며, 실제 기계가 시행하는 기계적 규칙은 인간과 상황의 자연스러운 다양성을 허용하지 않는다. 불평해봤자 소용없다는 것을 알면서도 고집불통인 컴퓨터 프로그램이나 온라인 알고리즘을 욕해보지 않은 사람이 어디 있겠는가? 그러나 얼마나 엄격하든 얼마나 완고하든 상관없이, 모든 규칙은 은밀한 규칙 추론을 위한 기회이기도 하다. 어떤 규칙을 따르거나 위배하려고 할 때마다, 우리는 명시적 규칙이 추방한 능력인 판단, 재량, 유추의 능력을 갈고닦게 된다. 이 상황에 어떤 규칙이 잘 들어맞을까? 규칙을 상황에 더 잘 맞게 조정해야 할까? 규칙의 정신이 우선해야 할까, 아니면 문자 그대로의 규칙을 우선해야 할까? 평소 이러한 문제에 대한 판단은 우리가 인식하지 못할 정도로 빠르고 확실하다. 그러나 비정상적인 상황에서 우리가 규칙서 없이 규칙 위반의 상황에 빠지면, 우리는 규칙에 대해서 추론하는 데에 도움이 되는 규칙은 없다는 것을 다시 한번 깨닫게 된다.

감사의 글

이 책은 2014년 셸비 컬럼 데이비스 연구소의 후원으로 프린스턴 대학교에서 진행된 로런스 스톤 강연에서 시작되었다. 그때 지적, 실질적 환대를 베풀어준·모든 이들에게 깊은 감사를 표하며, 특히 당시 데이비스 연구소의 소장이었던 필립 노드에게 특별한 감사를 전한다. 또한 프린스턴 대학교 출판부의 인문학 편집국장이었던 브리기타 반 라인버그가 이 강연을 학문적이면서도 명료하고, 전문적이지 않으면서도 학술적이며, 다양한 학문 분야의 관심을 끌 수 있는 동시에 일반 독자들에게도 접근할 수 있는 책으로 확장할 것을 격려해준 점에 깊이 감사한다. 이 과제를 완수하는 데에는 나와 프린스턴 대학교 출판부 모두의 예상보다 더 오랜 시간이 소요되었다. 규칙이라는 끝없는 영역의 다양한 분야를 탐구해나가는 동안 인내해준 모든 이들에게 감사의 마음을 전한다.

책을 쓰기 위해 주제와 호기심을 한정해야 했다. 그 과정에서 수많은 사람들이 여러 제안, 의견, 비판을 나누어주었으며 '모든 신화에 대한 보편적인 해답'을 쓰지 말라는 엄중한 경고를 해주었다. 이 책의 각 장으로 발전한 다양한 대화에 귀 기울여준 모든 이들에게 감사한다. 특히 막스 플랑크 과학사 연구소, 시카고 대학교, 그리고 베를린 고등학술 연구소의 동료들은 해마다 초안 발표를 들어주며 거의 모든 부분을 개선해주었다. 그중에서도 특히 냉전 합리성 연구진의 구성원들에게 감사드린다. 여기에서 규칙의 역사를 탐구해보자는 생각이 처음으로 싹텄다. 또한 데이비드 셉코스키와 공동으로 기획한 막스 플랑크 과학사 연구소의 워크숍 "알고리즘의 지성"에서의 폭넓은 토론은 나의 사고를 확장하는 계기가 되었다.

중세 음악 및 수학에서의 암기 관행에 대한 아나 마리아 부세 베르거와의 대화, 대수학을 쓰지 않은 수학적 일반화에 대한 카린 셈라와의 토론, 정부 규제의 함정에 대한 앤절라 크리거와의 논의, 인도의 법 개념인 다르마dharma에 대한 웬디 도니거와의 대화, 인공지능에 대한 게르트 기거렌처와의 토론, 논리학 및 언어학에서의 형식주의에 관한 마이클 고딘과의 토론, 무엇이 수학 문제를 전형으로 만드는가에 대한 옌스 회위루프와의 대화, 칸트와 사례주의에 대한 수전 니먼과의 대화, 아퀴나스와 판단력에 대한 카탸 크라우제와의 논의, 그리고 사례와 변덕에 관한 잔나 포마타와의 대화로 이 주제들에 대한 사고를 재정립할 수 있었다. 이 모든 이들에게 깊이 감사한다. 또한 이 책의 최종 원고에 대해서 귀중한 제안을 해준 익명의 세 심사위원에게도 감사하며, 그들의 조언이 책에 충분히 반영되었기를 바란다.

막스 플랑크 과학사 연구소, 시카고 대학교, 하버드 대학교의 슐레진저 도서관, 파리 천문대, 프랑스의 과학 아카데미, 그리고 케임브리지 대학교 도서관 등의 사서와 기록 보관자들의 친절한 지원이 없

있었다면 이 책은 완성되지 못했을 것이다. 연구 조교로서 많은 도움을 준 마리우스 분첼, 루이제 뢰머, 몰리 루틀람-슈타잉케에게 감사하며, 이미지 사용 허가와 최종 원고 준비에 세심하고 끈기 있게 도움을 준 요제피네 펭거에게도 감사를 표한다. 프린스턴 대학교 출판부의 에릭 크라헌과 동료들은 코로나 바이러스 범유행이라는 어려운 상황에서도 놀라운 전문성과 유쾌한 태도로 이 책을 마침내 출판까지 이끌어주었다. 또한 마틴 슈나이더의 예리한 교정 덕분에 많은 오류와 부적절한 표현을 피할 수 있었다. 이 모든 이들에게 깊은 감사를 전한다.

끝으로, 뛰어난 학자로서 그리고 위대한 친구로서, 내가 좌절할 때마다 격려해주고, 도서관과 기록 보관소에서의 뜻밖의 발견에 함께 기뻐하며, 다른 주제로 글을 쓰거나 강연하려는 나를 나무라고, 광범위한 산스크리트어 및 B급 영화에 대한 해박한 지식을 통해서 무한한 사례와 반례를 제공하고, 이 책의 에필로그 제목("따르기보다는 깨는 편이 명예가 되는 규칙들", 그녀 자신의 좌우명으로도 적합할 것이다)을 지어준 웬디 도니거에게 이 책을 헌정한다.

주

다른 언급이 없다면, 모든 번역은 이 책의 저자가 한 것이다.

제1장 서론 : 규칙의 숨겨진 역사

1 Herodotus, *The History,* trans. David Grene (Chicago : University of Chicago Press, 1987), II.35, 145.

2 Ludwig Hoffmann, *Mathematisches Wörterbuch,* 7 vols. (Berlin : Wiegandt und Hempel, 1858−1867).

3 Matthew L. Jones, *Reckoning with Matter : Calculating Machines, Innovation, and Thinking about Thinking from Pascal to Babbage* (Chicago : University of Chicago Press, 2016), 13−40.

4 이 역사의 다양한 측면에 대한 개괄은 다음을 참조하라. Ivor Grattan-Guiness, *The Search for Mathematical Roots, 1870−1940 : Logic, Set Theory, and the Foundations of Mathematics from Cantor through Russell Russell to Gödel* (Princeton : Princeton University Press, 2000) ; Martin Campbell-Kelly, William Aspray, Nathan Ensmenger, and Jeffrey R. Yost, *Computer : A History of the Information Machine,* 3rd ed. (Boulder, Colo. : Westview Press, 2014) ; David Berlinski, *The Advent of the Algorithm : The 300-Year Journey from an Idea to the Computer* (New York : Harcourt, 2000).

5 I. Bernard Cohen, "Howard Aiken on the Number of Computers Needed for the Nation," *IEEE Annals of the History of Computing* 20 (1998) : 27−32.

6 Jorge Luis Borges, "Pierre Menard, Author of the Quixote" (1941), in *Collected*

Fictions, trans. Andrew Hurley (London : Penguin, 1998), 88–95.

7 Robert J. Richards and Lorraine Daston, "Introduction," in *Kuhn's "Structure of Scientific Revolutions" at Fifty : Reflections on a Scientific Classic,* ed. Robert J. Richards and Lorraine Daston (Chicago : University of Chicago Press, 2016), 1–11.

8 Margaret Masterman, "The Nature of a Paradigm," in *Criticism and the Growth of Knowledge,* ed. Imré Lakatos and Alan Musgrave (Cambridge : Cambridge University Press, 1970), 59–89.

9 Thomas S. Kuhn, *The Structure of Scientific Revolutions* (1962), 4th ed. (Chicago : University of Chicago Press, 2012), 174, 191.

10 Ian Hacking, "Paradigms," in *Kuhn's "Structure of Scientific Revolutions,"* ed. Richards and Daston, 99.

11 Ludwig Wittgenstein, *Philosophical Investigations* (1953), trans. G.E.M. Anscombe, 3rd ed. (Englewood Cliffs, N.J. : Prentice Hall, 1958), §199, 81.

12 Herbert Oppel, *KANΩN : Zur Bedeutungsgeschichte des Wortes und seiner lateinischen Entsprechungen (Regula–Norma)* (Leipzig : Dietrich'sche Verlagsbuchhandlung, 1937), 41.

13 Pliny the Elder, *Natural History,* trans. H. Rackham, Loeb Classical Library (Cambridge, Mass. : Harvard University Press, 1952), 34.55, 168–69.

14 Dionysius of Halicarnassus, *Commentaries on the Attic Orators,* Lys. 2 ; 다음에서 인용, Oppel, *KANΩN,* 45.

15 [Chevalier de Jaucourt], "RÈGLE, MODÈLE (Synon.)," in *Encyclopédie, ou Dictionnaire raisonné des sciences, des arts et des métiers,* ed. Denis Diderot and Jean d'Alembert (Lausanne/Berne : Les sociétés typographiques, 1780), 28:116–17.

16 Claudius Galen, *De temperamentis libri III,* ed. Georg Helmreich (Leipzig : B. G. Teubner, 1904), I.9, 36 ; Sachiko Kusukawa, *Picturing the Book of Nature : Image, Text, and Argument in Sixteenth–Century Human Anatomy and Medical Body* (Chicago : University of Chicago Press, 2012), 213–18.

17 Oppel, *KANΩN,* 17–20, 32, 67. 그러나 로마법과 관련하여 라틴어 단어 레굴라(regula)가 사용된 데에는 적어도 하나의 중요한 새로움이 있다. 이 단어는 1세기 법률가들에 의해서 고대의 법적 결정을 일반적인 교훈이나 속

담의 형태로 수집하는 데에 사용되었으며, 그중 약 200개가 "다양한 고대법의 규칙들(De diversis regulis juris antiqui)"이라는 제목으로 유스티니아누스 1세의 『학설휘찬』에 추가되었다. 다음을 참조하라. Heinz Ohme, *Kanon ekklesiastikos : Die Bedeutung des altkirchlichen Kanonbegriffs* (Berlin : Walter De Gruyter, 1998), 51-55.

18 Immanuel Kant, *Erste Einleitung in die Kritik der Urteilskraft* (1790), ed. Gerhard Lehmann (Hamburg : Felix Meiner Verlag, 1990), 16.

19 Paul Erikson, Judy L. Klein, Lorraine Daston, Rebecca Lemov, Thomas Sturm, and Michael D. Gordin, *How Reason Almost Lost Its Mind : The Strange Career of Cold War Rationality* (Chicago : University of Chicago Press, 2013), 1-26. 다음도 참조하라. Edward F. McClennen, "The Rationality of Being Guided by Rules," in *The Oxford Handbook of Rationality,* ed. Alfred R. Mele and Piers Rawling (New York : Oxford University Press, 2004), 222-39.

20 Catherine Kovesi Killerby, *Sumptuary Law in Italy, 1200-1500* (Oxford : Clarendon Press, 2002), 120.

21 길고 여전히 계속되고 있는 이 논쟁은 근대화 이론에 관한 문헌에서 전형적으로 나타난다. 논쟁의 상반된 견해에 대한 고전적인 설명은 다음을 참조하라. Walter W. Rostow, *The Stages of Economic Growth : A Non-Communist Manifesto* (Cambridge : Cambridge University Press, 1960) ; James C. Scott, *Seeing Like a State : How Certain Schemes to Improve the Human Condition Have Failed* (New Haven : Yale University Press, 1998).

22 Barry Bozeman, *Bureaucracy and Red Tape* (Upper Saddle River, N.J. : Prentice Hall, 2000), 185-86.

23 규칙을 준수하면서 작업 속도를 저하시키는 노동 쟁의의 방법(Streik nach Vorschrift[독일어], grève du zèle[프랑스어], sciopero bianco[이탈리아어], 즉 준법투쟁)은 특히 공무원이 선호하는 전략인데, 이들에게는 주로 파업권이 없기 때문이다. 1962년 서독의 우편 노동자들이 이 방식으로 국가를 마비시켰고, 2010년 프랑스 법률가들이 같은 방식으로 행동한 사례가 있다.

24 Gerd Gigerenzer, *How to Stay Smart in a Smart World* (London : Penguin, 2022), 58-66.

25 히스토리아(historia)의 뜻에 대해서는 다음을 참조하라. Gianna Pomata and Nancy G. Siraisi, "Introduction," in *Historia : Empiricism and Erudition in*

Early Modern Europe, ed. Gianna Pomata and Nancy G. Siraisi (Cambridge, Mass. : MIT Press, 2005), 1-38.

제2장 고대의 규칙 : 직선 자, 모델, 그리고 법률

1 『성서』의 다음의 예를 참조하라. "돈자루에서 금을 꺼내고 은을 저울로 달아 내면서 은장이를 고용하여 신상을 만들게 하고 그 앞에 엎드려 예배하기를 꺼리지 않는 자들"(『이사야』 제46장 6절).

2 Herbert Oppel, *ΚΑΝΩΝ : Zur Bedeutungsgeschichte des Wortes und seiner lateinischen Entsprechungen (Regula-Norma)* (Leipzig : Dietrich'sche Verlags-buchhandlung, 1937), 1-12, 76-78. 오펠의 연구는 고대 그리스어와 라틴어 에서 카논(kanon)과 레굴라(regula)의 사용에 대한 결정적인 자료로 남아 있으 며, 나는 이 절에서 그를 많이 참고했다.

3 Aristophanes, *The Birds* (414 BCE), in *The Peace—The Birds—The Frogs,* trans. Benjamin Bickley Rogers, Loeb Classical Library (Cambridge, Mass. : Harvard University Press, 1996), 226-27, ll. 1001-1005, 천문학자 메톤의 말.

4 Andrew Barker, *Greek Musical Writings,* Vol. 2, *Harmonic and Acoustic Theory* (Cambridge : Cambridge University Press, 1989), 239-40. 카논(canon)이라는 단어는 16세기나 17세기까지는 여러 목소리로 부르는 돌림노래나 다른 모방 적인 노래(중세 라틴어로 로타[rota] 또는 푸가 페르페투아[fuga perpetua]라고 알려진 노래)를 가리키지 않았다. 다음을 참조하라. Otto Klauwell, *Der Canon in seiner geschichtlichen Entwicklung* (Leipzig : C. F. Kahnt, 1874), 9-10.

5 Claudius Galen, *De temperamentis libri III,* ed. Georg Helmreich (Leipzig : B. G. Teubner, 1904), I.9, 36. 갈레노스의 언급은 잃어버린 카논을 재구성하려는 여러 시도에 영감을 주었다. 다음을 참조하라. Richard Tobin, "The Canon of Polykleitos," *American Journal of Archaeology* 79 (1975) : 307-21.

6 Anne Tihon, *Πτολεμαιου Προχειροι Κανονες : Les "Tables Faciles" de Ptolomée : 1a. Tables A1-A2. Introduction, édition critique,* Publications de l'Institut Orientaliste de Louvain 59a (Louvain-La-Neuve, Belgium : Université Catholique de Louvain/Peeters, 2011) ; Raymond Mercier, *Πτολεμαιου Προχειροι Κανονες : Ptolemy's "Handy Tables" : 1a. Tables A1-A2. Transcription and Commentary,* Publications de l'Institut Orientaliste de Louvain 59a (Louvain-La-Neuve, Belgium : Université Catholique de Louvain/Peeters, 2011).

7   Edward Kennedy, "A Survey of Islamic Astronomical Tables," *Transactions of the American Philosophical Society* 46, no. 2 (1956) : 1–53. 카논이라는 단어는 더 일반적으로는 다른 종류의 표, 예를 들면, 카이사레아의 에우세비오스 주교(4세기)의 연대표 같은 것들을 지칭하는 데에 사용되었다. 다음을 참조하라. Oppel, *KANΩN*, 67.

8   이에 대한 사례로 다음을 참조하라. Francis Baily, *An Account of the Revd. John Flamsteed, the First Astronomer Royal* (London : n.p., 1835), 10.

9   Pliny the Elder, *Natural History,* trans. H. Rackham, Loeb Classical Library (Cambridge, Mass. : Harvard University Press, 1952), 34.55, 168–69.

10   Plutarch, "kanon tes aretes," 다음에서 인용, Oppel, *KANΩN*, 42.

11   Aristotle, *Art of Rhetoric,* trans. John Henry Freese, Loeb Classical Library (Cambridge, Mass. : Harvard University Press, 1994), I.9, 1368a ; 105.

12   Henner von Hesberg, "Greek and Roman Architects," in *The Oxford Handbook of Greek and Roman Art and Architecture,* ed. Clemente Marconi (Oxford : Oxford University Press, 2014), 142.

13   Plato, *Timaeus,* trans. R. G. Bury, Loeb Classical Library (Cambridge, Mass. : Harvard University Press, 1989), 48–51, 50–53, 112–13 ; 27d28a, 28c–29a, 48e–49a ; Plato, *Republic Books VI-X,* trans. Chris Emlyn-Jones and William Freddy, Loeb Classical Library (Cambridge, Mass. : Harvard University Press), 388–89 ; 592b.

14   Immanuel Kant, *Critique of Judgment* (1790), trans. Werner S. Pluhar (Indianapolis : Hackett, 1987), I.46, Ak. 5.307–10, 174–75.

15   Oppel, *KANΩN*, 53–69.

16   Oppel, *KANΩN*, 69–70.

17   James A. Brundage, *Medieval Canon Law* (London and New York : Longman, 1995), 8–11 ; Gérard Fransen, *Canones et quaestiones : Évolution des doctrines et systèmes du droit canonique* (Goldbach, Germany : Keip Verlag, 2002), 597.

18   Heinz Ohme, *Kanon ekklesiastikos : Die Bedeutung des altkirchlichen Kanonbegriffs* (Berlin and New York : Walter de Gruyter, 1998), 1–3 ; 570–73.

19   Ohme, *Kanon ekklesiastikos,* 46–48. 로마법에서 그리스어 카논은 이미 4세기에 정기적인 경제적 지불을 의미하는 용어였다.

20   Oppel, *KANΩN*, 76–105.

21 Peter Stein, *Roman Law in European History* (Cambridge : Cambridge University Press, 1999), 47.

22 Ohme, *Kanon ekklesiastikos,* 51–55.

23 "Non ex regula ius sumatur, sed ex iure quod est regula fiat." Paulus, *On Plautius,* Book XVI. *Digest* L 17,1, available at www.thelatinlibrary.com/justinian/digest50.shtml, 2021년 8월 21일 접속.

24 중세 베네딕토 수도원의 역사와 분포에 대해서는 다음을 참조하라. James G. Clark, *The Benedictines in the Middle Ages* (Woodbridge, Suffolk : Boydell, 2011).

25 1헤미나는 약 10액량 온스에 해당하는 로마의 측정 단위였다.

26 D. Philibert Schmitz and Christina Mohrmann, eds., *Regula monachorum Sancti Benedicti,* 2nd ed. (Namur, Belgium : P. Blaimont, 1955), 70–72, 98–104, 86–87 ; chs. 9.1–11, 10.1–3, 38.1–12, 39.1–11, 40.1–9, 41.1–9, 23.1–5, 24.17, 25.1–6.

27 『성 베네딕토 규칙서』의 계보에 대해서는 다음을 참조하라. Adalbert de Vogüé, *Les Règles monastiques anciennes (400-700)* (Turnhout, Belgium : Brepols, 1985), 12–34.

28 카롤루스 마그누스(742?–814)는 신성 로마 제국 전역의 모든 수도사와 수녀들이 『성 베네딕토 규칙서』를 준수하도록 명령하는 법령을 준비했으며, 아들 경건왕 루도비쿠스 1세 피우스(778–840)가 이를 제정했다. 다음을 참조하라. Douglas J. McMillan and Kathryn Smith Fladenmuller, eds., *Regular Life : Monastic, Canonical, and Mendicant Rules* (Kalamazoo, Mich. : Medieval Institute, 1997), 7–8.

29 *Regula Sancti Benedicti,* 99–100, 103–4 ; chs. 39.6, 42.9–10.

30 Uwe Kai Jacobs, *Die Regula Benedicti als Rechtsbuch : Eine rechtshistorische und rechtstheologische Untersuchung* (Vienna : Böhlau Verlag, 1987), 14, 149–51.

31 "Discrete," Oxford English Dictionary Online, available at www.oed.com, 2021년 7월 28일 접속.

32 Jean-Claude Schmitt, *Ghosts in The Middle Ages : The Living and Dead in Medieval Society* (1994), trans. Teresa L. Fagan (Chicago : University of Chicago Press, 1998), 156–59.

33 Roberto Busa S.J. and associates, eds., *Index Thomisticus,* web edition by

Eduardo Bernot and Enrique Marcón, available at www.corpusthomisticum. org/it/index.age, 2021년 7월 28일 접속. 다음의 "Discretio"도 참조하라. Roy J. Deferrari and Sister Mary M. Inviolata Barry, *A Lexicon of Saint Thomas Aquinas* (1948 ; repr. Fitzwilliam, New Hampshire : Loreto Publications, 2004), 317-18. 이 참고 자료들에 대해서 카탸 크라우제 교수에게 감사드린다.

34 "Discretio," in Rudolph Goclenius, *Lexicon philosophicum* (Frankfurt : Matthias Becker, 1613), 543.

35 "Discretion," Oxford English Dictionary Online, available at www.oed.com, 2021년 7월 28일 접속 ; 다음도 참조하라. "Discret," *Le Robert Dictionnaire historique de la langue française,* ed. Alain Rey (Paris : Dictionnaires Le Robert, 2000), 1:1006-1007.

36 Frederick Schauer, *Thinking Like a Lawyer : A New Introduction to Legal Reasoning* (Cambridge, Mass. : Harvard University Press, 2009), 119-23.

37 *Regula Sancti Benedicti,* Prologue 47 : "sed et si quid paululum restrictius, dictante aequitatis ratione, propter emendationem vitiorum vel conservationem caritatis processerit." Jacobs, *Die Regula Benedicti als Rechtsbuch,* 147.

38 Aristotle, *Nicomachean Ethics,* trans. H. Rackham, Loeb Classical Library (Cambridge, Mass. : Harvard University Press, 1934), V.10, 1137b, 24-33, 314-17.

39 Jack M. Balkin, *Living Originalism* (Cambridge, Mass. : Harvard University Press, 2011), 35-58.

40 *Regula Sancti Benedicti,* 2.2-3.

41 regula에 대한 항목과 예시는 다음을 참조하라. D. H. Howlett, *Dictionary of Medieval Latin from British Sources,* Fascicule XIII : PRO-REG (Oxford : Oxford University Press, 2010), 2727-28 ; J. F. Niermeyer and C. van de Kieft, *Mediae latinitatis lexicon minus : M-Z* (Darmstadt : Wissenschaftliche Buch-gesellschaft, 2002), 1178.

42 regola에 대한 항목과 예시는 다음을 참조하라. *Vocabulario degli Accademici della Crusca,* 4th ed. (Florence : Domenico Maria Manni, 1729-38), 4 : 96-97 ; règle은 다음을 참조하라. *Le Dictionnaire de l'Académie française,* 2nd ed. (Paris : Imprimerie royale, 1718) ; rule은 다음을 참조하라. Samuel Johnson, *Dictionary of the English Language,* 1st ed. (London : W. Strahan, 1755).

43 rule에 대한 항목과 예시는 다음을 참조하라. Noah Webster, *American Dictionary of the English Language* (New Haven : B. L. Hamlen, 1841).

44 Aristotle, *Posterior Analytics,* trans. Hugh Tredennick, Loeb Classical Library (Cambridge, Mass. : Harvard University Press, 1939), I.2, 71b10−15, 30−31.

45 Aristotle, *Metaphysics,* trans. Hugh Tredennick, Loeb Classical Library (Cambridge, Mass. : Harvard University Press, 1989), VI.2, 1027a20, 302−303 ; II.3, 995a15−20, 94−95.

46 Aristotle, *Metaphysics,* I.1, 981a5−15, 4−5. 아리스토텔레스는 종종 이 점(그리고 의학적 예시)을 너무 강조하여 심지어 테크네조차 개별적인 특수성을 다루지 않는다고 제안하는 것처럼 보인다. 다음도 참조하라. Aristotle, *Rhetoric,* I.2,1356b, 20−23.

47 Aristotle, *Metaphysics,* I.1, 981a30− b5, 6−7.

48 Pascal Dubourg Glatigny and Hélène Vérin, "La réduction en art, un phénomène culturel," in *Réduire en art : La technologie de la Renaissance aux Lumières,* ed. Pascal Dubourg Glatigny and Hélène Vérin (Paris : Éditions de la Maison des sciences de l'homme, 2008), 59−74. 기술자들은 경험 지식을 체계화하려는 이 운동에서 두드러진 역할을 했다. 다음을 참조하라. Pamela O. Long, "Multi-Tasking 'Pre-Professional' Architect/Engineers and Other Bricolage Practitioners as Key Figures in the Elision of Boundaries Between Practice and Learning in Sixteenth-Century Europe," in *The Structures of Practical Knowledge,* ed. Matteo Valleriani (Cham, Switzerland : Springer, 2017), 223−46.

49 Pamela Smith, *The Body of the Artisan : Art and Experience in the Scientific Revolution* (Chicago : University of Chicago Press, 2004) ; Christy Anderson, Anne Dunlop, and Pamela Smith, eds., *The Matter of Art : Materials, Practices, Cultural Logics, c. 1250−1750* (Manchester : Manchester University Press, 2014).

50 Jean d'Alembert, *Discours préliminaire* (1751), 다음에서 인용, Hélène Vérin, "Rédiger et réduire en art : un projet de rationalisation des pratiques," in *Réduire en art,* ed. Glatigny and Vérin, 23.

51 Anne Balansard, *Techné dans les dialogues de Platon* (Sankt Augustin, Germany : Academia Verlag, 2001).

52 7가지 교양 과목은 고대 후기에 마르티아누스 카펠라의 백과사전 작업에

서 비유적으로 묘사되었으며, 기계적 기술이라는 범주는 훨씬 이후인 중세에 교양 과목의 유비로 등장했다. 다음을 참조하라. Capella, *De nuptiis Philologiae et Mercurii* (5th c. CE, *The Marriage of Philology and Mercury*) (Turnhout, Belgium : Brepols, 2010) ; Peter Sternagel, *Die artes mechanicae im Mittelalter : Begriffs- und Bedeutungsgeschichte bis zum Ende des 13. Jahrhunderts* (Kallmünz, Germany : Lassleben, 1966) ; R. Jansen-Sieben, ed., *Ars mechanicae en Europe médiévale* (Brussels : Archives et bibliothèques de Belgique, 1989).

53 William Eamon, *Science and the Secrets of Nature : Books of Secrets in Medieval and Early Modern Culture* (Princeton : Princeton University Press, 1994) ; Lissa Robert, Simon Schaffer, and Peter Dear, eds., *The Mindful Hand : Inquiry and Invention from the Late Renaissance to Early Industrialisation* (Chicago : University of Chicago Press, 2007) ; Pamela O. Long, *Artisan/Practitioners and the Rise of the New Science* (Corvallis : Oregon State University Press, 2011).

제3장 기술의 규칙 : 하나 된 머리와 손

1 Albrecht Dürer, *Unterweysung der Messung, mit dem Zirckel und Richtscheyt, in Linien, Ebenen und gantzen corporen* (Nuremberg : Hieronymus Andreae, 1525), Dedicatory Epistle, n.p.

2 Hélène Vérin, "Rédiger et réduire en art : un projet de rationalisation des pratiques," in *Réduire en art : la technologie de la Renaissance aux Lumières,* eds. Pascal Dubourg Glatigny and Hélène Vérin (Paris : Éditions de la Maison des sciences de l'homme, 2008), 17-58 ; Pamela H. Smith, "Making Things : Techniques and Books in Early Modern Europe," in *Things,* ed. Paula Findlen (London : Routledge, 2013), 173-203.

3 Martin Warnke, *The Court Artist : On the Ancestry of the Modern Artist* (1985), trans. David McLintock (Cambridge : Cambridge University Press, 1993).

4 Vérin, "Rédiger et réduire en art," 17-58, 27-28.

5 Dürer, *Unterweysung der Messung, mit dem Zirckel und Richtscheyt,* Dedicatory Epistle, n.p.

6 17세기 초반에 기계적 기술로 간주된 것에 대한 설명은 다음에 등장하는 예시를 참조하라. Johann Heinrich Alsted, *Encyclopaedia* (1630), ed. Wilhelm

Schmidt-Biggemann, 4 vols. (Stuttgart-Bad Cannstatt : Fromann-Holzboog, 1989), 3 : 1868–1956. 여기에서 기계적 기술은 근대 초기의 자연철학에서 특히 중요한 역할을 했던 실용적인 기계학뿐만 아니라 모든 범위의 수공예를 의미했다. 다음을 참조하라. Walter Roy Laird and Sophie Roux, eds., *Mechanics and Natural Philosophy before the Scientific Revolution* (Dordrecht : Springer, 2008).

7 「새로운 혁신들」의 판화는 얀 판 데르 스트라트(Jan van der Straet)가 그리고 얀 콜라르트(Jan Collaert)가 조각했으며 필립스 할러(Philips Galle)가 출간했다. 그림들은 다음에서 볼 수 있다. www.metmuseum.org/art/collection/search/659646, 2021년 7월 29일 접속.

8 William Eamon, *Science and the Secrets of Nature : Books of Secrets in Medieval and Early Modern Culture* (Princeton : Princeton University Press, 1994), 134–67.

9 Matteo Valleriani, *Galileo Engineer* (Dordrecht : Springer, 2010) ; Pamela O. Long, *Artisan/Practitioners and the Rise of the New Sciences, 1400–1600* (Corvallis : Oregon State University Press, 2011).

10 Roberto Vergara, ed., *Il compasso geometrico e militare di Galileo Galilei* (Pisa : ETS, 1992) ; Ari Belenky, "Master of the Mint : How Much Money Did Isaac Newton Save Britain?" *Journal of the Royal Statistical Society : Series A* 176 (2013) : 481–98 ; Andre Wakefield, "Leibniz and the Wind Machines," *Osiris* 25 (2010) : 171–88 ; Kelly Devries, "Sites of Military Science and Technology," in *The Cambridge History of Early Modern Science,* ed. Katharine Park and Lorraine Daston (Cambridge : Cambridge University Press, 2006), 306–19.

11 Francis Bacon, *Novum organum* (1620), Aphorism I. 74, in *The Works of Francis Bacon,* ed. Basil Montagu (London : William Pickering, 1825–34), 9:225.

12 William Eamon, "Markets, Piazzas, and Villages," in *The Cambridge History of Early Modern Science,* ed. Park and Daston, 206–23.

13 René Descartes, *Regulae ad directionem igenii* (c. 1628), Regula X, in *Œuvres de Descartes,* ed. Charles Adam and Paul Tannery (Paris : J. Vrin, 1964), 10:403–406 ; Neal Gilbert, *Concepts of Method in the Renaissance* (New York : Columbia University Press, 1960) ; Nelly Bruyère, *Méthode et dialectique*

dans l'œuvre de La Ramée : Renaissance et Âge classique (Paris : J. Vrin, 1984).

14 Sébastien Le Prestre de Vauban, *Traité de l'attaque des places* (comp. 1704), in *Les Oisivités de Monsieur de Vauban,* ed. Michèle Virol (Seyssel, France : Éditions Camp Vallon, 2007), 1212−13.

15 Leonard Digges, *A Boke Named Tectonion* (London : John Daye, 1556), sig. f.ii recto.

16 Charles Cotton, *The Compleate Gamester : Instructions How to Play at Billiards, Trucks, Bowls, and Chess* (London : Charles Brome, 1687), 147.

17 [Anonymous], *Traité de confiture, ou Le nouveau et parfait Confiturier* (Paris : Chez Thomas Guillain, 1689), sig. ãiiij recto.

18 The subtitle of Robert May, *The Accomplisht Cook, Or the Art and Mystery of Cookery,* 3rd ed. (London : J. Winter, 1671).

19 이에 대한 사례로 다음을 참조하라. Jean Baptiste Colbert, *Instruction generale donnée de l'ordre exprés du roy par Monsieur Colbert......pour l'execution des reglemens generaux des manufactures & teintures registrez en presence de Sa Majesté au Parlement de Paris le treiziéme aoust 1669* (Grenoble : Chez Alexandre Giroud, 1693). 또한 콜베르의 시대에 발행된 또다른 "일반 지침들"도 참조하라. Jean Baptiste Colbert, *Lettres, instructions et mémoires de Colbert,* 7 vols. (Paris : Imprimerie impériale, 1861−1873).

20 기예적 지식의 암묵적 성격에 관한 고전적인 설명은 다음에서 찾을 수 있다. Michael Polanyi, *Personal Knowledge : Towards a Post-Critical Philosophy* (1958 ; repr. London : Routledge, 2005), 65. "이것은 우리가 성공으로 나아가는 방법을 감지하는 시행착오의 일반적인 과정이다.······따라서 거의 완벽히 명시될 수 없는 중요한 기술적 과정을 구성하는, 의식적으로 설명될 수 없는 광범위한 영역의 숙련과 감정법의 규칙들의 실질적인 발견이다. 그리고 이는 방대한 과학 연구의 결과로서만 알 수 있다." 강조는 원문.

21 다음에서 인용. Stéphane Lamassé, "Calculs et marchands (XIVe−XVe siècles)," in *La juste mesure : Quantifier, évaluer, mesurer entre Orient et Occident (VIIIe− XVIIIe siècles),* ed. Laurence Moulinier, Line Sallmann, Catherine Verna, and Nicolas Weill-Parot (Saint-Denis, France : Presses Universitaires de Vincennes, 2005), 79−97, 86.

22 Digges, *A Boke Named Tectonicon,* Preface, n.p.

23 Digges, *A Boke Named Tectonicon*, n.p.

24 Elway Bevin, *Briefe and Short Instrvction of the Art of Mvsicke, to teach how to make Discant, of all proportions that are in vse* (London : R. Young, 1631), 45.

25 Cotton, *The Compleate Gamester,* 1, 5, 21, 154, 109, 57, 147.

26 Edmond Hoyle, *A Short Treatise on the Game of Whist, Containing the Laws of the Game : and also Some Rules, whereby a Beginner may, with due Attention to them, attain to the Playing it well* (London : Thomas Osborne, 1748), 17, 25.

27 Cotton, *The Compleate Gamester,* 49–50

28 Jean-Marie Lhôte, *Histoire des jeux de société* (Paris : Flammarion, 1994), 292–293.

29 Christy Anderson, Anne Dunlop, and Pamela H. Smith, eds., *The Matter of Art : Materials, Practices, Cultural Logics, c. 1250–1750* (Manchester : Manchester University Press, 2014).

30 Naomi Miller, *Mapping the City : The Language and Culture of Cartography in the Renaissance* (London : Continuum, 2003), 151–58, 179 ; Marion Hilliges, "Der Stadtgrundriss als Repräsentationsmedium in der Frühen Neuzeit," in *Aufsicht—Ansicht—Einsicht : Neue Perspektiven auf die Kartographie an der Schwelle zur Frühen Neuzeit,* ed. Tanja Michalsky, Felicitas Schmieder, and Gisela Engel (Berlin : trafo Verlagsgruppe, 2009), 355 ; Daniela Stroffolino, "Rilevamento topografico e pro cessi construttivi delle 'vedute a volo d'ucello,'" in *L'Europa moderna : Catografia urbana e vedutismo,* ed. Cesare de Seta and Daniela Stroffolino (Naples : Electa Napoli, 2001), 57–67.

31 계산된 표는 무기와 탄약이 비표준화되었을 뿐 아니라 "풍압", 즉 대포 총신의 직경과 탄환의 직경 간의 차이로 인해서 탄환이 대포 안에서 튕기고 운동량을 잃는 현상 때문에도 부정확했다. George A. Rothrock, "Introduction," Sébastien Le Prestre de Vauban, *A Manual of Siegecraft and Fortification,* trans. George A. Rothrock (Ann Arbor : University of Michigan Press, 1968), 4–6. 이러한 문제는 18세기까지 지속되었고, 수학적으로 훈련된 군사 기술자와 경험이 풍부한 포병 간의 논쟁을 낳았다. Ken Alder, *Engineering the Revolution : Arms and Enlightenment in France, 1763–1815* (Princeton : Princeton Uni-versity Press, 1997), 92–112.

32 Vauban, *Manual of Siegecraft and Fortification,* 21.

33 Blaise de Pagan, *Les Fortifications du comte de Pagan* (1689), 다음에서 인용, Michèle Virol, "La conduite des sièges réduite en art. Deux textes de Vauban," in *Réduire en art,* eds. Glatigny and Vérin, 155.

34 Vauban, *Traité de l'attaque des places* (comp. 1704), 1213.

35 Vauban, *Traité de l'attaque des places,* 1321.

36 Vauban, *Manual of Siegecraft and Fortification,* 175.

37 Vauban, *Traité de l'attaque des places,* 1194.

38 Vauban, *Traité de la défense des places,* 1375.

39 "Ingenium," in Rudolph Goclenius the Elder, *Lexicon philosophicum* (Frankfurt : Matthias Becker, 1613), 241−42.

40 Aristotle, *Art of Rhetoric,* trans. John Henry Freese, Loeb Classical Library (Cambridge, Mass. : Harvard University Press, 1994), I.2, 1356b26−35, 23.

41 동시대의 법률가와 의사들을 대상으로 한 관찰서들 사이에는 강한 유사성이 있다. Gianna Pomata, "Sharing Cases : The Observationes in Early modern Medicine," *Early Science and Medicine* 15 (2010) : 193−236.

42 근대 초기의 요리법에 대해서는 다음을 참조하라. Elaine Leong, *Recipes and Everyday Knowledge : Medicine, Science, and the House hold in Early Modern England* (Chicago : University of Chicago Press, 2018).

43 18세기 후반까지 부유한 프랑스 가정은 소믈리에, 호텔 지배인, 제빵사뿐 아니라 요리사를 포함한 다양한 "궁정 관리인(officiers de la bouche)"을 고용했다. 이런 사람들을 대상으로 한 지침서들은 추가적인 경험을 전제로 했다. "완전히 능숙해지거나 더 쉽게 사물을 이해하기 위해서는 어느 정도 동안 그 분야의 대가 밑에서 일해야 한다. 바로 그곳의 실습을 통해서 한눈에 설명하기 어려운 여러 준비 작업을 터득할 수 있다." François Massialot, *Nouvelles instructions pour les confitures, les liqueurs et les fruits,* 2nd ed. (Paris : Charles de Sercy, 1698), 1:sig. ãiiij.

44 Robert May, *The Accomplisht Cook, Or The Art and Mystery of Cookery* (1660), 3rd ed. (London : J. Winter, 1671), Preface, n.p. 이 책은 1660−1685년에 최소한 5번의 개정을 거쳤다.

45 Mary Kettilby, *A Collection of above Three Hundred Receipts in Cookery, Physick and Surgery* (1714), 6th ed. (London : W. Parker, 1746), vii. 이 책은 1714−1749년에 최소한 7번의 개정을 거쳤다.

46 May, *Accomplisht Cook,* 177

47 Kettilby, *Collection of above Three Hundred Receipts,* 61.

48 [Anonymous], *The Forme of Cury, A Roll of Ancient English Cookery, Compiled about A.D. 1390, by the Master-Cooks of King Richard II······By an Antiquary.* (London : J. Nichols, 1780), xvii.

49 Hannah Glasse, *Art of Cookery, Made Plain and Easy* (1747 ; repr. London : L. Wangford, c. 1790). 이 책은 글래시가 살아 있는 동안 적어도 5번의 개정을 거쳤다. 가장 최근 개정판은 1995년에 출간되었다.

50 Glasse, *Art of Cookery,* 102.

51 Polanyi, *Personal Knowledge,* 17.

52 Harry Collins, *Tacit and Explicit Knowledge* (Chicago : University of Chicago Press, 2010), 7.

53 Jutta Bacher, "Artes mechanicae," in *Erkenntnis Erfindung Konstruktion : Studien zur Bildgeschichte von Naturwissenschaften und Technik vom 16. bis zum 19. Jahrhundert,* ed. Hans Hollander (Berlin : Gebr. Mann, 2000), 35–50.

54 Francis Bacon, *New Atlantis* (1627), in *The Great Instauration and New Atlantis,* ed. J. Weinberger (Arlington Heights, Ill. : Harlan Davidson, 1989), 75.

55 "Mechanical" 항목에 대한 예시는 『옥스포드 영어 사전(*Oxford English Dictionary*)』을 참조하라. 여기에는 이제는 거의 사용되지 않는 정의가 포함되어 있다. "특히 계급적, 천박한, 조악한 육체노동에 종사하는 사람들의 것, 혹은 이들의 특징." www.oed.com, 2020년 8월 17일 접속.

56 Isaac Newton, "Preface," *The Mathematical Principles of Natural Philosophy* (1687), trans. Andrew Motte (London : Benjamin Motte, 1729), sig. a recto and verso.

57 Gerd Gigerenzer, *How to Stay Smart in a Smart World* (London : Penguin, 2022), 37–57.

제4장 기계적 계산 뒤의 알고리즘

1 제4장과 제5장의 일부는 예전에 다음에 실렸다. Lorraine Daston, "Calculation and the Division of Labor, 1750–1950," *Bulletin of the German Historical Institute* 62 (2018) : 9–30. 이 글을 이 책에 다시 싣도록 허락해준 학술지 편집자에게 감사드린다.

2 웬디 도니거 교수는 이 숫자 체계를 가리키는 표준 영어 용어인 힌두-아라비
아 숫자(Hindu-Arabic numbers)라는 표현이 일관성이 없고 오해를 불러일으
킨다고 지적한다. "힌두"는 종교를, "아라비아"는 언어나 문화를 가리키므로
일관성이 없으며, 페르시아어가 이 숫자들의 전파에 아라비아어만큼 중요한
역할을 했기 때문에 오해를 불러일으킨다는 것이다. 이 체계는 실제로 인도에
서 기원했으므로 "인도 숫자"라고 부르는 것이 더 정확하며(독일어에서는 이
렇게 부른다), 나는 이 용어를 사용했다. 도니거와의 개인적인 대화.

3 Kurt Gödel, "Über formal unentscheidbare Sätze der Principia Mathematica und
verwandter Systeme," *Monatsheft für Mathematik und Physik* 38 (1931) : 179.

4 David Hilbert and Wilhelm Ackermann, *Grundzüge der theoretischen Logik*
(Berlin : Springer, 1928), 77.

5 여러 보험 회사를 설립한 샤를 자비에르 토마 드 콜마르는 1820년에 대량으
로 제조 및 판매된 최초의 계산기에 특허를 등록했으나, 이 기계는 1851년에
야 생산에 들어갔다. R. Mehmke, "Numerisches Rechnen," in *Enzyklopädie
der Mathematischen Wissenschaften,* ed. Wilhelm Franz Meyer (Leipzig : B.
Teubner, 1898–1934), vol. 1, part 2, 959–78. 19세기 말과 20세기 초의 사무
용 계산기에 대한 개요는 다음을 참조하라. Mary Croarken, *Early Scientific
Computing in Britain* (Oxford : Oxford University Press, 1990), 12–20.

6 Kurt Vogel, *Mohammed Ibn Musa Alchwarizmi's Algorismus : Das frühste
Lehrbuch zum Rechnen mit indischen Ziffern : Nach der einzigen (lateinischen)
Handschrift (Cambridge Un.Lib. Ms.Ii.6.5)* (Aalen, Germany : Otto Zeller
Verlagsbuchhandlung, 1963), 42–44. 중세 아랍과 라틴 수학에서 대수학의 전
통에 대해서는 다음을 참조하라. Victor J. Katz and Karen Hunger Parshall,
*Taming the Unknown : A History of Algebra from Antiquity to the Early
Twentieth Century* (Princeton : Princeton University Press, 2014), 132–213.

7 Menso Folkerts (with Paul Kunitzsch), eds., *Die älteste lateinische Schrift über
das indische Rechnen nach al-Hwarizmi* (Munich : Verlag der Bayerischen
Akademie der Wissenschaften, 1997), 7–11.

8 Donald Knuth, *The Art of Computer Programming, Vol. 1 : Fundamental Algo-
rithms,* 3rd ed. (Boston : Addison-Wesley, 1997), 4–6. ; § 1.1.

9 Annette Imhausen, "Calculating the Daily Bread : Rations in Theory and Prac-
tice," *Historia Mathematica* 30 (2003) : 7 (Problem 39 of the Rhind papyrus).

10 Lis Brack-Bernsen, "Methods for Understanding and Reconstructing Babylo-nian Predicting Rules," in *Writings of Early Scholars in the Ancient Near East, Egypt, Rome, and Greece,* ed. Annette Imhausen and Tanja Pommerening (Berlin and New York : De Gruyter, 2010), 285−87.

11 Karine Chemla, "De l'algorithme comme liste d'opérations," *Extrême-Orient, Extrême-Occident* 12 (1990) : 80−82.

12 Agathe Keller, Koolakodlu Mahesh, and Clemency Montelle, "Numerical Tables in Sanskrit Sources," HAL archives-ouvertes, HAL ID : halshs-01006137 (2014년 6월 13일 제출), §2.1.3. https://halshs.archives-ouvertes.fr/halshs-01006137, 2021년 8월 20일 접속.

13 Jim Ritter, "Reading Strasbourg 368 : A Thrice-Told Tale," in *History of Science, History of Text,* ed. Karine Chemla (Dordrecht : Springer, 2004), 196.

14 Keller, "Numerical Tables," §§ 2.1, 2.2.2.

15 Eleanor Robson, "Mathematics Education in an Old Babylonian Scribal School," in *The Oxford Handbook of the History of Mathematics,* ed. Eleanor Robson and Jacqueline Stedall (Oxford and New York : Oxford University Press 2009), 225.

16 Agathe Keller, "Ordering Operations in Square Root Extractions, Analyzing Some Early Medieval Sanskrit Mathematical Texts with the Help of Speech Act Theory," in *Texts, Textual Acts, and the History of Science,* ed. Karine Chemla and Jacques Virbel (Heidelberg : Springer, 2015), 189−90.

17 Karine Chemla, "Describing Texts for Algorithms : How They Prescribe Operations and Integrate Cases : Reflections Based on Ancient Chinese Mathe-matical Sources," in *Texts,* ed. Chemla and Virbel, 322, 327.

18 J. W. Stigler, "Mental Abacus : The Effect of Abacus Training on Chinese Children's Mental Calculations," *Cognitive Psychology* 16 (1986) : 145−76 ; Mary Gauvain, *The Social Context of Cognitive Development* (New York : Guilford Press, 2001), 49−51.

19 Vogel, *Mohammed Ibn Musa Alchwarizmi's Algorismus,* 45−49.

20 n의 역수는 n^{-1}이며, $n \times n^{-1} = 1$이다. 예를 들면, 2의 역수는 ½이다. 고대 바빌로니아 숫자 체계는 10진법(0 없이, 1부터 59까지의 숫자)과 60진법(60과 그 이후의 모든 숫자) 표기법이 혼합된 형태였기 때문에, 유한한 60진법 형태의 숫자들(예컨대 $2^x 3^y 5^z$ 형식으로 나타낼 수 있도록 소인수 2, 3, 5를 가지

는 숫자, 이때 x, y, z는 정수)의 역수가 계산에서 중요한 역할을 했으며 이러한 역수의 쐐기 문자표가 많이 남아 있다. Jean-Luc Chabert, ed., *A History of Algorithms : From the Pebble to the Microchip* (Berlin : Springer, 1999), 11.

21 Otto Neugebauer, *Mathematische Keilschriften* (Berlin : Verlag von Julius Springer, 1935-37), 1:270, II : plate 14,43. 더 직역에 가까운 번역은 다음을 참조하라. Abraham J. Sachs, "Babylonian Mathematical Texts, I," *Journal of Cuneiform Studies* 1 (1947) : 226.

22 Sachs, "Babylonian Mathematical Texts, I," 227.

23 Christine Proust, "Interpretation of Reverse Algorithms in Several Mesopotamian Texts," in *The History of Mathematical Proof,* ed. Karine Chemla (Cambridge : Cambridge University Press, 2012), 410.

24 Gottfried Wilhelm Leibniz, "Towards a Universal Characteristic" (1677), in *Leibniz Selections,* ed. Philip P. Wiener (New York : Charles Scribner's Sons, 1951), 17-25 ; Étienne Bonnot de Condillac, *La Langue des calculs* (Paris : Charles Houel, 1798), 7-9 ; Giuseppe Peano, *Notations de logique mathématique* (Turin : Charles Guadagnigi, 1894). 페아노의 보편 언어 계획 참여에 대해서는 다음을 참조하라. Michael D. Gordin, *Scientific Babel : How Science Was Done Before and After Global English* (Chicago : University of Chicago Press, 2015), 111-13, 137.

25 T. L. Heath, *The Thirteen Books of Euclid's Elements,* 2nd ed., 3 vols. (New York : Dover, 1956), Book VII, Propositions 1-2, 296-300.

26 구글 Ngram을 통해 검색한 결과, 1800년부터 2000년까지의 영어 도서에서 "유클리드 알고리즘"이라는 용어는 20세기 이전에는 사용되지 않았으며 1940년 이후에야 급격히 증가했다. 이러한 경향은 "알고리즘"이라는 용어 자체의 사용과도 대략 일치하는데, 이 용어의 사용 역시 1950년까지는 일정하다가 그후로 급격히 증가했다.

27 고대 수학적 도표는 하나도 남아 있지 않지만, 고대 그리스 수학에 존재했으며 중요한 역할을 했다는 증거에 대해서는 다음을 참조하라. Reviel Netz, *The Shaping of Deduction in Greek Mathematics : A Study in Cognitive History* (Cambridge : Cambridge University Press, 1999), 12-67.

28 Jean Itard, *Les Livres arithmétiques d'Euclide* (Paris : Hermann, 1961).

29 Jacob Klein, *Greek Mathematical Thought and the Origin of Algebra* (1934),

trans. Eva Brann (Cambridge, Mass. : MIT Press, 1968) ; B. L. van der Waerden, *Science Awakening,* trans. Arnold Dresden (New York : Oxford University Press, 1961).

30 Sabetai Unguru, "On the Need to Rewrite the History of Greek Mathematics," *Archive for the History of Exact Sciences* 15 (1975) : 67–114 ; B. L. van der Waerden, "Defense of a 'Shocking' Point of View," *Archive for History of Exact Sciences* 15 (1976) : 199–210 ; Hans Freudenthal, "What Is Algebra and What has Been Its History?" *Archive for History of Exact Sciences* 16 (1977) : 189–200 ; André Weil, "Who Betrayed Euclid?" *Archive for History of Exact Sciences* 19 (1978) : 91–93.

31 Jean-Luc Chabert, ed., *A History of Algorithms : From the Pebble to the Microchip* (Berlin : Springer, 1999), 116.

32 Moritz Pasch, *Vorlesungen über neuere Geometrie* (Leipzig : B. G. Teubner, 1882), 98. 강조는 원문.

33 David Hilbert, *Grundlagen der Geometrie* (1899), 8th ed., with revisions by Paul Bernays (Stuttgart : Teubner, 1956), 121.

34 부르바키의 영향으로 인해서 발생했으며 프랑스에서 특히 강력했던, 이러한 현대 수학적 접근 방식을 중등학교에 도입하려는 1960년대의 노력(미국에서는 "신수학"으로 알려졌다)은 눈에 띄는 성공을 거두지 못했다. Hélène Gispert and Gert Schubring, "Societal Structure and Conceptual Changes in Mathematics Teaching : Reform Processes in France and Germany over the Twentieth Century and the International Dynamics," *Science in Context* 24 (2011) : 73–106.

35 대수학적 용어로, 가위치법은 거짓이지만 그럴듯한 값을 사용하여 n + 1개의 미지수가 있는 n개의 방정식을 추정하여 푸는 방법이다. 많은 수학적 전통에서는 이 알고리즘의 일부를 사용했다. 비록 각각 다른 이름("상수를 사용하여 계산하기"[산스크리트어], "너무 많거나 충분하지 않음의 법칙"[고전 중국어], "두 오류의 계산"[아랍어], "가위치법"[라틴어])으로 불렸고, 다른 은유로 표현되었으며, 다른 문제에 적용되었고, 다른 단계로 공식화되었지만 말이다. Chabert, ed., *A History of Algorithms,* 85–99.

36 John Stuart Mill, *A System of Logic Ratiocinative and Inductive* (1843), ed. J. M. Robson (London : Routledge, 1996), 186–95 ; Book II.3, §3–4.

37 Lorraine Daston, "Epistemic Images," in *Vision and Its Instruments : Art, Science, and Technology in Early Modern Europe,* ed. Alina Payne (College Station : Pennsylvania State University Press, 2015), 13−35.

38 Karine Chemla, "Le paradigme et le général : Réflexions inspirées par les textes mathématiques de la Chine ancienne," in *Penser par cas,* ed. Jean−Claude Passeron and Jacques Revel (Paris : Éditions de l'École des Hautes Études en Sciences Sociales, 2005), 88−89.

39 Christine Proust, "Interpretation of Reverse Algorithms in Several Mesopotamian Texts," in *History of Mathematical Proof,* ed. Chemla, 410.

40 Karine Chemla, "Résonances entre démonstrations et procédure : Remarque sur le commentaire de Liu Hui (IIIᵉ siècle) au Neuf Chapitres sur les Procédures Mathématiques (Iᵉʳ siècle)," *Extrême−Orient, Extrême−Occident* 14 (1992) : 99−106. 다음을 참조하라. Chemla, "Describing Texts for Algorithms," 317−84.

41 Ritter, "Reading Strasbourg 368," 194.

42 G.E.R. Lloyd, "What Was Mathematics in the Ancient World?" in *Oxford Handbook of the History of Mathematics,* ed. Robson and Stedall, 12.

43 Chemla, "Describing Texts for Algorithms," 323.

44 Frances Yates, *The Art of Memory* (Chicago : University of Chicago Press, 1966) ; Denis Diderot, "Encyclopédie," in *Encyclopédie, ou Dictionnaire raisonné des arts, des sciences et des métiers,* ed. Jean d'Alembert and Denis Diderot (Paris : Briasson, David, Le Breton, and Durand, 1755), 5:635−48.

45 David Hartley, *Observations on Man, His Frame, His Duty, and His Expectations* (1749), ed. Theodore L. Huguelet (Gainesville, Fla. : Scholars' Facsimile Reprints, 1966), 1:374−77.

46 Mary J. Carruthers, *The Book of Memory : A Study of Memory in Medieval Culture,* 2nd ed. (Cambridge : Cambridge University Press, 2008), 164−69.

47 Anna Maria Busse Berger, *Medieval Music and the Art of Memory* (Berkeley : University of California Press, 2005), 52, 117.

48 Eleanor Robson, "Mathematics Education in an Old Babylonian Scribal School," 225 ; Berger, *Medieval Music and the Art of Memory,* 180 ; Hartmut Scharfe, *Education in Ancient India* (Boston : Brill, 2002), 30−37, 229, 240−51.

49 Nancy Pine and Zhenyou Yu, "Early Literacy Education in China : A Historical

Overview," in *Perspectives on Teaching and Learning Chinese Literacy in China,* ed. Cynthia Leung and Jiening Ruan (Dordrecht : Springer, 2012), 83–86.

50 Brian W. Ogilvie, *The Science of Describing : Natural History in Renaissance Europe* (Chicago : University of Chicago Press, 2006) ; Staffan Müller-Wille, *Botanik und weltweiter Handel : Zur Begründung eines natürlichen Systems der Pflanzen durch Carl von Linné (1707–78)* (Berlin : VWB-Verlag für Wissenschaft und Bildung, 1999).

51 모든 생물학적 분류학은 여전히 『자연의 분류(*Systema naturae*)』의 출판을 이 분야에서의 빅뱅과 같이 간주하며, 이후의 모든 분류의 기준점으로 삼는다. Charlie Jarvis, *Order Out of Chaos : Linnaean Plant Names and Their Types* (London : Linnean Society of London, 2007).

52 Nicolas Bourbaki, *Éléments de mathématique,* 38 vols. (Paris : Hermann, 1939–75). 부르바키(대부분의 프랑스 수학자 집단이 채택한 집단적 가명)에 대해서는 다음을 참조하라. Maurice Mashaal, *Bourbaki : Une société secrète de mathématiciens* (Paris : Pour la science, 2000).

53 경제학자이자 역사학자인 로이 와인트라웁(Roy Weintraub)은 수학자들이 초기에 응용 전반과 컴퓨터 과학에 무심했던 이유를 부르바키 교육 과정에서 찾는다. "오늘날의 수학자들은 1960년대 시절을 회상하면서 우리가 믿어야 했던 많은 것에 몸서리친다. 우리는 부르바키 수학의 이상에 철저히 젖어 있었고 구조를 사랑하며 응용을 피하는, 미국 최초의 완전한 부르바키 세대의 수학 학생들이었다.……컴퓨터가 등장하던 시기에, [펜실베이니아 대학교의] 수학과는 계산을 무시했다. 컴퓨터는 전기 기술자나 통계학자들, 즉 지적으로 하층 계급의 것이었다." E. Roy Weintraub, *How Economics Became a Mathematical Science* (Durham, N.C. : Duke University Press, 2002), 252–53.

54 Jens Høyrup, "Mathematical Justification as Non-conceptualized Practice," in *History of Mathematical Proof,* ed. Chemla, 382.

55 Edwin Dunkin, *A Far-Off Vision : A Cornishman at Greenwich Observatory,* ed. P. D. Hingley and T. C. Daniel (Cornwall : Royal Institution of Cornwall, 1999), 72–73.

56 Simon Schaffer, "Astronomers Mark Time : Discipline and the Personal Equation," *Science in Context* 2 (1988) : 115–45. 옥스퍼드 대학교의 사빌리안 (Savilian) 천문학 교수였던 찰스 프리처드(Charles Pritchard)는 에어리의 장

례를 치르며 파리 천문대의 감독관 에른스트 무셰(Ernest Mouchez) 제독에게 이렇게 썼다. "에어리는 시골에 조용히 묻혔으며 장례식에는 그리니치의 수석 조수인 H. 터너(H. Turner)만이 참석했습니다. 제가 이렇게 말해서는 안 되겠지만, A[에어리]는 반쯤 야만인이었습니다. 그는 애덤스, 챌리스, 저, 그리고 다른 젊은이들을 깔고 앉았습니다." C. Pritchard to E. Mouchez, 1892년 3월 28일, Bibliothèque de l'Observatoire de Paris, 1060-V-A-2, Boite 30, Folder Oxford (Angleterre). 강조는 원문.

57 William J. Ashworth, "'Labour Harder Than Thrashing' : John Flamsteed, Property, and Intellectual Labour in Nineteenth-Century England," in *Flamsteed's Stars,* ed. Frances Willmoth (Rochester : Boydell Press, 1997), 199-216.

58 Mary Croarken, "Human Computers in Eighteenth- and Nineteenth-Century Britain," in *Oxford Handbook of the History of Mathematics,* ed. Robson and Stedall, 375-403.

59 독립적으로 일하는 두 명의 컴퓨터를 사용하는 구조에 대한 설명이 담긴, 플렘스테드가 샤프에게 보낸 1705년 10월 9일 자 편지를 보라. John Flamsteed, *The Correspondence of John Flamsteed, the First Astronomer Royal,* ed. Eric G. Forbes, Lesley Murdin, and Frances Willmoth (Bristol : Institute of Physics, 1995-2002), 3:224-25.

60 Li Liang, "Template Tables and Computational Practices in Early Modern Chinese Calendrical Astronomy," *Centaurus* 58 (2016) : 26-45.

61 18세기 중반 프랑스 사상가들의 견해에서 그러한 "대규모 매뉴팩처(grandes manufactures)"가 기계나 분업과 무관했음에 대해서는 다음을 참조하라. Georges Friedmann, "L'Encyclopédie et le travail humain," *Annales : Économies, Sociétés, Civilisations* 8 (1953) : 53-61.

62 Dunkin, *Far-Off Vision,* 45.

63 Dunkin, *Far-Off Vision,* 70-97.

64 에어리의 컴퓨터와 조수들의 경력, 임금에 대해서는 다음을 참조하라. Allan Chapman, "Airy's Greenwich Staff," *Antiquarian Astronomer* 6 (2012) : 4-18.

65 Simon Newcomb, *The Reminiscences of an Astronomer* (Boston and New York : Houghton, Mifflin, and Company, 1903), 71, 74. 에드윈 던킨처럼 뉴컴 역시 회고에서 컴퓨터로서 자신의 직업을 "단맛과 빛의 세계로의 출생", 즉 과학적 경력의 첫 번째 단계로 여겼다.

66 Newcomb, *Reminiscences,* 288.

67 [Alexandre Deleyre], "Epingle," *Encyclopédie, ou Dictionnaire,* ed. d'Alembert and Diderot, 5:804−7 ; [Jean-Rodolphe Perronet], "Epinglier," *Supplément Planches* (1765), 4:1−8.

68 이 두 기사 사이의 복잡한 상호작용과 관계에 대해서는 다음을 참조하라. Jean-Louis Peaucelle, *Adam Smith et la division du travail : Naissance d'une idée fausse* (Paris : L'Harmattan, 2007).

69 Adam Smith, *The Wealth of Nations* (1776), ed. Edwin Cannan (Chicago : University of Chicago Press, 1976), 11−14. 스미스의 프랑스 출처에 대해서는 다음을 참조하라. Jean-Louis Peaucelle and Cameron Guthrie, "How Adam Smith Found Inspiration in French Texts on Pin Making in the Eighteenth Century," *History of Economic Ideas* 19 (2011) : 41−67.

70 Gaspard de Prony, *Notices sur les grandes tables logarithmiques et trigono-metriques, adaptées au nouveau système décimal* (Paris : Firmin Didot, 1824), 5.

71 Charles Babbage, *On the Economy of Machinery and Manufactures* (London : C. Knight, 1832), 153.

72 미터법 체계는 1791년 헌법제정회의에서 발의되었으나 1837년 7월 4일에야 프랑스 법으로 제정되었다. Adrien Favre, *Les Origines du système métrique* (Paris : Presses universitaires de France, 1931), 191−207.

73 Gaspard de Prony, *Notices sur les grandes tables logarithmiques et trigono-metriques, adaptées au nouveau système décimal* (Paris : Firmin Didot, 1824), 4. 프로니 표의 기념비적 성격에 대해서는 다음을 참조하라. Lorraine Daston, "Enlightenment Calculations," *Critical Inquiry* 21 (1994) : 182−202.

74 사용된 공식과 계획과 관련된 기타 세부 사항에 대해서는 다음을 참조하라. Ivor Grattan-Guiness, "Work for the Hairdressers : The Production of Prony's Logarithmic and Trigonometric Tables," *Annals of the History of Computing* 12 (1990) : 177−85.

75 De Prony, *Notices,* 7.

76 De Prony, *Notices,* 7.

77 Smith, *Wealth of Nations,* 13.

78 사이먼 셰퍼는 배비지의 계획에 내포된 지능 개념과 배비지가 엔진을 제작하기 위해서 고용한 기술자 조지프 클레멘트와의 장기적이고 신랄한 갈등에 대

해서 훌륭히 저술했다. Schaffer, "Babbage's Intelligence : Calculating Engines and the Factory System," *Critical Inquiry* 21 (1994) : 203–27.

79 프랑스의 출판사 피르맹-디도(Firmin-Didot)는 원래 표를 출판하기로 계약되어 있었으나(13만9,800프랑으로), 인쇄 과정에서 자금이 바닥났다. MS "Note sur les tables" (Paris, 2 March 1819), Dossier Gaspard de Prony, Archives de l'Académie des Sciences, Paris. 중단된 이 영국-프랑스 공동 계획에 대해서는 다음을 참조하라. [Gaspard de Prony], *Note sur la publication proposé par le gouvernement anglais des grandes tables logarithmiques et trigonométriques de M. de Prony* (Paris : Firmin-Didot, n.d.). 프랑스 정부는 결국 발췌문을 인쇄했다. *Service géographique de l'armée : Tables des logarithmes à huit decimals* (Paris : Imprimerie Nationale, 1891).

80 Charles Babbage, *Table of the Logarithms of Natural Numbers, from 1 to 108,000,* stereotyped 2nd ed. (London : B. Fellowes, 1831), vii.

81 Charles Babbage, *On the Economy of Machinery and Manufactures,* 4th ed.(London : Charles Knight, 1835), 201.

82 James Essinger, *Jacquard's Web : How a Hand-Loom Led to the Birth of the Information Age* (Oxford : Oxford University Press, 2004), 4–5.

83 자카드 직조기는 동일한 무늬가 충분히 오랫동안 유행하거나 주문이 충분히 많아서 직기와 카드 모두에 대한 투자를 상환할 수 있는 경우에만 수익성이 있었다(카드를 묶는 데에만 성인 두 명이 더 필요했다). Natalie Rothstein, "Silk : The Industrial Revolution and After," in *The Cambridge History of Western Textiles,* ed. David Jenkins (Cambridge : Cambridge University Press, 2003), 2:793–96.

84 David Alan Grier, *When Computers Were Human* (Princeton : Princeton University Press, 2006).

85 Henry Thomas Colebrooke, "Address on Presenting the Gold Medal of the Astronomical Society to Charles Babbage," *Memoirs of the Astronomical Society* 1 (1825) : 509–12.

86 Edward Sang, 1871 lecture to the Actuarial Society of Edinburgh, 다음에서 인용, "CALCULATING MACHINES," in *The Insurance Cyclopaedia,* ed. Cornelius Walford, 6 vols. (London : C. and E. Layton, 1871–78), 1:425. 다음도 참조하라. Edward Sang, "Remarks on the Great Logarithmic and Trigono-

metrical Tables Computed in the Bureau de Cadastre under the Direction of M.
Prony," *Proceedings of the Royal Society of Edinburgh* (1874–75), 1–15.

87 Blaise Pascal, "Lettre dédicatoire à Monseigneur le Chancelier [Séguier] sur le
    sujet machine nouvellement inventée par le Sieur B.P. pour faire toutes sortes
    d'opération d'arithmétique par un mouvement réglé sans plume ni jetons,"
    (1645), in *Œuvres complètes de Pascal,* ed. Louis Lafuma (Paris : Éditions du
    Seuil, 1963), 190. 1670년대에 최초의 계산기를 만들려고 했던 라이프니츠
    의 시도에 대해서는 다음을 참조하라. Maria Rosa Antognazza, *Leibniz : An
    Intellectual Biography* (Cambridge : Cambridge University Press, 2009), 143,
    148–49, 159. 더 일반적인 계산기의 초기 역사에 대해서는 다음을 참조하라.
    Jean Marguin, *Histoire des instruments à calculer. Trois siècles de mécanique
    pensante 1642–1942* (Paris : Hermann, 1994) ; Matthew L. Jones, *Reckoning
    with Matter : Calculating Machines, Innovation, and Thinking about Thinking
    from Pascal to Babbage* (Chicago : University of Chicago Press, 2016).

88 Laura Snyder, *The Philosophical Breakfast Club : Four Remarkable Friends
    Who Transformed Science and Changed the World* (New York : Broadway
    Books, 2011), 191–194.

89 Alexander Pope, *The Guardian,* no. 78 (1713년 6월 10일) : 467.

90 M.J.A.N. Condorcet, *Élémens d'arithmétique et de géométrie* (1804), reprinted
    in Enfance 42 (1989), 44.

91 M.J.A.N. Condorcet, *Moyens d'apprendre à compter surement et avec facilité*
    [Paris, Moutardier, 1804], reprinted in Enfance 42 (1989), 61–62.

92 John Napier, *Rabdology* (1617), trans. William F. Richardson (Cambridge,
    Mass. : MIT Press, 1990).

제5장 계산기계 시대의 알고리즘 지능

1 Ludwig Wittgenstein, *Philosophical Investigations* (posthumous 1953), trans.
   G.E.M. Anscombe, 3rd ed. (Englewood Cliffs, N.J. : Prentice Hall, 1958) §§
   185, 193, 194, 199 ; 74, 77–81.

2 Laura Snyder, *The Philosophical Breakfast Club : Four Remarkable Friends
   Who Transformed Science and Changed the World* (New York : Broadway
   Books, 2011), 191–94.

3   Charles Babbage, *The Ninth Bridgewater Treatise : A Fragment* (London : John Murray, 1837), 93−99.

4   비트겐슈타인이 튜링 기계를 비판하기 위해서 계산기계를 예로 사용한 것에 대해서는 다음을 참조하라. Stuart Shanker, *Wittgenstein's Remarks on the Foundations of AI* (London : Routledge, 1998), 1−33.

5   Francis Galton, "Composite Portraits," *Nature* 18 (1878) : 97−100 ; Carlo Ginzburg, "Family Resemblances and Family Trees : Two Cognitive Metaphors," *Critical Inquiry* 30 (2004) : 537−56.

6   Ludwig Wittgenstein, *Bemerkungen über die Grundlagen der Mathematik,* ed. G.E.M. Anscombe, Rush Rhees, and G. H. von Wright (Berlin : Suhrkamp Verlag, 2015), IV.20, 234 ; 강조는 원문.

7   René Descartes, *Discours de la méthode pour bien conduire sa raison et chercher la vérité dans les sciences* (1637) in *Œuvres de Descartes,* ed. Charles Adam and Paul Tannery (Paris : J. Vrin, 1964), 6:18.

8   Blaise Pascal, "Lettre dédicatoire à Monsieur le Chancelier Séguier sur le sujet de la machine nouvellement inventée par le Sieur B.P. pour faire toutes sortes d'opérations d'arithmétique par un mouvement réglé sans plume ni jetons," in Blaise Pascal, *Œuvres complètes,* ed. Louis Lafuma (Paris : Éditions du Seuil, 1963), 187−91. 그러한 기계를 제작하고 판매하는 일의 어려움에 대한 오랜 역사에 대해서는 다음을 참조하라. Matthew L. Jones, *Reckoning with Matter : Calculating Machines, Innovation, and Thinking about Thinking from Pascal to Babbage* (Chicago : University of Chicago Press, 2016).

9   John Napier, *Mirifici logarithmorum canonis descriptio* (Edinburgh : A. Hart, 1614) ; Julian Havil, *John Napier : Life, Logarithms, and Legacy* (Princeton : Princeton University Press, 2014), 65−135 ; Herschel E. Filipowski, *A Table of Anti-Logarithms,* 2nd ed. (London : George Bell, 1851), i− ix ; Charles Naux, *Histoire des logarithmes de Neper [sic] à Euler* (Paris : Blanchard, 1966).

10   마스컬린의 "규칙" 또는 계산 알고리즘을 사용하는 컴퓨터를 예로 들면, 항목당 최대 12개의 표 참조가 있었을 수 있다. Mary Croarken, "Human Computers in Eighteenth- and Nineteenth-Century Britain," in *The Oxford Handbook of the History of Mathematics,* eds. Eleanor Robson and Jacqueline Stedall (Oxford : Oxford University Press), 378.

11 Maurice d'Ocagne, *Le Calcul simplifié par les procédés mécaniques et graphiques,* 2nd ed. (Paris : Gauthier-Villars, 1905), 7–23.

12 Nicolas Bion, *Traité de la construction et des principaux usages des instruments de mathématique,* 4th ed. (Paris : Chez C. A. Jombret, 1752).

13 D'Ocagne, *Le Calcul simplifié,* 44–53 ; Martin Campbell-Kelly, "Large-Scale Data Processing in the Prudential, 1850–1930," *Accounting, Business, and Financial History* 2 (1992) : 117–40. 1821–1865년에 아리스모미터는 오직 500대가 판매되었지만, 1910년에는 전 세계적으로 약 1만8,000대가 사용되었다. Delphine Gardey, *Écrire, calculer, classer : Comment une revolution de papier a transformés les sociétés contemporaines (1800–1840)* (Paris : Éditions la découverte, 2008), 206–12.

14 Louis Couffignal, *Les Machines à calculer* (Paris : Gauthier-Villars, 1933), 2.

15 Croarken, "Human Computers," 386–87. 1928년 12월 10일, 해군 본부는 새로운 버로스 덧셈기계(Class 111700) 구매와 홀러리스 기계 임대를 승인했다. Secretary of the Admiralty to Superintendent of the Nautical Almanac, 1928년 12월 10일, RGO 16/Box 17, Manuscript Room, Cambridge University Library.

16 Superintendent of the Nautical Almanac to the Secretary of the Navy, 1930년 10월 28일, RGO 16/Box 17, Manuscript Room, Cambridge University Library.

17 Secretary of the Admiralty to the Superintendent of the Nautical Almanac, 1933년 11월 23일. 1931년 4월 해군 본부의 비서에게 보낸 편지에서 감독관은 여성들이 상위직 조수로 고용될 수 있다고 보았지만, 감독관과 부감독관의 자리는 "특히 이제 계산의 대부분이 기계적 수단으로 수행되고 있다는 점을 감안할 때 남성에게만 할당되어야 한다"고 권고했다. RGO 16/Box 17, Manuscript Room, Cambridge University Library.

18 Superintendent of the Nautical Almanac to the Secretary of the Admiralty, 1928년 5월 4일, RGO 16/Box 17, Manuscript Room, Cambridge University Library.

19 Couffignal, *Les Machines,* 7.

20 Superintendent of Nautical Almanac (Philip H. Cowell) to Secretary of the Admiralty, 1929년 8월 17일, RGO 16/Box 17, Manuscript Room, Cambridge University Library. 해군 본부가 1933년에 설정한 급여표에 따르면, 남성과 여성이 하위직 조수로 고용될 때의 초봉은 연간 80파운드였으나, 남성의 최

대 급여는 250파운드였고, 여성의 최대 급여는 180파운드였다. Committee on Nautical Almanac Office Report, 1933년 8월 26일, RGO 16/Box 17, Manuscript Room, Cambridge University Library.

21 Superintendent of the Nautical Almanac (L. Comrie) to the Secretary of the Admiralty, 1937년 2월 9일, RGO 16/Box 17, Manuscript Room, Cambridge University Library.

22 Couffignal, *Les Machines*, 41, 78.

23 콤리의 과학적 경력에 대해서는 다음을 참조하라. Harrie Stewart Wilson Massey, "Leslie John Comrie (1893–1950)," *Obituary Notices of the Fellows of the Royal Society* 8 (1952) : 97–105. 콤리는 자신의 개혁에 대해 해군 본부와 반복적으로 충돌한 후 1936년 해군을 사임했고, 후에 과학 계산의 광범위한 기계화에 대한 조언을 제공하는 매우 성공적인 과학 계산 서비스(Scientific Computing Service) 회사를 설립했다.

24 Superintendent of the Nautical Almanac (L. Comrie) to the Secretary of the Admiralty, 1931년 10월 14일, 1933년 1월 25일, 1933년 9월 30일, RGO 16/Box 17, Manuscript Room, Cambridge University Library.

25 Georges Bolle, "Note sur l'utilisation rationelle des machines à statistique," *Revue générale des chemins de fer* 48 (1929) : 175, 176, 179, 190.

26 다음에서 인용. Coffignal, *Les Machines*, 79.

27 매튜 존스가 지적한 바와 같이, 18세기에 라 메트리와 같은 유물론적 철학자들이 생각하는 물질에 매혹되었음에도 불구하고 계산기는 자동인형과 달리 기계 지능에 대한 미래상을 거의 불러일으키지 못했다. Jones, *Reckoning with Matter*, 215–18 ; Lorraine Daston, "Enlightenment Calculations," *Critical Inquiry* 21 (1994) : 193.

28 다음은 이 현상에 대한 간략한 소개를 제공한다. Edward Wheeler Scripture, "Arithmetical Prodigies," *American Journal of Psychology* 4 (1891) : 1–59.

29 D'Ocagne, *Le Calcul simplifié*, 5.

30 Couffignal, *Les Machines*, 21.

31 Alfred Binet, *Psychologie des grands calculateurs et joueurs d'échecs* (Paris : Librairie Hachette, 1894), 91–109. 비네가 연구한 두 명의 계산 천재, 자크 이나우디와 페리클레스 디아만디는 모두 가스통 다르부(Gaston Darboux), 앙리 푸앵카레(Henri Poincaré), 프랑수아-펠릭스 티세랑(François-Félix Tisserand)

을 포함한 과학 아카데미 위원회의 조사 대상이었다. 이 위원회는 비네의 스승인 살페트리에르 병원의 장-마르탱 샤르코(Jean-Martin Charcot)의 도움을 요청했으며, 샤르코는 다시 비네를 추천했다.

32 Wesley Wood house to the Lords Commissioners of the Admiralty, 1837년 4월 10일, RGO 16/Box 1, Manuscript Room, Cambridge University Library.

33 P. H. Cowell to L. Comrie, 1930년 9월 13일, RGO 16/Box 1, Manuscript Room, Cambridge University Library.

34 Bolle, "Note sur l'utilisation rationelle," 178.

35 J.-M. Lahy and S. Korngold, "Séléction des operatrices de machines comptables," *Année psychologique* 32 (1931) : 136−37.

36 Francis Baily, "On Mr. Babbage's New Machine for Calculating and Printing Mathematical and Astronomical Tables," *Astronomische Nachrichten* 46 (1823) : cols. 409−22 ; reprinted in Charles Babbage, *The Works of Charles Babbage,* ed. Martin Campbell-Kelly (London : Pickering & Chatto, 1989), 2:45.

37 Couffignal, *Les Machines,* 21.

38 20세기 초반의 주의력에 관한 심리학적 연구 동향에 대해서는 다음을 참조하라. Hans Henning, *Die Aufmerksamkeit* (Berlin : Urban & Schwarzenberg, 1925), 특히 190−201.

39 Théodule Ribot, *Psychologie de l'attention* (Paris : Félix Alcan, 1889), 62, 95, 105.

40 Alfred Binet and Victor Henri, *La Fatigue intellectuelle* (Paris : Schleicher Frères, 1898), 26−27.

41 John Perham Hylan, "The Fluctuation of Attention," *Psychological Review* 2 (1898) : 77.

42 Louis, *Les Machines,* 67, 72.

43 이러한 점들은 다음에서 훌륭하게 다루어진다. Jones, *Reckoning with Matter.* 특히, 배비지의 기계의 궁극적인 구현에 대해서는 208−209쪽을 참조하라.

44 Michael Lindgren, *Glory and Failure : The Difference Engines of Johann Müller, Charles Babbage, and Georg and Edvard Scheutz* (Cambridge, Mass. : MIT Press, 1990).

45 D'Ocagne, *Le Calcul simplifié,* 88.

46 David Alan Grier, *When Computers Were Human* (Princeton : Princeton University Press, 2006) ; Christine von Oertzen, "Machineries of Data Power :

Manual versus Mechanical Census Compilation in Nineteenth-Century Europe," *Osiris* 32 (2017) : 129-50.

47 Dava Sobel, *The Glass Archive : How the Ladies of the Harvard Observatory Took the Measure of the Stars* (New York : Viking, 2016), 96-97 ; Allan Chapman, "Airy's Greenwich Staff," *Antiquarian Astronomer* 6 (2012) : 16.

48 Charles Babbage, *On the Economy of Machinery and Manufactures* (1832), 4th ed. (London : Charles Knight, 1835), 201.

49 Paul Erikson, Judy L. Klein, Lorraine Daston, Rebecca Lemov, Thomas Sturm, and Michael D. Gordin, *How Reason Almost Lost Its Mind : The Strange Career of Cold War Rationality* (Chicago : University of Chicago Press, 2013), 77-79.

50 [Gaspard Riche de Prony], *Note sur la publication, proposé par le gouvernement anglais des grandes Tables logarithmiques et trigonométriques de M. de Prony* (Paris : Firmin-Didot, n.d.), 8 ; Edward Sang, "Remarks on the Great Logarithmic and Trigonometrical Tables computed in the Bureau du Cadastre under the direction of M. Prony," *Proceedings of the Royal Society of Edinburgh* (1874년 12월 21일), 10-11.

51 Jones, *Reckoning with Matter,* 244-45 ; Couffignal, *Les Machines,* 47.

52 라이프니츠, 스탠호프, 콩디야크 등의 시각에 대해서는 다음을 참조하라. Jones, *Reckoning with Matter,* 4-5, 197-99, 215-25 ; Daston, "Enlightenment Calculations," 190-93.

53 다음은 이 이야기를 이와 같은 방식으로 전한다. Martin Davis, *The Universal Computer : The Road from Leibniz to Turing* (New York : W.W. Norton, 2000). (좀더 일화적인 방식으로는) 다음도 참조하라. David Berlinski, *The Advent of the Algorithm : The 300-Year Journey from an Idea to the Computer* (New York : Harcourt, 2000). 힐베르트의 결정 문제와 이를 해결하려는 튜링, 알론조 처치(Alonzo Church), 스티븐 클레이니(Stephen Kleene)의 시도는 수리논리학과 알고리즘, 궁극적으로 컴퓨터를 연결하는 데에 중요한 역할을 했다. 다음을 참조하라. David Hilbert and Wilhelm Ackermann, *Grundzüge der theoretischen Logik* (Berlin : Springer, 1928), 77, and the papers reprinted in Martin Davis, ed., *The Undecidable : Basic Papers on Undecidable Propositions, Unsolvable Problems, and Computable Functions* (Hewlett, N.Y. : Raven Press, 1965).

54 Allen Newell and Herbert A. Simon, "The Logic Theory Machine : A Complex Information Processing System," *IRE Transactions on Information Theory* 1 (1956) : 61.

55 Herbert A. Simon, *Models of My Life* (New York : Basic Books, 1991), 207.

56 Herbert A. Simon, Patrick W. Langley, and Gary L. Bradshaw, "Scientific Discovery as Problem Solving," *Synthèse* 47 (1981) : 2, 4. 논리 이론과 베이컨 프로그램 모두에서의 휴리스틱의 사용은 논리적 증명이나 과학적 발견보다 더 경제적인 수단으로 동일한 목표를 달성하기 위한 사이먼의 능숙한 휴리스틱 사용의 좋은 예이다. 이러한 제약은 컴퓨터의 속도와 메모리에서 큰 발전이 있었음에도 불구하고 여전히 컴퓨터 알고리즘의 형성에 영향을 미친다. Matthew L. Jones, "Querying the Archive : Data Mining from Apriori to Page Rank," in *Science in the Archives : Pasts, Presents, Futures,* ed. Lorraine Daston (Chicago : University of Chicago Press, 2017), 311-28.

57 이러한 컴퓨터 서브루틴은 1980년대 인지 과학에서 발전한 마음의 시뮬레이션 모델에 분명한 흔적을 남겼다. 여기에서 그것은 "대규모 문제를 해결하기 위해서 프로그래머가 종종 사용하는 분할 정복 알고리즘에 적합한 프로그램 모듈로 알려졌다. 그러나 컴퓨터에게는 서브루틴이 고립되어 있는지 아닌지의 여부가 중요하지 않다." Gerd Gigerenzer and Daniel Goldstein, "Mind as Computer : The Social Origin of a Metaphor," in *Adaptive Thinking : Rationality in the Real World,* ed. Gerd Gigerenzer (Oxford : Oxford University Press, 2000), 41.

58 Chris Anderson, "The End of Theory : The Data Deluge Makes the Scientific Method Obsolete," *Wired Magazine* (23 June 2008), available at archive.wired.com/science/discoveries/magazine/16-07/pb_theory, 2021년 8월 2일 접속.

59 "Root Cause : Failure to use metric units in the coding of a ground software file, 'Small Forces,' used in trajectory models." 다음을 참조하라. NASA, *Mars Climate Orbiter Mishap Investigation Board Phase 1 Report* (1999년 11월 10일), 7, available at llis.nasa.gov/llis_lib/pdf/1009464main1_0641-mr.pdf, 2021년 8월 2일 접속.

제6장 규칙과 규정

1 Lorraine Daston and Michael Stolleis, "Nature, Law, and Natural Law in

Early Modern Europe," in *Natural Laws and Laws of Nature in Early Modern Europe,* ed. Lorraine Daston and Michael Stolleis (Farnham, Surrey : Ashgate, 2008), 1–12.

2 이미 기원후 1세기 로마법에서 법률가들은 "법(lex)"과 "규칙(regula)"을 효과적으로 구분했다. 규칙은 고대의 법적 결정을 일반적인 교훈이나 속담의 형태로 수집했으며, 그중 약 200개가 "다양한 고대법의 규칙들"이라는 제목으로 유스티니아누스의 『학설휘찬』에 추가되었다. Heinz Ohme, *Kanon ekklesiastikos : Die Bedeutung des altkirchlichen Kanonbegriffs* (Berlin : Walter de Gruyter, 1998), 51–55. 5세기부터 regulae라는 단어는 로마법에서 교회와 관련된 특별 규칙을 지칭하게 되었다(예컨대, 기독교 성직자는 맹세하는 것을 거부할 수 있다). Ohme, *Kanon ekklesiastikos,* 1–3, 46–49.

3 Colin McEvedy, *The Penguin Atlas of Modern History (to 1815)* (Harmondsworth : Penguin, 1986), 39.

4 Jean-Jacques Rousseau, *Reveries of the Solitary Walker* (comp. 1776–78, publ. 1782), trans. Peter France (London : Penguin, 1979), 38–39.

5 이 현상에 대한 훌륭한 개요로 다음을 참조하라. Giorgio Riello and Ulinka Rublack, eds., *The Right to Dress : Sumptuary Laws in Global Perspective, c. 1200–1800* (Cambridge : Cambridge University Press, 2019). 다음도 참조하라. Daniel Roche, *The Culture of Clothing : Dress and Fashion in the Ancien Regime* (1989), trans. Jean Birrell (Cambridge : Cambridge University Press, 1994) ; Alan Hunt, *Governance of the Consuming Passions : A History of Sumptuary Law* (London : Macmillan, 1996).

6 Catherine Kovesi Killerby, *Sumptuary Law in Italy 1200–1500* (Oxford : Clarendon Press, 2002), 112.

7 다음에서 인용. Frances Elizabeth Baldwin, "Sumptuary Legislation and Personal Regulation," *Johns Hopkins University Studies in Historical and Political Science* 44 (1926) : 52.

8 Herzog von Sachsen-Gotha-Altenburg, Ernst I., *Fürstliche Sächsische Landes-Ordnung* (Gotha, Germany : Christoph Reyher, 1695), 541, 547.

9 Matthäus Schwarz and Veit Konrad Schwarz, *The First Book of Fashion : The Book of Clothes of Matthäus Schwarz and Veit Konrad Schwarz of Augsburg,* ed. Ulinka Rublack, Maria Hayward, and Jenny Tiramani (New York : Bloomsbury

Academic, 2010).

10 Ulinka Rublack and Giorgio Riello, "Introduction," in *Right to Dress,* ed. Riello and Rublack, 5.

11 "Ordonnance contre le luxe" (1294), in P. Jacob [Paul Lacroix], *Recueil curieux de pièces originales rares ou inédites en prose et en vers sur le costume et les revolutions de la mode en France* (Paris : Administration de Librairie, 1852), 3–5.

12 "Ordonnance" (c. 1450), in Jacob [Lacroix], *Recueil curieux,* 12.

13 Catherine Kovesi Killerby, "Practical Problems in the Enforcement of Italian Sumptuary Law, 1200–1500," in *Crime, Society, and the Law in Renaissance Italy,* ed. Trevor Dean and K.J.P. Lowe (Cambridge : Cambridge University Press, 1994), 112.

14 Maria Giuseppina Muzzarelli, "Sumptuary Laws in Italy : Financial Resources and Instrument of Rule," in *Right to Dress,* ed. Riello and Rublack, 167–85.

15 Liselotte Constanze Eisenbart, *Kleiderordnungen der deutschen Städte zwischen 1350 und 1700* (Berlin and Göttingen : Musterschmidt Verlag, 1962), 62.

16 Baldwin, "Sumptuary Legislation," 28–29.

17 Killerby, *Sumptuary Law in Italy,* 73.

18 Jacob [Lacroix], *Recueil curieux,* 40.

19 Ulinka Rublack, "The Right to Dress : Sartorial Politics in Germany, c. 1300–1750," in *Right to Dress,* ed. Riello and Rublack, 56.

20 Killerby, "Practical Problems," 105.

21 *Fürstliche Sächsische Landes-Ordnung,* 542–43.

22 "Déclaration du Roi, portant réglement pour les ouvrages et vaisselles d'or, vermeil doré et d'argent, 16 December 1689," reprinted in Jacques Peuchet, *Collection des lois, ordonnances et réglements de police, depuis le 13ᵉ siècle jusqu'à l'année 1818,* Second Series : *Police moderne de 1667–1789* (1667–1695) (Paris : Chez Lottin de Saint-Germain, 1818), 1:491–99. 이 주제에 대해서는 루이 14세가 발행한 이전 법률을 참조하라. Jacob [Lacroix], *Recueil curieux,* 1:88.

23 H. Duplès-Argier, "Ordonnance somptuaire inédite de Philippe le Hardi," *Bibliothèque de l'École des chartes,* 3rd Series, no. 5 (1854) : 178.

24 "Ordinance of 1294" in Jacob [Lacroix], *Recueil curieux,* 3–4.

25 "Edict of 1661" in Jacob [Lacroix], *Recueil curieux,* 117-18.

26 Eisenbart, *Kleiderordnungen der deutschen Städte,* 69.

27 Killerby, *Sumptuary Law in Italy,* 38-39 ; Sara-Grace Heller, "Limiting Yardage and Changes of Clothes : Sumptuary Legislation in Thirteenth-Century France, Languedoc, and Italy," in *Medieval Fabrications : Dress, Textiles, Clothwork, and Other Cultural Imaginings,* ed. E. Jane Burns (New York : Palgrave-Macmillan, 2004), 127 ; Veronika Bauer, *Kleiderordnungen in Bayern vom 14. bis zum 19. Jahrhundert, Miscellanea Bavarica Monacensia,* Heft 62 (Munich : R. Wölfle, 1975), 39-78.

28 이에 대한 사례로 다음을 참조하라. Valerie Cumming, C. Willet Cunnington, and Phillis Cunnington, *The Dictionary of Fashion History* (New York : Berg, 2010).

29 Killerby, *Sumptuary Law in Italy,* 112.

30 "Edict of 17 October 1550" in Jacob [Lacroix], *Recueil curieux,* 27.

31 Killerby, "Practical Problems," 106-11. 1330년까지 피렌체는 사람을 멈춰서 수색할 수 있는 권한을 가진 특별한 우피찰리 델레 돈네(Ufficiali delle Donne) 를 만들었다. Rublack and Riello, "Introduction," 17.

32 Killerby, *Sumptuary Law in Italy,* 147-49.

33 Rublack, "Right to Dress," 64-70 ; Killerby, *Sumptuary Law in Italy,* 120-23.

34 *Fürstliche Sächsische Landes-Ordnung,* 563.

35 Luca Molà and Giorgio Riello, "Against the Law : Sumptuary Prosecutions in Sixteenth- and Seventeenth-Century Padova," in *Right to Dress,* eds. Riello and Rublack, 221. 프랑스는 특별한 경우에 왕실 가족에게까지 규제를 확대하기 도 했는데, 금과 은 장식물을 의복에 사용하는 것을 금지한 1644년의 칙령이 그 예이다. "Edict of 1644" in Jacob [Lacroix], *Recueil curieux,* 94.

36 "Edict of 1661" in Jacob [Lacroix], *Recueil curieux,* 105. 이와 같은 경향은 이 탈리아 도시에서도 일찍이 등장했다. Killerby, *Sumptuary Law in Italy,* 37.

37 Eisenbart, *Kleiderordnungen der deutschen Städte,* 32.

38 Killerby, *Sumptuary Law in Italy,* 115.

39 "Edict of 1661" in Jacob [Lacroix], *Recueil curieux,* 17-18.

40 Molà and Riello, "Against the Law," 217 ; *Fürstliche Sächsische Landes-Ordnung,* 555.

41 Muzzarelli, "Sumptuary Laws in Italy," 170.

42 *Fürstliche Sächsische Landes-Ordnung,* 563-64.

43 이에 대한 사례로 다음을 참조하라. Adam Clulow, "'Splendour and Magnifi-cence': Diplomacy and Sumptuary Codes in Early Modern Batavia," in *Right to Dress,* ed. Riello and Rublack, 299-24.

44 Rublack and Riello, "Introduction," 2.

45 "Sudan Moves to Dissolve Ex Ruling Party, Repeals Public Order Law," *New York Times,* 2019년 11월 28일 ; "Le voile de la discorde," *Le Monde des réligions,* no. 99, 2019년 12월 31일.

46 D. J. [Chevalier de Jaucourt], "Règle, Règlement," in *Encyclopédie, ou Dictionnaire raisonné des sciences,* ed. Jean d'Alembert and Denis Diderot (Neufchastel : Chez Samuel Faulche, 1765), 14:20.

47 "Ordonnance de Police, qui enjoint à tous aubergistes, hôteliers, loueurs de carosses et de chevaux, et autres particuliers, de conformer aux ordonnances et réglements de police concernant la conduite des chevaux et mulets," 1732년 6월 22일, reprinted in Peuchet, *Collection des lois,* Second Series : 6:60-62.

48 "Ordonnance de Police, concernant le nettoiement des rues de Paris," 1750년 11월 28일, reprinted in Peuchet, *Collection des lois,* Second Series : 6:48-51.

49 "Ordonnance de Police, portant defenses de jouer dans les rues ou places publiques, au bâtonnet et aux quills, ni même d'élever des cerfs-volants et autres jeux," 1754년 9월 3일, reprinted in Peuchet, *Collection des lois,* Second Series : 6:192-93.

50 "Édit dur Roi, portant création d'un lieutenant de police en ville, prévôte et vicomte de Paris," 1667년 3월, reprinted in Peuchet, *Collection des lois,* Second Series : 1:119-26.

51 규정을 분야별(경제, 행정, 이념, 형사)로 구분한 것에 대해서는 다음을 참조하라. Jean-Claude Hervé, "L'Ordre à Paris au XVIIIe siècle : les enseignements du 'Recueil de règlements de police' du commissaire Dupré," *Revue d'histoire moderne et contemporaine* 34 (1985) : 204. 규정 중 9.9퍼센트만이 보안을 위협하는 범죄와 관련이 있으며, 경제 및 행정 질서 유지를 위한 규정은 거의 75퍼센트에 달한다.

52 Heinrich Sander's 1777 impressions of Paris, 다음에서 인용, Wolfgang Griep,

"Die reinliche Stadt : Über fremden und eigenen Schmutz," in *Rom-Paris-London : Erfahrung und Selbsterfahrung deutscher Schriftsteller und Künstler in den fremden Metropolen,* ed. Conrad Wiedemann (Stuttgart : J. B. Metzlersche Verlagsbuchhandung, 1988), 136.

53 Louis-Sébastien Mercier, *Tableau de Paris* (1782 ; repr. Geneva : Slatkine, 1979), 1:118.

54 Louis-Sébastien Mercier, *L'An 2440 : Rêve s'il en fut jamais* (London : n.p., 1771), 24. 이 책을 영어로 번역한 W. 후퍼(W. Hooper)는 이 구절에 다음과 같은 주석을 추가했다. "이 방법[우측통행]은 제국 도시인 빈에서 오랫동안 사용되어왔다고 한다." 이는 이 규칙이 당시 런던에서도 새로운 것으로 여겨졌음을 시사한다. Louis-Sébastien Mercier, *Memoirs of the Year Two Thousand Five Hundred,* trans. W. Hooper (London : G. Robinson, 1772), 1:27n.

55 디드로는 『백과전서』의 편집자였으며, "경찰(Police)" 항목은 "A."라고 서명되어 있다. 이는 파리 그랑 샤틀레의 경찰 치안 사무소의 고문이었던 앙투안-가스파르 부셰 다르지(Antoine-Gaspard Boucher d'Argis)의 암호이지만, 글의 일부는 루이 15세에게 보낸 기요트의 미출간 원고에서 그대로 가져온 것이다. "POLICE, s.f. (Gouvern.)," in *Encyclopédie, ou Dictionnaire,* ed. d'Alembert and Diderot, 12:904-12, 특히 911. 일반적으로 기요트는 『백과전서』에 랑글레 뒤 프레스누아(Lenglet Du Fresnoy)와 협력하여 "군사적 교량(Pont militaire)" 항목에 관한 글 한 편만 작성한 듯하다. 디드로는 기요트의 이웃이었으므로, 원고에 접근할 수 있었을 것이다.

56 François Guillote, *Mémoire sur la réformation de la police de France. Soumis au Roi en 1749,* ed. Jean Seznec (Paris : Hermann, 1974), 35.

57 Michel Foucault, *Surveiller et punir : Naissance de la prison* (Paris : Éditions Gallimard, 1975), 250-51.

58 이에 대한 사례로 다음의 묘사를 참조하라. Mercier, *Tableau de Paris,* 1:117-21.

59 파리의 첫 번째 인도는 퐁-뇌프(1607년)에 있었고, 최초의 도로 인도는 1781년 오데옹 거리에 건설되었다. Bernard Landau, "La fabrication des rues de Paris au XIXe siècle : Un territoire d'innovation technique et politique," *Les Annales de la recherche urbaine* 57-58 (1992) : 25.

60 Daniel Vaillancourt, *Les Urbanités parisiennes au XVIIe siècle* (Quebec : Les Presses de l'Université Laval, 2009), 238-39 ; Bernard Landau, "La fabrication des

rues de Paris," 25. 프랑스 전역에 인도가 설치된 것은 1845년 법령 이후였다.

61 Leon Bernard, "Technological Innovation in Seventeenth-Century Paris," in *The Pre-Industrial Cities and Technology Reader*, ed. Colin Chant (London : Routledge, 1999), 157-62 ; Bernard Causse, *Les Fiacres de Paris au XVIIᵉ et XVIIIᵉ siècles* (Paris : Presses Universitaires de France, 1972), 38.

62 Vaillancourt, *Les Urbanités parisiennes*, 254 ; Bernard, "Technological Innovation," 157.

63 포르트 생트-앙투안에서 포르트 생-토노레까지 놓인 대로는 루이 14세에 의해서 1668-1705년에 건설되었고, 말과 마차로부터 보행자를 분리하는 나무들이 줄지어 서 있었기 때문에 18세기 파리의 주요 명소 중 하나가 되었다. 1751년 8월 28일 경찰 조례의 예시를 참조하라. Peuchet, *Collection des lois*, Second Series : 6:71-74.

64 Guillote, *Mémoire sur la réformation*, 19. 중세 런던의 대화재(1666) 이후 변모한 런던에서 볼 수 있듯이, 대형 화재는 도시를 대규모로 재건할 수 있는 거의 유일한 기회였다. Peter Elmer, "The Early Modern City," in *Pre-Industrial Cities and Technology*, ed. Chant and Goodman, 202.

65 Elmer, "Early Modern City," 198-211.

66 Peuchet, *Collection des lois*, Second Series : 1:119-26 ; Jacques Bourgeois-Gavardin, *Les Boues de Paris sous l'Ancien Régime* (Paris : EHESS, 1985), 47-51.

67 Jacques Peuchet, "Jurisprudence/ De l'exercice de la police," *Encyclopédie méthodique*, 다음에서 인용, Vincent Milliot, *Un Policier des Lumières, suivi de Mémoires de J.C.P. Lenoir* (Seyssel, France : Éditions Champ Vallon, 2011), 144.

68 이러한 규정은 경찰관 뒤프레에 의해서 1737년경부터 1765년까지 300-600쪽 분량의 62권으로 된 원고 묶음으로 수집되었으며, 일부는 프랑스 혁명 중에 분실되었으나 대부분은 여전히 프랑스 국립 도서관에 보존되어 있다. Hervé, "L'Ordre à Paris au XVIIIᵉ siècle," 185-214.

69 Peuchet, *Collection des lois*, Second Series ; Jacob [Lacroix], *Recueil curieux*.

70 Charles de Secondat de Montesquieu, *Esprit des lois* (1748 ; repr. Paris : Firmin-Didot, 1849), Book 26, ch. 24, 415.

71 리브르 투르누아(livre tournois)는 18세기 내내 그 가치가 변동했지만, 1온스의 금은 대략 90리브르에 해당했다. 2019년 금 가격 기준으로 300리브르는 약 1만2,000유로에 해당한다.

72 Peuchet, *Collection des lois,* Second Series : 4:281 ; 6:3.

73 Peuchet, *Collection des lois,* Second Series : 4:115−17 ; Catherine Denys, "La Police du nettoiement au XVIIIᵉ siècle," *Ethnologie Française* 153 (2015) : 413.

74 Peuchet, *Collection des lois,* Second Series : 4:281 ; 6:194−95.

75 Jacob [Lacroix], *Recueil curieux,* 94 ; 다음도 참조하라. Nicolas de la Mare, *Traité de la police* (Paris : Jean & Pierre Cot, 1705−1738), 1:396.

76 Ordonnance de Police, pour prevenir les incendies, 1735년 2월 10일, reprinted in Peuchet, *Collection des lois,* Second Series : 4:160−69.

77 "Déclaration du Roi, portant réglement pour les ouvrages et vaisselles d'or, vermeil doré et d'argent," 1689년 12월 16일, reprinted in Peuchet, *Collection des lois,* Second Series : 1:491−499. 이 주제에 대해서, 루이 14세가 발행한 초기 법률도 참조하라. Jacob [Lacroix], *Recueil curieux,* 1:88.

78 Arlette Farge, *Vivre dans la rue à Paris au XVIIIᵉ siècle* (1979 ; repr. Paris : Gallimard, 1992), 208.

79 Bourgeois-Gavardin, *Les Boues de Paris,* 68−71 ; Denys, "La Police," 414.

80 Elmer, "The Early Modern City," 200−207.

81 Denys, "La Police," 417.

82 다음에서 인용. Riitta Laitinen and Dag Lindstrom, "Urban Order and Street Regulation in Seventeenth-Century Sweden," in *Cultural History of Early Modern European Streets,* ed. Riitta Laitinen and Thomas V. Cohen (Leiden : Brill, 2009), 70.

83 "Arrêt du Conseil d'État du Roi, qui fait défense d'étaler des marchandises sur les trottoirs du Pont-Neuf," 1756년 4월 4일, reprinted in Peuchet, *Collection des lois,* Second Series : 6:236−40.

84 Albert O. Hirschman, *The Passions and the Interests : Political Arguments for Capitalism before Its Triumph* (Princeton : Princeton University Press, 1977).

85 Mercier, *L'An 2440,* ch. 5.

86 John Trusler, "Rules of Behaving of General Use, though Much Disregarded in this Populous City" (1786), 다음에서 인용, Catharina Löffler, *Walking in the City. Urban Experience and Literary Psychogeography in Eighteenth-Century London* (Wiesbaden : J. B. Metzler, 2017), 84 ; 다음도 참조하라. 존 게이(John Gay)의 풍자시, "Trivia : Or, The Art of Walking the Streets of London," (1716),

reprinted in *The Penguin Book of Eighteenth-Century English Verse,* ed. Dennis Davison (Harmonds worth : Penguin Books, 1973), 98–103.

87 Sabine Barles, "La Rue parisienne au XIXᵉ siècle : standardisation et contrôle?" *Romantisme* 1 (2016) : 26.

88 "Ordonnance de Police, concernant la police du rempart de la Porte Saint-Antoine à la Porte Saint-Honoré," 1751년 8월 28일, Peuchet, *Collection des lois,* Second Series : 6:71–74.

89 예컨대 다음에서는 리옹, 마르세유, 루앙, 보르도와 같은 도시에 대한 연감이 언급되어 있다. *Almanach du commerce de Paris* (Paris : Favre, An VII [1798]). 다음을 참조하라. gallica.bnf.fr/ark:/12148/bpt6k62929887/f8.item, 2021년 8월 3일 접속.

90 Bourgeois-Gavardin, *Les Boues de Paris,* 8 ; "Ordonnance de Police, concernant le nettoiement des rues," 1734년 2월 3일, Peuchet, *Collection des lois,* Second Series : 4:115–17.

91 Griep, "Die reinliche Stadt," 141–42 ; Denys, "La Police," 412. 악취에 대한 믿음에 관해서는 다음을 참조하라. Alain Corbin, *The Foul and the Fragrant. Odor and the French Social Imagination* (1982), trans. Miriam L. Cochan with Roy Porter and Christopher Prendergast (Cambridge, Mass. : Harvard University Press. 1986), 90–95.

92 "Arrêt du Conseil d'État du Roi, 21 November 1758, qui ordonne que les fonds destinés pour l'illumination et le nettoiement de la ville de Paris, seront augmenté de cinquante mille livres," reprinted in Peuchet, *Collection des lois,* Second Series : 6:349.

93 Barles, "La Rue parisienne," 27 ; Sabine Barles and André Guillerme, *La Congestion urbaine en France (1800–1970)* (Champs-sur-Marne, France : Laboratoire TMU/ARDU, 1998), 149–78.

94 Sabine Barle, "La Boue, la voiture et l'amuser public. Les transformations de la voirie parisienne fin XVIIIᵉ–fin XIXᵉ siècles," *Ethnologie française* 14 (2015) : 426.

95 Elmer, "Early Modern City," 212.

96 Elmer, "Early Modern City," 201.

97 Bernard Rouleau, *Le Tracé des rues de Paris : Formation, typologie, fonctions*

(Paris : Éditions du Centre National de la Recherche Scientifique, 1967), 88 ; Vincent Denis, "Les Parisiens, la police et les numérotages des maisons au XVIIIᵉ siècle à l'Empire," *French Historical Studies* 38 (2015) : 95.

98 Jules Verne, *Paris au XXᵉ siècle,* ed. Piero Gondolo della Riva (Paris : Hachette, 1994), 43. 이 소설의 원고는 베른 사후에 분실되었고 1980년대에 들어서야 복구되었다. 이 문헌의 굴곡진 역사에 대해서는 다음을 참조하라. Verne, *Paris au XXᵉ siècle,* 11-22.

99 Hans-Werner Eroms and Horst H. Munske, *Die Rechtscreibreform, Pro und Kontra* (Berlin : Schmidt, 1997).

100 법원은 독일 각 주(연방주)가 학교에서 가르칠 맞춤법 규칙을 규정할 권리가 있으며 이런 개혁이 부모와 학생의 헌법적 권리를 침해하지 않는다고 판결했다. Bundesverfassungsg-ericht, 1BvR 1640/97, 1998년 7월 14일, available at www.bundesverfassungsgericht.de/e/rs19980714_1bvr164097.html, 2021년 8월 21일 접속.

101 *Scotland on Sunday,* 2008년 8월 17일, 다음에서 인용, Simon Horobin, *Does Spelling Matter?* (Oxford : Oxford University Press, 2013), 11.

102 Monika Keller, *Ein Jahrhundert Reformen der französischen Orthographie. Geschichte eines Scheiterns* (Tübingen : Stauffenberg Verlag, 1991) ; Académie française, "Déclaration de l'Académie française sur la 'réforme de l'orthographie,' " 2016년 2월 11일, available at www.academie-francaise.fr/actualites/declaration-de-lacademie-francaise-sur-la-reforme-de-lorthographe, 2021년 8월 21일 접속.

103 "Le masculin de la langue n'est pas le masculin du monde sensible," *Le Monde,* 2019년 5월 31일. 논란에 대해서는 다음을 참조하라. Danièle Manesse and Gilles Siouffi, eds, *Le Féminin et le masculin dans la langue* (Paris : ESF sciences humaines, 2019). 또한 반대 의견으로는 다음을 참조하라. Maria Candea and Laélia Véron, *Le français est à nous! Petit manuel d'émancipation linguistique* (Paris : La Découverte, 2019).

104 Horobin, *Does Spelling Matter?,* 176-77, 8.

105 Laurence de Looze, "Orthography and National Identity in the Sixteenth Century," *Sixteenth-Century Journal* 43, no. 2 (2012) : 372 ; Giovanni Nencioni, "L'accademia della Crusca e la lingua italiana," *Historiographica Linguistica* 9, no. 3 (2012) : 321−33.

106 John Hart, *Orthographie, conteyning the due order and reason, howe to write or paint thimage of mannes voice, most like to the life or nature* (1569) facsimile reprint (Amsterdam : Theatrum Orbis Terrarum, 1968), sig, Aii verso.

107 Hart, *Orthographie,* 28 recto.

108 "The Compositor to the Reader," in Hart, *Orthographie,* n.p.

109 Hart, *Orthographie,* 4 recto and verso.

110 Hart, *Orthographie,* 37 recto.

111 Richard Mulcaster, *The First Part of the Elementarie, which entreateh chieflie of the writing of our English tung* (London : Thomas Vautroullier, 1582), dedicatory epistle to Robert Dudley, Earl of Leicester, n.p.

112 T. H. Howard−Hill, "Early Modern Printers and the Standardization of English Spelling," *Modern Language Review* 101 (2000) : 23.

113 "Préface du Dictionnaire de l'Académie française," 7th ed. (1878), reprinted in Bernard Quemada, ed., *Les Préfaces du Dictionnaire de l'Académie française 1694−1992* (Paris : Honoré Champion, 1997), 406−7.

114 *Vocabulario degli Accademici della Crusca* (Venice : Giovanni Alberto, 1612), online critical edition of Scuola normale superiore at vocabolario.sns.it/html/index.htm, 2020년 2월 20일 접속.

115 Louis Meigret, *Traité touchãt le commvn vsage de l'escriture françoise* (Paris : Ieanne de Marnes, 1545). 메그레 자신은 후속 작업에서 개혁된 철자를 포기했다. De Looze, "Orthography and National Identity," 378, 382.

116 Mulcaster, *First Part of the Elementarie,* 67, 71, 72, 74.

117 Mulcaster, *First Part of the Elementarie,* 158.

118 이에 대한 사례로 다음을 참조하라. "Préface du Dictionnaire de l'Académie française," 3rd ed. (1740), reprinted in Quemada, ed., *Les Préfaces,* 169.

119 "Préface du Dictionnaire de l'Académie française," 7th ed. (1878), reprinted in Quemada, ed., *Les Préfaces,* 411.

120 Mulcaster, *First Part of the Elementarie,* 74, 105, 124, 156, 158.

121 Louis de L'Esclache, *Les Véritables régles de l'orthografe francéze, ov L'Art d'aprandre an peu de tams à écrire côrectement* (Paris : L'Auteur et Lavrant Rondet, 1668).

122 "Préface du Dictionnaire de l'Académie française," 1st ed. (1694), reprinted in Quemada, ed., *Les Préfaces*, 33.

123 Wolfgang Werner Sauer and Helmut Glück, "Norms and Reforms : Fixing the Form of the Language," in *The German Language and the Real World*, ed. Patrick Stevenson (Oxford : Clarendon Press, 1995), 75.

124 Horobin, *Does Spelling Matter?*, 13.

125 Mulcaster, *First Part of the Elementarie*, 109.

126 Samuel Johnson, "Preface," *A Dictionary of the English Language* (1755), 다음에서 인용, Horobin, *Does Spelling Matter?*, 144.

127 Mulcaster, *The First Part of the Elementarie*, 164. 사례들의 "일반표"는 170-225쪽에 주어져 있으며, "alwaie" 대 "always"와 같은 몇 가지 예외를 제외하고 현대적인 철자가 적혀 있다.

128 Mulcaster, *First Part of the Elementarie*, 169.

129 Quemada, ed., *Les Préfaces*, 22.

130 Art. 24, *Statuts et règlements de l'Académie française* (1634), 다음에서 인용, Quemada, ed., *Les Préfaces*, 12.

131 Jonathan Swift, *A Proposal for Correcting, Improving and Ascertaining the English Tongue*, 2nd ed. (London : Benjamin Tooke, 1712), 31.

132 "Préface du Dictionnaire de l'Académie française," 1st ed. (1694), reprinted in Quemada, ed., *Les Préfaces*, 28.

133 Swift, *Proposal*, 19, 28.

134 "Préface du Dictionnaire de l'Académie française," 3rd ed. (1740), reprinted in Quemada, ed., *Les Préfaces*, 171.

135 "Préface du Dictionnaire de l'Académie française," 3rd ed. (1740), reprinted in Quemada, ed., *Les Préfaces*, 169.

136 Mulcaster, *First Part of the Elementarie*, 159.

137 "Préface du Dictionnaire de l'Académie française," 1st ed. (1694), reprinted in Quemada, ed., *Les Préfaces*, 28.

138 De Looze, "Orthography and National Identity," 388.

139 Mulcaster, *First Part of the Elementarie*, 254. 프랑스 한림원에 대해서는 예컨대 다음을 참조하라. www.academie-francaise.fr/pitcher-un-projet, 2020년 2월 27일 접속.

140 Noah Webster, *The American Spelling Book,* 16th ed. (Hartford : Hudson & Goodwin, n.d.), viii.

141 Horobin, *Does Spelling Matter?,* 196−98.

142 Dieter Nerius, *Deutsche Orthographie,* 4th rev. ed. (Hildesheim, Germany : Georg Olms Verlag, 2007), 302−37.

143 이 회의와 관련된 서신은 다음에 출판되어 있다. Paul Grebe, ed., *Akten zur Geschichte der deutschen Einheitsschreibung 1870−1880* (Mannheim : Bibliographisches Institut, 1963).

144 Nerius, *Deutsche Orthographie,* 344−47.

145 Sauer and Glück, "Norms and Reforms," 79−82.

146 Nerius, *Deutsche Orthographie,* 373.

147 Horobin, *Does Spelling Matter?,* 8.

148 Horobin, *Does Spelling Matter?,* 157.

149 Stanislas Dehaene, *Reading in the Brain : The New Science of How We Read* (New York : Penguin, 2010), 72−76.

150 Duden, Rechtschreibregeln, available at www.duden.de/sprachwissen/ rechtschreibregeln, 2020년 2월 27일 접속.

151 *Frankfurter Allgemeine Zeitung,* 1988년 8월 12일, 다음에서 인용, Sauer and Glück, "Norms and Reforms," 86.

152 James Maguire, *American Bee : The National Spelling Bee and the Culture of Nerds* (Emmaus, Penn. : Rodale, 2006), 65−74.

153 Hannes Rackozy, Felix Warneken, and Michael Tomasello, "Sources of Normativity : Young Children's Awareness of the Normative Structure of Games," *Developmental Psychology* 44 (2008) : 875−81.

제7장 자연법과 자연법칙

1 다음은 이 전통을 개괄한다. Denis Cosgrove, *Apollo's Eye : A Cartographic Genealogy of the Earth in the Western Imagination* (Baltimore : Johns Hopkins University Press, 2001).

2 George Stocking, *Victorian Anthropology* (New York : Free Press, 1987) ; George Boas, *Primitivism and Related Ideas in the Middle Ages* (Baltimore : Johns Hopkins University Press, 1997).

3 Sophocles, *Antigone*, in David Grene, trans., *Sophocles I : Oedipus the King, Oedipus at Colonus, and Antigone* (Chicago : University of Chicago Press, 1991), 178, ll. 456−57.

4 Aristotle, *Art of Rhetoric*, trans. John Henry Freese. Loeb Classical Library (Cambridge, Mass. : Harvard University Press, 1994), I.13, 1373b6−12, 138−39.

5 Marcus Tullius Cicero, *On the Republic*, III.22, in *On the Republic and On the Laws*, trans. Clinton W. Keyes, Loeb Classical Library (Cambridge, Mass. : Harvard University Press, 1928), 211. 고대 자연법 개념에 대한 일반적인 개요 는 다음을 참조하라. Karl−Heinz Ilting, *Naturrecht und Sittlichkeit : Begriffsge schichtliche Studien* (Stuttgart : Klett−Cotta, 1983).

6 이러한 용어들은 근대 초기까지 종종 혼용되었다. Jan Schröder, "The Concept of (Natural) Law in the Doctrine of Law and Natural Law in the Early Modern Era," in *Natural Laws and Laws of Nature in Early Modern Europe,* ed. Lorraine Daston and Michael Stolleis (Farnham : Ashgate, 2008), 59.

7 *Digest,* 1.1.1.3 (Ulpian), available at www.thelatinlibrary.com/justinian/digest1. shtml, 2020년 7월 6일 접속.

8 Peter Stein, *Roman Law in European History* (Cambridge : Cambridge University Press, 1999), 86−88.

9 Gerard Watson, "The Natural Law and the Stoics," in *Problems in Stoicism,* ed. A. A. Long (London : Athalone Press, 1971), 228−36.

10 Thomas Aquinas, *Summa theologiae,* New Advent online edition, I−II, Qu. 93, Articles 2−5, I−II, Qu. 94, Articles 4−5, I−II, Qu. 100, Article 1, available at www.newadvent.org/summa/2093.htm, 2021년 7월 12일 접속.

11 Jacques Chiffoleau, "Dire indicible : Remarques sur la catégorie du nefandum du XIIᵉ au XVᵉ siècle," *Annales ESC* 2 (1990년 4−5월) : 289−324 ; Keith Wrightson, "Infanticide in European History," *Criminal Justice History* 3 (1982) : 1−20 ; Richard van Dülmen, *Frauen vor Gericht. Kindermord in der Frühen Neuzeit* (Frankfurt am Main : Fischer Verlag, 1991), 20−26 ; Bernd− Ulrich Hergemöller, "Sodomiter : Erscheinungsformen und Kausalfaktoren des spätmittelalterlichen Kampfes gegen Homosexualität," in *Randgruppen der mittelalterlichen Gesellschaft,* ed. Bernd−Ulrich Hergemöller (Warendorf, Germany : Fahlbusch, 1990), 316−56 ; Elisabeth Pavan, "Police des mœurs,

société et politique à Venise à la fin du Moyen Age," *Revue historique* 264 (1980) : 241−88.

12 *Digest,* 1.1.4 (Ulpian), available at www.thelatinlibrary.com/justinian/digest1. shtml, 2020년 7월 6일 접속.

13 Yan Thomas, "Imago Naturae : Note sur l'instituionnalité de la nature à Rome," *Théologie et droit dans la science politique de l'état moderne* (Rome : École française de Rome, 1991), 201−27.

14 Marcus Tullius Cicero, *On the Laws,* I.xv.42, in *On the Republic and On the Laws,* 345.

15 Augustine of Hippo, *Confessions,* III.8, trans. William Watts, Loeb Classical Library (Cambridge, Mass. : Harvard University Press, 1989), 1:128−129.

16 Thomas Aquinas, *Summa theologiae,* New Advent online edition, II−II, Qu. 53, Article 2, available at www.newadvent.org/summa/3053.htm#article2, 2021 년 7월 12일 접속. *Catechism of the Catholic Church,* no. 2357, 1997년 9월 8일. 후자는 동성애 행위를 "자연법에 반하는 것으로 금지한다. 그들은 성행위를 생명의 선물에 국한한다."

17 Seneca, *Medea,* in *Tragedies,* trans. Frank Justus Miller, Loeb Classical Library (Cambridge, Mass. : Harvard University Press, 1979), 293, 305. 메데이아를 광 기로 해석하는 오랜 전통에 대해서는 다음을 참조하라. P. E. Easterling, "The Infanticide in Euripides' Medea," *Yale Classical Studies* 25 (1977) : 177.

18 George Economou, *The Goddess Nature in Medieval Literature* (Cambridge, Mass. : Harvard University Press, 1972), 104−11 ; Katharine Park, "Nature in Person," in *The Moral Authority of Nature,* ed. Lorraine Daston and Fernando Vidal (Chicago : University of Chicago Press, 2004), 50−73. 도상학 전통 에 관해서는 다음을 참조하라. Mechthild Modersohn, *Natura als Göttin im Mittelalter : Ikonographische Studien zu Darstellungen der personifizierten Natur* (Berlin : Akademie Verlag, 1997).

19 Augustine of Hippo, *Confessions,* III.8, trans. William Watts, Loeb Classical Library (Cambridge, Mass. : Harvard University Press, 1989), 1:128−29 ; Michael Stolleis, "The Legitimation of Law through God, Tradition, Will, Nature and Constitution," in *Natural Laws,* ed. Daston and Stolleis, 47.

20 노모스(nomos)와 피시스(physis)의 대립에 대한 소피스트의 모호성에 대해서

는 다음을 참조하라. E. R. Dodds, *The Greeks and the Irrational* (Berkeley : University of California Press, 1951), 183–84.

21 Joachim Kurtz, "Autopsy of a Textual Monstrosity : Dissecting the Mingli tan (*De logica*, 1631)," in *Linguistic Changes between Europe, China, and Japan*, ed. Federica Caselin (Turin : Tiellemedia, 2008), 35–58.

22 Anthony Pagden, "Dispossessing the Barbarian : The Language of Spanish Thomism and the Debate over the Property Rights of the American Indians," in *The Languages of Political Theory in Early Modern Europe*, ed. Anthony Pagden (Cambridge : Cambridge University Press, 1987), 79–98.

23 Michel de Montaigne, *The Complete Essays*, trans. M. A. Screech (London : Penguin, 1991), I. 31 : "On Cannibals," 231.

24 Pauline C. Westerman, *The Disintegration of Natural Law Theory : Aquinas to Finnis* (Leiden : Brill, 1998), 130–33.

25 Ian Hunter and David Saunders, eds., *Natural Law and Civil Sovereignty : Moral Right and State Authority in Early Modern Political Thought* (New York : Palgrave Macmillan, 2002), 2–3.

26 Hugo Grotius, *De jure belli ac pacis libri tres* (1625), trans. Francis W. Kelsey (Oxford : Clarendon Press, 1925), 2:11–13.

27 Thomas Hobbes, *Leviathan* (1651), ed. Colin B. Macpherson (London : Penguin, 1968), I.14, 189.

28 Samuel Pufendorf, *The Whole Duty of Man, According to the Law of Nature* (1673), trans. Andrew Tooke, ed. Ian Hunter and David Saunders (Indianapolis : Liberty Fund, 2003), 56.

29 Hobbes, *Leviathan*, I.14, 190 ; Christian Thomasius, Institutes of Divine Juris-prudence (1688), trans. and ed. Thomas Ahnert (Indianapolis : Liberty Fund, 2011), 180.

30 Thomasius, *Institutes of Divine Jurisprudence*, 140.

31 Grotius, *De jure belli*, 2:38.

32 René Descartes, *Principia philosophiae* (1644), II. 37–40, in *Œuvres de Descartes*, ed. Charles Adam and Paul Tannery (Paris : J. Vrin, 1964), 8:62–66.

33 René Descartes, *Regulae ad directionem ingenii* (comp. c. 1628), in *Œuvres de Descartes*, ed. Adam and Tannery, 10:403–6.

34 Friedrich Steinle, "The Amalgamation of a Concept : Laws of Nature in the New Sciences," in *Laws of Nature : Essays on the Philosophical, Scientific and Historical Dimensions,* ed. Friedel Weinert (Berlin : Walter de Gruyter, 1995), 316–68.

35 Grotius, *De jure belli,* 2:255.

36 René Descartes, *Discours de la méthode pour bien conduire sa raison et chercher la vérité dans les sciences* (1637), in *Œuvres de Descartes,* ed. Adam and Tannery, 6:65–66.

37 Robert Boyle, *A Free Inquiry into the Vulgarly Received Notion of Nature* (1686), in *The Works of the Honourable Robert Boyle,* ed. Thomas Birch (Hildesheim, Germany : Georg Olms, 1966), 5:164, 170. 보일이 느낀 양심의 가책과 보일의 라틴어 논문에 대한 라이프니츠의 반응과 관련된 16세기 배경에 대해서는 다음을 참조하라. Catherine Wilson, "De Ipsa Naturae : Leibniz on Substance, Force and Activity," *Studia Leibniziana* 19 (1987) : 148–72.

38 Lorraine Daston, *Against Nature* (Cambridge, Mass. : MIT Press, 2019), 5–21. 고대 그리스와 중세 라틴어의 자연 개념의 다양성에 대한 개괄을 위해서는 각각 다음을 참조하라. Geoffrey E. R. Lloyd, "Greek Antiquity : The Invention of Nature," and Alexander Murray, "Nature and Man in the Middle Ages," both in *The Concept of Nature,* ed. John Torrance (Oxford : Clarendon Press, 1992), 1–24, 25–62.

39 Francis Bacon, *Novum organum* (1620), Aphorisms II.2 and II.5, in *The Works of Francis Bacon,* ed. Basil Montagu (London : William Pickering, 1825–34), 9:287–88, 291–93 ; Boyle, *Free Inquiry,* 5:219.

40 Seneca, *Naturales quaestiones,* trans. Thomas H. Corcoran, Loeb Classical Library (Cambridge, Mass. : Harvard University Press, 1922), VII.25, 2:278–79 ; Daryn Lehoux, "Laws of Nature and Natural Laws," *Studies in History and Philosophy of Science* 37 (2006) : 535–37.

41 Jane E. Ruby, "The Origins of Scientific Law," *Journal of the History of Ideas* 47 (1986) : 341–59 ; Ian Maclean, "Expressing Nature's Regularities and their Determinations in the Late Renaissance," in *Natural Laws,* ed. Daston and Stolleis, 30.

42 Bacon, *Novum organum,* 472–74.

43 Gerd Grasshof, "Natural Law and Celestial Regularities from Copernicus to Kepler," in *Natural Laws,* ed. Daston and Stolleis, 143−61.

44 Catherine Wilson, "From Limits to Laws : The Construction of the Nomological Image of Nature in Early Modern Philosophy," in *Natural Laws,* ed. Daston and Stolleis, 13−28.

45 Isaac Newton, *The Mathematical Principles of Natural Philosophy* (1687), trans. Andrew Motte (London : Benjamin Motte, 1729), 19−21.

46 Steinle, "The Amalgamation of a Concept," 316−68.

47 Friedrich Steinle, "From Principles to Regularities : Tracing 'Laws of Nature' in Early Modern France and England," and Sophie Roux, "Controversies on Nature as Universal Legality (1680−1710)," both in *Natural Laws,* ed. Daston and Stolleis, 215−32, 199−214.

48 간결한 개괄은 다음을 참조하라. John Henry, "Metaphysics and the Origins of Modern Science : Descartes and the Importance of Laws of Nature," *Early Science and Medicine* 9 (2004) : 73−114.

49 Catherine Larrère, "Divine dispense," *Droits* 25 (1997) : 19−32.

50 Boyle, *Free Inquiry,* 5:252.

51 A. Rupert Hall, *Philosophers at War : The Quarrel between Newton and Leibniz* (Cambridge : Cambridge University Press, 1998).

52 정치적 맥락과 관련해서는 다음을 참조하라. Domenico Bertoloni Meli, "Caroline, Leibniz, and Clarke," *Journal of the History of Ideas* 60 (1999) : 469−86.

53 Isaac Newton, *Opticks* (1704 ; repr. New York : Dover, 1952), Query 31, 375−406, on 398−99.

54 H. G. Alexander, ed. *The Leibniz−Clarke Correspondence* (1717), (Manchester : Manchester University Press, 1956), 12, 14, 81, 35, 114.

55 Newton, *The Mathematical Principles,* 388−92.

56 Charles-Louis de Secondat, Baron de la Brède et de Montesquieu, *De l'Esprit des lois* (1748 ; Paris : Firmin-Didot, 1849), 4.

57 [Antoine Gaspard Boucher d'Argis], "Droit positif," *Encyclopédie, ou Diction-naire raisonné des arts, des sciences et des métiers,* ed. Jean d'Alembert and Denis Diderot (Paris : Briasson, David, Le Breton, and Durand, 1755), 5:134.

58 Nicolas Malebranche, *De la Recherche de la vérité* (1674−75) (Paris : Michel David, 1712), I.vii.3, 1:242.

59 Lorraine Daston and Katharine Park, *Wonders and the Order of Nature, 1150−1750* (New York : Zone Books, 1998), 334−59.

60 David Hume, "Of Miracles," *Enquiry Concerning Human Nature* (1748), ed. Eric Steinberg (Indianapolis : Hackett, 1977), 72−90.

61 Francis Bacon, *The Elements of the Common Lawes of England* (1630), in *Lord Bacon's Works,* ed. Basil Montagu (London : William Pickering, 1825−34), 13:134 ; Gottfried Wilhelm Leibniz, *Neue Methode, Jurisprudenz zu Lernen und zu Lehren* (1667), in *Frühere Schriften zum Naturrecht,* ed. Hans Zimmermann, trans. Hubertus Busche (Hamburg : Felix Meiner Verlag, 2003), 57.

62 Grotius, *De jure belli,* 2:192 ; Pufendorf, *Whole Duty of Man,* 223.

63 Boyle, *Free Inquiry,* 5:220.

64 Leibniz, *Neue Methode,* 63. 고트프리트 빌헬름 라이프니츠의 『신방법론(*Neue Methode*)』 333쪽에 실린 라이프니츠가 헤르만 콘링에게 보낸 1670년 1월 13/23일의 서신도 참조하라. 자연법과 자연법칙에 대한 라이프니츠의 사상 사이의 추가적인 유사점에 대해서는 다음을 참조하라. Klaus Luig, "Leibniz's Concept of *jus naturale* and *lex naturalis* ─ Defined with 'Geometric Certainty,' " in *Natural Laws,* ed. Daston and Stolleis, 183−98.

65 Larrère, "Divine dispense," 19−32. 예를 들면, 하느님이 이스라엘 백성에게 이집트인들의 재산을 약탈하라고 지시한 것이 도둑질이었는지의 여부에 대한 토마스 아퀴나스의 사례를 참조하라. *Summa theologicae,* New Advent online edition, I−II, Qu. 100, Art. 8, available at www.newadvent.org/summa/2100. htm#article8, 2021년 7월 12일 접속.

66 [Chevalier de Jaucourt], "Loi," *Encyclopédie,* ed. d'Alembert and Diderot, 9:643−46.

67 Lorraine Daston, "Unruly Weather : Natural Law Confronts Natural Variability," in *Natural Laws,* ed. Daston and Stolleis, 233−48.

68 Jean Domat, *Les Loix civiles dans leur ordre naturel* (1689 ; repr. Paris : Pierre Gandouin, 1723), 1:xxvi.

69 Stein, *Roman Law,* 101−12.

70 Montesquieu, *De l'Esprit des lois,* 5.

71 François Quesnay, *Le Droit naturel* (Paris : n. publ., 1765), 16−17.

72 Immanuel Kant, *Foundations of the Metaphysics of Morals* (1785), trans. Lewis White Beck (Indianapolis : Library of Liberal Arts, 1954), 39.

제8장 규칙의 변용과 파괴

1 Thomas Aquinas, *Summa theologiae,* New Advent online edition, I,−II, Qu. 100, Art. 5 https://www.newadvent.org/summa/2100.htm#article5 ; I,−II, Qu. 94, Art. 5. https://www.newadvent.org/summa/2094.htm#article5. 2021년 7월 12일 접속.

2 Samuel Pufendorf, *The Whole Duty of Man, According to the Law of Nature* (1673), trans. Andrew Tooke, ed. Ian Hunter and David Saunders (Indianapolis : Liberty Fund, 2003), 93.

3 John Locke, *Second Treatise of Government* (1690), ed. C. B. Macpherson (Indianapolis : Hackett, 1980), XIII.158, 83.

4 Plato, *Statesman — Philebus — Ion,* trans. Harold North Fowler and W.R.M. Lamb, Loeb Classical Library (Cambridge, Mass. : Harvard University Press, 1925), 294B, 135.

5 대조적인 입장에 대해서는 다음을 참조하라. Jeremy Waldron, "Thoughtfulness and the Rule of Law," *British Academy Review* 18 (2011년 여름) : 1−11 ; Frederick Schauer, *Thinking Like a Lawyer : A New Introduction to Legal Reasoning* (Cambridge, Mass. : Harvard University Press, 2009).

6 Gianna Pomata, "The Recipe and the Case : Epistemic Genres and the Dynamics of Cognitive Practices," in *Wissenschaftsgeschichte und Geschichte des Wissens im Dialog — Connecting Science and Knowledge,* ed. Kaspar von Greyerz, Silvia Flubacher, and Philipp Senn (Göttingen : Vanderhoek und Ruprecht, 2013), 131−54 ; Gianna Pomata, "The Medical Case Narrative in Pre−Modern Europe and China : Comparative History of an Epistemic Genre," in *A Historical Approach to Casuistry : Norms and Exceptions in a Comparative Perspective,* ed. Carlo Ginzburg with Lucio Biasiori (London : Bloomsbury Academic, 2019), 15−43.

7 Angela N. H. Creager, Elizabeth Lunbeck, and M. Norton Wise, eds., *Science without Laws : Model Systems, Cases, Exemplary Narratives* (Durham, N.C. :

Duke University Press, 2007).

8 Thomas Jefferson, *A Manual of Parliamentary Practice for the Use of the Senate of the United States* (Washington City : Samuel H. Smith, 1801), n.p.

9 Colin Burrow, *Imitating Authors : From Plato to Futurity* (Oxford : Oxford University Press, 2019), 71−105.

10 Étienne Bauny, *Somme des pechez qui se commettent tous les états : De leurs conditions & qualitez, & en quelles consciences ils sont mortels, ou veniels* (1630 ; repr. Lyon : Simon Regaud, 1646), 227−28.

11 Margaret Sampson, "Laxity and Liberty in Seventeenth−Century Political Thought," in *Conscience and Casuistry in Early Modern Europe,* ed. Edmund Leites (Cambridge : Cambridge University Press, 2002), 88, 99.

12 John Forrester, "If P, Then What? Thinking in Cases," *History of the Human Sciences* 9 (1996) : 1−25.

13 의학 및 법률 선집에 대해서는 다음을 참조하라. Gianna Pomata, "Observation Rising : Birth of an Epistemic Genre, ca. 1500−1650," in *Histories of Scientific Observations,* ed. Lorraine Daston and Elizabeth Lunbeck (Chicago : University of Chicago Press, 2011), 45−80 ; Gianna Pomata, "Sharing Cases : The *Observationes* in Early Modern Medicine," *Early Science and Medicine* 15 (2010) : 193−236.

14 Charlotte Furth, "Introduction : Thinking with Cases," in *Thinking with Cases : Specialist Knowledge in Chinese Cultural History,* ed. Charlotte Furth, Judith T. Zeitlin, and Pingchen Hsiung (Honolulu : University of Hawaii Press, 2007), 1−27.

15 André Jolles, *Einfache Formen : Legende, Sage, Mythe, Rätsel, Spruch, Kasus, Memorabile, Märchen, Witz* (1930), 8th ed. (Tübingen : Max Niemeyer Verlag, 2006), 179.

16 John Arthos, "Where There Are No Rules or Systems to Guide Us : Argument from Example in a Hermeneutic Rhetoric," *Quarterly Journal of Speech* 89 (2003) : 333.

17 William Perkins, *The Whole Treatise of the Cases of Conscience* (London : John Legatt, 1631), 95.

18 이 논란의 배경에 대해서는 다음을 참조하라. Olivier Jouslin, *La Campagne*

des Provinciales de Pascal. Étude d'un dialogue polémique (Clermont-Ferrand, France : Presses Universitaires, 2007).

19 결의론과 관련된 것은 편지 제5-10신이다. 책의 나머지 부분(1656년 1월부터 1627년 5월까지 소책자로 출판)은 소르본 대학교의 검열과 예수회의 공격에 맞서서 파스칼의 동료이자 얀센주의자인 앙투안 아르노의 예정설 교리를 옹호하는 내용이다.

20 Blaise Pascal, *Les Provinciales, ou Les lettres écrites par Louis de Montalte à un provincial de ses amis et aux RR. PP. Jésuites sur le sujet de la morale et de la politique de ces Pères* (1627), ed. Michel Le Guern (Paris : Gallimard, 1987), 95, 102.

21 Richard Parish, "Pascal's Lettres provinciales : From Flippancy to Fundamentals," in *The Cambridge Companion to Pascal,* ed. Nicholas Hammond (Cambridge : Cambridge University Press, 2003), 182-200. 이러한 종교 논쟁의 서간체 형식으로 된 더 넓은 맥락을 위해서는 다음을 참조하라. Jean-Paul Gay, "Lettres de controverse : religion, publication et espace publique en France au XVIIᵉ siècle," *Annales : Histoire, Sciences Sociales* 68 (2013) : 7-41.

22 결의론자들의 느슨함은 1665년과 1666년에 교황 알렉산데르 7세에 의해서, 그리고 1679년에 교황 인노켄티우스 11세에 의해서 비난을 받았다.

23 Johann P. Somerville, "The 'New Art of Lying' : Equivocation, Mental Reservation, and Casuistry," in *Conscience and Casuistry,* ed. Leites, 159-84 ; Albert R. Jonsen and Stephen Toulmin, *The Abuse of Casuistry : A History of Moral Reasoning* (Berkeley : University of California Press, 1990). 이른바 결의론이라는 용어가 유명세를 잃었지만, 가톨릭 신학에서의 "양심의 문제"가 결코 죽지 않고 살아 있으며, 특히 의료 윤리에서는 활동력이 있음을 지적해준 잔나 포마타 교수에게 감사드린다.

24 Ernst Coumet, "La théorie du hasard est-elle née par hasard?" *Annales : Économies, Sociétés, Civilisations* (1970년 5-6월) : 574-98. 파스칼이 공동 창시한 확률 이론에 그가 혐오했던 교리의 이름이 붙게 된 것은 역사의 아이러니이다.

25 H. D. Kittsteiner, "Kant and Casuistry," in *Conscience and Casuistry,* ed. Leites, 185-213.

26 Immanuel Kant, *Die Religion innerhalb der Grenzen der bloßen Vernunft* (1793),

ed. Rudolf Malter (Ditzingen, Germany : Reclam, 2017), 247.

27 Immanuel Kant, *Die Metaphysik der Sitten,* ed. Wilhelm Weisehedel (Frankfurt am Main : Suhrkamp, 1977), 562−72/A84−A98. 이 구절에 주목하게 해준 수전 니먼 교수에게 감사드린다.

28 Fatimah Hajibabaee, Soodabeh Joolaee, Mohammed al Cheraghi, Pooneh Saleri, and Patricia Rodney, "Hospital/Clinical Ethics Committees' Notion : An Overview," *Journal of Medical Ethics and History of Medicine* 19 (2016), available at www.ncbi.nlm.nih.gov/pmc/articles/PMC5432947, 2020년 12월 4일 접속.

29 Kwame Anthony Appiah, "The Ethicist," *New York Times Magazine,* 2020년 11월 3일, 2020년 10월 20일, available at www.nytimes.com/column/the-ethicist, 2020년 12월 4일 접속.

30 Perkins, *Whole Treatise,* 116.

31 Aristotle, *Nicomachean Ethics,* trans. H. Rackham, Loeb Classical Library (Cambridge, Mass. : Harvard University Press, 1934), V.10/1137a31−1138a2, 314−17 ; Christopher Horn, "Epieikeia : The Competence of the Perfectly Just Person in Aristotle," in *The Virtuous Life in Greek Ethics,* ed. Burkhard Reiss (Cambridge : Cambridge University Press, 2006), 142−66 ; Schauer, *Thinking Like a Lawyer,* 121−22.

32 Peter Stein, *Roman Law in European History* (Cambridge : Cambridge University Press, 1999), 47.

33 Mark Fortier, *The Culture of Equity in Early Modern England* (London : Routledge, 2016), 3.

34 Sarah Worthington, *Equity* (Oxford : Oxford University Press, 2003), 8−11.

35 William Perkins, *Hepieikeia, or A Treatise of Christian Equitie and Moderation* (Cambridge : John Legat, 1604), 12−13.

36 Francis Bacon, *The Elements of the Common Lawes of England* (1630), in *Lord Bacon's Works,* ed. Basil Montagu (London : William Pickering, 1825−34), 13 : 153. 형평법 법원에 대한 베이컨의 옹호에 대해서는 다음을 참조하라. Fortier, *Culture of Equity,* 74−81.

37 Jean Domat, *Les Loix civiles dans leur ordre naturel* (1689 ; repr. Paris : Pierre Gandouin, 1723), 1:5.

38 Aristotle, *Art of Rhetoric,* trans. John Henry Freese, Loeb Classical Library (Cambridge, Mass. : Harvard University Press, 1994), I.i.7/1354a, 5.

39 John Selden, *Table Talk* (1689), 다음에서 인용, Fortier, *Culture of Equity,* 1.

40 Perkins, *Hepieikeia,* 16.

41 Plato, *Statesman,* 297A, 143.

42 Perkins, *Hepieikeia,* 19−20.

43 Worthington, *Equity,* 11.

44 Fortier, *Culture of Equity,* 12−15.

45 David Hume, *An Inquiry Concerning the Principles of Morals* (1751), ed. Charles W. Hendel (Indianapolis : Library of Liberal Arts, 1979), 39.

46 Schauer, *Thinking Like a Lawyer,* 35.

47 근대 법치주의 이상의 철학적 뿌리에 대해서는 다음을 참조하라. Edin Sarcevic, *Der Rechtsstaat : Modernität und Universalitätsanspruch der klassischen Rechtsstaatstheorien* (Leipzig : Leipziger Universitätsverlag, 1996), 101− 38 ; (for the British and American traditions) John Phillip Reid, *The Rule of Law : The Jurisprudence of Liberty in the Seventeenth and Eighteenth Centuries* (DeKalb : Northern Illinois University Press, 2004).

48 Francis Bacon, "The Lord Keeper's Speech, in the Exchequer, to Sir John Denham, When He Was Called to Be One of the Barons of the Exchequer, 1617," in *Lord Bacon's Works,* ed. Basil Montagu (London : William Pickering, 1825−34), 7:267−68.

49 "Bill of Rights of 1689 : An Act Declaring the Rights and Liberties of the Subject and Settling the Succession of the Crown," The Avalon Project : Documents in Law, History and Diplomacy, Yale Law School, available at avalon.law.yale.edu/17th_century/england.asp, 2020년 12월 7일 접속.

50 Carl Schmitt, *Political Theology : Four Chapters on the Concept of Sovereignty* (1922), trans. George Schwab (Chicago : University of Chicago Press, 1985), 5−12.

51 Kenneth Pennington, *The Prince and the Law, 1200−1600 : Sovereignty and Rights in the Western Legal Tradition* (Berkeley : University of California Press, 1993), 76−118.

52 근대 초기 유럽의 절대주의와 공화주의에 대해서는 방대한 문헌이 있다.

전반적인 개요로는 다음을 참조하라. Holger Erwin, *Machtsprüche : Das herrscherliche Gestaltungsrecht "ex plenitudine potestatis" in der Frühen Neuzeit* (Cologne : Böhlau, 2009) ; Quentin Skinner, *Liberty before Liberalism* (Cambridge : Cambridge University Press, 1998).

53 Robert Filmer, *Patriarcha, or the Natural Power of Kings* (London : Richard Chiswell, 1680), 12.

54 Jean Bodin, *Les Six livres de la république* (Paris : Iacques du Puys, 1576), 16, 21.

55 Francis Bacon, "The Argument of Sir Francis Bacon, Knight, His Majesty's Solicitor-General, in the Case of the Post-Nati of Scotland," in *Lord Bacon's Works,* ed. Basil Montagu (London : William Pickering, 1825–34), 5 : 110.

56 Bodin, *Les Six livres,* 126 ; Filmer, *Patriarcha,* 94.

57 James I, *The Workes of the Most High and Mightie Prince, James,* ed. John Montagu (London : Robert Barker and John Bill, 1616), 529, 다음에서 인용, Lisa Jardine and Alan Stewart, *Hostages to Fortune : The Troubled Life of Francis Bacon* (New York : Hill and Wang, 1998), 317.

58 Mary Nyquist, *Arbitrary Rule : Slavery, Tyranny, and the Power of Life and Death* (Chicago : University of Chicago Press, 2013), 327 ; Locke, *Second Treatise,* XIV.172, 90. 59. J.G.A. Pocock, *The Machiavellian Moment : Florentine Political Thought and the Atlantic Republican Tradition,* rev. ed. (Princeton : Princeton University Press, 2003).

60 Locke, *Second Treatise,* XIV.172, 90, IV.22, 17, XVI.177–87, 92–97.

61 [Thomas Fuller], *The Sovereigns Prerogative, and the Subjects Priviledge* (London : Martha Harrison, 1657), Preface (n.p.), 109.

62 [John Maxwell], *Sacro-Sancta Regum Majestae : Or the Sacred and Royal Prerogative of Christian Kings* (London : Thomas Dring, 1680), sig. a recto.

63 Locke, *Second Treatise,* XIII.156–58, 81–83.

64 Francis Oakley, "Christian Theology and Newtonian Science : The Rise of the Concept of Laws of Nature," *Church History* 30 (1961) : 433–57 ; Steven Shapin, "Of Gods and Kings : Natural Philosophy and Politics in the Leibniz-Clarke Disputes," *Isis* 72 (1984) : 187–215.

65 Schmitt, *Political Theology,* 36–48, 인용문은 12.

66 Noel Cox, *The Royal Prerogative and Constitutional Law : A Search for the*

Quintessence of Executive Power (London : Routledge, 2021), 9–14.

67 Jeffrey Crouch, *The Presidential Pardon Power* (Lawrence : University Press of Kansas, 2009), 15–21 ; Harold J. Krent, *Presidential Powers* (New York : New York University Press, 2004), 189–214.

68 Andrew W. Neal, *Security as Politics : Beyond the State of Exception* (Edinburgh : Edinburgh University Press, 2019), 12–41 ; "Trump Pardons Two Russian Inquiry Figures and Blackwater Guards," *New York Times,* 2020년 12월 22일.

69 Carlo Ginzburg, "Preface," in *A Historical Approach to Casuistry,* ed. Ginzburg with Biasiori, xi.

참고 문헌

기록 자료

C. Pritchard to E. Mouchez, 28 March 1892. Bibliothèque de l'Observatoire de Paris, 1060-V-A-2, Boite 30, Folder Oxford (Angleterre).

Dossier Gaspard de Prony. Archives de l'Académie des sciences, Paris.

Records of the *Nautical Almanac*, Manuscript Collection. Cambridge University Library, RGO 16/Boxes 1, 17.

출판 자료

Académie francaise. *Le Dictionnaire de l'Académie française*. 2nd ed. Paris : Imprimerie royale, 1718.

_____. "Déclaration de l'Académie française sur la réforme de l'orthographie." 2016년 2월 11일. Available at www.academie-francaise.fr/actualites/declaration-de-lacademie-francaise-sur-la-reforme-de-lorthographe.

Alder, Ken. *Engineering the Revolution : Arms and Enlightenment in France, 1763–1815*. Princeton : Princeton University Press, 1997.

Alembert, Jean d', and Denis Diderot, eds. "Encyclopédie." In *Encyclopédie, ou Dictionnaire raisonné des arts, des sciences et des métiers*, 17 vols. vol. 5, 635–48. Paris : Briasson, David, Le Breton, and Durand, 1751–1765.

Alexander, Henry Gavin, ed. *The Leibniz-Clarke Correspondence* [1717]. Manchester : Manchester University Press, 1956.

Almanach du commerce de Paris. Paris : Favre, An VII [1798]. Available at gallica.

bnf.fr/ark:/12148/bpt6k62929887/f8.item.

Alsted, Johann Heinrich. *Encyclopaedia* [1630]. Edited by Wilhelm Schmidt-Biggemann, 4 vols. Stuttgart-Bad Cannstatt : Fromann-Holzboog, 1989.

Anderson, Chris. "The End of Theory : The Data Deluge Makes the Scientific Method Obsolete." *Wired Magazine* (2008년 6월 23일). Available at archive. wired.com/science/discoveries/magazine/16-07/pb_theory.

Anderson, Christy, Anne Dunlop, and Pamela Smith, eds. *The Matter of Art : Materials, Practices, Cultural Logics, c. 1250−1750.* Manchester : Manchester University Press, 2014.

[Anonymous]. *Traité de confiture, ou Le nouveau et parfait Confiturier.* Paris : Chez Thomas Guillain, 1689.

[Anonymous]. *The Forme of Cury, A Roll of Ancient English Cookery, Compiled about A.D. 1390, by the Master-Cooks of King Richard II ······By an Antiquary.* London : J. Nichols, 1780.

Antognazza, Maria Rosa. *Leibniz : An Intellectual Biography.* Cambridge : Cambridge University Press, 2009.

Appiah, Kwame Anthony. "The Ethicist." *New York Times Magazine,* 2020년 11월 3일, 2020년 10월 20일. Available at www.nytimes.com/column/the-ethicist.

Aquinas, Thomas. *Summa theologiae,* New Advent online edition, II−II, Qu. 53, Article 2, Available at www.newadvent.org/summa/3053.htm#article2.

_____. *Summa theologiae.* New Advent online edition, I−II, Qu. 93, Articles 2−5, I−II, Qu. 94, Articles 4−5, I−II, Qu. 100, Article 1, Available at www.newadvent.org/summa/2093.htm.

_____. *Summa theologiae.* New Advent online edition, I−II, Qu. 100, Article 5. Available at www.newadvent.org/summa/2100.htm#article5 ; I−II, Qu. 94, Article 5, Available at www.newadvent.org/summa/2094.htm#article5.

_____. *Summa theologicae.* New Advent online edition, I−II, Qu. 100, Article 8. Available at www.newadvent.org/summa/2100.htm#article8.

Aristophanes, *The Birds.* In *The Peace—The Birds—The Frogs,* translated by Benjamin Bickley Rogers, 130−292. Loeb Classical Library. Cambridge, Mass. : Harvard University Press, 1996. 『아리스토파네스 희극전집』, 천병희 역, 숲, 2010.

Aristotle, *Art of Rhetoric.* Translated by John Henry Freese. Loeb Classical Library. Cambridge, Mass. : Harvard University Press, 1994. 『수사학/시학』, 천병희 역, 숲, 2017.

_____. *Metaphysics.* Translated by Hugh Tredennick. Loeb Classical Library. Cambridge, Mass. : Harvard University Press, 1989. 『형이상학』, 조대호 역, 길, 2017.

_____. *Nicomachean Ethics.* Translated by Harris Rackham. Loeb Classical Library. Cambridge, Mass. : Harvard University Press, 1934. 『니코마코스 윤리학』, 천병희 역, 숲, 2013.

_____. *Posterior Analytics.* Translated by Hugh Tredennick. Loeb Classical Library. Cambridge, Mass. : Harvard University Press, 1939. 『아리스토텔레스의 분석론 후서』, 김재홍 역, 서광사, 2024.

Arthos, John. "Where There Are No Rules or Systems to Guide Us : Argument from Example in a Hermeneutic Rhetoric." *Quarterly Journal of Speech* 89 (2003) : 320–44.

Ashworth, William J. "'Labour Harder Than Thrashing' : John Flamsteed, Property, and Intellectual Labour in Early Nineteenth-Century England." In *Flamsteed's Stars,* edited by Frances Willmoth, 199–216. Rochester : Boydell Press, 1997.

Augustine of Hippo. *Confessions.* Vol. 3, Book 8. Translated by William Watts, Loeb Classical Library, 2 vols. Cambridge, Mass. : Harvard University Press, 1989. 『고백록』, 박문재 역, CH북스, 2016.

Babbage, Charles. *Table of the Logarithms of Natural Numbers, from 1 to 108,000.* Stereotyped 2nd ed. London : B. Fellowes, 1831.

_____. *On the Economy of Machinery and Manufactures.* London : Charles Knight, 1832.

_____. *On the Economy of Machinery and Manufactures* [1832]. 4th ed. London : Charles Knight, 1835.

_____. *The Ninth Bridgewater Treatise : A Fragment.* London : John Murray, 1837.

Bacher, Jutta. "Artes mechanicae." In *Erkenntnis Erfindung Konstruktion : Studien zur Bildgeschichte von Naturwissenschaften und Technik vom 16. bis zum 19. Jahrhundert,* edited by Hans Hollander, 35–50. Berlin : Gebr. Mann, 2000.

Bacon, Francis. *Novum organum* [1620]. In *The Works of Francis Bacon,* edited by Basil Montagu, 16 vols. in 17, vol. 9, 183–294. London : William Pickering, 1825–34. 『신기관』, 진석용 역, 한길사, 2016.

_____. *New Atlantis* [1627]. In *The Great Instauration and New Atlantis,* edited by J. Weinberger. Arlington Heights, Ill. : Harlan Davidson, 1989. 『새로운 아틀란 티스』, 김종갑 역, 에코리브르, 2002.

_____. *The Elements of the Common Lawes of England* [1630]. In *The Works of Francis Bacon,* edited by Basil Montagu, 17 vols., vol. 13, 131–247. London : William Pickering, 1825–34.

Baily, Francis. "On Mr. Babbage's New Machine for Calculating and Printing Mathematical and Astronomical Tables." *Astronomische Nachrichten* 46 (1823) : 347–48. Reprinted in Charles Babbage, *The Works of Charles Babbage,* edited by Martin Campbell-Kelly, 11 vols. London : Pickering & Chatto, 1989.

_____. *An Account of the Revd. John Flamsteed, the First Astronomer Royal.* London : N.p., 1835.

Balansard, Anne. *Techné dans les dialogues de Platon.* Sankt Augustin, Germany : Academia Verlag, 2001.

Baldwin, Frances Elizabeth. *Sumptuary Legislation and Personal Regulation. Johns Hopkins University Studies in Historical and Political Science* 44 (1926) : 1–282.

Balkin, Jack M. *Living Originalism.* Cambridge, Mass. : Harvard University Press, 2011.

Barker, Andrew. *Greek Musical Writings.* Vol. 2, *Harmonic and Acoustic Theory.* Cambridge : Cambridge University Press, 1989.

Barles, Sabine. "La Boue, la voiture et l'amuser public. Les transformations de la voirie parisienne fin XVIIIᵉ–fin XIXᵉ siècles." *Ethnologie française* 14 (2015) : 421–30.

_____. "La Rue parisienne au XIXᵉ siècle : standardisation et contrôle?" *Romantisme* 1 (2016) : 15–28.

Barles, Sabine, and André Guillerme. *La Congestion urbaine en France (1800–1970).* Champs-sur-Marne, France : Laboratoire TMU/ARDU, 1998.

Bauer, Veronika. *Kleiderordnungen in Bayern vom 14. bis zum 19. Jahrhundert.* In *Miscellanea Bavarica Monacensia,* no. 62, 39–78. Munich : R. Wölfle, 1975.

Bauny, Étienne. *Somme des pechez qui se commettent tous les états. De leurs conditions & qualitez, & en quelles consciences ils sont mortels, ou veniels* [1630]. Lyon : Simon Regaud, 1646.

Belenky, Ari. "Master of the Mint : How Much Money Did Isaac Newton Save Britain?" *Journal of the Royal Statistical Society : Series A* 176 (2013) : 481−98.

Berlinski, David. *The Advent of the Algorithm : The 300-Year Journey from an Idea to the Computer.* New York : Harcourt, 2000.

Bernard, Leon. "Technological Innovation in Seventeenth-Century Paris." In *The Pre-Industrial Cities and Technology Reader,* edited by Colin Chant, 157−62. London : Routledge, 1999.

Bertoloni Meli, Domenico. "Caroline, Leibniz, and Clarke." *Journal of the History of Ideas* 60 (1999) : 469−86.

Bevin, Elway. *Briefe and Short Instrvction of the Art of Mvsicke, to teach how to make Discant, of all proportions that are in vse.* London : R. Young, 1631.

Bible, Revised Standard Version, Containing the Old and New Testaments. New York : New American Library, 1962.

"Bill of Rights of 1689. An Act Declaring the Rights and Liberties of the Subject and Settling the Succession of the Crown." The Avalon Project : Documents in Law, History and Diplomacy. Yale Law School. Available at avalon.law.yale. edu/17th_century/england.asp.

Binet, Alfred. *Psychologie des grands calculateurs et joueurs d'échecs.* Paris : Librairie Hachette, 1894.

Binet, Alfred, and Victor Henri. *La Fatigue intellectuelle.* Paris : Schleicher Frères, 1898.

Bion, Nicolas. *Traité de la construction et des principaux usages des instrumens de mathématique.* 4th ed. Paris : Chez C. A. Jombret, 1752.

Boas, George. *Primitivism and Related Ideas in the Middle Ages.* Baltimore : Johns Hopkins University Press, 1997.

Bodin, Jean. *Les Six livres de la république.* Paris : Iacques du Puys, 1576. 『국가에 관한 6권의 책』, 나정원 역, 아카넷, 2012−2013.

Bolle, Georges. "Note sur l'utilisation rationelle des machines à statistique." *Revue générale des chemins de fer* 48 (1929) : 169−95.

Borges, Jorge Luis. "Pierre Menard, Author of the Quixote" [1941]. In *Collected Fictions*. Translated by Andrew Hurley, 88–95. London : Penguin, 1998. "피에르 메나르, 『돈키호테』의 저자", 『픽션들』, 송병선 역, 민음사, 2011.

Bourbaki, Nicolas. *Éléments de mathématique*. 38 vols. Paris : Hermann, 1939–75.

Bourgeois-Gavardin, Jacques. *Les Boues de Paris sous l'Ancien Régime. Thèse pour le doctorat du troisième cycle*. Paris : EHESS, 1985.

Boyle, Robert. *A Free Inquiry into the Vulgarly Received Notion of Nature* [1686]. In *The Works of the Honourable Robert Boyle* [1772], edited by Thomas Birch, 6 vols., vol. 5, 158–254. Hildesheim, Germany : Georg Olms, 1966.

Bozeman, Barry. *Bureaucracy and Red Tape*. Upper Saddle River, N.J. : Prentice Hall, 2000.

Brack-Bernsen, Lis. "Methods for Understanding and Reconstructing Babylonian Predicting Rules." In *Writings of Early Scholars in the Ancient Near East, Egypt, Rome, and Greece*, edited by Annette Imhausen and Tanja Pommerening, 285–87. Berlin and New York : De Gruyter, 2010.

Brundage, James A. *Medieval Canon Law*. London and New York : Longman, 1995.

Bruyère, Nelly. *Méthode et dialectique dans l'œuvre de La Ramée : Renaissance et Âge classique*. Paris : J. Vrin, 1984.

Bundesverfassungsgericht, 1BvR 1640/97, 1998년 7월 14일. Available at www.bundesverfassungsgericht.de/e/rs19980714_1bvr164097.html.

Burrow, Colin. *Imitating Authors : From Plato to Futurity*. Oxford : Oxford University Press, 2019.

Busa, Roberto S.J., and associates, eds. *Index Thomisticus*. Edited by Web edition by Eduardo Bernot and Enrique Marcón. Available at www.corpusthomisticum.org/it/index.age.

Busse Berger, Anna Maria. *Medieval Music and the Art of Memory*. Berkeley : University of California Press, 2005.

Campbell-Kelly, Martin. "Large-Scale Data Processing in the Prudential, 1850–1930." *Accounting, Business, and Financial History* 2 (1992) : 117–40.

Campbell-Kelly, Martin, William Aspray, Nathan Ensmenger, and Jeffrey R. Yost. *Computer : A History of the Information Machine*. 3rd ed. Boulder, Colo. :

Westview Press, 2014.

Candea, Maria, and Laélia Véron. *Le Français est à nous! Petit manuel d'émancipation linguistique.* Paris : La Découverte, 2019.

Capella, Martianus. *De nuptiis Philologiae et Mercurii.* [5th c. CE] (Turnhout, Belgium : Brepols, 2010).

Carruthers, Mary J. *The Book of Memory : A Study of Memory in Medieval Culture.* 2nd ed. Cambridge : Cambridge University Press, 2008.

Catechism of the Catholic Church. 2nd ed. Vatican : Libreria Editrice Vaticana, 1997.

Causse, Bernard. *Les Fiacres de Paris au XVIIe et XVIIIe siècles.* Paris : Presses Universitaires de France, 1972.

Chabert, Jean-Luc, ed. *A History of Algorithms : From the Pebble to the Microchip.* Berlin : Springer, 1999.

Chapman, Allan. "Airy's Greenwich Staff." *The Antiquarian Astronomer* 6 (2012) : 4–18.

Chemla, Karine. "De l'algorithme comme liste d'opérations." *Extrême-Orient, Extrême-Occident* 12 (1990) : 79–94.

_____. "Résonances entre démonstrations et procédure. Remarque sur le commentaire de Liu Hui (IIIe siècle) au Neuf Chapitres sur les Procédures Mathématiques (Ier siècle)." *Extrême-Orient, Extrême-Occident* 14 (1992) : 91–129.

_____. "Le paradigme et le général. Réflexions inspirées par les textes mathématiques de la Chine ancienne." In *Penser par cas,* edited by Jean-Claude Passeron and Jacques Revel, 75–93. Paris : Éditions de l'École des Hautes Études en Sciences Sociales, 2005.

_____. "Describing Texts for Algorithms : How They Prescribe Operations and Integrate Cases. Reflections Based on Ancient Chinese Mathematical Sources." In *Texts, Textual Acts, and the History of Science,* edited by Karine Chemla and Jacques Virbel, 317–84. Heidelberg : Springer, 2015.

Chiffoleau, Jacques. "Dire indicible : Remarques sur la catégorie du nefandum du XIIe au XVe siècle." *Annales ESC,* 45-2 (1990년 4–5월) : 289–324.

Cicero, Marcus Tullius. *On the Republic and On the Laws.* Translated by Clinton W.

Keyes, Loeb Classical Library. Cambridge, Mass. : Harvard University Press, 1928. 『국가론』, 김창성 역, 한길사, 2021, 『법률론』, 성염 역, 한길사, 2021.

Clark, James G. *The Benedictines in the Middle Ages.* Woodbridge, Suffolk : Boydell, 2011.

Cohen, I. Bernard. "Howard Aiken on the Number of Computers Needed for the Nation." *IEEE Annals of the History of Computing* 20 (1998) : 27–32.

Colbert, Jean Baptiste. *Instruction generale donnée de l'ordre exprés du roy par Monsieur Colbert······pour l'execution des reglemens generaux des manufactures & teintures registrez en presence de Sa Majesté au Parlement de Paris le treiziéme aoust 1669.* Grenoble : Chez Alexandre Giroud, 1693.

_____. *Lettres, instructions et mémoires de Colbert.* 7 vols. Paris : Imprimerie impériale, 1861–1873.

Colebrooke, Henry Thomas. "Address on Presenting the Gold Medal of the Astronomical Society to Charles Babbage." *Memoirs of the Astronomical Society* 1 (1825) : 509–12.

Collins, Harry. *Tacit and Explicit Knowledge.* Chicago : University of Chicago Press, 2010.

Condillac, Étienne Bonnot de. *La Langue des calculs.* Paris : Charles Houel, 1798.

Condorcet, M.J.A.N. *Élémens d'arithmétique et de géométrie* [1804]. Enfance 42 (1989) : 40–58.

_____. *Moyens d'apprendre à compter surement et avec facilité* [1804]. Enfance 42 (1989) : 59–60.

Corbin, Alain. *The Foul and the Fragrant : Odor and the French Social Imagination* [1982]. Translated by Miriam L. Cochan with Roy Porter and Christopher Prendergast. Cambridge, Mass. : Harvard University Press, 1986. 『악취와 향기 : 후각으로 본 근대 사회의 역사』, 주나미 역, 오롯, 2019.

Cosgrove, Denis. *Apollo's Eye : A Cartographic Genealogy of the Earth in the Western Imagination.* Baltimore : Johns Hopkins University Press, 2001.

Cotton, Charles. *The Compleate Gamester. Instructions How to Play at Billiards, Trucks, Bowls, and Chess.* London : Charles Brome, 1687.

Couffignal, Louis. *Les Machines à calculer.* Paris : Gauthier-Villars, 1933.

Coumet, Ernst. "La théorie du hasard est-elle née par hasard?" *Annales : Économies,*

Sociétés, Civilisations 25-3 (1970년 5-6월) : 574-98.

Cox, Noel. *The Royal Prerogative and Constitutional Law : A Search for the Quintessence of Executive Power.* London : Routledge, 2021.

Creager, Angela N. H., Elizabeth Lunbeck, and M. Norton Wise, eds. *Science without Laws : Model Systems, Cases, Exemplary Narratives.* Durham, N.C. : Duke University Press, 2007.

Croarken, Mary. *Early Scientific Computing in Britain.* Oxford : Oxford University Press, 1990.

_____. "Human Computers in Eighteenth- and Nineteenth-century Britain." In *The Oxford Handbook of the History of Mathematics,* edited by Eleanor Robson and Jacqueline Stedall, 375-403. Oxford : Oxford University Press, 2009.

Crouch, Jeffrey. *The Presidential Pardon Power.* Lawrence : University Press of Kansas, 2009.

Daston, Lorraine. "Enlightenment Calculations." *Critical Inquiry* 21 (1994) : 182-202.

_____. "Unruly Weather : Natural Law Confronts Natural Variability." In *Natural Laws and Laws of Nature in Early Modern Europe,* edited by Lorraine Daston and Michael Stolleis, 233-48. Farnham, U.K. : Ashgate, 2008.

_____. "Epistemic Images." In *Vision and Its Instruments : Art, Science, and Technology in Early Modern Europe, edited by Alina Payne,* 13-35. College Station : Pennsyl-vania State University Press, 2015.

_____. "Calculation and the Division of Labor, 1750-1950." *Bulletin of the German Historical Institute* 62 (2018) : 9-30.

_____. *Against Nature.* Cambridge, Mass. : MIT Press, 2019. 『도덕을 왜 자연에서 찾는가? : 사실과 당위에 관한 철학적 인간학』, 이지혜, 홍성욱 역, 김영사, 2022.

Daston, Lorraine, and Katharine Park. *Wonders and the Order of Nature, 1150-1750.* New York : Zone Books, 1998.

Daston, Lorraine, and Michael Stolleis. "Nature, Law, and Natural Law in Early Modern Europe." In *Natural Laws and Laws of Nature in Early Modern Europe,* edited by Lorraine Daston and Michael Stolleis, 1-12. Farnham, Surrey : Ashgate, 2008.

Davis, Martin. *The Universal Computer : The Road from Leibniz to Turing*. New York : W.W. Norton, 2000. 『오늘날 우리는 컴퓨터라 부른다 : 라이프니츠부터 튜링까지, 생각하는 기계의 씨앗을 뿌린 사람들』, 박상민 역, 인사이트, 2023.

_____, ed. *The Undecidable : Basic Papers on Undecidable Propositions, Unsolvable Problems, and Computable Functions*. Hewlett, N.Y. : Raven Press, 1965. 『수학자, 컴퓨터를 만들다 : 라이프니츠에서 튜링까지』, 박정일, 장영태 역, 지식의풍경, 2005.

Davison, Dennis, ed. *The Penguin Book of Eighteenth-Century English Verse*. Harmonds worth, U.K. : Penguin Books, 1973.

Deferrari, Roy J., and Sister Mary M. Inviolata Barry. *A Lexicon of Saint Thomas Aquinas* [1948]. Fitzwilliam, N.H. : Loreto Publications, 2004.

Dehaene, Stanislas. *Reading in the Brain : The New Science of How We Read*. New York : Penguin, 2010.

Denis, Vincent. "Les Parisiens, la police et les numérotages des maisons au XVIIIᵉ siècle à l'Empire." *French Historical Studies* 38 (2015) : 83-103.

Denys, Catherine. "La Police du nettoiement au XVIIIᵉ siècle." *Ethnologie Française* 153 (2015) : 411-20.

Descartes, René. *Regulae ad directionem ingenii* [c. 1628]. In *Œuvres de Descartes*, edited by Charles Adam and Paul Tannery, 11 vols., vol. 10, 359-472. Paris : J. Vrin, 1964. 『방법서설/정신지도규칙』, 이현복 역, 문예출판사, 2022.

_____. *Discours de la méthode pour bien conduire sa raison et chercher la vérité dans les sciences* [1637]. In *Œuvres de Descartes*, edited by Charles Adam and Paul Tannery, 11 vols., vol. 6, 1-78. Paris : J. Vrin, 1964. 『방법서설/정신지도규칙』, 이현복 역, 문예출판사, 2022.

Devries, Kelly. "Sites of Military Science and Technology." In *The Cambridge History of Early Modern Science*, edited by Katharine Park and Lorraine Daston, 306-19. Cambridge : Cambridge University Press, 2006.

Digest, 1.1.1.3 (Ulpian). Available at www.thelatinlibrary.com/justinian/digest1.shtml.

Digest, 1.1.4 (Ulpian). Available at www.thelatinlibrary.com/justinian/digest1.shtml.

Digges, Leonard. *A Boke Named Tectonion*. London : John Daye, 1556.

Dionysius of Halicarnassus. *Critical Essays, Volume I : Ancient Orators*. Translated by Stephen Usher. Loeb Classical Library 465. Cambridge, Mass. : Harvard University Press, 1974.

Dodds, Eric Robertson. *The Greeks and the Irrational.* Berkeley : University of California Press, 1951.

Domat, Jean. *Les Loix civiles dans leur ordre naturel* [1689]. 3 vols. Paris : Pierre Gandouin, 1723.

Dubourg Glatigny, Pascal, and Hélène Vérin. "La réduction en art, un phénomène culturel." In *Réduire en art : La technologie de la Renaissance aux Lumières,* edited by Pascal Dubourg Glatigny and Hélène Vérin. Paris : Éditions de la Maison des sciences de l'homme, 2008.

Duden, Rechtschreibregeln. Available at www.duden.de/sprachwissen/rechtschrei-bregeln.

Dülmen, Richard van. *Frauen vor Gericht : Kindermord in der Frühen Neuzeit.* Frankfurt am Main : Fischer Verlag, 1991.

Dürer, Albrecht. *Unterweysung der Messung, mit dem Zirckel und Richtscheyt, in Linien, Ebenen und gantzen corporen.* Nuremberg : Hieronymus Andreae, 1525.

Dunkin, Edwin. *A Far-Off Vision : A Cornishman at Greenwich Observatory,* edited by P. D. Hingley and T. C. Daniel. Cornwall, U.K. : Royal Institution of Cornwall, 1999.

Duplès-Argier, Henri. "Ordonnance somptuaire inédite de Philippe le Hardi." *Bibliothèque de l'École des chartes,* 3rd Series, no. 5 (1854) : 176–81.

Eamon, William. Science and the Secrets of Nature : Books of Secrets in Medieval and Early Modern Culture. Princeton : Princeton University Press, 1994.

_____. "Markets, Piazzas, and Villages." In *The Cambridge History of Early Modern Science,* edited by Katharine Park and Lorraine Daston, 206–23. Cambridge : Cambridge University Press, 2006.

Easterling, Patricia Elizabeth. "The Infanticide in Euripides' Medea." *Yale Classical Studies* 25 (1977) : 177–91.

Economou, George. *The Goddess Nature in Medieval Literature.* Cambridge, Mass. : Harvard University Press, 1972.

Eisenbart, Liselotte Constanze. *Kleiderordnungen der deutschen Städte zwischen 1350 und 1700.* Berlin and Göttingen : Musterschmidt Verlag, 1962.

Elmer, Peter. "The Early Modern City." In *Pre-Industrial Cities and Technology,* edited by Colin Chant and David Goodman, 198–211. London : Routledge, 1999.

Erikson, Paul, Judy L. Klein, Lorraine Daston, Rebecca Lemov, Thomas Sturm, and Michael D. Gordin. *How Reason Almost Lost Its Mind : The Strange Career of Cold War Rationality.* Chicago : University of Chicago Press, 2013.

Eroms, Hans–Werner, and Horst H. Munske. *Die Rechtschreibreform, Pro und Kontra.* Berlin : Schmidt, 1997.

Erwin, Holger. *Machtsprüche : Das herrscherliche Gestaltungsrecht "ex plenitudine potestatis" in der Frühen Neuzeit.* Cologne : Böhlau, 2009.

L'Esclache, Louis de. *Les Véritables régles de l'ortografe francéze, ov L'Art d'aprandre an peu de tams à écrire côrectement.* Paris : L'Auteur et Lavrant Rondet, 1668.

Essinger, James. *Jacquard's Web : How a Hand–Loom Led to the Birth of the Information Age.* Oxford : Oxford University Press, 2004.

Farge, Arlette. *Vivre dans la rue à Paris au XVIIIᵉ siècle* [1979]. Paris : Gallimard, 1992.

Favre, Adrien. *Les Origines du système métrique.* Paris : Presses universitaires de France, 1931.

Filipowski, Herschel E. *A Table of Anti–Logarithms.* 2nd ed. London : George Bell, 1851.

Filmer, Robert. *Patriarcha, or the Natural Power of Kings.* London : Richard Chiswell, 1680.

Flamsteed, John. *The Correspondence of John Flamsteed, the First Astronomer Royal.* Edited by Eric G. Forbes, Lesley Murdin, and Frances Willmoth, 3 vols. Bristol : Institute of Physics, 1995–2002.

Folkerts, Menso (with Paul Kunitzsch), eds. *Die älteste lateinische Schrift über das indische Rechnen nach al–Hwarizmi.* Munich : Verlag der Bayerischen Akademie der Wissenschaften, 1997.

Forrester, John. "If P, Then What? Thinking in Cases." *History of the Human Sciences* 9 (1996) : 1–25.

Fortier, Mark. *The Culture of Equity in Early Modern England.* London : Routledge, 2016.

Foucault, Michel. *Surveiller et punir : Naissance de la prison.* Paris : Éditions

Gallimard, 1975. 『감시와 처벌 : 감옥의 탄생』, 제2판, 오생근 역, 나남, 2020.

Fransen, Gérard. *Canones et Quaestiones : Évolution des doctrines et systèmes du droit canonique.* Goldbach, Germany : Keip Verlag, 2002.

Freudenthal, Hans. "What Is Algebra and What Has Been Its History?" *Archive for History of Exact Sciences* 16 (1977) : 189−200.

Friedmann, Georges. "L'Encyclopédie et le travail humain," *Annales : Economies, Sociétés, Civilisations* 8-1 (1953) : 53−61.

[Fuller, Thomas]. *The Sovereigns Prerogative, and the Subjects Priviledge.* London : Martha Harrison, 1657.

Furth, Charlotte. "Introduction : Thinking with Cases." In *Thinking with Cases : Specialist Knowledge in Chinese Cultural History,* edited by Charlotte Furth, Judith T. Zeitlin, and Pingchen Hsiung, 1−27. Honolulu : University of Hawaii Press, 2007.

Galen, Claudius. *De temperamentis libri III.* Edited by Georg Helmreich. Leipzig : B. G. Teubner, 1904.

Galton, Francis. "Composite Portraits." *Nature* 18 (1878) : 97−100.

Gardey, Delphine. *Écrire, calculer, classer : Comment une revolution de papier a transformé les sociétés contemporaines (1800−1840).* Paris : Éditions la découverte, 2008.

Gauvain, Mary. *The Social Context of Cognitive Development.* New York : Guilford Press, 2001.

Gay, Jean-Paul. "Lettres de controverse : religion, publication et espace publique en France au XVIIᵉ siècle." *Annales : Histoire, Sciences Sociales* 68-1 (2013) : 7−41.

Gigerenzer, Gerd. *How to Stay Smart in a Smart World.* London : Penguin, 2022.

Gigerenzer, Gerd, and Daniel Goldstein. "Mind as Computer : The Social Origin of a Metaphor." In *Adaptive Thinking : Rationality in the Real World,* edited by Gerd Gigerenzer, 26−43. Oxford : Oxford University Press, 2000.

Gilbert, Neal. *Concepts of Method in the Renaissance.* New York : Columbia University Press, 1960.

Ginzburg, Carlo. "Family Resemblances and Family Trees : Two Cognitive Metaphors." *Critical Inquiry* 30 (2004) : 537−56.

참고 문헌　431

_____. "Preface." In *A Historical Approach to Casuistry : Norms and Exceptions in a Comparative Perspective,* edited by Carlo Ginzburg with Lucio Biasiori, xi− xix. London : Bloomsbury Academic, 2019.

Gispert, Hélène, and Gert Schubring. "Societal Structure and Conceptual Changes in Mathematics Teaching : Reform Processes in France and Germany over the Twentieth Century and the International Dynamics." *Science in Context* 24 (2011) : 73−106.

Glasse, Hannah. *Art of Cookery, Made Plain and Easy* [1747]. London : L. Wangford, c. 1790.

Goclenius the Elder, Rudolph. *Lexicon philosophicum.* Frankfurt : Matthias Becker, 1613.

Gödel, Kurt. "Über formal unentscheidbare Sätze der Principia Mathematica und verwandter Systeme." *Monatsheft für Mathematik und Physik* 38 (1931) : 173−98.

Gordin, Michael D. *Scientific Babel : How Science Was Done Before and After Global English.* Chicago : University of Chicago Press, 2015.

Grasshof, Gerd. "Natural Law and Celestial Regularities from Copernicus to Kepler." In *Natural Laws and Laws of Nature in Early Modern Europe,* edited by Lorraine Daston and Michael Stolleis, 143−61. Farnham, U.K. : Ashgate, 2008.

Grattan−Guiness, Ivor. "Work for the Hairdressers : The Production of Prony's Logarithmic and Trigonometric Tables." *Annals of the History of Computing* 12 (1990) : 177−85.

_____. *The Search for Mathematical Roots, 1870−1940 : Logic, Set Theory, and the Foundations of Mathematics from Cantor through Russell Russell to Gödel.* Princeton : Princeton University Press, 2000.

Grebe, Paul, ed., *Akten zur Geschichte der deutschen Einheitsschreibung 1870− 1880.* Mannheim, Germany : Bibliographisches Institut, 1963.

Griep, Wolfgang. "Die reinliche Stadt : Über fremden und eigenen Schmutz." In *Rom−Paris−London : Erfahrung und Selbsterfahrung deutscher Schriftsteller und Künstler in den fremden Metropolen,* edited by Conrad Wiedemann, 135− 54. Stuttgart : J. B. Metzlersche Verlagsbuchhandung, 1988.

Grier, David Alan. *When Computers Were Human.* Princeton : Princeton University Press, 2006.

Grotius, Hugo. *De jure belli ac pacis libri tres* [1625]. Translated by Francis W. Kelsey, 2 vols. Oxford : Clarendon Press, 1925.

Guillote, François. *Mémoire sur la réformation de la police de France : Soumis au Roi en 1749,* edited by Jean Seznec. Paris : Hermann, 1974.

Haberman, Maggie, and Michael S. Schmidt. "Trump Pardons Two Russian Inquiry Figures and Blackwater Guards." *New York Times,* 2020년 12월 22일, 2021년 2월 21일 게시. Available at www.nytimes.com/2020/12/22/us/politics/trump-pardons.html.

Hacking, Ian. "Paradigms." In *Kuhn's Structure of Scientific Revolutions at Fifty : Reflections on a Scientific Classic,* edited by Robert J. Richards and Lorraine Daston, 96–112. Chicago : University of Chicago Press, 2016.

Hajibabaee, Fatimah, Soodabeh Joolaee, Mohammed al Cheraghi, Pooneh Saleri, and Patricia Rodney. "Hospital/Clinical Ethics Committees' Notion : An Overview." *Journal of Medical Ethics and History of Medicine* 19 (2016). Available at www.ncbi.nlm.nih.gov/pmc/articles/PMC5432947.

Hall, A. Rupert. *Philosophers at War : The Quarrel between Newton and Leibniz.* Cambridge : Cambridge University Press, 1998.

Hart, John. *Orthographie, conteyning the due order and reason, howe to write or paint thimage of mannes voice, most like to the life or nature* [1569]. Facsimile reprint. Amsterdam : Theatrum Orbis Terrarum, 1968.

Hartley, David. *Observations on Man, His Frame, His Duty, and His Expectations* [1749]. Edited by Theodore L. Huguelet, 2 vols. Gainesville, Fla. : Scholars' Facsimile Reprints, 1966.

Havil, Julian. *John Napier : Life, Logarithms, and Legacy.* Princeton : Princeton University Press, 2014.

Heath, Thomas L. *The Thirteen Books of Euclid's Elements,* 2nd ed., 3 vols. New York : Dover, 1956.

Henning, Hans. *Die Aufmerksamkeit.* Berlin : Urban & Schwarzenberg, 1925.

Henry, John. "Metaphysics and the Origins of Modern Science : Descartes and the Importance of Laws of Nature." *Early Science and Medicine* 9 (2004) : 73–114.

Hergemöller, Bernd-Ulrich. "Sodomiter. Erscheinungsformen und Kausalfaktoren des spätmittelalterlichen Kampfes gegen Homosexualität." In *Randgruppen der mittelalterlichen Gesellschaft*, edited by Bernd-Ulrich Hergemöller, 316–56. Warendorf, Germany : Fahlbusch, 1990.

Herodotus. *The History*. Translated by David Grene. Chicago : University of Chicago Press, 1987. 『역사』, 천병희 역, 숲, 2009.

Hervé, Jean-Claude. "L'Ordre à Paris au XVIIIᵉ siècle : les enseignements du 'Recueil de règlements de police' du commissaire Dupré." *Revue d'histoire moderne et contemporaine* 34 (1985) : 185–214.

Hesberg, Henner von. "Greek and Roman Architects." In *The Oxford Handbook of Greek and Roman Art and Architecture*, edited by Clemente Marconi, 136–51. Oxford : Oxford University Press, 2014.

Hilbert, David. *Grundlagen der Geometrie* [1899]. 8th ed. With revisions by Paul Bernays. Stuttgart : Teubner, 1956.

Hilbert, David, and Wilhelm Ackermann. *Grundzüge der theoretischen Logik*. Berlin : Springer, 1928.

Hilliges, Marion. "Der Stadtgrundriss als Repräsentationsmedium in der Frühen Neuzeit." In *Aufsicht—Ansicht—Einsicht : Neue Perspektiven auf die Kartographie an der Schwelle zur Frühen Neuzeit*, edited by Tanja Michalsky, Felicitas Schmieder, and Gisela Engel, 351–68. Berlin : trafo Verlagsgruppe, 2009.

Hirschman, Albert O. *The Passions and the Interests : Political Arguments for Capitalism before Its Triumph*. Princeton : Princeton University Press, 1977. 『정념과 이해관계 : 자본주의의 승리 이전에 등장한 자본주의에 대한 정치적 논변들』, 노정태 역, 후마니타스, 2020.

Hobbes, Thomas. *Leviathan* [1651]. Edited by Colin B. Macpherson. London : Penguin, 1968. 『리바이어던』, 진석용, 나남, 2008.

Hoffmann, Ludwig. *Mathematisches Wörterbuch*. 7 vols. Berlin : Wiegandt und Hempel, 1858–1867.

Horn, Christopher. "Epieikeia : The Competence of the Perfectly Just Person in Aristotle." In *The Virtuous Life in Greek Ethics*, edited by Burkhard Reiss, 142–66. Cambridge : Cambridge University Press, 2006.

Horobin, Simon. *Does Spelling Matter?* Oxford : Oxford University Press, 2013.

Howard-Hill, Trevor H., "Early Modern Printers and the Standardization of English

Spelling." *The Modern Language Review* 101 (2000) : 16−29.

Howlett, David H. *Dictionary of Medieval Latin from British Sources.* Fascicule XIII : PRO-REG. Oxford : Oxford University Press, 2010.

Hoyle, Edmond. *A Short Treatise on the Game of Whist, Containing the Laws of the Game : and also Some Rules, whereby a Beginner may, with due Attention to them, attain to the Playing it well.* London : Thomas Osborne, 1748.

Høyrup, Jens. "Mathematical Justification as Non-conceptualized Practice." In *The History of Mathematical Proof,* edited by Karine Chemla, 362−83. Cambridge : Cambridge University Press, 2012.

Hume, David. "Of Miracles," *Enquiry Concerning Human Nature* [1748]. Edited by Eric Steinberg, 72−90. Indianapolis : Hackett, 1977. 『기적에 관하여』, 이태하 역, 책세상, 2023.

_____. *An Inquiry Concerning the Principles of Morals* [1751]. Edited by Charles W. Hendel. Indianapolis : Library of Liberal Arts, 1979. 『도덕 원리에 관한 탐구』, 강준호 역, 아카넷, 2022.

Hunt, Alan. *Governance of the Consuming Passions : A History of Sumptuary Law.* London : Macmillan, 1996.

Hunter, Ian, and David Saunders, eds. *Natural Law and Civil Sovereignty : Moral Right and State Authority in Early Modern Political Thought.* New York : Palgrave Macmillan, 2002.

Hylan, John Perham. "The Fluctuation of Attention." *Psychological Review* 2 (1898) : 1−78.

Ilting, Karl-Heinz. *Naturrecht und Sittlichkeit : Begriffsgeschichtliche Studien.* Stuttgart : Klett-Cotta, 1983.

Imhausen, Annette. "Calculating the Daily Bread : Rations in Theory and Practice." *Historia Mathematica* 30 (2003) : 3−16.

Itard, Jean. *Les Livres arithmétiques d'Euclide.* Paris : Hermann, 1961.

Jacob, P. [Paul Lacroix]. *Recueil curieux de pièces originales rares ou inédites en prose et en vers sur le costume et les revolutions de la mode en France.* Paris : Administration de Librairie, 1852.

Jacobs, Uwe Kai. *Die Regula Benedicti als Rechtsbuch. Eine rechtshistorische und rechtstheologische Untersuchung.* Vienna : Böhlau Verlag, 1987.

James I of England, *The Workes of the Most High and Mightie Prince, James.* Edited by John Montagu. London : Robert Barker and John Bill, 1616.

Jansen-Sieben, Ria, ed. *Ars mechanicae en Europe médiévale.* Brussels : Archives et bibliothèques de Belgique, 1989.

Jardine, Lisa, and Alan Stewart. *Hostages to Fortune : The Troubled Life of Francis Bacon.* New York : Hill and Wang, 1998.

Jarvis, Charlie. *Order Out of Chaos : Linnaean Plant Names and Their Types.* London : Linnean Society of London, 2007.

[Jaucourt, Louis de Neufville, chevalier de]. "Loi." In *Encyclopédie, ou Dictionnaire raisonné des arts, des sciences et des métiers,* edited by Jean d'Alembert and Denis Diderot, vol. 9, 643–46. Neuchâtel, Switzerland : Samuel Faulche, 1765.

_____. "Règle, Règlement." In *Encyclopédie, ou Dictionnaire raisonné des sciences,* edited by Jean d'Alembert and Denis Diderot, vol. 14, 20. Neuchâtel : Chez Samuel Faulche, 1765.

_____. "Règle, Modèle (Synon.)." In Encyclopédie, ou Dictionnaire raisonné des sciences, des arts et des métiers, edited by Denis Diderot and Jean d'Alembert, vol. 28, 116–17. Lausanne/Berne : Les sociétés typographiques, 1780.

Jefferson, Thomas. *A Manual of Parliamentary Practice for the Use of the Senate of the United States.* Washington City : Samuel H. Smith, 1801.

Johnson, Samuel. *Dictionary of the English Language.* 1st ed. London : W. Strahan, 1755.

Jolles, André. *Einfache Formen : Legende, Sage, Mythe, Rätsel, Spruch, Kasus, Memorabile, Märchen, Witz* [1930]. 8th ed. Tübingen : Max Niemeyer Verlag, 2006.

Jones, Matthew L. *Reckoning with Matter : Calculating Machines, Innovation, and Thinking about Thinking from Pascal to Babbage.* Chicago : University of Chicago Press, 2016.

_____. "Querying the Archive : Data Mining from Apriori to Page Rank." In *Science in the Archives : Pasts, Presents, Futures,* edited by Lorraine Daston, 311–28. Chicago : University of Chicago Press, 2017.

Jonsen, Albert R., and Stephen Toulmin. *The Abuse of Casuistry : A History of Moral Reasoning.* Berkeley : University of California Press, 1990. 『결의론의

남용 : 도덕 추론의 역사』, 권복규, 박인숙 역, 로도스, 2014.

Jouslin, Olivier. *La Campagne des Provinciales de Pascal : étude d'un dialogue polémique*. Clermont-Ferrand, France : Presses Universitaires, 2007.

Kant, Immanuel. *Foundations of the Metaphysics of Morals* [1785]. Translated by Lewis White Beck. Indianapolis : Library of Liberal Arts, 1954. 『윤리형이상학 정초』, 백종현 역, 아카넷, 2018.

──────. *Die Metaphysik der Sitten* [1797]. Edited by Wilhelm Weisehedel. Frankfurt am Main : Suhrkamp, 1977. 『윤리형이상학』, 백종현 역, 아카넷, 2012.

──────. *Critique of Judgment* [1790]. Translated by Werner S. Pluhar. Indiana-polis : Hackett, 1987. 『판단력비판』, 백종현 역, 아카넷, 2009.

──────. *Erste Einleitung in die Kritik der Urteilskraft* [1790]. Edited by Gerhard Lehmann. Hamburg : Felix Meiner Verlag, 1990.

──────. *Die Religion innerhalb der Grenzen der bloßen Vernunft* [1793]. Edited by Rudolf Malter. Ditzingen, Germany : Reclam, 2017. 『이성의 오롯한 한계 안의 종교』, 김진 역, 한길사, 2023.

Katz, Victor J., and Karen Hunger Parshall. *Taming the Unknown : A History of Algebra from Antiquity to the Early Twentieth Century.* Princeton : Princeton University Press, 2014.

Keller, Agathe. "Ordering Operations in Square Root Extractions, Analyzing Some Early Medieval Sanskrit Mathematical Texts with the Help of Speech Act Theory." In *Texts, Textual Acts, and the History of Science,* edited by Karine Chemla and Jacques Virbel, 189–90. Heidelberg : Springer, 2015.

Keller, Agathe, Koolakodlu Mahesh, and Clemency Montelle. "Numerical Tables in Sanskrit Sources." HAL archives-ouvertes, HAL ID : halshs-01006137 (2014년 6월 13일 제출), §2.1.3, n.p. Available at halshs.archives-ouvertes.fr/halshs-01006137.

Keller, Monika. *Ein Jahrhundert Reformen der französischen Orthographie : Geschichte eines Scheiterns.* Tübingen : Stauffenberg Verlag, 1991.

Edward Kennedy, "A Survey of Islamic Astronomical Tables." *Transactions of the American Philosophical Society* 46, no. 2 (1956) : 1–53.

Kettilby, Mary. *A Collection of above Three Hundred Receipts in Cookery, Physick and Surgery* [1714]. 6th ed. London : W. Parker, 1746.

Killerby, Catherine Kovesi. "Practical Problems in the Enforcement of Italian Sumptuary Law, 1200−1500." In *Crime, Society, and the Law in Renaissance Italy*, edited by Trevor Dean and K.J.P. Lowe, 99−120. Cambridge : Cambridge University Press, 1994.

_____. *Sumptuary Law in Italy, 1200−1500*. Oxford : Clarendon Press, 2002.

Kittsteiner, Heinz-Dieter. "Kant and Casuistry." In *Conscience and Casuistry in Early Modern Europe*, edited by Edmund Leites, 185−213. Cambridge : Cambridge University Press, 2002.

Klauwell, Otto. *Der Canon in seiner geschichtlichen Entwicklung*. Leipzig : C. F. Kahnt, 1874.

Klein, Jacob. *Greek Mathematical Thought and the Origin of Algebra* [1934]. Translated by Eva Brann. Cambridge, Mass. : MIT Press, 1968.

Knuth, Donald. *The Art of Computer Programming. Vol. 1 : Fundamental Algorithms*, 3rd ed. Boston : Addison-Wesley, 1997. 『컴퓨터 프로그래밍의 예술 1 : 기초 알고리즘』, 류광 역, 한빛미디어, 2006.

Krent, Harold J. *Presidential Powers*. New York : New York University Press, 2004.

Kuhn, Thomas S. *The Structure of Scientific Revolutions* [1962]. 4th ed. Chicago : University of Chicago Press, 2012. 『과학혁명의 구조』, 김명자, 홍성욱 역, 까치글방, 2013.

Kurtz, Joachim. "Autopsy of a Textual Monstrosity : Dissecting the Mingli tan (De logica, 1631)." In *Linguistic Changes between Europe, China, and Japan*, edited by Federica Caselin, 35−58. Turin : Tiellemedia, 2008.

Kusukawa, Sachiko. *Picturing the Book of Nature : Image, Text, and Argument in Sixteenth-Century Human Anatomy and Medical Body*. Chicago : University of Chicago Press, 2012.

Lahy, Jean-Maurice, and S. Korngold. "Séléction des operatrices de machines comptables." *Année psychologique* 32 (1931) : 131−49.

Laitinen, Riitta, and Dag Lindstrom. "Urban Order and Street Regulation in Seventeenth-Century Sweden." In *Cultural History of Early Modern European Streets*, edited by Riitta Laitinen and Thomas V. Cohen, 63−93. Leiden : Brill, 2009.

Lamassé, Stéphane. "Calculs et marchands (XIVe−XVe siècles)." In *La juste mesure*.

Quantifier, évaluer, mesurer entre Orient et Occident (VIIIe–XVIIIe siècles), edited by Laurence Moulinier, Line Sallmann, Catherine Verna, and Nicolas Weill-Parot, 79–97. Saint-Denis, France : Presses Universitaires de Vincennes, 2005.

Landau, Bernard. "La fabrication des rues de Paris au XIXe siècle : Un territoire d'innovation technique et politique." *Les Annales de la recherche urbaine* 57–58 (1992) : 24–45.

Larrère, Catherine. "Divine dispense." *Droits* 25 (1997) : 19–32.

Lehoux, Daryn. "Laws of Nature and Natural Laws." *Studies in History and Philosophy of Science* 37 (2006) : 527–49.

Leibniz, Gottfried Wilhelm. "Towards a Universal Characteristic [1677]." In *Leibniz Selections,* edited by Philip P. Wiener, 17–25. New York : Charles Scribner's Sons, 1951.

_____. *Neue Methode, Jurisprudenz zu Lernen und zu Lehren* [1667]. Translated by Hubertus Busche. In *Frühere Schriften zum Naturrecht,* edited by Hans Zimmermann, 27–90. Hamburg : Felix Meiner Verlag, 2003.

Leong, Elaine. *Recipes and Everyday Knowledge : Medicine, Science, and the House hold in Early Modern England.* Chicago : University of Chicago Press, 2018.

Lhôte, Jean-Marie. *Histoire des jeux de société.* Paris : Flammarion, 1994.

Li, Liang. "Template Tables and Computational Practices in Early Modern Chinese Calendrical Astronomy." *Centaurus* 58 (2016) : 26–45.

Lindgren, Michael. *Glory and Failure : The Difference Engines of Johann Müller, Charles Babbage, and Georg and Edvard Scheutz.* Cambridge, Mass. : MIT Press, 1990.

Lloyd, Geoffrey E. R. "Greek Antiquity : The Invention of Nature." In *The Concept of Nature,* edited by John Torrance, 1–24. Oxford : Clarendon Press, 1992.

_____. "What Was Mathematics in the Ancient World?" In *The Oxford Handbook of the History of Mathematics,* edited by Eleanor Robson and Jacqueline Stedall, 7–25. Oxford : Oxford University Press, 2009.

Locke, John. *Second Treatise of Government* [1690]. Edited by C. B. Macpherson. Indianapolis : Hackett, 1980. 『통치론 : 시민정부의 참된 기원, 범위 및 그 목적에 관한 시론』, 강정인, 문지영 역, 까치글방, 2022.

Löffler, Catharina. *Walking in the City. Urban Experience and Literary Psychogeography in Eighteenth-Century London.* Wiesbaden : J. B. Metzler, 2017.

Long, Pamela O. *Artisan/Practitioners and the Rise of the New Science.* Corvallis : Oregon State University Press, 2011.

————. "Multi-Tasking 'Pre-Professional' Architect/Engineers and Other Bricolage Practitioners as Key Figures in the Elision of Boundaries Between Practice and Learning in Sixteenth-Century Europe." In *The Structures of Practical Knowledge,* edited by Matteo Valleriani, 223–46. Cham, Switzerland : Springer, 2017.

Looze, Laurence de. "Orthography and National Identity in the Sixteenth Century." *The Sixteenth-Century Journal* 43 (2012) : 371–89.

Luig, Klaus. "Leibniz's Concept of jus naturale and lex naturalis—Defined with 'Geometric Certainty.' " In *Natural Laws and Laws of Nature in Early Modern Europe,* edited by Lorraine Daston and Michael Stolleis, 183–98. Farnham, U.K. : Ashgate, 2008.

Maclean, Ian. "Expressing Nature's Regularities and their Determinations in the Late Renaissance." In *Natural Laws and Laws of Nature in Early Modern Europe,* edited by Lorraine Daston and Michael Stolleis, 29–44. Farnham, U.K. : Ashgate, 2008.

Maguire, James. *American Bee : The National Spelling Bee and the Culture of Nerds.* Emmaus, Penn. : Rodale, 2006.

Malebranche, Nicolas. *De la Recherche de la vérité* [1674–75]. 3 vols. Paris : Michel David, 1712.

Manesse, Danièle, and Gilles Siouffi, eds. *Le Féminin et le masculin dans la langue.* Paris : ESF sciences humaines, 2019.

Marguin, Jean. *Histoire des instruments à calculer : Trois siècles de mécanique pensante 1642–1942.* Paris : Hermann, 1994.

Mashaal, Maurice. *Bourbaki : Une société secrète de mathématiciens.* Paris : Pour la science, 2000.

Massey, Harrie Stewart Wilson. "Leslie John Comrie (1893–1950)." *Obituary Notices of the Fellows of the Royal Society* 8 (1952) : 97–105.

Massialot, François. *Nouvelles instructions pour les confitures, les liqueurs et les fruits.* 2nd ed., 2 vols. Paris : Charles de Sercy, 1698.

Masterman, Margaret. "The Nature of a Paradigm." In *Criticism and the Growth of Knowledge,* edited by Imré Lakatos and Alan Musgrave, 59–89. Cambridge : Cambridge University Press, 1970.

[Maxwell, John]. *Sacro-Sancta Regum Majestae : Or the Sacred and Royal Prerogative of Christian Kings.* London : Thomas Dring, 1680.

May, Robert. *The Accomplisht Cook, Or the Art and Mystery of Cookery.* 3rd ed. London : J. Winter, 1671.

McClennen, Edward F. "The Rationality of Being Guided by Rules." In *The Oxford Handbook of Rationality,* edited by Alfred R. Mele and Piers Rawling, 222–39. New York : Oxford University Press, 2004.

McEvedy, Colin. *The Penguin Atlas of Modern History (to 1815).* Harmonds worth, U.K. : Penguin, 1986.

McMillan, Douglas J., and Kathryn Smith Fladenmuller, eds. *Regular Life : Monastic, Canonical, and Mendicant Rules.* Kalamazoo, Mich. : Medieval Institute, 1997.

Mehmke, Rudolf. "Numerisches Rechnen." In *Enzyklopädie der mathematischen Wissenschaften,* 6 vols., edited by Wilhelm Franz Meyer, vol. 1, part 2, 959–78. Leipzig : B. Teubner, 1898–1934.

Meigret, Louis. *Traité touchãt le commvn vsage de l'escriture françoise.* Paris : Ieanne de Marnes, 1545.

Mercier, Louis-Sébastien. *L'An 2440 : Rêve s'il en fut jamais.* London : N.p., 1771.

_____. *L'An 2440 : Rêve s'il en fut jamais* [1771], edited by Raymond Trousson. Bordeaux : Ducros, 1971.

_____. *Memoirs of the Year Two Thousand Five Hundred.* Translated by W. Hooper, 2 vols. London : G. Robinson, 1772.

_____. *Tableau de Paris* [1782–88]. 2nd ed., 2 vols. Geneva : Slatkine Reprints, 1979. 『파리의 풍경』, 이영림, 송기형, 양희영, 이규현, 장진영, 주명철, 최갑수 역, 서울대학교출판문화원, 2014.

Mercier, Raymond. *Πτολεμαιου Προχειροι Κανονες : Ptolemy's "Handy Tables" : 1a. Tables A1–A2. Transcription and Commentary.* Publications de l'Institut Orientaliste de Louvain, 59a. Louvain-La-Neuve, Belgium : Université Catholique de Louvain/Peeters, 2011.

Mill, John Stuart. *A System of Logic Ratiocinative and Inductive* [1843]. Edited by J. M. Robson. London : Routledge, 1996.

Miller, Naomi. *Mapping the City : The Language and Culture of Cartography in the Renaissance.* London : Continuum, 2003.

Milliot, Vincent. *Un Policier des Lumières, suivi de Mémoires de J.C.P. Lenoir.* Seyssel, France : Éditions Champ Vallon, 2011.

Modersohn, Mechthild. *Natura als Göttin im Mittelalter : Ikonographische Studien zu Darstellungen der personifizierten Natur.* Berlin : Akademie Verlag, 1997.

Montaigne, Michel de. *The Complete Essays.* Translated by M. A. Screech. London : Penguin, 1991. 『에세』, 심민화, 최권행 역, 민음사, 2022.

Montesquieu, Charles-Louis de Secondat, Baron de la Brède et de. *De l'Esprit des lois* [1748]. Paris : Firmin-Didot, 1849. 『법의 정신』, 진인혜 역, 나남, 2023.

Müller-Wille, Staffan. *Botanik und weltweiter Handel : Zur Begründung eines natürlichen Systems der Pflanzen durch Carl von Linné (1707-78).* Berlin : VWB-Verlag für Wissenschaft und Bildung, 1999.

Mulcaster, Richard. *The First Part of the Elementarie, which entreateh chieflie of the writing of our English tung.* London : Thomas Vautroullier, 1582.

Murray, Alexander. "Nature and Man in the Middle Ages." In *The Concept of Nature,* edited by John Torrance, 25–62. Oxford : Clarendon Press, 1992.

Muzzarelli, Maria Giuseppina. "Sumptuary Laws in Italy : Financial Resources and Instrument of Rule." In *The Right to Dress : Sumptuary Laws in Global Perspective, c. 1200–1800,* edited by Giorgio Riello and Ulinka Rublack, 167–85. Cambridge : Cambridge University Press, 2019.

Napier, John. *Mirifici logarithmorum canonis descriptio.* Edinburgh : A. Hart, 1614.
_____. *Rabdology* (1617). Translated by William F. Richardson. Cambridge, Mass. : MIT Press, 1990.

NASA, *Mars Climate Orbiter Mishap Investigation Board Phase 1 Report.* 1999년 11월 10월. Available at llis.nasa.gov/llis_lib/pdf/1009464main1_0641-mr.pdf.

Naux, Charles. *Histoire des logarithmes de Neper [sic] à Euler.* Paris : Blanchard, 1966.

Neal, Andrew W. *Security as Politics : Beyond the State of Exception.* Edinburgh : Edinburgh University Press, 2019.

Nencioni, Giovanni. "L'accademia della Crusca e la lingua italiana." *Historio-graphica Linguistica* 9 (2012) : 321−33.

Nerius, Dieter. *Deutsche Orthographie.* 4th rev. ed. Hildesheim, Germany : Georg Olms Verlag, 2007.

Neugebauer, Otto. *Mathematische Keilschriften.* 3 vols. Berlin : Verlag von Julius Springer, 1935−37.

Netz, Reviel. *The Shaping of Deduction in Greek Mathematics : A Study in Cognitive History.* Cambridge : Cambridge University Press, 1999.

Newcomb, Simon. *The Reminiscences of an Astronomer.* Boston : Houghton, Mifflin, and Company, 1903.

Newell, Allen, and Herbert A. Simon. "The Logic Theory Machine : A Complex Information Processing System." *IRE Transactions on Information Theory* 1 (1956) : 61−79.

Newton, Isaac. *The Mathematical Principles of Natural Philosophy* [1687]. Translated by Andrew Motte. London : Benjamin Motte, 1729. 『프린키피아』, 박병철 역, 휴머니스트, 2023.

_____. *Opticks* [1704]. New York : Dover, 1952. 『아이작 뉴턴의 광학』, 차동우 역, 한국문화사, 2018.

Niermeyer, Jan Frederik, and Co van de Kieft. *Mediae latinitatis lexicon minus : M−Z.* Darmstadt : Wissenschaftliche Buchgesellschaft, 2002.

Nyquist, Mary. *Arbitrary Rule : Slavery, Tyranny, and the Power of Life and Death.* Chicago : University of Chicago Press, 2013.

Oakley, Francis. "Christian Theology and Newtonian Science : The Rise of the Concept of Laws of Nature." *Church History* 30 (1961) : 433−57.

Ocagne, Maurice d'. *Le Calcul simplifié par les procédés mécaniques et graphiques.* 2nd ed. Paris : Gauthier-Villars, 1905.

Oertzen, Christine von. "Machineries of Data Power : Manual versus Mechanical Census Compilation in Nineteenth-Century Europe." *Osiris* 32 (2017) : 129−50.

Ogilvie, Brian W. *The Science of Describing : Natural History in Renaissance Europe.* Chicago : University of Chicago Press, 2006.

Ohme, Heinz. *Kanon ekklesiastikos : Die Bedeutung des altkirchlichen Kanonbegriffs.* Berlin : Walter de Gruyter, 1998.

Oppel, Herbert. *ΚΑΝΩΝ : Zur Bedeutungsgeschichte des Wortes und seiner lateinischen Entsprechungen (Regula–Norma)*. Leipzig : Dietrich'sche Verlagsbuchhandlung, 1937.

Oxford English Dictionary Online. Available at www.oed.com.

Pagden, Anthony. "Dispossessing the Barbarian : The Language of Spanish Thomism and the Debate over the Property Rights of the American Indians." In *The Languages of Political Theory in Early Modern Europe,* edited by Anthony Pagden, 79–98. Cambridge : Cambridge University Press, 1987.

Parish, Richard. "Pascal's Lettres provinciales : From Flippancy to Fundamentals." In *The Cambridge Companion to Pascal,* edited by Nicholas Hammond, 182–200. Cambridge : Cambridge University Press, 2003.

Park, Katharine. "Nature in Person." In *The Moral Authority of Nature,* edited by Lorraine Daston and Fernando Vidal, 50–73. Chicago : University of Chicago Press, 2004.

Pascal, Blaise. "Lettre dédicatoire à Monseigneur le Chancelier [Séguier] sur le sujet machine nouvellement inventée par le Sieur B.P. pour faire toutes sortes d'opération d'arithmétique par un mouvement réglé sans plume ni jetons" [1645]. In *Œuvres complètes de Pascal,* edited by Louis Lafuma, 187–91. Paris : Éditions du Seuil, 1963. 『파스칼의 편지』, 이환 역, 지훈, 2005.

_____. *Les Provinciales, ou Les lettres écrites par Louis de Montalte à un provincial de ses amis et aux RR. PP. Jésuites sur le sujet de la morale et de la politique de ces Pères* [1627]. Edited by Michel Le Guern. Paris : Gallimard, 1987. 『시골 친구에게 보낸 편지』, 김형길 역, 서울대학교출판문화원, 2023.

Pasch, Moritz. *Vorlesungen über neuere Geometrie*. Leipzig : B. G. Teubner, 1882.

Paulus. *On Plautius. Digest* L 17. Available at www.thelatinlibrary.com/justinian/digest50.shtml.

Pavan, Elisabeth. "Police des mœurs, société et politique à Venise à la fin du Moyen Age." *Revue historique* 264 (1980) : 241–88.

Peano, Giuseppe. *Notations de logique mathématique*. Turin : Charles Guadagnigi, 1894.

Peaucelle, Jean-Louis. *Adam Smith et la division du travail. Naissance d'une idée fausse*. Paris : L'Harmattan, 2007.

Peaucelle, Jean-Louis, and Cameron Guthrie. "How Adam Smith Found Inspiration in French Texts on Pin Making in the Eigh teenth Century." *History of Economic Ideas* 19 (2011) : 41-67.

Pennington, Kenneth. *The Prince and the Law, 1200-1600 : Sovereignty and Rights in the Western Legal Tradition.* Berkeley : University of California Press, 1993.

Perkins, William. *Hepieikeia, or a Treatise of Christian Equitie and Moderation.* Cambridge : John Legatt, 1604.

_____. *The Whole Treatise of the Cases of Conscience.* London : John Legatt, 1631.

Peuchet, Jacques. *Collection des lois, ordonnances et réglements de police, depuis le 13e siècle jusqu'à l'année 1818.* Second Series : *Police moderne de 1667-1789,* vol. 1 (1667-1695). Paris : Chez Lottin de Saint-Germain, 1818.

Pine, Nancy, and Zhenyou Yu. "Early Literacy Education in China : A Historical Overview." In *Perspectives on Teaching and Learning Chinese Literacy in China,* edited by Cynthia Leung and Jiening Ruan, 81-106. Dordrecht : Springer, 2012.

Plato. *Statesman — Philebus — Ion.* Translated by Harold North Fowler and W.R.M. Lamb, Loeb Classical Library. Cambridge, Mass. : Harvard University Press, 1925. "정치가", 『플라톤 전집 3』, 천병희 역, 숲, 2019, "필레보스", 『플라톤 전집 5』, 천병희 역, 숲, 2016, "이온", 『플라톤 전집 3』, 천병희 역, 숲, 2019,

_____. *Timaeus.* Translated by Robert G. Bury, Loeb Classical Library. Cambridge, Mass. : Harvard University Press, 1989. "티마이오스", 『플라톤 전집 5』, 천병희 역, 숲, 2019.

_____. *Republic Books VI-X.* Translated by Chris Emlyn-Jones and William Freddy, Loeb Classical Library. Cambridge, Mass. : Harvard University Press, 2013. 『플라톤 전집 4 : 국가』, 천병희 역, 숲, 2013.

Pliny the Elder. *Natural History.* Translated by Harris Rackham, Loeb Classical Library. Cambridge, Mass. : Harvard University Press, 1952. 『플리니우스 박물지 : 세계 최초의 백과사전』, 서경주 역, 노마드, 2021.

Pocock, John Greville Agard. *The Machiavellian Moment : Florentine Political Thought and the Atlantic Republican Tradition.* Rev. ed. Princeton : Princeton University Press, 2003. 『마키아벨리언 모멘트』, 곽차섭 역, 나남, 2011.

Polanyi, Michael. *Personal Knowledge : Towards a Post-Critical Philosophy* [1958].

London : Routledge, 2005. 『개인적 지식 : 후기비판적 철학을 위하여』, 표재명, 김봉미 역, 아카넷, 2001.

Pomata, Gianna. "Sharing Cases : The Observationes in Early Modern Medicine." *Early Science and Medicine* 15 (2010) : 193−236.

_____. "Observation Rising : Birth of an Epistemic Genre, ca. 1500−1650." In *Histories of Scientific Observation,* edited by Lorraine Daston and Elizabeth Lunbeck, 45−80. Chicago : University of Chicago Press, 2011.

_____. "The Recipe and the Case : Epistemic Genres and the Dynamics of Cognitive Practices." In *Wissenschaftsgeschichte und Geschichte des Wissens im Dialog—Connecting Science and Knowledge,* edited by Kaspar von Greyerz, Silvia Flubacher, and Philipp Senn, 131−54. Göttingen : Vanderhoek und Ruprecht, 2013.

_____. "The Medical Case Narrative in Pre-Modern Europe and China : Comparative History of an Epistemic Genre." In *A Historical Approach to Casuistry : Norms and Exceptions in a Comparative Perspective,* edited by Carlo Ginzburg with Lucio Biasiori, 15−43. London : Bloomsbury Academic, 2019.

Pomata, Gianna and Nancy G. Siraisi, eds. *Historia : Empiricism and Erudition in Early Modern Europe.* Cambridge, Mass. : MIT Press, 2005.

Pope, Alexander. *The Guardian,* nr. 78, 466−72 (1713년 6월 10일).

Prony, Gaspard de. *Notices sur les grandes tables logarithmiques et trigonométriques, adaptées au nouveau système décimal.* Paris : Firmin Didot, 1824.

Proust, Christine. "Interpretation of Reverse Algorithms in Several Mesopotamian Texts." In *The History of Mathematical Proof,* edited by Karine Chemla, 384−412. Cambridge : Cambridge University Press, 2012.

Pufendorf, Samuel. *The Whole Duty of Man, According to the Law of Nature* [1673]. Translated by Andrew Tooke, edited by Ian Hunter and David Saunders. Indianapolis : Liberty Fund, 2003.

Quemada, Bernard, ed. *Les Préfaces du Dictionnaire de l'Académie française 1694−1992.* Paris : Honoré Champion, 1997.

Quesnay, François. *Le Droit naturel.* Paris : n. p., 1765.

Rackozy, Hannes, Felix Warneken, and Michael Tomasello. "Sources of Norma-

tivity : Young Children's Awareness of the Normative Structure of Games."
Developmental Psychology 44 (2008) : 875−81.

Reid, John Phillip. *The Rule of Law : The Jurisprudence of Liberty in the Seventeenth and Eigh teenth Centuries.* DeKalb : Northern Illinois University Press, 2004.

Rey, Alain, ed. *Le Robert. Dictionnaire historique de la langue française.* 3 vols. Paris : Dictionnaires Le Robert, 2000.

Ribot, Théodule. *Psychologie de l'attention.* Paris : Félix Alcan, 1889.

Richards, Robert J., and Lorraine Daston. "Introduction." In *Fifty Years after Kuhn's Structure : Reflections on a Scientific Classic,* edited by Robert J. Richards and Lorraine Daston, 1−11. Chicago : University of Chicago Press, 2016.

Riello, Giorgio, and Ulinka Rublack, eds. *The Right to Dress : Sumptuary Laws in Global Perspective, c. 1200−1800.* Cambridge : Cambridge University Press, 2019.

Ritter, Jim. "Reading Strasbourg 368 : A Thrice-Told Tale." In *History of Science, History of Text,* edited by Karine Chemla, 177−200. Dordrecht : Springer, 2004.

Roberts, Lissa, Simon Schaffer, and Peter Dear, eds. *The Mindful Hand : Inquiry and Invention from the Late Renaissance to Early Industrialisation.* Chicago : University of Chicago Press, 2007.

Robson, Eleanor. "Mathematics Education in an Old Babylonian Scribal School." In *The Oxford Handbook of the History of Mathematics,* edited by Eleanor Robson and Jacqueline Stedall, 99−227. Oxford and New York : Oxford University Press, 2009.

Roche, Daniel. *The Culture of Clothing : Dress and Fashion in the Ancien Regime* [1989]. Translated by Jean Birrell. Cambridge : Cambridge University Press, 1994.

Rostow, Walter W. *The Stages of Economic Growth. A Non-Communist Manifesto.* Cambridge : Cambridge University Press, 1960.

Rothrock, George A. "Introduction." In *Sebastien Le Prestre de Vauban, A Manual of Siegecraft and Fortification,* translated by George A. Rothrock, 4−6. Ann Arbor : University of Michigan Press, 1968.

Rothstein, Natalie. "Silk : The Industrial Revolution and After," In *The Cambridge*

History of Western Textiles, edited by David Jenkins, 2 vols., vol. 2, 793−96. Cambridge : Cambridge University Press, 2003.

Rouleau, Bernard. *Le Tracé des rues de Paris : Formation, typologie, fonctions.* Paris : Éditions du Centre National de la Recherche Scientifique, 1967.

Rousseau, Jean-Jacques. *Reveries of the Solitary Walker* [1782]. Translated by Peter France. London : Penguin, 1979. 『고독한 산책자의 몽상』, 문경자 역, 문학동네, 2016.

Roux, Sophie. "Controversies on Nature as Universal Legality (1680−1710)." In *Natural Laws and Laws of Nature in Early Modern Europe,* edited by Lorraine Daston and Michael Stolleis, 199−214. Farnham, U.K. : Ashgate, 2008.

Rublack, Ulinka. "The Right to Dress : Sartorial Politics in Germany, c. 1300−1750." In *The Right to Dress : Sumptuary Laws in Global Perspective, c. 1200−1800,* edited by Giorgio Riello and Ulinka Rublack, 37−73. Cambridge : Cambridge University Press, 2019.

Rublack, Ulinka, and Giorgio Riello, "Introduction." In *The Right to Dress : Sumptuary Laws in Global Perspective, c. 1200−1800,* edited by Giorgio Riello and Ulinka Rublack, 1−34. Cambridge : Cambridge University Press, 2019.

Ruby, Jane E. "The Origins of Scientific Law." *Journal of the History of Ideas* 47 (1986) : 341−59.

Sachs, Abraham J. "Babylonian Mathematical Texts, I." *Journal of Cuneiform Studies,* 1 (1947) : 219−40.

Sachsen-Gotha-Altenburg, Ernst I., Herzog von. *Fürstliche Sächsische Landes-Ordnung.* Gotha, Germany : Christoph Reyher, 1695.

Sampson, Margaret. "Laxity and Liberty in Seventeenth-Century Political Thought." In *Conscience and Casuistry in Early Modern Europe,* edited by Edmund Leites, 72−118. Cambridge : Cambridge University Press, 2002.

Sang, Edward. "Remarks on the Great Logarithmic and Trigonometrical Tables Computed in the Bureau de Cadastre under the Direction of M. Prony." *Proceedings of the Royal Society of Edinburgh* (1874−75) : 1−15.

Sarcevic, Edin. *Der Rechtsstaat : Modernität und Universalitätsanspruch der klassischen Rechtsstaatstheorien.* Leipzig : Leipziger Universitätsverlag, 1996.

Sauer, Wolfgang Werner, and Helmut Glück. "Norms and Reforms : Fixing the

Form of the Language." In *The German Language and the Real World,* edited by
Patrick Stevenson, 69‒94. Oxford : Clarendon Press, 1995.

Schaffer, Simon. "Astronomers Mark Time : Discipline and the Personal Equation."
Science in Context 2 (1988) : 115‒45.

_____. "Babbage's Intelligence : Calculating Engines and the Factory System."
Critical Inquiry 21 (1994) : 203‒27.

Scharfe, Hartmut. *Education in Ancient India.* Boston : Brill, 2002.

Schauer, Frederick. *Thinking Like a Lawyer : A New Introduction to Legal Reasoning.*
Cambridge, Mass. : Harvard University Press, 2009. 『법률가처럼 사고하는 법 :
법적 추론 입문』, 김건우 역, 길, 2019.

Schmitt, Carl. *Political Theology : Four Chapters on the Concept of Sovereignty*
[1922]. Translated by George Schwab. Chicago : University of Chicago Press,
1985. 『정치신학 : 주권론에 관한 네 개의 장』, 김항 역, 그린비, 2010.

Schmitt, Jean‒Claude. *Ghosts in The Middle Ages : The Living and Dead in
Medieval Society* [1994].Translated by Teresa L. Fagan. Chicago : University of
Chicago Press, 1998. 『유령의 역사 : 중세 사회의 산 자와 죽은 자』, 주나미 역,
오롯, 2015.

Schmitz, D. Philibert, and Christina Mohrmann, eds. *Regula monachorum Sancti
Benedicti.* 2nd ed. Namur, Belgium : P. Blaimont, 1955.

Schröder, Jan. "The Concept of (Natural) Law in the Doctrine of Law and Natural
Law in the Early Modern Era." In *Natural Laws and Laws of Nature in Early
Modern Europe,* edited by Lorraine Daston and Michael Stolleis, 57‒71.
Farnham, U.K. : Ashgate, 2008.

Schwarz, Matthäus, and Veit Konrad Schwarz. *The First Book of Fashion : The
Book of Clothes of Matthäus Schwarz and Veit Konrad Schwarz of Augsburg,*
edited by Ulinka Rublack, Maria Hayward, and Jenny Tiramani. New York :
Bloomsbury Academic, 2010.

Scott, James C. *Seeing Like a State : How Certain Schemes to Improve the Human
Condition Have Failed.* New Haven : Yale University Press, 1998.

Scripture, Edward Wheeler. "Arithmetical Prodigies." *American Journal of
Psychology* 4 (1891) : 1‒59.

Seneca. *Naturales quaestiones.* Translated by Thomas H. Corcoran, 2 vols., Loeb

Classical Library. Cambridge, Mass. : Harvard University Press, 1922.

_____. *Medea.* In *Tragedies,* translated by Frank Justus Miller, Loeb Classical Library. Cambridge, Mass. : Harvard University Press, 1979. "메데이아", 『세네카 비극 전집 2』, 강대진 역, 나남, 2023.

Service géographique de l'armée. *Tables des logarithmes à huit decimals.* Paris : Imprimerie Nationale, 1891.

Shanker, Stuart. *Wittgenstein's Remarks on the Foundations of AI.* London : Routledge, 1998.

Shapin, Steven. "Of Gods and Kings : Natural Philosophy and Politics in the Leibniz-Clarke Disputes." *Isis* 72 (1984) : 187-215.

Simon, Herbert A. *Models of My Life.* New York : Basic Books, 1991.

Simon, Herbert A, Patrick W. Langley, and Gary L. Bradshaw. "Scientific Discovery as Problem Solving." *Synthèse* 47 (1981) : 1-27.

Skinner, Quentin. *Liberty before Liberalism.* Cambridge : Cambridge University Press, 1998. 『퀜틴 스키너의 자유주의 이전의 자유』, 조승래 역, 푸른역사, 2007.

Smith, Adam. *The Wealth of Nations* [1776]. Edited by Edwin Cannan. Chicago : University of Chicago Press, 1976. 『국부론』, 이종인 역, 현대지성, 2024.

Smith, Pamela H. *The Body of the Artisan : Art and Experience in the Scientific Revolution.* Chicago : University of Chicago Press, 2004.

_____. "Making Things : Techniques and Books in Early Modern Europe." In *Things,* edited by Paula Findlen, 173-203. London : Routledge, 2013.

Snyder, Laura. *The Philosophical Breakfast Club : Four Remarkable Friends Who Transformed Science and Changed the World.* New York : Broadway Books, 2011.

Sobel, Dava. *The Glass Archive : How the Ladies of the Harvard Observatory Took the Measure of the Stars.* New York : Viking, 2016. 『유리우주 : 별과 우주를 사랑한 하버드 천문대 여성들』, 양병찬 역, 알마, 2019.

Somerville, Johann P. "The 'New Art of Lying' : Equivocation, Mental Reservation, and Casuistry." In *Conscience and Casuistry in Early Modern Europe,* edited by Edmund Leites, 159-84. Cambridge : Cambridge University Press, 2002.

Sophocles. *Antigone.* In *Sophocles I : Oedipus the King, Oedipus at Colonus, and*

Antigone. Translated by David Grene. Chicago : University of Chicago Press, 1991. "안티고네", 『소포클레스 비극 전집』, 천병희 역, 숲, 2008.

Stein, Peter. *Roman Law in European History.* Cambridge : Cambridge University Press, 1999. 『유럽 역사에서 본 로마법』, 김기창 역, 인다, 2021.

Steinle, Friedrich. "The Amalgamation of a Concept : Laws of Nature in the New Sciences." In *Laws of Nature : Essays on the Philosophical, Scientific and Historical Dimensions,* edited by Friedel Weinert, 316−68. Berlin : Walter de Gruyter, 1995.

_____. "From Principles to Regularities : Tracing 'Laws of Nature' in Early Modern France and England." *Natural Laws and Laws of Nature in Early Modern Europe,* edited by Lorraine Daston and Michael Stolleis, 215−32. Farnham, U.K. : Ashgate, 2008.

Sternagel, Peter. *Die artes mechanicae im Mittelalter : Begriffs- und Bedeutungsgeschichte bis zum Ende des 13. Jahrhunderts.* Kallmünz, Germany : Lassleben, 1966.

Stigler, James W. "Mental Abacus : The Effect of Abacus Training on Chinese Children's Mental Calculations." *Cognitive Psychology* 16 (1986) : 145−76.

Stocking, George. *Victorian Anthropology.* New York : Free Press, 1987.

Stolleis, Michael. "The Legitimation of Law through God, Tradition, Will, Nature and Constitution." In *Natural Laws and Laws of Nature in Early Modern Europe,* edited by Lorraine Daston and Michael Stolleis, 45−55. Farnham, U.K. : Ashgate, 2008.

Stroffolino, Daniela. "Rilevamento topografico e pro cessi construttivi delle 'vedute a volo d'ucello.' " In *L'Europa moderna : Cartografia urbana e vedutismo,* edited by Cesare de Seta and Daniela Stroffolino, 57−67. Naples : Electa Napoli, 2001.

Swift, Jonathan. *A Proposal for Correcting, Improving, and Ascertaining the English Tongue.* 2nd ed. London : Benjamin Tooke, 1712.

Thomas, Yan. "Imago Naturae : Note sur l'institutionnalité de la nature à Rome." In *Théologie et droit dans la science politique de l'état moderne,* 201−27. Rome : École française de Rome, 1991.

Thomasius, Christian. *Institutes of Divine Jurisprudence* [1688]. Translated and edited by Thomas Ahnert. Indianapolis : Liberty Fund, 2011.

Tihon, Anne. Πτολεμαιου Προχειροι Κανονες : Les "Tables Faciles" de Ptolomée : 1a. Tables A1−A2. Introduction, édition critique. Publications de l'Institut Orientaliste de Louvain, 59a Louvain-La-Neuve, Belgium : Université Catholique de Louvain/Peeters, 2011.

Tobin, Richard. "The Canon of Polykleitos." American Journal of Archaeology 79 (1975) : 307−21.

Unguru, Sabetai. "On the Need to Rewrite the History of Greek Mathematics." Archive for the History of Exact Sciences 15 (1975) : 67−114.

Vaillancourt, Daniel. Les Urbanités parisiennes au XVIIᵉ siècle. Quebec : Les Presses de l'Université Laval, 2009.

Valleriani, Matteo. Galileo Engineer. Dordrecht : Springer, 2010.

Vauban, Sebastian Le Prestre de. "Traité de l'attaque des places" [1704]. In Les Oisivités de Monsieur de Vauban, edited by Michèle Virol, 1157−1324. Seyssel, France : Éditions Camp Vallon, 2007.

————. "Traité de la défense des places" [comp. 1706]. In Les Oisivités de Monsieur Vauban, edited by Michèle Virol, 1157−1324. Seyssel, France : Éditions Champ Vallon, 2007.

————. A Manual of Siegecraft and Fortification. Translated by George A. Rothrock. Ann Arbor : University of Michigan Press, 1968.

Vergara, Roberto, ed. Il compasso geometrico e militare di Galileo Galilei. Pisa : ETS, 1992.

Vérin, Hélène. "Rédiger et réduire en art : un projet de rationalisation des pratiques." In Réduire en art, edited by Pascal Dubourg Glatigny and Hélène Vérin, 17−58. Paris : Éditions de la Maison des sciences de l'homme, 2008.

Verne, Jules. Paris au XXᵉ siècle. Edited by Piero Gondolo della Riva. Paris : Hachette, 1994. 『20세기 파리』, 김남주 역, 알마, 2022.

Virol, Michèle, ed. Les Oisivités de Monsieur Vauban. Seyssel, France : Éditions Champ Vallon, 2007.

Virol, Michèle. "La conduite des sièges réduite en art. Deux textes de Vauban." In Réduire en art. La technologie de la Renaissance aux Lumières, edited by Pascal Duborg Glatigny and Hélène Vérin. Paris : Éditions de la Maison des sciences de l'homme, 2008.

Vocabulario degli Accademici della Crusca. Venice : Giovanni Alberto, 1612. Online critical edition of Scuola normale superiore at vocabolario.sns.it/html/index.htm.

Vocabulario degli Accademici della Crusca. 4th ed., vol. 4. Florence : Domenico Maria Manni, 1729−38.

Vogel, Kurt. *Mohammed Ibn Musa Alchwarizmi's Algorismus : Das frühste Lehrbuch zum Rechnen mit indischen Ziffern : Nach der einzigen (lateinischen) Handschrift (Cambridge Un.Lib. Ms.Ii.6.5).* Aalen, Germany : Otto Zeller Verlagsbuchhandlung, 1963.

Vogüé, Adalbert de. *Les Règles monastiques anciennes (400−700).* Turnhout, Belgium : Brepols, 1985.

Waerden, Bartel L. van der. *Science Awakening.* Translated by Arnold Dresden. New York : Oxford University Press, 1961.

_____. "Defense of a 'Shocking' Point of View." *Archive for History of Exact Sciences* 15 (1976) : 199−210.

Wakefield, Andre. "Leibniz and the Wind Machines." *Osiris* 25 (2010) : 171−88.

Walford, Cornelius, ed. *The Insurance Cyclopaedia,* 6 vols. London : C. and E. Layton, 1871−78.

Waldron, Jeremy. "Thoughtfulness and the Rule of Law." *British Academy Review* 18 (2011년 여름) : 1−11.

Warnke, Martin. *The Court Artist : On the Ancestry of the Modern Artist* [1985]. Translated by David McLintock. Cambridge : Cambridge University Press, 1993.

Watson, Gerard. "The Natural Law and the Stoics." In *Problems in Stoicism,* edited by A. A. Long, 228−36. London : Athalone Press, 1971.

Webster, Noah. *American Dictionary of the English Language.* New Haven : B. L. Hamlen, 1841.

_____. *The American Spelling Book.* 16th ed. Hartford : Hudson & Goodwin, n.d.

Weil, André. "Who Betrayed Euclid?" *Archive for History of Exact Sciences* 19 (1978) : 91−93.

Weintraub, E. Roy. *How Economics Became a Mathematical Science.* Durham, N.C. : Duke University Press, 2002.

Westerman, Pauline C. *The Disintegration of Natural Law Theory : Aquinas to Finnis.* Leiden : Brill, 1998.

Wilson, Catherine. "De Ipsa Naturae : Leibniz on Substance, Force and Activity." *Studia Leibniziana* 19 (1987) : 148–72.

Wilson, Catherine. "From Limits to Laws : The Construction of the Nomological Image of Nature in Early Modern Philosophy." In *Natural Laws and Laws of Nature in Early Modern Europe,* edited by Lorraine Daston and Michael Stolleis, 13–28. Farnham, U.K. : Ashgate, 2008.

Wittgenstein, Ludwig. *Philosophical Investigations* [1953]. Translated by G.E.M. Anscombe, 3rd ed. Englewood Cliffs, N.J. : Prentice Hall, 1958. 『철학적 탐구』, 이영철 역, 책세상, 2019.

_____. *Bemerkungen über die Grundlagen der Mathematik.* Edited by G.E.M. Anscombe, Rush Rhees, and G. H. von Wright. Berlin : Suhrkamp Verlag, 2015. Worthington, Sarah. Equity. Oxford : Oxford University Press, 2003. 『비트겐슈타인의 수학의 기초에 관한 강의』, 박정일 역, 올, 2010.

Wrightson, Keith. "Infanticide in European History." *Criminal Justice History* 3 (1982) : 1–20.

Yates, Frances. *The Art of Memory.* Chicago : University of Chicago Press, 1966.

역자 후기

당신이 하루에 일어나서 잠들기 전까지 몇 개의 규칙들을 마주하는
지 상상해보라. 단언컨대 200개는 족히 넘을 것이다. 현관문을 나와
서 엘리베이터를 타고 1층에 도착하는 데에만 해도 자그마치 20개가
넘는 규칙을 보니 말이다. 그다음으로 당신이 그중에 몇 개의 규칙들
을 철저히 준수하면서 사는지 떠올려보라. 단언컨대 절반도 되지 않
을 것이다. 코로나 바이러스 범유행이 지나간 세상에서 화장실 세면
대에 붙어 있는 손 씻기 규칙대로 30초 동안 손톱과 손톱 사이까지
비벼 씻는 사람들이 얼마나 되리라고 생각하는가?

　이 책은 우리가 알게 모르게 우리의 삶을 규율하고, 통제하고, 형성
하는 규칙의 역사에 관한 책이다. 책에는 규정, 법률, 원칙, 지침, 법
칙, 규제, 조례, 모델, 알고리즘 등 매우 다양한 규칙들이 등장하는데,
이들은 모두 다른 형태로, 다른 힘을 가지고, 우리 삶의 다른 영역을
통치해왔다. 속세와 격리된 수도원에서 사는 수도사들이 지켜야 할
예절 규칙을 그 존재 자체로 모범이 됨으로써 제공했던 수도원장에
서부터(저자는 이를 "모델[패러다임]로서의 규칙"이라고 부른다) 오늘날

455

인간이 손을 댈 엄두조차 내지 못하는 복잡한 계산을 매 순간 수행하는 컴퓨터 알고리즘까지(저자는 이를 "알고리즘으로서의 규칙"이라고 부른다), 규칙의 역사는 매우 방대하게 오랫동안 이어져왔다.

이렇게 다양한 규칙들 중에서 현대에 가장 강력한 힘을 쟁취한 규칙은 저자의 말마따나 "알고리즘"일 것이다. 알고리즘은 그것이 적용될 세계가 예측할 수 있고 안정적인 세계임을 가정하여 구성되고, 규칙의 실행 과정에 재량의 행사를 허용하지 않는다. 마치 개발자가 코드를 입력하면 철저히 그에 따라서만 결괏값을 내는 컴퓨터처럼 말이다. 알고리즘은 실로 현대 사회를 좌우한다. 현대인들은 컴퓨터가 따를 수 있는 알고리즘을 짜기 위한 프로그래밍 언어를 학교 정규 과목으로 배우는 것을 넘어, 마치 컴퓨터처럼 알고리즘으로서의 규칙을 엄격하게 지키며 살아갈 것을 기대받는다. 다시 말해서 우리는 재량과 주관성을 혐오하는 시대에 살고 있다. 다소 비관적으로 들릴지 모르겠지만, 현대 사회에서는 타의 모범이 되며 본받을 만한 사람의 지혜보다는 모든 상황에 대비해 엄밀하게 짜인 알고리즘이 더 타당하고 공평한 규칙으로 여겨진다. 인간 판사까지 인공지능 판사로 대체하자는 이야기를 어렵지 않게 찾아볼 수 있는 것을 보면 말이다. 우리는 상황에 맞추어 현명하게, 재량에 따라서 유연하게 적용되는 규칙을 더는 규칙이라고 여기지 않는다. 꽉 막힌 도로나 사람들이 빽빽이 줄 서 있는 공연장에서 다툼이 격해지면 어김없이 다음 같은 말이 튀어나온다. "법대로 합시다!"

그러나 사실 우리가 알고 있는 알고리즘 같은 규칙은 19세기 초까지만 해도 존재하지 않았다. 그전까지의 규칙은 오히려 모범적이라고 생각되던 규칙들의 집합인 모델, 범례, 혹은 패러다임을 그때그때 당면한 사례에 맞추어서 적절하고 융통성 있게 변형하여 적용하는 행위에 가까웠다. 그리고 아직 이러한 재량의 힘은 현대 사회에도 미약하게나마 남아 있다. 예정일보다 빠르게 출산이 임박한 임신부의 자가용을, 교통질서를 어겨가며 인도한 오토바이 운전자가 교통 딱지 대신 모범 시민 표창을 받는 것처럼 말이다. 모든 사례에 규칙을 문자 그대로 적용하는 것보다 이러한 재량의 발휘가 더욱 현명할 때도 분명히 있다. 사실 엄격한 알고리즘의 규칙이 지배하는 것처럼 보이는 현대 사회에서도 규칙은 생각보다 그렇게 철저히 지켜지지 않으며, 우리는 여전히 우리를 통제하려는 규칙의 손아귀를 모래알처럼 능수능란하게 빠져나간다. 규칙은 수많은 위반에도 불구하고 존재하기 때문에 규칙이다.

명망 있는 과학사가 로레인 대스턴의 이 책은 이처럼 사회가 탄생한 순간부터 인류와 공존해온 다양한 규칙에 관한 역사서이다. 책을 읽으면 다음과 같은 질문이 독자들의 머리를 휘저어놓을 것이다. 사람들은 왜 때때로 논쟁을 일으키면서까지 규칙을 정하고, 어기고, 넘쳐나는 위반 사례를 통제하기 위해서 지켜지지도 않을 규칙을 변형하는 일을 반복할까? 우리가 책을 번역하면서 찾은 답은 이것이다. 바로 규칙은 불확실성이 넘쳐나는 세계에서 인류가 끈기 있게 추구해온 예측 가능성과 안정감에 대한 열망이자, 인류가 추구할 수 있는 강력한 생존전략이라는 것이다. 지난 수백 년간 규칙은 재량과 세부 사항을 풍부하게 수반하던 두꺼운 규칙에서 알고리즘 같은 얇은 규칙으로 변화했다. 그렇지만 이 책은 두꺼운 규칙이 결코 완전히 사라지지는 않았음을 보이면서, 앞으로도 그럴 것이라는 점을 암시하고 있다.

번역 원고를 꼼꼼하게 검토해준 까치글방의 옥신애 편집자와 독자의 관점에서 원고를 읽고 유익한 조언을 해준 서울대학교 정치학과의 강문정 학생에게 감사하며, 오늘도 수십 개의 규칙을 어겼을 여러분이 이 책을 통해서 규칙의 지배가 느슨하던 세상을 잠시라도 상상할 수 있었기를 바란다.

2024년 겨울
홍성욱, 황정하

인명 색인